谨以此书献给已故父母

国家社会科学基金资助项目成果
南京工业大学人文社科与管理学科类出版基金资助项目成果

Technological Sciences Theory

Category Definition, Historical Stages and Developing Model

技术科学论

范畴界定、历史分期与发展模式

刘启华◎著

科学出版社
北 京

图书在版编目(CIP)数据

技术科学论：范畴界定、历史分期与发展模式/刘启华著．—北京：科学出版社，2013

ISBN 978-7-03-039080-6

Ⅰ.①技… Ⅱ.①刘… Ⅲ.①科学哲学-研究 Ⅳ.①N02

中国版本图书馆 CIP 数据核字（2013）第 264051 号

责任编辑：樊　飞　郭勇斌　路红磊/责任校对：钟　洋
责任印制：徐晓晨/封面设计：无极书装
编辑部电话：010-64035853
E-mail：houjunlin@ mail. sciencep. com

科 学 出 版 社出版
北京东黄城根北街 16 号
邮政编码：100717
http://www.sciencep.com

北京凌奇印刷有限责任公司印刷
科学出版社发行　各地新华书店经销
*
2013 年 12 月第　一　版　开本：720×1000 1/16
2020 年 1 月第三次印刷　印张：19 3/4
字数：350 000

定价：96.00 元

（如有印装质量问题，我社负责调换）

序　一

产业革命以来，特别是19世纪中期以后，随着科学与技术的深度融合、迅速发展，人类改造世界的能力不断增强，社会现代化的进程亦不断加速。科学技术一方面给社会带来巨大福祉，使人类享受着史无前例的富足；另一方面对我们这个“地球村”当前面临的诸多危机，它亦难辞其咎。这就需要我们运用历史和全局的眼光，认真反思近现代科学技术的发展进程，全面总结其总体发展的特征与规律，以便合理调整科技发展战略，把握好未来科技发展方向，利用好科学技术这把双刃剑，确保人类文明更加合理地进步。

刘启华教授的这部国家社会科学基金项目结题专著，将哲学理论研究与科学实证研究有机地集成起来，努力在定性与定量相结合的水平上，对技术科学的总体发展特征与规律进行了比较系统的研究与总结，提出了一系列新的理论观点，读来颇受启发。

(1) 针对学术界对技术科学概念理解歧义的现状，他认为：技术学科应逻辑上相对完整自洽、技术目标定向明确，一般是由通用原理和专用规则组成的科学知识体系。包括由自然科学、社会科学知识技术定向转化和相关经验整合而成的学科，以及由自然、人文、社会科学相关知识与经验交叉综合形成的学科。而技术科学则是介于基础（自然、社会）科学和工程技术之间的一支新型科学知识脉系，是由基本技术科学、过程技术科学、工程技术科学、综合技术科学组成的网络状、连续谱式的开放学科体系。这些基本概念的科学界定，层次清晰、规范合理，有助于澄清当前学术界在这方面理解与表述上的混乱。

(2) 他通过研究发现，自产业革命以来，技术科学总体发展呈现出以平均52年左右为周期的高潮迭起现象，其周期又与经济长周期波动的周期彼此对应、相互嵌套，这表明历次技术科学发展高潮，实质上就是为不同历史阶段主导产业群的更替提供知识和人力资源方面服务的。

(3) 他预测1995～2049年将成为第五次经济长波发展阶段。其间主导产业群主要由前导产业、主导产业、引发产业共同组成。前导产业主要包括：广义信息产业、电子产业、核能产业、航天产业、自动化设备制造业；主导产业主要包括：海洋产业、生物产业、环境产业、新能源产业、智能产业；引发产业主要包括：新型农业、新型医药产业、新型矿产采掘业、新型冶金业、化学工业、新材料产业。21世纪上半叶，社会在维持技术科学发展所需的知识、人力、资金等方面的投入，可能比第四次经济长波期间要翻一番。显然，这些预测结果对我国未来科技、教育、产业发展规划工作不无借鉴意义。

（4）他认为，基本技术科学、过程技术科学、工程技术科学、综合技术科学共同发展的时间序列增量特征曲线簇之所以呈现出“紊乱波”（彼此间不相干）与“嵌套波”（彼此间相干）反复交替的周期性现象，表明技术科学的发展是由其自身内在的逻辑力量和外部社会力量（如构建新型主导产业群）交替作用的结果。

（5）他还认为第四次经济长波期间技术科学之所以呈现出“连续嵌套波”型发展模式，一个重要原因就是科技政策已成为当时技术科学发展中社会价值整合的主要形式。它一方面通过科学技术推动经济、社会迅猛发展；另一方面也导致如气候变暖、环境污染、生态恶化、自然灾害频发等大量负面社会效应。这应引起全世界高度重视，要重新审视当前各国的科技政策管理体制。要注意科技政策的国际间协调，以避免世界性危机；要通过立法适当限制政府制定科技政策的权限和程序；在制定具体科技政策的过程中，既要积极发掘科学技术的正面社会效应，又要严格防范其负面社会效应。

（6）他通过研究还发现，产业革命以来，科学-技术-工程-社会（经济）间的互动主要体现为两种模式：1780～1819 年、1885～1914 年、1930～1942 年、1960～1994 年四个阶段呈现科技创新型模式，即产业的发展与经济的增长主要由建立在科学基础上的新技术、新工艺、新产品等科技创新活动来推动；1820～1884 年、1915～1929 年、1943～1959 年三个阶段呈现技术转移型模式，即产业的发展与经济的增长主要由技术在时间、空间和产业之间的扩散、转移来推动。并推测 1995～2049 年第五次经济长波期间，仍将表现为科技创新型模式。因此 21 世纪上半叶，加强自主创新将成为世界各国共同面对的课题。

（7）通过统计研究他还发现，历次经济长波期间，直接为构建主导产业群提供服务的新增技术学科数和为满足、改善包括衣、食、住、行、医在内的社会物质生活条件服务的新增技术学科数之间的比例一般比较稳定。这表明在国民经济两大部类之间，不仅实物、货币资本要保持相对平衡，而且知识、人力资本也要保持相对平衡。

（8）他又指出，为适应世界经济、科技一体化的潮流，我国当前产业结构调整和工程技术类高等教育改革必须要充分考虑第五次经济长波期间产业结构演变的新趋势。由于幅员辽阔、地域间的差异，我国工程技术类高等教育的改革在紧扣技术科学学科基础与工程技术实践需要这一基本矛盾的同时，还要具体贯彻：①满足国家、地区发展需要原则；②非平衡、多样化发展原则；③资源禀赋优化配置原则；④跨越式、可持续发展原则；⑤人力资源在国民经济两大部类之间相对平衡原则。

(9) 他还指出，无论是技术科学发展，还是工程技术活动演化都不可能无止境地呈现当前这样的指数增长态势。这既不符合生态学原理，又违背思维经济原则。这种态势主要是由近代以来科技界擅长分析还原的思维习惯，导致学科（专业）不断细分；以及在市场规则作用下，产业分工、应用性学科（专业）日趋专一所造成的。分久必合。工程一般面对的是“工程微元”的运动。工程学研究的是通过力来实现的相互作用下的微元的运动现象的规律，以及这些规律在具体场合的简化表述和分析应用。因此，从物质运动方面考察的工程学即可由三个相互联系的独立部分构成：力和平衡现象、势和迁移现象、场和波动现象。按照这一思路，目前工程技术类高等教育课程体系就存在着相当大的改革、重组、压缩空间。

关于刘启华教授这部哲理性著作的严谨性、深刻性、前沿性等方面，在此不予赘述，其学术品位自有同行专家们评价。仅就上述诸理论观点与研究结论而言，将对我国合理制定科技发展战略、调整科技政策、促进产业结构转型升级、改革工程技术类高等教育等方面具有重要的参考价值。

看来，高级科技研究与管理人员，不仅要熟谙自己专业领域内的微观硬科学，而且应该关注宏观软科学；不仅要努力探究科学真理，而且要积极思考科技成果的经济、社会、生态价值；不仅要善于低头拉车，而且更要注意抬头望路。因此，我特向广大一线科技研究人员和科技管理工作者郑重推荐：刘启华教授的这部关于技术科学总体研究的理论专著值得一读。

谨以为序。

中国工程院院士、江苏省科学技术协会主席、南京工业大学前校长

欧阳平凯

2013年8月8日于南京工业大学学府苑

序　二

这是一部关于技术科学的基础性的研究专著，具有重要的学术价值和现实意义。

从近代以来，技术科学迅猛发展，对经济与社会生活的方方面面产生越来越广泛、越来越深刻的影响，并正在酝酿新的重大突破。可是关于技术科学的基础性、综合性的理论研究却比较薄弱，一些基本概念的叙述比较混乱，关于技术科学的历史分期、发展模式的研究，基本上停留在推想的层面上。刘启华教授的这本著作，采用理论性与实证性相结合的研究方法，使这一领域的研究出现了新的局面。2005年12月21日的《科技日报》称他的工作是“技术科学研究的重大突破”。

这部著作的主要内容包括范畴界定、历史分期和发展模式3个部分，设计出了一个完整的研究纲领，它很可能是学术界第一本以系统的逻辑体系论述技术科学的理论专著。

刘启华教授指出，技术科学学科应是逻辑上相对完整自洽、技术目标定向明确，一般由通用原理和专用规则组成的科学知识体系。它由包括自然科学、社会科学知识技术定向转化和相关经验整合而成的学科，以及由自然、人文、社会科学相关知识与经验交叉综合形成的学科。他把技术科学界定为介于基础（自然、社会）科学和工程技术之间的新型科学知识脉系，是由基本技术科学、过程技术科学、工程技术科学、综合技术科学形成的网络状、连续谱式的开放学科体系。这种界定清晰、合理、准确，有助于消除当前学术界众说纷纭的混乱。

研究技术科学的历史分期与发展模式，必须对技术的实际发展进行科学的定量分析，以大量的数据为基础。在这方面，刘启华教授投入了巨大的精力，取得了出色的成果。他根据统计计量学的要求，对统计源进行认真选择，确立以从文艺复兴到20世纪80年代末的886门技术学科作为统计样本，以学科数为统计指标，以5年为计时单位，绘制出技术科学总体发展的时间序列增量特征曲线、累积量特征曲线和四类技术科学各自发展的时间序列增量特征曲线簇。他由此得到许多重要发现。例如，技术科学经历了四次发展高峰，其中第一、第三、第四次高峰同学术界公认的三次产业革命准确对应，为这种共识提供了新的有力佐证。这四次高峰的间隔时间分别为50年、50年和55年。这同梅兹（R. Metz）估算的世界经济具有54～56年的平均波动周期相当吻合，从一个方面深刻揭示了技术发展同经济增长的内在联系。他还发现，前三次发展高峰都是持续大约30年的单一高峰，而第四次高峰则由彼此相距10年的4～5个子峰构成，这表明第四次高峰具有同前三次高峰的不同特征，这就向学术界提出了一个新的研究课题。

在这个基础上，刘启华教授把技术科学的发展划分为 1440～1819 年、1820～1914 年、1915 年以后这三个历史阶段，并从产业结构变迁、基础科学进步、工程教育演变和其他相关科技社会建制演进四个维度分别进行实证研究。他根据技术科学发展的规律与特征，预测 1995～2049 年将成为第五次经济长波发展阶段。21 世纪上半叶，社会在维持技术科学发展所需的知识、人力、资金等方面的投入，可能比第四次经济长波期间翻一番。

他还指出，根据技术科学发展模式的研究，需要重新审视各国现行的科技政策体制，要注意科技政策的国际间协调，以避免世界性危机；要通过立法适当限制政府制定科技政策的权限和程序；在制定具体科技政策的过程中，既要积极考虑科技的正面社会效应，又要严格防范其负面效应。

此外，刘启华教授还在技术科学发展的背景下，探讨我国工程技术类高等教育的总体战略规划，提出制订这种规划的五项原则。这些对策性的见解，体现了学理研究与应用研究的结合。

这部著作是刘启华教授主持的国家社会科学基金项目的结项成果。其前期成果曾以论文形式发表，并获得好评。其中《技术科学发展模式初探——兼论现代科技政策的一种社会作用机制》一文，被《新华文摘》全文转载，曾应第八届国际怀特海大会组委会的邀请，以该文的英文版参加会议并作专题报告，全文被收入大会论文集。

刘启华教授的这部著作内容充实、富有创见、立论有据、令人信服。它凝聚着作者的 10 年心血，学术亮点新颖夺目。

我同刘启华教授在学术活动中相识、相交已 30 余年。学如其人，通过学术交流可以了解学者的品性。他把严肃、纯洁的学术研究视为自己人生的追求。他敬业、执著，孜孜不倦、乐此不疲。他不讲空话，不赶时髦，所以我一直尊敬他。这本著作给我的印象可以用两个字概括：精心。他认真、严谨，一丝不苟。他用心思考、用心统计、用心制表、用心绘图。他精心构思、精心撰写，从标题到注释，处处专心。这本著作是否已达到精品的水平，要由学界来评论，要经受时间的考验。但作者的精心研究的学风，已使我深受感动。当前的学界，急功近利、粗制滥造已几乎成为时尚。学术论文与书籍堆积如山，寻找真正有价值的作品，却像沙里淘金。我不禁掩卷感叹，在这种氛围中，这位老学友的“书生气”，真是难能可贵！

林德宏

2013 年 7 月 19 日于南京大学

目 录

第一章
导　论

……科学，作为解决新问题的手段，其作用将日益增大，我们将会越来越强烈地感到，认识科学的所有方面是如何发展的，是十分必要的。

* * * * *

只是在我们这个时代中，我们才看到科学家、工程师和手艺工人朝着完全和永久相融合的方向走去，……

——J. D. 贝尔纳

科学的传统中由于包含有实践的和理论的两个部分，它取得的成果也就是具有技术和哲学两方面的意义。这样一来，科学就反过来影响它的根源，而且实际上后来科学对于那些离开它的直接根源最远的领域也都产生了作用。

——S. F. 梅森

第一节 技术科学发展的曲折历程

技术科学作为基础科学与工程技术之间的中介层次、认识研究与应用开发之间的基本纽带、科研成果转化为直接生产力的重要桥梁和现代工程技术教育的主要学科基础，其发展经历了一个相当曲折的历史过程。原因是多方面的，既有文化传统差异、社会制度变革、产业结构变迁、认识视角不同等普遍性因素，又有社会建制的安排、战争的影响与刺激、领导者的决策偏好等特殊性因素。如果进一步概括，又可以认为是与理论传统和实践传统时而分离、时而结合的历史过程密切关联的。

在西方文化史上，发端于古希腊的哲学理论传统和工匠技术传统这两支知识脉系的分离状况，后来在欧洲又持续了相当长的时间。这除了源于人的性情不同或科学家与技术促进者对问题看法的差异之外，一个重要的原因就是传统社会森严的等级制度。一般说来，从事自然哲学探究的人均以上层贵族居多，而琢磨改进与发明技术的工匠又都是下层的劳动者。贵族阶层虽有足够的时间和精力沉湎于理性思考，但由于远离经验，其理论难以经受实践的检验，有时甚至显得不着边际；工匠们一般缺乏接受系统教育的机会且整天忙于手头的活计，很难进行理论建树。而贵族与贫民的长期分离乃至对立，使得双方很难进行广泛、深入的思想交流，必然会使两种文化传统彼此长期分裂。

随着文明的进步，人们便逐渐觉察到，理论与实践两方面知识互相补充、彼此促进的重要性。早在 13 世纪，欧洲就萌生了与经典理论世界相悖的科学的功利主义前驱。一些自然哲学家们更乐于把理论知识作为控制自然的手段，而不仅是认识自然的方法。理论与实践的结合乃是孕育近代科学的温床，这肇始于意大利的文艺复兴运动。在那令人兴奋的年代里，不仅出现了达·芬奇、米开朗基罗、瓦·伽马等兴趣广泛、勇于探索的天才，而且也催生了哥白尼和伽利略这样的近代科学先驱。这些人都心存一条基本准则：知识要在实际行为中发现它的目的，而实际行为要在知识中找到它的理由。循着这一条理论与实践相结合的路径，通过实验与数学的结合，不仅促成了 17 世纪以牛顿的成就为代表的科学上的重大突破，而且也使古代技艺（technique）逐步走上理性发明和系统发展的道路。1615 年在英国首先出现了 technology 这一单词，它既可以理解成体系化的技艺知识，也可译为工艺学、技术学。几乎同时，弗朗西斯·培根振臂高呼：人的知识和人的力量合二为一，因为不知道原因，就不知道结果。要命令自然必须服从自然。他还在《新大西岛》一书中设计了一种称为所罗门宫（Solomon' House）的研究机构，为落实其伟大构想提供组织建制方面的保障。其后，英国皇家学会又将功利主义观念写入它的宪章，使其影响得到广泛传播。会员们一般都深信，实验的权威作用会把自然科学和实用技艺结合得更加紧密，发展到更高阶段，以利于人类的进步。当时这一类的探究活动已深入到航海、采矿、水利工程、……实用技术之中。这使得弗朗西斯·培根的功利主义观点连同他的归纳法在其家乡一时大放异彩。

可是在弗朗西斯·培根之后的相当长的历史年代里，当时的科学几乎还处在力学一枝独秀的阶段，尚难以给技术繁荣提供全面的知识支撑。随着工场手工业的发展和新型产业的萌发，大量的新生技术难题还只能依靠传统工匠的方法解决，致使产业革命在英国发生时留给时人的印象是，真正能解决实际问题的仍然是钮可门（T. Newcomen，1667～1729）、瓦特这一类杰出的工匠。加之两种文化传统长久分离的历史影响深刻而又坚韧，不时地离间着科学与技术的联姻。以致在 18 世纪和 19 世纪的较长时间里，自然哲学家们自命清高，排斥经济和实用因素；相比之下，技术掌握在那些致力于实践，并不断从中获利的中产阶级手中。当时欧洲的发明家们尽管在发明方法上已经高度系统化，但当他们加速步入产业革命之时，对科学理论知识却知之甚少，所以被远远地排斥在绅士科学家的行列之外。

由于受多种因素的影响，科学与技术研究方面社会建制的安排又进一步加剧了科学与实用技艺之间的分离。先说英国，产生于中世纪的牛津、剑桥大学，到 17、18 世纪仍以传统的神学、文学、法学和医学四大学科为中心，拒绝新的自然科学和科学研究，而且校风败落、与世隔绝、暮气沉沉，已处于衰退状态，对当时的工商业发展毫无贡献。这种局面一直持续到 19 世纪上半叶。在这阶段，可能只有苏格兰的一些大学，在理论与应用的结合方面做出了一定的贡献。

在启蒙运动和大革命的浪潮席卷之下，唯有欧洲历史上最悠久的大学之一——法国的巴黎大学，因不能适应社会发展的需要，遭到了致命的打击。罗伯斯庇尔等革命时期的领导人，对被教会控制、思想上反动且忽视现代科学技术的传统大学深恶痛绝。1793 年，革命政权下令关闭了所有 22 所旧大学，取而代之的是各种类型的独立专业学校。其中尤以 1794 年创办的巴黎多种工艺学院最为著名，它在培养工程师和发展数理科学方面都发挥了很大的作用，被称为“欧洲工业大学最早的楷模”。其所实施的教育，就是在学习数学和物理学的基础上，进行工业技术的训练。在对高等教育分科方面，对以后的欧洲起了先导作用，一时成为许多国家学习的榜样。19 世纪初，拿破仑又颁发了《帝国大学令》，将全国划分为 29 个大学区，各个区成立一所大学，实行神、法、文、理、医五院分立。由国家任命学区总监（兼校长）、院长、教员，同时又垄断着文凭、学位的颁发权。实际上已初步完成了法国近代第一次以功利主义为指导思想的高等教育改革。但是好景不长，1830 年以后，昙花一现的法国科学便开始走下坡路。主要是因为其完全处于中央集权控制下的科学和教育体系，并未形成内部良性循环的自我调控机制，加之自由主义政体的建立，使智力方面的兴趣分散向政治、经济和技术等事务中，便失去了将具有革新能力的人才和兴趣全集中在科学和教育方面的理由。看来，失败的根本原因仍在于高度集权的国家政治体制。

19 世纪初，由威廉·冯·洪堡发起的大学改革运动，虽在德意志历史上留下了浓墨重彩，但其始终贯穿着新人文主义精神，高举其先驱如温克尔曼等所倡导的“欲成伟大巨子，唯有师法希腊”的思想旗帜，进一步加剧了科学与技术的分离。柏林大学的开办，使尊重自由的学术研究成为其精神主旨，洪堡“为科学而生活”的信条成了新大学的理想，使得“为科学而科学”的风气越演越盛。但是，随着以电力技术和内燃机技术为代表的第二次产业革命的发生，人们再也不能无视科学理论与技术实践之间的密切联系了。这使 19 世纪后半叶的德国，为了加强应用科学及其在技术学校和工业中的发展，不得不在大学之外走了另一条道路，政府对他们所建的技术学校和专业给予特殊的优惠政策。后来，因工业对科学研究的需要又产生了恺撒·威尔姆研究所，即后来马克斯·普朗克研究所的前身。同时，一些大型制药与化工企业也开始设立最先的 R&D 机构，首开了企业进行工业研究的先河。

这种使纯科学和应用产生截然分离的机构安排，掩盖了认识研究与应用研究之间相互作用的复杂性，客观上给科学与技术携手联姻、共同繁荣造成了很大的障碍。但当时德国科学界几乎没有觉察到这一严重问题，而任凭新人文主义思想家们强化古希腊的纯探究思想，使之在现代大学里得以复活。像亥姆霍兹（H. Helmholtz，1821～1894）这样有影响的科学家 1862 年在海登堡发表强调纯研究的演讲，只能为这股复古风潮推波助澜。与此同时，在大学之外另一条战线上，耕耘不息的应用科学家和工程师们，却为德国工业的发展做出了巨大贡献。今日回首，我们不能不为当年德国科学与技术发展体制的格局而扼腕。

在实用主义颇为流行的美国，建国之初自然是推崇科学研究和实际应用相结合的。本杰明·富兰克林（B. Franklin，1706～1790）就曾把科学认识与应用目标的融合写入《美国哲学社会》一书。19 世纪中叶，在哈佛大学、耶鲁大学和普林斯顿大学中享有盛名的科学学院，就是我们今天能看到的纯科学和工程应用的混合体。在美国南北战争后的几十年里，农学院、农机学院和农业实验站的使命就是使科学与技术实现融合。在第二次世界大战中，政府直接推动的为战争服务的一系列研究、开发计划，如青霉素的批量化生产、人工合成橡胶、重油的催化裂化等项目及著名的曼哈顿工程，自然是基础研究和特殊的政治、军事应用相结合的产物。

但到19世纪末20世纪初，一大批去德国留学的学子回国报效国家，同时也将德国的研究模式与风格带了回来，推动着美国高等教育进一步改革。康奈尔、约翰·霍普金斯、斯坦福、芝加哥等一批新型大学的建立，极大地支持了大学作为纯科学的教学与研究中心的观点。在坚持必须把纯研究与应用研究加以严格区分的科学家看来，战争带来的结果是使“未来全部科学发展之源趋于枯竭”。整个战争期间是一个科学“几乎完全停滞的时期”。J. 罗伯特·奥本海默(J. R. Oppenheimer，1904～1967）甚至认为：我们在战争期间所学到的东西并不重要。重要的是在战前的1890、1905、1920各年度中所学到的东西。我们得到了一棵硕果累累的大树，并拼命地摇晃，结果得到了雷达和原子弹……其全部精神实质在于对已知的疯狂而粗暴地掠夺，而毫无对未知的认真而谦恭地探索[①]。

这种分离思潮在现代美国发展至极的表现就是V. 布什（V. Bush，1890～1974）在1945年发表的《科学——没有止境的前沿》报告。他认为：“一个在新的基础科学知识方面依靠别国的国家，其工业发展将是缓慢的，在世界贸易竞争中所处的地位将是虚弱的，而不管它的机械技术如何。”[②] V. 布什在该报告中力劝美国政府增加对基础科学研究的投入，同时也不要干预科学家们的研究方向和选题，以坐待科学给国家发展带来无穷的恩惠。尽管V. 布什的上述思想在第二次世界大战后一段时期内曾获得美国政府一定程度上的支持，但这些观点在今天美国官方和民间均早已遭到质疑。

无论对理论传统与工匠传统、科学的认识目标与应用目标、纯研究与应用研究之间交汇融合的阻力来自何方，有多么巨大，阻挠的时间有多长久，只要人类文明发展的潮流需要这种交融，那将是任何力量也阻挡不了的。前进的道路可能是曲折的，表现的形式可能是多样的，但前进的方向则是不可逆转的。在社会、经济、军事、文化等多种力量的推动下，科学与技术两种文化、两类知识逐步走向融合的一个典型象征就是，在科学、技术两支知识脉系之间，另一支新的知识脉系——技术科学（亦常称应用科学、工程科学）在文艺复兴特别是产业革命以后，不断曲折而强劲地发展，推动着科学与技术互动进程的不断深化。其到20世纪中期以后已形成蔚为壮观之势，许多国家在技术科学上的投入已约占全部科学投入的60%～70%[③]；我们的统计研究亦发现，到20世纪末技术学科数已占

---

① D. E. 斯托克斯．基础科学与技术创新·巴斯德象限［M］．周春彦，等译．北京：科学出版社，1999：13

② V. 布什等．科学——没有止境的前沿［M］．范岱年，解道华译．北京：商务印书馆，2004：12

③ 赵红州．大科学观［M］．北京：人民出版社，1988：206

到学科总数的65%左右。凯德洛夫也曾将控制论、原子能科学、航天学等技术学科视为新时期的一组新型带头学科。至此，技术科学在科学技术发展史上已发挥着史无前例的重要作用。

因此，无论是从悠久的历史过程还是从发展的速度、规模上看，我们现在都完全有可能对技术科学展开比较全面、深入的总体研究，以揭示其发展的基本特征与规律，并从这一侧面和视角进一步窥测近现代科学与技术（工程）、科技与社会（经济）互动的基本机制与宏观特征，从而为当代科技发展战略的制定、科技政策的调整、科技与教育管理的改革提供有益的借鉴。

第二节　对现代科学技术体系结构的研究及其当前面临的主要问题

18世纪下半叶产业革命在英国发生时，发挥主力军作用的虽然仍是传统工匠，但在近代科学精神的影响和推动下，人们已开始运用追求一般与共性规律的科学思维方式来处理大量工程技术中的问题。一方面，在新型产业的开发中，由于丰富的工程技术实践经验需要系统总结，于是产生了炼铁学、冶金学、采矿学等新型学科；另一方面，在兴修水利、筑路架桥、机械制造过程中，又面临着许多特殊的力学问题，人们又将如日中天的牛顿力学知识设法用于实际，便出现了水力机械、塑性力学、多刚体动力学等一系列应用力学学科。

在19世纪中期以后发生的第二次产业革命中，一方面如上所述，以系统总结工程技术实践经验为主的技术学科和以基础科学知识作技术定向转化为主的技术学科进一步发展；另一方面自然科学的全面发展，使人们能够运用多学科知识全面、系统地解决某一个实际应用领域中的多种技术问题，从而形成了一种新型的系列学科群，如农业科学、医药科学、环境科学都是由这类特定的学科群组成的。

20世纪，特别是第二次世界大战以后，继以上各类技术学科大量涌现之外，由于运筹学的出现和自动化时代的来临，又出现了一系列总结人工自然过程和社会过程规律的技术学科，如控制论、信息论、运筹学等。虽然它们一般会与数学、系统科学等横断科学发生联系，但从服务对象、追求目标和体系结构上看，又显现出许多技术科学的新特点。这类学科在基础科学中既没有“祖先”，又不是对专业工程技术经验的系统总结，从而体现出技术科学发展的又一种新趋势。

技术科学蓬勃发展，在规模和功能上已逐渐形成磅礴的气势，在形式和内容上又呈现纷纭复杂、繁花似锦的景象。到20世纪中期人们开始认识到，以理论与实践、认识与应用那种简单的对立二分方法来看待科学技术的传统习惯已经过时，科学界和理论界必须要正确面对、认真研究技术科学现象，要重新审视面貌一新的现代科学技术基本体系结构。

从我们目前所掌握的资料看，J. D. 贝尔纳是最早关注和研究技术科学现象的。他在其科学学奠基性名著《科学的社会功能》（1944年）中称："科学组织形式的总原则直接来源于它的职能——解释和改变世界。作为一个知识的体系，它有物理学、化学和生物学等不同门类以及它们的分得更为精细的小门类。""这可以说是科研活动的横的分类，然而人们却可以大不相同的方式把科学设想为情报和活动的循环、设想为理论科学家向实验科学家传授原理，并经过技术人员将其转用于生产和新的人类活动的过程。反之，社会生活和生产技术上的困难所引起的问题也会促使实验和理论科学家去做出新发现。这一双重的过程的确一直在整个科学史中进行着。现在发生的情况是：我们才开始了解到这一情况，而且能够用一个更加自觉地规划出来的所谓纵的科学组织形式来取代原来用以适应上述双向对流活动的不灵活的而且带有偶然性的科学结构。"他还认为"这个想法本身直接来自马克思主义的思想"。这样，"我们可以把科学理论和实践的关系大概区分为三个阶段"。"第一类将主要从事所谓纯科学工作、但更精确地应称之为尖端科学工作，最后一类仅仅从事实用问题的研究。两者之间的桥梁是研究所。"其"职责在某种意义上是把理论化为实践"。

"技术-科学研究所是比较新近的概念。"从中"已经可以看出：在科学院和大学所代表的基本研究以及工厂和政府部门中的实际应用科学之间，设置某种中间性联络组织，是有其特别的好处的"。它们的"一个职能是充当基础科学及其应用之间的双向交流渠道。在工业、农业和医学中产生的问题首先向它们提出"。"研究所要么应用已知的科学原理解决这些问题、要么把这些问题变成一些基本问题，提交科学院处理。与此相反的过程也将属于它们的业务范围。它们的任务是，探索基本科学研究成果的实际应用方法，并且把这些方法加以发展，以便可以交给工业试验室、农业试验站或者医学研究中心。"

最后J. D. 贝尔纳又强调指出："我们当然应该认识到，技术科学和基础科学的发展将仍然包含很大的偶然因素。""我们所以说值得进行科研并不是因为花在某项科研上的每一便士都会得到相应的利润，而是因为花在一些不同的科研项目的总金额会导致真正经济上的发展，而上述科研项目的大部分则可能是毫无成果的。"①

---

① J. D. 贝尔纳．科学的社会功能［M］．陈体芳译．北京：商务印书馆，1995：382-395

J. D. 贝尔纳在这里至少已向我们清晰地表达了五个方面的信息：①人们已明确地发现，在基础科学及其应用之间存在着技术科学这一中介层次，“我们可以把科学理论和实践的关系大略区分为三个阶段”；②技术科学应有其专门的社会建制，作为基础研究和实际应用之间的“中间性联络组织”，以发挥“双向交流渠道”的功能；③技术科学研究和基础科学研究一样，“仍然包含很大的偶然因素”，故其探索过程是有风险的；④技术科学至少应存在于与工业、农业和医疗事业相关的“纵的”科学技术体系之中；⑤贝尔纳还在该书的“图表一”中提示我们，可以借助于“技术科学史”等方面的知识研究其相关的“社会管理”问题。

继 J. D. 贝尔纳之后，深入研究技术科学并进一步构建现代科学技术新体系者，当推我国著名科学家钱学森先生。他对这方面问题的研究与思考从 20 世纪 40 年代一直持续到 80 年代末，几乎经历了半个世纪。其基本思想与成果又可以由三篇代表作：*Engineering and Engineering Sciences*（1948 年）[①]、《论技术科学》（1957 年）[②] 和《现代科学技术的特点和体系结构》（1988 年）[③] 来体现。现对其中的主要思想内容进行概括。

第一，阐明了 20 世纪上半叶技术科学迅速发展的主要原因：①科学迅速而全面地发展，“补足了它们以前的缺陷”，“因此……对工程师来说，自然科学现在已经很完整了，它已经是一切物质世界（包括工程技术在内）的可靠基础”[②]。②科学和技术的研究已成为现代工业不可或缺的组成部分，而工业发展水平又是国力和社会福利的基础。由于国内和国际竞争的加剧、工业的加速发展，基础科学的新发现迅速转化为生产技术，从而大大缩短了纯科学事实和工业应用之间的距离，科学家与工程师的密切合作已成为工业成功发展的关键。于是在纯科学与工程技术之间便形成了一种桥梁，即工程科学家这样的新岗位[①]。

第二，指出了纯科学家和工程（技术）科学家兴趣和工作上的区别：①纯科学家的兴趣在于将客观世界的问题简化到可以获得精确解；工程（技术）科学家的兴趣在于能解决他们面临的实际问题，故追求的是对于工程目的足够精确的近似解。②由于纯科学家对具体工程问题缺乏浓厚兴趣，使得工程（技术）科学家不得不在纯科学家过于简化或遗弃的部分，努力开发新的科学原理，以此作为解决实际工程问题的工具。[①]

第三，指出了工程（技术）科学家的主要任务：①论证工程技术方案的实际

① 钱学森．钱学森文集，1938—1956 年［M］．北京：科学出版社，1991：550-563

② 钱学森．论技术科学［J］．科学通报，1957，(4)：97-104

③ 钱学森，等．论系统工程（增订本）［M］．长沙：湖南科学技术出版社，1988：513-530

可行性；②指明工程技术方案的最佳实现途径；③如果一项工程计划失败了，要找出失败的原因并提出补救措施。[①]

第四，指明了技术科学的主要适用领域。和J.D.贝尔纳一样，钱学森明确地指出：工程（技术）科学的职能“实际上超越了现在工业的范畴。医药是将化学、物理和生理学应用于治病和防病，农业是将化学、物理和植物生理学应用于生产食物，两者都是广义的工程，而且两者均将得益于工程科学的方法。因此，把工程科学家称为以科学为追求目标的最最直接的工作者是很恰当的。”根本目的是“希望从人们生活中消灭苦役、不安和贫困，带给他们喜悦、悠闲和美丽”[①]。

第五，概括了技术科学的基本研究方法：①通过现场观察和试验，全面收集相关资料和数据，增进“对所研究问题的认识”，以“确定问题的要点在哪里”？“什么是问题中现象的主要因素，什么是次要因素”？②“运用自然科学的规律为摸索道路的指南针，在资料的森林里，找出一条道路来。这条道路代表了我们对所研究的问题的认识，对现象机理的了解。”“一个困难的研究题目，往往要理论和实验交错进行好几次，才能找出解决的途径。”③根据“对问题现象的了解，利用我们考究得来的机理，吸收一切主要因素、略去一切不主要因素”，建立一个对现象简化了的模型。④“运用科学规律和数学方法”，利用以上模型进行详细“分析和计算”，并将“理论结果和事实相对比”，以判断所获工程技术理论模型的可靠性。⑤运用所获得的“有科学根据的工程理论”解决面临的实际工程技术问题或预见新技术[②]。

第六，指出了当时“技术科学的一些新发展方向”和“对其他科学的影响”。

（1）认为当时技术科学的发展方向主要包括化学流体力学、物理力学、电磁流体力学、流变学、土和岩石力学、核反应堆理论、工程控制论、计算技术、工程光谱学、运用学（即运筹学）共10个方面。[②]

（2）指明“技术科学对自然科学的贡献”，可以说是“一个反馈作用”。因为“自然科学是不可能尽善尽美的，不可能把工程技术完全包括进去；而技术科学却能把工程技术中的宝贵经验和初步理论精炼成具有比较普遍意义的规律，这些技术科学的规律就可能含有一些自然科学现在还没有的东西”。将其“再加以提高就有可能成为自然科学的一部分”。例如，“工程控制论在自然科学中是没有它的祖先的”，而其中所包含的“更广泛的控制论就是一切控制系统（人为的和自然的）的理论，它也必须是生物科学中不可缺少的，是生物科

---

① 钱学森．钱学森文集，1938—1956年［M］．北京：科学出版社，1991：550－563

② 钱学森．论技术科学［J］．科学通报，1957，(4)：97-104

学的一部分”[①]。

（3）预言技术科学将对社会科学的精确化和大发展做出贡献。“谁都承认社会科学不是毫无客观规律的学问，只要有规律，这些规律就可以在一定程度上用数学来描述。”“我们没有理由反对把精密的数学引入到社会科学里。”“其实一件在起初认为不能用数学来描述的东西，只要我们这样地来做，我们就发现，通过这个工作能把我们的概念精确化，把我们的认识更推深一步。所以精确化不只限于量的精确，而更重要的一面是概念的精确化，而终了因为达到了概念的精确化，也就能把量的精确化更提高一步。”例如，运筹学“也是在自然科学领域里没有祖先的。它是由于改进规划工作的实际需要而产生的”。“但是我们肯定，……它的应用范围必定会更扩大，会更向社会科学部门伸展。”“举个例子：精确化了的政治经济学就能把国民经济的规划做得更好、更正确，能使一切规划工作变成一个系统的计算过程，那么就可以用电子计算机来帮助经济规划工作，所以能把规划所需的时间大大地缩短。也因为计算并不费事，我们就能经常地利用实际情报，重新做规划的计算，这样就能很快地校正规划中的偏差和错误。”如此一来，“我们就能把社会科学中的某些问题更精密地、更具体地解决”[①]。

第七，指明现代科学技术研究活动不断趋于社会化、规模化、国家化。“19世纪末叶就出现了有组织的、规模比较大的科学技术研究单位——研究所。”“促成这种变化的有内在原因，还有外部原因。内在的原因就是因为科学技术到这个时期已经比较复杂了。”“再就是外部原因，促使这场转变的是当时出现了一场技术革命。”“……爱迪生的研究所，开始了现代科学技术的时代，也就是科学技术从个体劳动转变为社会化的集体劳动的时代。”这背后的“社会原因”正如列宁所说：“竞争变为垄断。结果生产的社会化有了巨大的发展。特别是技术发明和改良的过程，也社会化了”。“爱迪生……的研究所，是我们现代科学研究单位的一个雏形。……但是现代科学研究所所有的一些组织部分它都有，很齐全；而且整个研究所的工作都在统一的、严密的组织下进行。”“这种趋势从20世纪40年代起，又有了进一步的发展。……科学技术的研究工作又进一步扩大到可以说是国家的规模。”“就是说，……要把一个国家的科学技术力量组织起来，用几万人的集体来解决问题。”“到现在，科学技术发达的国家，每年花在科学技术上的钱要占国民生产总值的百分之一以上，……这种情况是历史上从来没有的。”[②]

第八，初步构建了“现代科学技术的整体结构”体系。“……一方面是分化，成立新的部门；一方面又形成体系和严密的结构。到现在认识到的现代科学技术

① 钱学森．论技术科学［J］．科学通报，1957，(4)：97-104
② 钱学森，等．论系统工程（增订本）［M］．长沙：湖南科学技术出版社，1988：513-530

体系，……分为九大部门：自然科学、社会科学、数学科学、系统科学、思维科学、人体科学、军事科学、文艺理论和行为科学。”“这九大部门的划分不是研究对象不同，研究对象都是整个客观世界，而是研究的着眼点，看问题的角度不同。”①

“现代科学技术的九大部门要概括到马克思主义哲学，其核心是辩证唯物主义。……要通过一架桥梁，联系自然科学的是自然辩证法；联系社会科学的是历史唯物主义；联系数学科学的是数学哲学或元数学；联系系统科学的是系统论；联系思维科学的是认识论；联系人体科学的是人天观；联系军事科学的是军事哲学；联系文艺理论的是美学；联系行为科学的是社会论。一个马克思主义哲学、九架桥梁、九大部门，这是现代科学技术体系的纵向结构（笔者：换一个列表方式，也可以视为‘横向结构’）。横向（笔者：对应的，也可以视为‘纵向’）也有结构，就是基础科学、技术科学和工程技术三个层次。”①钱学森有时又称之为三个台阶：工程技术为第一台阶；技术科学为第二台阶；基础科学为第三台阶。后来他又增加了两个部门：地理科学和建筑科学，其对应桥梁为地理哲学和建筑哲学。这样共十一个部门。

其实“人类掌握的知识远比现代科学技术整个体系还大得多。例如：局部的经验，专家的判断，行家的手艺，文艺人的艺术，点滴知识和零金碎玉等都是宝贵的知识，但还未纳入现代科学体系，还不是科学”。“这种不是科学但是有用知识的宝贝还很多，我们不妨称之为‘前科学’，……科学技术的发展总是不断地把前科学变成科学，同时也发展和深化了科学技术本身。”①

将以上内容综合起来，可绘制成如图 1-1 所示的矩阵式框架图。认识这样的“现代科学技术的体系结构，是学习掌握认识世界和改造世界学问的锐利工具”①。我们不妨将图 1-1 与门捷列夫的元素周期表相比较，元素周期表可以预言尚未发现的新元素；而根据图 1-1，则可以预言尚未建立的技术科学、基础科学及它们迈向马克思主义哲学的桥梁等。从而使我们明白在现代科学技术体系中主要缺些什么，以及应该向哪个方向努力。

到了 20 世纪 60～70 年代以后，技术科学现象及现代科学技术体系结构问题已引起学术界比较普遍的关注。苏联、东欧诸国，以及联邦德国、加拿大、美国、日本等国学者均纷纷发表文章和著作论述各自对技术科学的见解。此外，新版的《大英百科全书》（*The New Encyclopædia Britannica*）和《大美百科全

---

① 钱学森，等. 论系统工程（增订本）[M]. 长沙：湖南科学技术出版社，1988：513-530

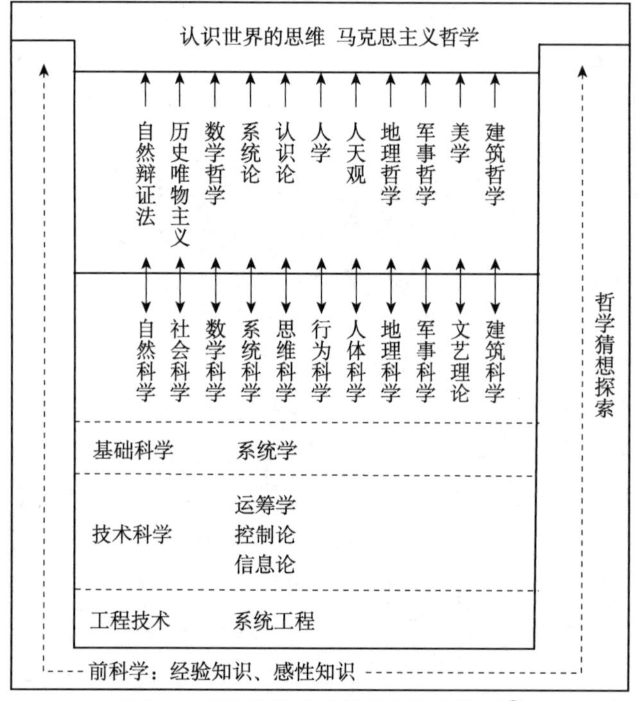

图 1-1 现代科学技术体系和知识体系①

书》（*Encyclopedia Americana*）亦有对应条目和相关论述。概括起来，上述各类成果大致可分为两类：一类是科学家根据自己的研究实践，从不同的学科领域和视角对技术科学的范畴、功能、地位等问题发表自己的见解；另一类则大都为哲学家对技术科学及其相关概念进行系统的历史考察，或者对技术科学认识论、方法论特征做逻辑分析。以上汇集起来，虽已林林总总，但就研究工作的规范化和系统化而言，仍应属于对技术科学总体研究的初期探索。

20 世纪 80 年代以后，随着我国科学哲学、科学学研究热潮的兴起，学者们在分析现代科学技术体系结构、阐述“科学是生产力”命题、审察科研投入方案的合理性、研究与改进现代科技管理等项工作中，又不同程度地涉及技术科学及其相关论题。研究队伍除了科技哲学、科学学与科学技术管理等软科学领域的学者之外，许多著名科学家、两院院士（包括外籍院士）也加入了这一研究行列，如王大珩、罗沛霖、张维、吴熙敬、张光斗、田长霖、郑哲敏、师昌绪、路甬祥、蒋新松、薛明伦、沈珠江、王大中、杨叔子、王越等。在欧美有关科学哲学、科学社会学、科学技术与社会等领域的文献中亦出现为数不多的对技术科学

① 陈建礼．科学的丰碑——20 世纪重大科技成就纵览［M］．济南：山东科学技术出版社，1998：292

的专题论述。但总体上说来，对技术科学进行专门研究的论著尚不多见，研究工作不够系统、深入，属于附带性论述居多。

同时，由于众多学科领域的学者介入这一研究领域，大家出生于不同的学术生涯，视角必然存在区别；各国文化传统和语言习惯上的差别，又导致表述问题和使用概念上的极大差异；此外，在文献翻译过程中，不同的译者理解和译法不一样，也引起了对概念含义把握上的悬殊；……还可以列举出更多、更具体的原因，这里暂且从略。这说明：虽然大家对研究技术科学现象、现代科学技术体系结构问题的重要意义已基本形成共识，但在很多重大问题上却存在认识上的分歧。概括起来，主要又有如下几方面。

第一，对“技术科学”概念理解歧义。主要表现为：①认为技术科学完全等价于过去惯称的应用科学。②在国内学术界，有些人主张应严格区分技术科学与应用科学的层次与含义；有些人主张技术科学与工程科学要严格划界；更多的人认为技术科学就是应用基础科学，是对基础科学的技术定向演绎；但也有人把应用科学理解成应用于工程技术中的科学知识。③各国间使用的概念不一致。欧美各国常将技术科学和工程科学视为一回事；在日本有理学、工学与技学之分；我国学术界当前较普遍地关注并称谓其为技术科学。④在英语中有 technical science 和 technological sciences 两种说法，两者的基本含义差别很大，但翻译成中文却均为“技术科学”。

第二，由第一中的分歧又引发出对“工程”的两种明显的歧义理解：一是指工程科学；二是指工程活动，即工程师围绕某个工程项目进行的室内或现场作业。这方面最典型的例子莫过于中文中对“化工”二字的理解，既可指化学工业、化学工艺，又可以指化学工程[①]。而化学工程既可以理解为化学工程学，又可以指关于化学工程项目的设计、制造等活动。

可能正是基于上述原因，有些人便认为工程技术当属于现代科学体系范畴；另一些人又认为科学和（工程）技术是具有严格区别的两种范畴、两种文化。甚至还有人在一种场合认为工程技术属于现代科学体系，在另一场合又称工程技术和科学是有区别的。

第三，对现代科学技术体系结构的研究尚不够深入。学术界目前一般均公认现代科学技术体系是由基础科学、技术科学和工程技术三个层次构成的。J.D.贝尔纳称之为“三个阶段”，钱学森有时又称其为“三个台阶”，实际上都是一回事。如果仔细推敲将发现，基础科学层次本身就是一个有机系统，主要由数学、基础自然科学、基础社会科学构成。基础自然科学又包含物理学、化学、天文

---

① 杨光启，侯祥麟．中国大百科全书·化工［M］．北京：中国大百科全书出版社，1987：1

学、地球科学、生命科学；基础社会科学中又包含政治学、经济学、社会学、心理学等。同样的道理，现代工程技术又是由土木工程技术、机械工程技术、电气工程技术、化学工程技术、生物工程技术、工业工程技术等构成的庞大系统。那么技术科学层次又将如何呢？我们现在对技术科学的上述各种理解能充分揭示其丰富的内涵吗？它是简单的一类学科呢？还是一个复杂的学科系统？郑哲敏已强调，“技术科学越来越显示它是有层次结构的。技术科学的基础部分和应用部分间有多个层次，它们之间又有复杂的反馈和相互促进和转化作用。基础部分起着根和源泉的作用，而应用部分则起着花和果的作用”①，现在我们能否更清晰地揭示、描述这种多层次的复杂反馈关系呢？

第四，无论是J. D. 贝尔纳还是钱学森，或者是其后的许多学者，基本都认为技术科学在基础科学与工程技术之间发挥着双向互动作用。我们是否可以从理论上思考并回答：基础科学与工程技术之间为什么需要这样的“双向互动”呢？这种“双向互动”的根本目的、动力机制是什么？这种“双向互动”的基本特征、评价标准又当如何？另外，钱学森当年曾列举过技术科学10个方面的新兴发展方向，但并未进一步指出这10个方面的技术学科在目标功能、知识特征、体系结构上有什么区别。是否需要进一步进行系统分类呢？

第五，对技术科学产生的历史时期观点不一致。例如：①苏联和东欧诸国部分学者及我国一些学者认为18世纪便出现了技术科学；②中外许多学者都认为技术科学产生于19世纪中期；③也有相当一部分人认为技术科学是19世纪末近代科学向现代科学转变中的产物，并以德国哥廷根大学应用数学家克莱茵（F. Klein）和机械工程师普朗德（L. Prandtl）创建应用力学学派为标志；④还有人称技术科学产生于20世纪20年代左右，大约在第一次世界大战后、第二次世界大战前那段时期；⑤甚至还有人称技术科学产生于19世纪某一时刻，这看起来显得模糊，但很可能又是治学态度严谨、审慎的表现。

第六，上述关于技术科学相关范畴、概念的歧义理解和对其历史分期的众说纷纭，使得这一研究领域当前呈现出一片相当混乱的局面。打个比方，当前科技哲学、科学学界对于技术科学的总体研究状况，可能相当于19世纪初原子-分子论确立之前经典化学界的局面。有些人甚至认为，技术科学的总体研究目前尚处于前科学阶段。在这种局面下，也就很难企及对技术科学发展宏观上的总体特征与规律有相对统一、比较可靠的把握了。

第七，既然目前尚不能从技术科学的视角窥测到近现代科学技术整体发展的

---

① 王大中，杨叔子．技术科学发展与展望——院士论技术科学（2002年卷）[M]．济南：山东教育出版社，2002：81

相关特征与规律，尤其是科学与技术互动的基本机制，也就很难进一步追寻科学、技术、工程三者之间彼此双向互动的基本特征与规律，以及科技、经济、社会三者之间彼此双向互动的基本特征与规律了。这样，就不可能对未来技术科学及与其相关的经济社会现象的基本走势做出比较准确的预测；此外，也就很难对未来科学技术、高等教育、经济社会等相关方面的改革提出系统的合理化建议。

第八，技术科学是现代工程技术教育的学科基础，工程技术教育发展的整个历程又始终贯穿着以技术科学为学科基础与以工程技术实践需要为服务对象之间的基本矛盾。如果我们能够比较系统、准确地把握了技术科学发展的基本特征与规律，则对工程技术教育，尤其是高等工程技术教育的改革与发展，应该能提供什么样的基本思路和蓝图呢？这当然也是一件令人颇为关心的大事。

第三节　亟需澄清与界定的两组基本概念①

在长期研究中我们已经发现，为了对技术科学展开全面、深入的总体研究，为了对上述问题做出比较准确的解答，就首先要对“科学、技术、工程”和“学科、专业、产业/事业”这两组基本概念有一个比较严格的界定，以作为后续研究工作的基础。

（一）关于科学、技术、工程的区别与联系

对于上述三概念，由于学者们视角不同，强调的侧面各异，便出现许多不同的见解，于是在论著和辞书中就有了不同的相关定义。

尼采曾说：“只有无历史的东西才可以下定义。”② 而科学、技术和工程作为人类文明发展中的重要活动，均经历了相当久远的历史。在它们的发展过程中都不断地产生新的特点，当然也使其概念的内涵与外延不断演变。因此，严格意义上说，是很难给三者做出准确完备的定义的。

关于科学的特征方面的权威论述，又当首推J.D. 贝尔纳。他认为由于上述原因，不能给科学严格定义，只能从不同侧面去理解和把握它，并认为现代科学

---

① 这部分内容已以《刍议与理工科高等教育密切相关的两组基本概念》为题发表在《南京工业大学学报》（社会科学版）2009年第2期上，并被河南师范大学出版的《教育科学文摘》（双月刊）2009年第4～5期全文摘编、刊载

② F. 拉普．技术哲学导论［M］．刘武，等译．沈阳：辽宁科学技术出版社，1986：21

主要包括以下五个不同侧面的含义[①]：①一般认为科学是不断累积而成的、逻辑上相对严谨的知识体系；②科学在其发现事实和规律方面有一套独特的方法体系；③对于现代科学，为完成其社会任务，必须要有特定组织结构和运行机制，即社会建制；④现代科学已构成生产力发展的重要因素；⑤科学还是构建新思想和孕育世界观的重要源泉。

对于技术，国内外学者也有不同的理解，这里也择其要者简述于下：①技术是一种能力，即经过训练而获得的经验、技能和技艺（technique）[②]；②技术是一种知识，是一种“实践技巧的学问”（technology）[③]；③技术是一种实现目的的物质手段的体系或手段的总和[④]；④技术是知识、能力、手段的总和[⑤]。

随着学术界对工程问题的日益关注与研究，发现对工程的含义也没有统一的认识。现在亦将一些典型的理解和说法归纳如下：①工程是技术。工程是有目的地应用科学知识使自然资源最佳地为人类服务的一种专门技术[⑥]。②工程是科学。工程是将自然科学的原理应用到工农业生产部门中去而形成的各学科的总称[⑦]。③工程是专业。工程是把数学和自然科学知识应用于设计、研制和建造从而为人类谋福利的专业[⑧]。④工程是一种工作活动。工程是人类的一种活动，通过这种活动使自然力处于人类控制之下，并使事物的性质在装备和机器上发挥效用[⑨]。⑤工程是实践活动过程的总和。工程是人们综合应用科学（包括自然科学、技术科学和社会科学）理论和技术手段去改造客观世界的实践活动和过程的总称[⑩]。

综上可见，对科学、技术、工程的理解似乎琳琅满目，众说纷纭。但无论怎

---

① J. D. 贝尔纳．历史上的科学［M］．伍况甫，等译．北京：科学出版社，1983：6-24

② 辞海编辑委员会．辞海（上）［M］．上海：上海辞书出版社，1979：1532；邹珊刚．技术与技术哲学［M］．上海：知识出版社，1987：15，224

③ 远德玉，陈昌曙．论技术［M］．沈阳：辽宁科学技术出版社，1986：50

④ C. B. 舒哈尔金．技术与技术史［J］．科学与哲学，1980，（5）：161；于光远．自然辩证法百科全书［M］．北京：中国大百科全书出版社，1995：214

⑤ Tondl L. On the concepts of “technology” and “technological science” ［A］ //Rapp F. Contributions to a Philosophy of Technology ［C］. Dordrecht-Holland：D. Reidel Publishing Company，1974：1-18

⑥ R. J. 史密斯．工程［A］//邹珊刚．技术与技术哲学［C］．上海：知识出版社，1987：350

⑦ 王冀生．高等工程教育概论［M］．四川：电子科技大学出版社，1989：12；谢祖钊，傅雄烈．高等工程教育概论［M］．北京：北京航空航天大学出版社，1992：15

⑧ 大卫·R. 雷耶斯-格拉．工程［A］//邹珊刚．技术与技术哲学［C］．上海：知识出版社，1987：355；詹姆斯·K. 芬奇．工程［A］//邹珊刚．技术与技术哲学［C］．上海：知识出版社，1987：364；工程教育与使用委员会．美国工程教育与实践（续）［M］．上海交通大学研究生院，等译．上海：学苑出版社，1990：142

⑨ 李伯聪．工程哲学引论［M］．郑州：大象出版社，2002：7；工程教育与使用委员会．美国工程教育与实践［M］．上海交通大学研究生院，高教研究室译．上海：上海交通大学出版社，1990：36

⑩ 李伯聪．工程哲学引论［M］．郑州：大象出版社，2002：8

么说，三者之间的基本区别和关键联系则是我们最为关心的，也是最需要进一步澄清的。正如恩格斯所说："可是对于日常的运用来说，这样的定义是非常方便的，在有些地方简直是不能减少的，只要我们不忘记它们的不可避免的缺点，它们也无能为害。"[①] 因此，为了分析问题的方便，还得首先把握科学、技术、工程三者最基本的含义。

我们认为，从根本上说，科学首先应是以研究和发现客观事物的一般规律为目标的逻辑知识体系。它发源于古代理论传统，属于认识范畴，其活动的核心是发现。而发现的最基本要义是透过客观世界的现象，揭示其内在的固有本质和规律。技术则是人类为了各种现实目的而在实践中总结出来的手段、技能、知识的总和，来源于古代工匠传统，属于实践范畴，其活动的核心是发明。发明的最基本要义又是"揭示出物质属性和人类需要之间的一种前所未知的巧合"[②]。而工程则是为了人类的目的，通过综合运用数学、科学和技术的各种知识与经验，进行系统性的创造、发明、设计和制造的活动，其根本核心在于建造，自然也属于实践范畴。而建造的最基本要义是根据现实条件，运用各种知识，进行统筹设计，创造出满足人类需求的物品或服务。在此基础上，再经过简略的历史考察，就不难发现三者之间内在联系的脉络。

首先谈科学与技术的联系。近代以来的科学作为一种解释外部世界"是什么"和"为什么"的知识体系，主要继承了古代哲学理论传统中"思维的首尾一贯性"原则，要求这一知识体系在逻辑上首先应该是不自相矛盾、能自圆其说的。从另一角度看，科学之所以超越于自然哲学，又在于其不仅能够自圆其说，而且必须能够正确反映现实世界及其客观规律。为此，科学又引入实验手段，使得这个知识体系能够直接或间接地经受住实践的检验，从而发展成实证知识体系。近代科学正是在逻辑和实验两种方法的联合作用下，获得长足发展，取得了举世瞩目的成就。这样在科学知识的生产中，便将理论思维和实验技术有机地结合起来。随着工业化过程的发展，特别是产业革命的兴起，生产实践中出现了大量需要解释和处理的问题，而能够经受实践检验的科学知识便自然成了人们的首要诉求。此后，科学的目标便从单纯认识世界逐渐转向改造世界，并出现了所谓的应用科学学科，如材料力学、流体力学、建筑力学、合成化学等。

如果从技术演化方面看，它起源于古代工匠传统，起初只是工匠的技艺。在工业化过程中，随着工场手工业的发展和机器的发明、制造与使用，作为改造世界手段和方法的技术知识获得空前的积累和系统化，于是便有了 technology，即

---

① 马克思，恩格斯．马克思恩格斯选集（第三卷）[M]．北京：人民出版社，1972：122

② F. 拉普．技术哲学导论 [M]．刘武，等译．沈阳：辽宁科学技术出版社，1986：5

体系化的技艺知识。后来由于工厂制和大机器生产的发展，科学与技术进一步融合，人们便逐渐按照构建科学知识体系的模式去总结工艺、技术知识与经验，并将其规范化、标准化。于是又出现了以生产实践经验为基础的工程科学。

还要强调指出的是，technology 中体系化的知识和科学学科中的逻辑知识体系是有很大区别的。前者主要是有根据的规则知识体系；后者主要是由定理、定律等组成的规律知识体系。前者构建知识体系所依据的线索主要由技术活动过程或生产工艺的程序来确定；后者构建知识体系主要依据的是比较、分类、归纳、演绎等逻辑法则。

其次谈科学与工程的联系。工程一词，在东西方古已有之。在中国古代，工程主要是指对工作进度和技巧的评判，以及工作进行的标准；而在西方，从拉丁语 ingenious、genere 等词源上分析，engineering 便含有智巧、聪明之义。文艺复兴之后的达·芬奇、伽利略等既是科学家，又是著名的军事工程师。18 世纪中叶以后，出现了以道路、桥梁、码头、渠道等民用工程为工作对象的专业人员，称之为民用工程师。其工作职责则是“驾驭天然力源、供给人类应用与便利之术”[①]。可见，工程的根本要义是在综合运用数学、科学知识和经验的基础上，通过发挥创造力，更有效地利用资源，规模性地建造人工物，为人类的目的服务。以后随着科学技术的发展，工程的分支不断发展、丰富。例如，力学的发展导致近现代土木工程和机械工程产生；电磁学的发展导致电气工程产生；化学、物理学的发展导致化学工程产生；管理学的发展导致工业工程产生等。在这些工程的发展过程中，不仅技术经验得到系统积累，而且其学理也日臻完善。从工程的知识形态上看，工程多指各种工程科学，包括关于技术的、设计的、生产的等方面集成的系统知识。因此工程与科学是密切相关的，二者都面对客观世界，其差异只是双方的视角和目标不同。前者立足于改造世界，回答做什么、怎么做的问题，力图高效创造“应然”实在；后者立足于解释世界，回答是什么、为什么的问题，力图正确解释“已然”实在。

综上可见，无论是科学与技术还是科学与工程的联系，作为认识与实践之间的互动，都是以一种新的知识形态为纽带的，它或被称为应用科学，或被称为工程科学，实际上就是现在人们一般统称的技术科学。

最后谈工程与技术的联系。两者均属实践范畴，都是为了更好地满足人类的目的，反映着人对物质世界的能动作用。学术界已逐步认识到，两者的根本区别就是活动核心不同，或侧重点各异。也可以说，技术侧重于开发改造世界的方法和手段，更注重过程特征和操作程序；工程的目标在于建造项目或提供产品与服

---

① 杨盛标，许康．工程范畴演变考略［J］．自然辩证法研究，2002，(1)：38-40

务，更注重最终结果的价值及整个建造过程系统中各个方面的协调与优化。工程和建造是宏观的、总体的概念，而技术、发明则是微观的、局部的概念①。工程中一般都包含一系列技术，是对技术的组合；此外还要更多地考虑工程系统的优化集成，正确处理工程系统与外部环境的各种关系。因此，工程与技术是相互依赖、相互促进的。没有技术的不断发明和创新，工程将趋于落后；没有工程的建造项目，技术则难以实现改造世界的最终目标。优秀的工程师不仅要懂技术，而且还要掌握其他非技术的工程知识。正是在这种意义上，我们建议应将惯称的工程教育改称为工程技术教育。

(二) 关于学科、专业、产业/事业的区别与联系

随着近代科学革命的发生和高等教育的发展，学科与专业两个概念便经常发生联系，有时还相互等同，迄今在学术界仍常由此引起一些含混不清的事情。而近代高等工程技术教育的变革与发展，又与产业结构的更替、社会公共需求的发展密切关联，这自然又使相关的学科、专业与产业/事业发生联系。这里也不妨将这三者之间的区别与联系进行必要的澄清。

M. 普朗克曾说，科学是从物理学到化学、通过生物学和人类学再到社会科学的一个统一整体，只是由于人类认识能力的局限性，人为地将科学划分为不同领域，才形成各类学科②。因此，学科最基本的含义就是对知识进行分门别类。科者，分也，就是按照一定的标准将科学知识做门类上的划归，从而形成各个相对独立的知识领域。从本质上说，学科确实是为了认识的方便而使然，其实也是认识的局限所致。

我们可先按成熟、完善的程度，将学科分成两类。随着知识的不断积累，一些学科逐步趋于成熟，形成了逻辑上相对完整的知识体系。又由于实践或理论的需要，还要将这些学科知识代代相传，于是在学校里便形成了第一类学科的基本含义，即教学的科目（subject)。老师借此系统地传授知识，学生由此一门一门地学习和积累知识。

而在高等学校里还有大量的知识领域尚未形成完整、成熟的知识体系，其中包含着许多未知部分，还需要进行深入探索。在这里研究人员就要进行新知识的生产，这第二类学科便可称为学问分支（discipline)。在此人们一方面要修正、整理已有的知识，另一方面还要挖掘、拓展新的知识。为了使这个领域的知识生

---

① 肖峰．发明与建造之间——论技术与工程的交界面［A］//杜澄，李伯聪．跨学科视野中的工程［C］．北京：北京理工大学出版社，2004：74-81

② 普朗克．世界物理图景的一致［J］．国外社会科学，1984，(6)：24

产活动后继有人，除了生产知识之外，还要培养人才，以使该学科领域的发展能实现前仆后继。所以，discipline 又有训练、训导的含义。所以，这类学科领域既是知识的生产基地，又是人才的培养基地。将知识生产与人才培养整合起来，同步进行，延绵不断地推进，必然就要求有一个与这种活动相匹配的队伍和规范，这就是所谓的学科建制（institution）。综上可见，在平常的交流中，一般在“学问分支”和“教学科目”两层意义上使用学科概念。

高等教育又称高等专业教育，按不同专业实施教育是其与基础教育的根本区别。因此，大学与专业二者便如影随形。专业概念的基本含义是指人才培养的业务范围，与学科相反，其本质在于合，即通过综合地传授一系列相关知识和经验，培养出具备专门能力的人才，以从事专门化的工作。大学的专业教育实际上在培养两大类人才：一类是在某一学科领域里专门从事科学研究或者教学兼研究的人才，其所学专业可称为专门学业（academic profession）；另一类是根据社会发展的诸多需要，从事各种专门的生产和服务工作的人才，其所学专业可称为专门职业（practicing profession）。

如果将高等教育按传统分为理、工、农、医、商、文、史、法、体、艺十大类，并形成一个专业大类的连续谱，位于两端的理科和艺科，分别以科学和艺术为自己的旗帜，受教育者发展至极，则成为科学家和艺术家。左端的天才人物耕耘在理性世界，执著于臻真；右端的天才人物遨游于情感世界，追求着尽美①。而中间的八大类，则将理性求真和艺术臻美的素养以不同比重有机匹配起来，再结合以各类专门职业领域的经验、技术知识，便综合成社会所需要的各种专业。通过各种系统的专业训练，便将受教育者培养成工程师、医师、律师、教师等高级专门人才。因此，专门职业意义上的专业所传授的知识，既包括该领域中经验、技术知识，又包括与其密切相关的各种科学学科知识。

需要强调指出的是，由于高等学校也承担着培养第一类人才，即专门学业型人才的任务，他们所学习和工作的专业，往往就是在一个专门的学科领域内生产和传授知识。例如，力学和法学既是工科和文科研究生专业分类中的一级（学科）专业，同时在学科分类上它们又属力学和法学学科。可能由于这一原因，我国 1997 年颁发的《授予博士、硕士学位和培养研究生的学科专业简介》中，不称“专业”，而含混地称“学科专业”。也正是这类情况可能对人们产生一种误导，似乎在高等学校中专业就等于学科。其实这仅是部分现象，在大多数情况下，学科与专业之间泾渭分明，并非是一回事。

产业作为经济学概念，专指某一类型的人类生产活动。产业的发展一般与社

① 王沛民．探索高教新概念——从四个术语的混用说起［J］．上海高教研究，1994，(1)：6-9

会分工相联系。马克思将社会生产分为一般的分工、特殊的分工、个别的分工。农业、工业、服务业的分工属一般分工，它与社会形态的变迁相联系。产业是在社会一般分工的基础上产生的特殊分工，一个产业的兴起与发展反映了社会生产的发展水平及相关资源在该领域的投入和积累的程度。它不仅涉及实物与货币资本的投向，而且也涉及知识与人力资本的投向。个别分工是指一个生产作业体系内部的分工，它与其中每个员工的专门职业相关联。这样产业、专业与学科就必然地发生了内在联系。随着社会经济的演变，产业结构不断发生变迁，从而导致社会物质资本和人力资本的投向发生转移。由于与新的科学技术相关联的产业内部发生了新的分工，必然会对其生产体系内部的员工提出新的专业知识和能力的要求，这又会迫使生产人力资源的学校重新调整专业设置。新的专业就会将一系列新的学科知识与相关的经验、技术进行新的整合。宏观上，现代产业结构的变迁又要受到科学技术发展趋势的引领，科学技术的总体趋向又是以各门具体学科领域的发展为基础的。而专业既是学科发展的结果，又是学科生长的温床。这样，学科、专业、产业虽然所指对象不同，范畴大小不一，但三者之间却又是在彼此互动过程中，不断向前发展的。

这里要补充说明的是，在市场经济占主体的现代文明社会里，各种产业的生产活动主要是通过企业来完成的。按照产业结构、社会分工和市场需求，企业根据各自所拥有的资本、技术、管理等综合实力，选择特定的产品或服务项目作为自己的经营目标，并按照正常的商品经济游戏规则，从事正常的生产经营活动。这样，企业一方面通过自身产品或服务的供给，为社会经济的发展做出贡献；另一方面企业通过合理合法获取利润，求得企业自身的生存和发展。但是，在现代公民社会中，有些产品和服务，如医药、教育等是每个公民生存和发展所必需的，属于公共物品。为了确保社会的公正与平等，这类公共物品一般不能通过市场供给，而应由政府直接管辖的公共事业部门直接提供。不过，无论是商品还是公共物品，作为一般意义上的产品或服务，其生产原理、发展规律，以及和学科、专业演变的内在联系则是完全一致的。因此，为了叙述方便，这里将产业与事业合并成产业/事业一个分析单元，以便进行统一表述。

第四节　本书的基本思路、主要内容及其重要意义

笔者由于学业渊源和工作关系，深感技术科学在现代科学技术体系中占有极其重要的地位。对以上问题也已进行了多年的思考与探索。进入 21 世纪以后，

又以主持研究江苏省哲学社会科学“十五”规划基金重点项目“技术科学发展规律和江苏工程技术教育发展战略研究”（L_{2-004}）和国家社会科学基金项目“技术科学的范畴界定、历史分期和发展模式研究”（02BZX023）为契机，设计了一个系统的研究纲领，力图通过理论研究与案例分析相结合、概念梳理与范畴界定相结合、历史考察与逻辑重构相结合、定性研究与定量研究相结合，以争取比较全面、系统地解答本章第二节中所提出的问题。经过多年努力，部分研究成果已在《科学学研究》等相关学刊上公开发表。现拟将全部研究结果修订、补充、整理成书公开出版，希望能获得学界同仁的关注，最好能由此引起更加广泛、深入的讨论。这里先将本书的基本思路、研究方法、主要内容及其相关意义进行如下概述。

第二章针对当前学术界对技术科学范畴理解相当混乱的局面，在批判地考查、借鉴前人相关“成说”的基础上，通过对大量技术学科的建立目的、知识特征、逻辑结构等进行案例剖析后，再根据对理论思维方式与工程思维方式的深入理论辨析，最后从内涵、外延和体系结构三方面对技术科学范畴进行了统一的界定。认为技术科学是由基本技术科学（T_1）、过程技术科学（T_2）、工程技术科学（T_3）和综合技术科学（T_4）四大类若干门学科组成的，在基础科学与工程技术之间按从抽象到具体的顺序排列成谱系，而且彼此间又保持着直接的双向互动关系，从而形成一个网络状、连续谱式的开放自组织学科体系。

通过这一工作，至少可以实现以下三项基本目标：①通过这一全局性的范畴界定工作，一方面把前人关于技术科学的合理研究成果都保留在其中；另一方面旨在努力消除当前这一学术领域中话语体系极其混乱的局面，以推动技术科学的整体研究进一步深入发展。②通过这一范畴体系的基本框架，初步揭示并概括了科学与技术两种文化、两类知识脉系之间相互作用、相互渗透、相互转化的基本机制，为制订技术科学的发展规划和相关政策提供了基本理论依据。③对技术科学范畴中所包含的面广量大的复杂学科群建立了比较明确的分类体系，为下一步全面、系统的定量研究工作奠定了坚实的基础。

第三章以第二章对技术科学范畴的统一界定为基础，通过选择合适的学科辞典作为统计源，选定其中从文艺复兴开始到20世纪80年代末产生的886门技术学科作为统计样本，再以学科数为统计指标，以5年为一个计时单位，分别绘制出技术科学总体发展的时间序列增量特征曲线、累积量特征曲线和 T_1、T_2、T_3、T_4 类技术科学分别发展的时间序列增量特征曲线簇。

通过这一基础性工作可以实现以下两项基本目标：①通过对上述各种坐标曲线进行全面、系统的历时性和共时性比较研究，可以从图形现象上帮助我们发现、总结出技术科学发展基本特征与规律方面的初步认识；②这些关于技术科学的现象性特征，启发我们拓展更新的研究路径、设计更新的研究方案，深刻揭示技术科学发展与其他相关社会现象之间的实质性内在联系，从而进一步深化对技术科学发展特征与规律方面的认识。

第四章，根据 T_1、T_2、T_3、T_4 类技术科学发展的时间序列增量特征曲线簇坐标图像所反映出的不同历史阶段技术科学知识体系之间的差异性，首先将技术科学的发展历程初步划分为 1440～1819 年、1820～1914 年、1915 以后 三个历史阶段。其次从产业结构变迁、基础科学进步、工程技术教育演变和其他相关社会建制演进四个维度上分别对上述三个阶段技术科学的发展状况进行系统的实证研究。最后得出这样的结论：1440～1819 年为技术科学的萌发期；1820～1914 年为技术科学的体制确立期；1915 年以后为技术科学的成熟期。

通过这项工作可以使我们进一步认识到：①技术科学发生、发展过程的历史分期问题，既不是通过一些个别历史事件和偶然性因素所能简单解释的，也不是单一的外部社会需求因素、基础科学发展因素，或者适宜的科技社会建制因素可以说明的，而应由以上三方面组成一个系统判据，才能获得一个比较可靠的结论。②进一步揭示出技术科学发展的历史过程不仅是外部基础科学推动、社会需求拉动和相关科技社会建制完善共同协调作用的结果；而且也是技术科学系统内部知识体系不断趋于完善的过程。从而使我们进一步加深了对技术科学发展特征与规律方面的认识，为今后制定相关的科技发展规划、调整相关的科技政策和改进科技管理工作提供了重要的理论依据。

第五章主要通过技术科学总体发展的时间序列增量特征曲线与经济长波曲线之间的系统比较研究和相关统计分析，揭示了近代以来技术科学发展与产业结构变迁之间的内在实质相关性。

这使我们认识到：①产业革命以来，技术科学以平均 52 年左右为周期的发展高潮与历次经济长波一一对应、彼此嵌套；且每次经济长波期间，新生技术学科与当时主导产业群的相关度平均高达 74.21%。说明历次技术科学发展高潮就是为其对应的经济长波中主导产业群的发生、发展提供知识和人力资源服务的。②在历次经济长波中，为主导产业群的建立、完善提供直接知识服务的新生技术学科数平均占 57.59%；为巩固与改善社会物质生活、基础设施条件，即为社会经济持续发展提供间接知识服务的新生技术学科数平均占 36.33%。二者之间这一比较稳定的比例表明，在国民经济两大部类之间，不仅在实物和货币资本的投资方面，而且在知识和人力资本的投资方面均要保持相对平衡。③在“与主导产业群直接相关的学科”中，对与前次、本次和以后主导产业群相关性的定量统计分析结果表明，无论是制订科学技术还是专业教育发展规划，都要积极面向当前和未来，适当保持一定的重点和超前意识，以确保经济、社会的可持续发展。

这些结论，从一个侧面初步揭示了近代产业革命以来，科学技术与经济社会之间内在双向互动的机制与规律。

第六章，根据上述关于技术科学发展的基本特征与规律，对 1995～2049 年，即第五次经济长波期间技术科学发展和产业结构变迁的基本趋势做了初步的定量预测。认为如果第五次经济长波期间的技术科学发展模式与第四次经济长波期间基本相似，则 21 世纪上半叶，社会在维持技术科学持续发展方面所需要的知识、人才总量及对其投资的规模相对于第四次经济长波期间可能要翻一番。同时又根据相邻主导产业群之间既连续又间断的辩证关系和目前科学技术、新兴产业的发展态势，初步架构了第五次经济长波期间主导产业群的基本框架。

这一工作及其结论对于制订未来的经济社会发展规划，以及科学技术和教育发展规划均具有重要的参考价值。

在第七章中，我们将技术科学总体发展的时间序列增量特征曲线、梅兹（R. Metz）经济长波曲线和新型（或重大）工程技术活动的时间序列增量特征曲线三者置于同一个坐标系中，进行系统的共时性和历时性比较研究，以揭示技术科学发展、工程技术活动演化和经济社会演变三者之间的内在相关性及其相互作用的基本机制。

通过研究获得以下认识：①1780～1819 年、1885～1914 年、1930～1942 年和 1960～1994 年四个阶段，社会上发生的新型（或重大）工程技术活动与主导产业群的相关度较高，基本在 70%左右。并认为在这四个历史时期，科技创新型模式处于整个社会经济发展的支配地位。②1820～1884 年、1915～1929 年和 1943～1959 年三个阶段，社会上发生的新型（或重大）工程技术活动与主导产业群的相关度较低，基本在 50%左右。并认为在这三个历史时期，技术转移型模式居于当时社会经济发展的支配地位。③根据目前科学技术与产业的发展态势，对照以上依据历史经验进行实证分析所获得的结论，我们推断 21 世纪上半叶第五次经济长波期间，科学、技术、工程、经济、社会的互动关系，仍将表现为科技创新型发展模式。④根据我们的统计研究结果，18 世纪以来，特别到 1870 年以后，技术科学学科体系和新型（或重大）工程技术事件在时间过程中累积量的特征曲线均呈指数增长规律。我们认为，这一趋势是不可能无休止地持续下去的，根据初步预测，最迟到公元 2167 年之前，两者均要停止现在所理解的意义上的指数增长特征。

这一工作及其相关结论，也使我们从特定视角初步认识到，自近代产业革命以来，科学、技术与工程活动三者之间彼此互动的内在基本机制，以及宏观特征与规律。

第八章，通过将以实际经济统计数据拼接过的梅兹经济长波曲线与 T_1、T_2、T_3、T_4 类技术科学发展的时间序列增量特征曲线簇置于同一个坐标系中，进行系统比较，进一步澄清了技术科学发展的基本周期性特征；再移植生理学、控制论中“功能耦合网、稳态和组织生长理论”作为方法论指导，以社会产业/事业系统、基础科学系统、相关的科技社会建制系统三者作为“硬件”维度，以包含相关的社会主流价值观念、法律法规、方针政策在内的“目标参数”体系作为社会价值整合的“软件”维度，构建了技术科学的基本发展模式。认为宏观技术科学社会系统是从由上述三个“硬件”、一个“软件”相互匹配所构成的 A 系统上周期性地生长出来的新型功能耦合网；并通过技术科学发展高潮形式，专门为孕育、构建特定历史阶段的主导产业群提供知识和人力资源方面的服务。在此基础上，又对第四次经济长波期间“连续嵌套波型”技术科学发展模式的合理性提出了质疑，并对改进未来的科技政策管理体制提出了一系列合理建议。

这项工作，实际上也是我们在前述各章工作的基础上，以概括和总结技术科学发展模式的方式，对其发展的总体特征与规律做了一个比较系统的总结，以解答技术科学发展的目标走向、动力机制、演化特征、评价标准等根本性问题。

在最后一章，即第九章中，面对“大写的工程”(Engineering with a big E)时代正在来临的 21 世纪，深感包括工、农、医、管在内的工程技术类高等教育与国计民生的改善、国家综合国力的提升关系密切。为落实工程技术类高等教育强国富民、造福桑梓的根本宗旨，解决好其发展中的各种问题，确保改革措施具有合理性、系统性、可操作性和可持续性，我们必须紧扣工程技术类高等教育发展中的基本矛盾——以技术科学为学科基础和以工程技术实践需要为服务对象之间的对立统一关系，按照工程技术类高等教育的基本规律，努力走出不断改革发展的普适性路径。

在上述原则基础上，我们首先对 2003～2004 年我国 30 个省级行政辖区(港、澳、台地区不在统计规划之列，西藏当时尚未设立工程技术类硕士研究生培养点)工程技术类研究生(含硕士、博士)的招生规模、招生专业覆盖率、招生规模配置合理性等项指标进行了定量计算，进而对上述各省级行政辖区实际持有的工程技术类高等教育资源禀赋进行了评价和排序；其次，以产业/事业为中介，在定量的水平上沟通了以技术科学累积学科数所代表的各产业/事业中人力资源投入在总投入中的理论比率与我国目前工程技术类人力资源配置的实际状况，为各省级行政辖区工程技术类高等教育改革提供了系统的理论参数；最后，在合理划分沿海发达地区、工业比重较高地区、农业比重较高地区、相对落后地区四类地区的基础上，建立起全国工程技术类高等教育战略规划总体原则和四类地区具体原则。据此，各省级行政辖区就可以根据各自占有的(自然与教育)资源禀赋实际状况、当地产业结构基本特征、社会公共事业发展水平，分别构建起适合各地实际情况的工程技术类高等教育战略规划构想。

第二章
界定技术科学范畴的缘由、构想与意义

在人面前是自然现象之网。本能的人，即野蛮人，没把自己同自然界区分开来。自觉的人则区分开来了，范畴是区分过程中的阶梯，即认识世界的过程中的阶梯，是帮助我们认识和掌握自然现象之网的网上纽结。

——列宁

科学能供实际应用这一事实是科学进步的永久根源，又是科学生效的确实保证。……科学的另一同样重要部分是联结许多实用科学成就而构成的理论体制，使这些成就不断地增进它们在智能上的融会贯通。

——J. D. 贝尔纳

如上所述，在西方文化史上，发端于文艺复兴时期的学者理论传统和工匠技术传统这两支知识脉系的交融趋势，在19世纪以后获得迅猛发展，并形成了一支新的知识脉系——技术科学。故当代科学技术的发展，“需要自然科学、技术科学和工程技术三个部门同时并进，相互影响，相互提携，决不能有一面偏废”①。

实际上20世纪中期以后，许多国家在技术科学上的投入已约占全部科学投入的60%～70%②；而我们的初步统计分析亦发现，目前技术科学学科数亦占整个学科总数的65%左右。学术界一般又认为，21世纪上半叶技术科学将面临着更大的发展势头。因此，深入探讨技术科学发展的总体特征与规律已成为当代学术界一项紧迫而重要的任务，其成果将直接影响着各国未来科技与教育战略规划的制订、调整、控制等重大问题。

然而，目前关于技术科学的总体研究水平似乎尚处于前科学阶段，这又与这一支知识脉系的上述实际发展情况极不相称。其中一个重要问题就是当前学术界对技术科学范畴的理解存在严重分歧，这必然会导致对其历史分期、发展模式等重大问题难有相对统一的认识。本章将在比较全面地梳理、分析、借鉴前人相关“成说”的基础上，结合自己多年的研究心得，提出一种关于技术科学范畴的统一理解框架，以就教于学界同仁。

第一节　关于技术科学的一些典型“成说”及其中隐含的矛盾

回顾历史不难发现，J. D. 贝尔纳首先在其《科学的社会功能》（1944年）一书中提出“技术科学”的概念，并倡导要注重技术与科学之间的中介环节。接着钱学森在1948年的*Engineering and Engineering Sciences*和1957年的《论技术科学》两文中，又对技术科学的学科性质、基本功能、研究方法等问题发表过开创性的见解。此后，许多科学家著文论述技术科学在当代科学技术发展中的地位，提倡应加强技术科学的学科建设和总体研究。20世纪60～70年代，苏联、东欧诸国及联邦德国、加拿大、美国、日本等国均有学者发表过各自对技术科学的不同见解。新版的《大英百科全书》和《大美百科全书》，亦列有技术科学的条目和相关论述。20世纪80年代以后，随着科技哲学、科学学研究在我国的兴

① 钱学森．论技术科学［J］．科学通报，1957，(4)：97-104

② 赵红州．大科学观［M］．北京：人民出版社，1988：206

起，许多研究成果又从不同的视角涉及技术科学及其相关论题。现在我们将所收集到的这类相关“成说”分别概述于下；稍作推敲，其中隐含的各种矛盾便可略见一斑。

一、关于现代科学技术体系结构方面的诸多“成说”

1. 认为现代科学技术体系包含基础（自然）科学、技术科学、工程技术三个层次

钱学森称：“二十年前我根据技术科学在性质和研究方法上与自然科学有所不同，曾把技术科学和自然科学、工程技术分开，作为三个部类。现在看，把技术科学分出来还是对的，而且更有必要了，……”①

路甬祥、薛继良称：19 世纪末，“在基础科学和工程技术之间又逐渐形成了一类科学，即技术科学。”②

田长霖称：“总的来说，科学技术可以分为三大领域：基础科学、技术科学和工程应用。这三种科学相互关系非常密切，缺一不可。”③

罗沛霖称：“当代科学技术包含两大部分：旨在发现、发明、创新的部分和在社会实践现场直接指导工作的部分。前者……又大体分为三大环节，即基础研究、应用研究和技术发展。”“联系基础科学和技术发展以及现场工程技术的桥梁，就是技术科学。”④

薛明伦称：“技术科学是自然科学（或基础科学）和工程技术有机结合的产物。”“……所以技术科学在科学技术总系统中占有一个独特的地位。”⑤

2. 认为现代科学技术体系包含基础科学、技术科学、应用科学三个门类

关士续称：“……现代科学技术知识体系由以构成的这三个门类叫做：基础科学、技术科学、应用科学。日本学者把相应的三个门类称为‘理学’、‘工学’、‘技学’，也是与这种划分相一致的。”⑥

---

① 钱学森，许国志，王寿云．论系统工程（增定本）［M］．长沙：湖南科学技术出版社，1988：212

② 王沛民．工程师的形成［M］．杭州：浙江大学出版社，1989：4

③ 田长霖．对技术科学发展的几点看法［J］．清华大学学报，1979，(4)：91

④ 罗沛霖．技术科学——基础科学和技术发展之间的桥梁［J］．中国人民大学复印报刊资料：科学技术，1981，(7)：23-24

⑤ 薛明伦．我院发展技术科学应建立合适的组织形式［J］．中国科学院院刊，1991，(4)：337-338

⑥ 关士续．技术科学的对象、特点及其在现代科学技术体系中的地位和作用［J］．中国人民大学复印报刊资料：科学技术，1983，(3)：8-12

赵红州称："按照科学结构学的观点，科学的门类结构，主要由基础科学、技术科学和应用科学所构成。"①

3. 认为现代科学包括基础科学、技术科学和工程科学三个门类

陈昌曙称："对技术科学、工程科学的讨论涉及科学分类，或许把科学分为三类，即一是基础科学（如天文学……），二是技术科学（关于弱对象化技术的科学如材料力学……），三是工程科学（关于强对象化技术的学问如桥梁建筑学……）。"②

刘大椿和何立松称："按照科研活动的三个阶段，即基础研究、应用研究和开发研究，把现代科学分为基础科学、技术科学（或应用科学）和工程科学。"③

刘则渊称："在自然科学'基础科学—技术科学—工程科学'三个层次中，抽象性、普遍性渐次减弱，而实践性、特殊性逐渐增强。"④

二、关于技术科学含义方面的诸多"成说"

1. 认为技术科学是一个较为复杂的学科群

在新版《大英百科全书》的"技术科学"条目中，C. W. 柏塞尔称："技术科学（technological sciences——笔者注）是一个包括传统工程各个分支，农业科学，以及有关于空间、电子计算机和自动化的各种现代学科的学科群。"⑤

郑哲敏称："技术科学是广谱的，一端和工程技术相连接，另一端和基础科学相连接，连接处互相交叉渗透，并无一成不变的严格界限。""技术科学的基础部分和应用部分间有多个层次，它们之间又有复杂的反馈和相互促进和转化作用。"⑥

2. 认为技术科学是针对工程技术中带普遍性的问题形成的，是关于特殊规律的知识体系

钱学森和路甬祥等称："技术科学是以自然科学的理论为基础，针对工程技

---

① 赵红州．大科学观［M］．北京：人民出版社，1988：211

② 刘则渊，王续琨．工程·技术·哲学（2001 年技术哲学研究年鉴）［M］．大连：大连理工大学出版社，2002：33

③ 刘大椿，何立松．现代科技导论［M］．北京：中国人民大学出版社，1998：181

④ 刘则渊，王续琨．工程·技术·哲学（2001 年技术哲学研究年鉴）［M］．大连：大连理工大学出版社，2002：22

⑤ 邹珊刚．技术与技术哲学［M］．上海：知识出版社，1987：41

⑥ 王大中，杨叔子．技术科学发展与展望——院士论技术科学（2002 年卷）［M］．济南：山东教育出版社，2002：77-81

术中带普遍性的问题，即普遍出现于几门工程技术专业中的问题，统一处理而形成的，如流体力学、固体力学、电子学、计算机科学、运筹学、控制论等。”①

张维和吴熙敬称：“技术科学既有特殊性，又具有具体性，……它研究的问题不是最普遍的规律，而是一定特殊范围的规律。另外，……对于工程技术来说，又有它的普遍性和通用性。”“……是从不同的工程技术提炼或发展出来的，并有共性问题的学科。反过来，它的理论和规则又可以应用到不同的工程技术领域中去。”②

郑哲敏称：技术科学“致力于带有一定普遍性或共性的新原理和新技术的研究，以其在实际工程技术中发挥创新作用”③。

王大珩等称：“技术科学……运用基础科学的原理，对各种工程技术中的同类型问题，进行概括总结，并深入进行科学实验和理论研究，掌握这些工程技术过程的规律，从而解决具体的技术问题并指导其发展。”④

冯之浚和张念椿称：“技术科学较之基础科学有更多的特殊性，而与应用技术有更多的共同性，它一方面是应用技术的理论基础，另一方面又以基础科学作为自己的理论基础。”⑤

3. 认为技术科学是关于人工自然、技术原理的知识体系

蒋新松称：“技术科学……是基于一般科学原理的基础上研究与探讨构造‘人造物’原理和方法的科学。”⑥

茅以升称：“基础科学是通过认识自然而发现规律的，故以天赋的现象（本来面目）为重；技术科学是通过改造自然而发现规律的，故以改造的现象（矫形面目）为重。”⑦

Г.И. 舍梅涅夫称技术科学“作为科学认识活动的特殊形态和知识的特殊体系”，是“关于有目的地把自然界的事物和过程改造为技术客体、是关于技术建

① 钱学森，许国志，王寿云．论系统工程（增定本）［M］．长沙：湖南科学技术出版社，1988：212；王沛民．工程师的形成［M］．杭州：浙江大学出版社，1989：4

② 张维．谈技术科学［J］．中国人民大复印报刊资料：科学技术，1980，(1)：3-6；吴熙敬．中国近现代技术史（上、下）［M］．北京：科学出版社，2000：结束语

③ 王大中，杨叔子．技术科学发展与展望——院士论技术科学（2002 年卷）［M］．济南：山东教育出版社，2002：76

④ 王大珩，师昌绪，刘翔声．中国科学院技术科学四十年［J］．中国科学院院刊，1989，(3)：199-208

⑤ 冯之浚，张念椿．论技术科学的作用［J］．中国人民大学复印报刊资料：科学技术，1981，(2)：27

⑥ 蒋新松．关于我院发展技术科学的探讨［J］．中国科学院院刊，1991 (4)：329-336

⑦ 王沛民，顾建民，刘伟民．工程教育基础［M］．杭州：浙江大学出版社，1994：94

设的活动方法、也是关于社会生产体系中技术客体发挥作用方式的特殊的知识体系”[①]。

B. Г. 戈洛霍夫和 B. M. 罗津称：“‘……技术科学乃是这样一种理论，它将客观存在的自然规律应用于技术装置之中，以满足社会的实际需要。’同时，技术科学也是科学知识的一个独立的领域，在技术对象的研究方法上具有一定的特点。”[②]

关士续称：“……在技术系统人为条件下具体表现出来的自然规律称为技术规律”，“所谓技术科学就是关于存在于技术系统中的技术规律的学问或知识体系”。而这里的“……技术系统也不是具体的技术系统，而是一类技术系统，即一种被抽象化了的系统模式”[③]。

陈昌曙等称：“科学必须研究人类改造自然的过程和规律性，……这就必须要以考察‘第二自然’为主要内容的技术科学。”“而自然科学中的技术科学，主要研究的是生产技术、工艺过程的规律性。”[④]

刘则渊称：“技术科学是关于人工自然过程的一般机制的原理的学问。”[⑤]

刘大椿和何立松称：“技术科学研究生产技术和工艺过程中的共同性规律，其对象大部分是技术产品，即所谓人工自然，目的是把认识自然的理论转化为改造自然的能力。”[⑥]

张俊心等称：“技术科学（technical science）是关于技术的系统理论知识。技术科学以技术客体为认识目标，以人工自然为研究对象，其最终任务是通过技术理论的建立和应用，……为人类控制和改造自然提供理论武器。”[⑦]

4. 认为在科学中讲技术，在技术中讲科学是技术科学的使命

王大珩称：“把纯粹基础研究的成果过渡到工程技术，往往不是那样能直接传递过去的，因为从各种不同应用途径到工程技术受到许多实际应用条件的制约，如材料、环境条件、经济性和工艺的可行性、可靠性、功能效率等，问题涉及多方面科技知识的综合和集成。因此，把基础或纯粹科学应用到解决工程技术

---

① Г. И. 舍梅涅夫．哲学和技术科学［M］．张斌译．北京：中国人民大学出版社，1989：10

② B. Г. 戈洛霍夫，B. M. 罗津．技术科学在科学知识体系中的特点［J］．科学与哲学，1980，(5)：110-120

③ 关士续．技术科学的对象、特点及其在现代科学技术体系中的地位和作用［J］．中国人民大学复印报刊资料：科学技术，1983，(3)：8-12

④ 陈昌曙，陈敬燮，远德玉．技术科学和发展［J］．中国人民大学复印报刊资料：科学技术，1981，(1)：13-14

⑤ 刘则渊，王续琨．工程·技术·哲学（2001 年技术哲学研究年鉴）［M］．大连：大连理工大学出版社，2002：22

⑥ 刘大椿，何立松．现代科技导论［M］．北京：中国人民大学出版社，1998：182

⑦ 张俊心，关西普，何钟秀，等．软科学手册［M］．天津：天津科学翻译出版公司，1989：524

问题时，有一个再创造、再研究，和在特定条件下的再认识问题，……”①

钱学森称：“技术科学是从实践的经验出发，通过科学的分析和精炼创造出工程技术的理论。”“它包含不少的经验成分，而且因为研究对象的研究要求的不同，这些经验成分总是不能免的。”“……技术科学却能把工程技术中的宝贵经验和初步理论精炼成具有普遍主义的规律，这些技术科学的规律就可能含有一些自然科学现在还没有发现的东西。所以技术科学研究的成果再加以分析，再加以提高就有可能成为自然科学的一部分。”像“工程控制论在自然科学中是没有它的祖先的”②。

L. 汤德尔称：“在技术科学领域内，基础研究可以同范围广泛的应用研究并行不悖。否认技术科学的认识功能同样也是错误的。认识不仅包括发现某种事物存在于自然法则制约的特定关系之中，而且还包括发现利用这些关系去完成特定任务的方法。”③

田长霖称：“……技术科学不但在工程应用上可以产生刺激，而且可以甚至于推动基础科学取得许多进展。”④

冯之浚和张念椿称：技术科学“总结应用技术中的实践经验，并根据应用技术所提出的问题，运用基础科学的研究成果，进行大量独创性的理论研究”⑤。

5. 认为技术科学是应用基础科学或应用科学

沈珠江称：“将基础科学中有应用价值的知识体系分离出来，就构成技术科学。所以技术科学就是应用基础科学，为简单计可把‘基础’两字拿掉，直接称应用科学……”⑥

罗沛霖称：“至 20 世纪初期，才有克莱因的工程力学，是萌芽的应用基础科学，或技术科学，这是弥合分化的努力。”⑦

张光斗和高景德称：“技术科学（technical science）是以有应用背景的自然规律的认识与研究。技术科学在国外一般称为应用科学，在工、农、医等方面

---

① 王大中，杨叔子．技术科学发展与展望——院士论技术科学（2002 年卷）[M]．济南：山东教育出版社，2002：37

② 钱学森．论技术科学 [J]．科学通报，1957，(4)：97-104

③ L. 汤德尔．论“技术”和“技术科学的概念” [A] //F. 拉普．技术科学的思维结构 [C]．刘武，等译．长春：吉林人民出版社，1988：10

④ 田长霖．对技术科学发展的几点看法 [J]．清华大学学报，1979，(4)：92

⑤ 冯之浚，张念椿．论技术科学的作用 [J]．中国人民大学复印报刊资料：科学技术，1981 (2)：27

⑥ 沈珠江．论技术科学与工程科学 [J]．中国工程科学，2006，8 (3)：18-21

⑦ 罗沛霖．从科学技术体系的形成探讨我国科学技术体制改革 [J]．科学学研究，1984，2 (1)：10-17

都有。”①

钱学森称：“技术科学，或者叫应用科学，是有别于基础科学的，它们的层次是从基础科学到技术科学，再到工程技术……”②

蒋新松称：“技术科学本身有其强烈的应用目的性，……从这一点出发，又可说技术科学是应用科学，……”③

薛明伦称：“所以技术科学的主要研究内容有时又称为应用基础研究。与自然科学……不同，技术科学研究是以解决实际（特别是本国）所面临的经济和军事等发展需要的应用基础性知识为主要目标。”④

王沛民和顾建民等称：“技术科学以数学和基础科学为自己的基础，但是把它们的原理和方法进一步扩展到工程技术的创造性应用中去，因而它又常被称为应用科学，……”⑤

6. 认为技术科学就是工程科学

王大珩和师昌绪等称：“技术科学又称工程科学。”⑥

张光斗和高景德称：“工程科学是在工程方面的应用科学，我国习惯上也称为技术科学。”⑦

钱令希称：他曾致信钱学森请教“技术科学”这一术语的英文译法，钱先生认为最合适的译法是 engineering science⑧。

罗沛霖称：美国“这种情况，一直持续到 1925 年，以贝尔电话研究所的成立为标志，才出现了应用基础科学（或称为工程科学、技术科学）”⑨。

王沛民和顾建民等称：“到本世纪（即 20 世纪——笔者）中期陆续形成流体力学、固体力学、计算机科学等工程基础科学。钱学森称之为‘技术科学’，西蒙（H. A. Simon）称之为‘工程学’”，……“该单元在英美多称工程学（engineering science），在我国和其他非英语文献中则多称为技术科学”⑩。

---

① 张光斗，高景德．技术科学与高等工程教育［J］．科学学研究，1987，5（1）：1-6

② 吴义生．社会主义现代化建设的科学和系统工程［M］．北京：中共中央党校出版社，1987：31

③ 蒋新松．关于我院发展技术科学的探讨［J］．中国科学院院刊，1991，(4)：329-336

④ 薛明伦．我院发展技术科学应建立合适的组织形式［J］．中国科学院院刊，1991，(4)：337-338

⑤ 王沛民，顾建民，刘伟民．工程教育基础［M］．杭州：浙江大学出版社，1994：304

⑥ 王大珩，师昌绪，刘翔声．中国科学院技术科学四十年［J］．中国科学院院刊，1989，(3)：199-208

⑦ 张光斗，高景德．技术科学与高等工程教育［J］．科学学研究，1987，5（1）：1-6

⑧ 刘则渊，王续琨．工程・技术・哲学（2001 年技术哲学研究年鉴）［M］．大连：大连理工大学出版社，2002：10

⑨ 罗沛霖．从科学技术体系的形成探讨我国科学技术体制改革［J］．科学学研究，1984，2（1）：10-17

⑩ 王沛民，顾建民，刘伟民等．工程教育基础［M］．杭州：浙江大学出版社，1994：39，304

王冀生称："以技术科学，更确切地说，以工程科学（如工程力学、工程热力学、机械学、电工学、电子学、计算机科学、材料科学、信息科学等）为其主要的学科基础"，是现代高等工程教育显著特点之一①。

7. 把技术科学学科称为特定的科学技术

在李佩珊和许良英主编的《20世纪科学技术简史》（第二版）中又称："计算机科学技术集电子学、数学、控制论、半导体技术、精密机械、电磁学及光学等学科之大成，紧密地结合各种计算机的研制实践，现已发展成高度综合性的独立学科。"②

"自动化科学技术就是探索和研究实现这种自动化过程的理论、方法和技术手段的一门综合性技术科学。"③

"人工智能是研究机器智能和智能机器的技术科学，也是探索人的智能奥秘的工程技术途径。"④

1974年初，联合国教科文组织编制的技术科学学科分类目录一共列出了29类学科。而这些学科又是关于各类工程技术、工艺技术和生产技术方面的，例如，"三、化学工艺和工程"、"七、电子技术"、"九、食品工艺"、"十一、仪表工艺技术"、"二十一、石油和煤的工艺"、"二十六、纺织技术"等。⑤

三、上述"成说"中隐含的主要矛盾及其相关分析

通过仔细研读以上著名学者的论述便可以发现，虽然从他们所阐述的每一个具体论题看，以上论断似乎均不无道理；但如果将这些论述汇集在一起，从总体上作为一个学术领域来看，其中却至少隐含着以下四大类矛盾：①技术科学应译为 technical science，还是译为 technological sciences 的矛盾；②技术科学是应用科学或不是应用科学的矛盾；③技术科学是工程科学或不是工程科学的矛盾；④技术科学是"应用基础科学"，还是"关于科学技术、工程技术、工艺技术专门学科"的矛盾。

经过初步的分析、研究，现将我们对产生以上四类矛盾的主要原因及我们自己的基本观点进行如下概述。

---

① 王冀生．高等工程教育的特点和规律［A］//国家教育委员会直属高等工业学校教育研究协作组．国际高等工程教育学术讨论会论文集［C］．杭州：浙江大学出版社，1990：155-157

② 李佩珊，许良英．20世纪科学技术简史（第二版）［M］．北京：科学出版社，1999：356

③ 李佩珊，许良英．20世纪科学技术简史（第二版）［M］．北京：科学出版社，1999：413

④ 李佩珊，许良英．20世纪科学技术简史（第二版）［M］．北京：科学出版社，1999：432

⑤ 联合国教科文组织．技术科学现在有哪些学科［J］．人民教育，1979（2）：17-18

第一，对于技术科学应英译为 technical science 还是 technological sciences 的矛盾，我们认为基本原因在语义学方面。虽然两种英文表述均可翻译成为"技术科学"，但在英语中，这两种表述在含义上的差别则是显然的。

technical 的名词形式是 technique，即指传统的技艺、技能。那么 technical science 的基本含义就是关于技艺、技能的科学（science of techniques）。迈克尔·波兰尼曾经说过："像技能一样，行家绝技也只能通过示范而不通过技术规则来交流。"① 可见传统的技艺、技能属于个人的经验性知识，与劳动过程融为一体，只能通过师徒之间进行言传身教。而技艺发展成后来的技术（technology），则形成一种比较完整、成熟的规则性知识体系，一定程度上可以与人分离，甚至可以转化成书本知识进行交流与传播。所以我们与匈牙利学者 M. 柯拉赫在这方面的观点基本一致，即认为 technical science 和 technology 意思大致相同。②

这里还要再次强调，构建关于 technology 的知识体系和构建关于科学的知识体系所依据的法则一般是不同的。前者主要依据技术操作的程序或者工艺过程规范；后者主要依据形式辑逻基本法则。因此也可以这样理解，technology 中仅包含各种零散的科学知识，并不完整地贯穿系统的科学方法。

而在《大英百科全书》的对应条目中，technological sciences 已被直接解释成"包括传统工程各个分支、农业科学以及关于空间、计算机和自动化等现代学科的一系列学科群"③。可见，这里的"技术科学"准确含义应是为工程技术服务的科学学科。它首先是技术目标定向明确的科学学科；其次又是基本按照一定的逻辑法则建构起来的知识体系。

因此，technical science 和 technological sciences 无论是在知识内容、体系结构上，还是在抽象程度上显然都是不同的。我们认为，作为科学与技术之间中介和桥梁的大量技术科学学科，应该英译为 technological sciences 为妥。

第二，对于技术科学是应用科学或不是应用科学的矛盾，这里我们首先应该指出，"应用科学"这一术语，按照现代科学技术发展的态势看，应该说是不够严谨的。

考察历史将不难发现，"应用科学"的表述是相对于"纯科学"的表述而出现的。亦如 M. 柯拉赫所指出的，若用当今的眼光看，几乎"没有一门科学是不

---

① 迈克尔·波兰尼．个人知识——迈向后批判哲学［M］．许泽民译．贵阳：贵州人民出版社，2000：81

② M. 戈德史密斯，A. L. 马凯．科学的科学［M］．赵红州，蒋国华译．北京：科学出版社，1985：210

③ 邹珊刚．技术与技术哲学［M］．上海：知识出版社，1987：41

能部分地得到应用的。它总是能在别的学科领域中，或实践中，得到部分的应用的，即便是最抽象的数学，它也总是可以在某个地方得到应用的"[①]。著名科学家 П. Л. 卡皮查也曾更明确地说："在我几十年的科学生涯中，我看到了许许多多科学的方向、任务及其发展中的变化。……我不能不吃惊地指出，人们对科学的态度，现在正在发生着根本性的变化。在我年轻时候，常常听人们讲的是'纯科学'和'为科学而科学'；但是现在已经听不到这种说法了。现在，人们已经开始把科学看成是现代社会体系中一个必不可少的组成部分，不仅是颇为有用的一部分，且是不可分割的一部分。……这在五十年前是不可想象的。"[②] 故可以这么说，"应用科学"这一概念，实际上是在其"赖以产生和存在的背景消失以后，仍然继续流行着"，"像失去功能而退化了的器官一样，成为一种阻力"[③]。迄今，它仍直接影响着我们对技术科学现象展开全面、深入的研究与讨论。因此，建议在严肃的学术讨论中，应该努力避免使用"应用科学"这一过时的概念。

此外，对上文中的相关"成说"进行系统研究后又不难发现，许多专家学者又是在不同的意义上使用"应用科学"概念的。认为技术科学就是应用科学的这部分人所说的"应用科学"，一般指的是"应用基础科学"，实际上就是本书中所要阐明的技术科学中基础性研究部分，它们在抽象程度上与基础科学比较接近。而认为技术科学不是应用科学的另一部分人所说的"应用科学"，其基本含义大致与加拿大学者邦格的理解雷同。他在《作为应用科学的技术》一文中说过："在这里，我将把'技术'和'应用科学'当成同义词来使用，当然这两个词的涵义是有区别的，'技术'是指关于实践技巧的学问而不是科学学科，而'应用科学'则是指科学思想的应用，而不是科学方法的运用。"[④] 可见这里所说的"应用科学"仅是指在技术中应用科学的思想，而不是指将科学思想和科学方法进行全面整合而形成的科学学科。准确地说，这里与其称"应用科学"，倒不如说是"科学的应用"，即科学思想、科学知识在技术中的应用。如此一来，我们便不难明白，这样所指称的"应用科学"与钱学森的现代科学技术体系中"工程技术"层次是基本等同的。

---

① M. 戈德史密斯，A. L. 马凯．科学的科学［M］．赵红州，蒋国华译．北京：科学出版社，1985：209-210

② M. 戈德史密斯，A. L. 马凯．科学的科学［M］．赵红州，蒋国华译．北京：科学出版社，1985：108

③ M. 戈德史密斯，A. L. 马凯．科学的科学［M］．赵红州，蒋国华译．北京：科学出版社，1985：209

④ M. 邦格．作为应用科学的技术［A］//F. 拉普．技术科学的思维结构．刘武，等译．长春：吉林人民出版社，1988：28

由以上分析可见，就是因为表述中运用概念不当，便酿成了人们理解上的极大歧义，客观上已严重干扰了关于技术科学整体研究方面的正常学术交流。

第三，对于技术科学是工程科学或不是工程科学的矛盾，我们认为仍然是由于历史的原因，致使人们在表述和运用“技术科学”和“工程科学”的过程中，在两个概念外延的划界上出现交叉、错位所导致的。

从前面所介绍的“成说”中可见，钱学森应该属于将技术科学和工程科学可以作等同理解的典型代表，从其关于技术科学研究的相关论说中可以看出，他前期可能将介于基础科学和工程技术之间的中介层次一般称为“工程科学”，而后期一般又称之为技术科学。按这种线索理解，技术科学和工程科学的外延应是基本一致的，而内涵上两者又都在基础科学与工程技术之间发挥着“双向互动”的作用，这样将技术科学等同于工程科学也就未尝不可理解。再仔细研究钱学森在这方面的相关文献又不难发现，他对这个“中介层次”内部各种学科在知识、功能等特征上是否需要进一步分类的问题，基本上也没有进行过深入研究。而后来人们在进一步研究中又发现，技术科学和工程科学在内涵和外延上还是有差别的，故又出现了所谓“强对象化科学”和“弱对象化科学”之说，于是便将前者称为工程科学，将后者称为技术科学。我们仔细研究后认为，这样的划界与分类其实也是相当含糊的，“强对象化”到什么程度可称为工程科学？“弱对象化”到什么程度又可称为技术科学呢？实在令人难以把握。

通过历史考察将不难发现，“工程科学”术语的出现是与各种传统工程领域的发展密切相关的。例如，土木工程学、机械工程学、化学工程学等都是为土木工程、机械工程、化学工程等工程活动领域提供知识服务的。这类工程学科的知识构成都是由对应工程实践活动的需要所确定的，其中既有相关的科学知识，又有工程实践经验的总结，然后按照一定的逻辑法则系统重建而成的。因此，上述诸工程学科则是经由18世纪末到20世纪初这样较长的历史时期逐步形成并渐趋成熟的。

在第一章导论中我们已经说过，工程与技术二者作为实践范畴是密不可分的。工程是宏观、整体的概念，技术是微观、局部的概念，工程中一般都包含一系列技术，是根据工程目的对技术的特定组合。实际上，工程科学中所包含的知识绝大多数又是为解决对应工程中的技术问题服务的。可见，工程科学与技术科学这两个概念在外延上出现交叉重叠，客观上已难以避免。

大约到20世纪中期，当人们从（基础）科学与（工程）技术两者之间互动的视角建立起技术科学概念时，对历史上先后产生的这两个概念进行绝对同一或绝对对立的理解，显然都是不合适的。“工程科学”概念产生在前，据史料考察，

“这个术语是在1790年前后作为建筑工程师手册的标题首次出现的”[①]，而且工程中又包含着大量的技术；“技术科学”概念产生在后，如第一章导论中所说，可能是J. D. 贝尔纳在1944年前后首先提出的，它是针对科学与技术之间的相互作用、相互转化问题而出现的。显然可见，技术科学的外延应比工程科学更大，它既包含工程科学又包含非工程的技术科学。

所以，经全面系统研究后我们认为：工程科学只是技术科学中的一部分，不妨可称其为工程技术科学。它既通过一些科学知识解决工程中所包含的面广量大的技术问题；又通过另一些科学知识去解决工程中的其余非技术问题。这样，技术科学就成了范畴更大的整体，工程技术科学则是其中的一个部分。

第四，对于技术科学是“应用基础科学”，还是“关于科学技术、工程技术、工艺技术专门学科”的矛盾，我们认为只要在充分理解科学与技术之间的区别与联系的基础上，把技术科学理解成一个内部具有复杂结构的学科体系，而非内涵与外延相对稳定的一类学科，则问题便会迎刃而解。

科学和技术作为不同的社会文化，两者间的差异是极大的。这里不妨再概括地总结一下：从性质和功能上看，科学是要认识外部世界各方面的本质，以发现客观规律；技术是要利用自然、改造自然并协调人与自然的关系。从要解决的问题上看，科学致力于回答“是什么”和“为什么”的问题；技术则注重于解决“做什么”和“怎么做”的问题。从研究过程和方法上看，科学一般是从个别到一般、从特殊到普遍、从经验到理论，主要采用分析、抽象、概括等方法；技术一般则是从一般到个别、从普遍到特殊、从理论到实践，主要采取想象、综合、筹划等方法。从目标和结果上看，科学一般致力于追求从多样性到统一性、从模糊性到精确性、从现象到本质，最终达到把握真理的目的；技术既追求统一性又追求多样化，一般用标准化、通用化的方法追求效率；又由产品、服务的多样化以追求满足人的各种需求，最终追求实现符合人类价值的善理[②]。

但是，科学和技术在发展过程中又必须实现二者的统一。因为从根本上说，科学是为了认识世界，技术是为了改造世界，人类只有正确认识了世界，才能合理地改造世界。所以发展至现代，科学和技术之间必然要通过技术科学这样的中介与桥梁，建立起二者之间相互依赖、相互转化中牢不可破的联系。

从科学与技术之间上述的显著区别与原则联系便不难想象，要建立沟通二者的桥梁与纽带并非易事，从抽象的科学原理到具体工程技术方案之间相关知识的转化，往往不可能一步到位。在这两极之间要实现稳定而持久的有效互动，必然

---

① F. 拉普．技术哲学导论［M］．刘武，等译．沈阳：辽宁科学技术出版社，1986：79
② 陈昌曙．技术哲学引论［M］．北京：科学出版社，1999：162-165

要由许多具体目标不同、知识结构各异、彼此相互衔接的中间过渡性工作连接起来，形成一个有效的连续谱式工作链和知识链，方能实现最终目的。因此，技术科学作为科学与技术之间的中介与桥梁，它本身就不可能是一种单一类型的学科，很可能是由从抽象到具体不同类型的学科组成的学科链。如此看来，与基础科学接近的技术科学部分，知识特征上相对抽象、普遍，有人称其为“应用基础科学”也未尝不可；而在“连续谱”的另一端，技术科学的另一部分因其与具体工程技术方案相连，知识特征上便会相对具体，可操作性更强，人们初期含混地称其为关于某种科学技术、工程技术、工艺技术的专门学科，原则上亦可以理解。但后者无论已具体化到适用范围多么小的程度，只要其性质上还是属于特定范围内一般性原则和道理方面的科学学科，就应当属于技术科学的范畴，而非工程技术的范畴。

第二节　界定技术科学范畴的基本构想

从以上与技术科学相关的诸多“成说”及由其引发的各种矛盾可见，致力于对技术科学范畴的合理界定绝非是一件小事。它既是一个相当复杂的学术理论问题，又是一个事关科学、技术合理发展的战略管理问题。既不是科学家仅依凭个人工作经验所能完整归纳的，又不是理论家立足于局部性的学术立场可以准确概括的。当然还有一些人，本来就没有充分认识到这一问题的重要性和严肃性，仅凭望文生义，东引西抄，人云亦云，鼓噪一番，结果只能造成这一学术领域的更大混乱。现在我们拟将人与自然关系发展进程方面的历史考察和全面的哲学理论反思结合起来，努力在一个较大的历史与理论空间中来全面探究技术科学现象，以期获得比较满意、合理的结论。

一、工程世界、工程实体完形和工程思维方式

众所周知，人类今天生活于其中的世界，几乎完全是一个人工世界。换言之，我们几乎已完全被包围在人工自然之中了。这一现象大约也只有 100 多年的历史。它既是人类改造自然能力迅速升级的结果，也是现代科学技术加速发展的必然。

如果在一个较长的历史长河中考察人与自然的关系，可以将人类的发展划分为以生长为主的阶段和以建构为主的阶段。在人类历史的幼年生长期，由于认识

水平有限，实践能力不足，面对大自然的威力，只能持基本顺从的态度。当时人类主要生活在天然自然之中，自然界相对于人类处于支配地位，人类一般只能服从自然的摆布。在这样的背景下，人类的认识也主要侧重于对自然规律的探索和把握。这其实也是不无道理的，因为我们只有认识了自然的规律，摸清了它的脾气，才能自觉地服从自然规律，从而使自己生活得更加安全、健康、富足。

随着文明的进步，科学技术的发展，认识水平不断提高，人类对自然规律逐步有了比较全面、深刻的掌握，当然实践能力也随之不断增强。至此，人类一方面对来自自然的控制日益感到难以忍受，对自己的生存状况十分不满，迫切需要改善；但另一方面也深知自身的生存和发展是不能不依赖于自然界的。在这样的矛盾面前出路何在？于是便选择了按照自己的意愿和需求，不断改造世界的途径。开始的改造活动只能算是小打小闹，规模不大，强度不足，仅凭改进改造自然的局部性手段和方法，即通过提升技术能力，逐步实现自己的目的。这段历史过程一直延续到工业化的前期阶段，有人也称其为产品生产阶段。也正是在这一阶段，由于科学技术的发展，生产力水平迅速提高，人类自身也由生长阶段不断趋于成熟。

到 19 世纪中期以后，由于科学和技术携手联姻、相互促进、突飞猛进，人类认识、改造世界的能力已发展到足够强大的程度，对改善自身状况的要求亦更加迫切，对包括自然和社会在内的现实世界的改造力度日益增强，改造规模则更为宏大。于是人类便从幼年期的以生长为主的阶段进入到成年期的以建构为主的阶段。通过不停的大规模建构活动，人类将自己的意愿和要求施加给外部世界，使其产生着日新月异的变化。当然人类也就不断地远离天然自然，基本完全生活在人工自然之中了。这是人类发展历史上的一次重大飞跃，其重要标志就是人类生活的世界正逐步被工程化。

工程，从一般意义上说，就是人类一定规模的建造活动。在古代社会，工程活动及其成果极为稀少。因为在生产力水平较低的条件下，难以组织起很大的社会力量，去实施大规模的工程活动。中国古代的长城建筑工程、大运河开筑工程、都江堰水利工程及埃及的金字塔工程等在那个历史时代均属于凤毛麟角，已成为当时文明发展的显赫标志。到了 19 世纪中期以后，人类已从对外部世界改造的小打小闹时期进入到大张旗鼓的工程建构时期。为了改善居住条件，到处实施建筑工程；为了改善交通状况，人类在海、陆、空三方面实施交通工程；为了改善通信状况，从马可尼公司开始，就大规模建设通信工程；为了调整能源结构，便出现了电气工程；为了制造原子弹，就出现了“曼哈顿”工程；在当代中国为了解决贫困儿童的教育问题，又出现了希望工程；……还有长江三峡工程、“五个一”工程、扶贫工程、飞天工程等。而且工程的形态也从自然物质工程不断向人文社会工程扩展。现在，我们已几乎完全生活在一个工程的时代，活动在一个工程的世界里。

和平与发展是当今世界的主要潮流。“在一个追求发展的时代和社会，建构工程是人们生活中的一个经常性主题。无论是经济的发展，还是政治和文化的发展；无论是单一个体的发展，还是整体社会的发展，无不通过一个个工程的建构来实现。因此可以说，工程是发展的阶梯。”①

社会迅速改观，沧桑如此巨变，是很值得理论家从深层次上认真进行哲学反思的。当我们对这一社会历史“巨变”，从本体论、认识论和方法论上做出认真思考和系统总结时，本书中所探讨的“技术科学”现象及其相关问题的研究也将会获得较大的突破。

我们要从总体上反思复杂的工程现象，必须首先从对一个工程单元的基本特征考察开始。呈现在我们面前的工程活动的结果就是一个个人工物品，也算是每一项具体工程的成果。无疑，这每一个工程建构物都是实实在在的、一个一个的客体性存在，我们把这种具有“个别实存事物”性质的存在物称之为实体②。故工程的首要特征便是其结果表现为外在的工程实体。既然工程是实体，则建构工程的材料自然也只能是实体。自然物质工程由天然的或人工的自然物质材料构成，建构人文社会工程的基本材料便是活生生的人。工程实体是人造的，与自然实体相比，一定有属人的方面，这就是其中包含着人的意志和目的。它是为了满足人的特定需要而建构的，这便是工程的价值所在。每一项工程的价值都是由工程系统的整体功能完整体现的，也就是说，该整体系统作为若干特定属性的凝聚物，其中所包含的各种属性便不能彼此分开。如果将工程系统拆解开来，其整体功能就立刻随之消失，当然整个工程的价值也就不复存在。故我们必须将一项项工程，一个个人工物品作为完整的系统来看待，即分析工程现象的基本单元，其整体的完整性又不容分割。徐长福称其为工程实体完形，这也可算是从工程论立场做出的本体论规定之一。当然，由于构建工程的材料所包含的各种属性也是不可分割的，故同样也表现为实体完形③。

我们对工程现象的考察，不仅要看其结果，即一个个工程实体，更要考察其建构的整个过程。众所周知，一项工程的策划、设计、施工过程是相当复杂的。既要选择适宜的工程材料，又要依循可靠的工程原理；既要完整贯彻主体的价值意图，又要与各种现实的约束条件统一协调；既要追求建构过程的整体效率，又

---

① 徐长福．理论思维与工程思维［M］．上海：上海人民出版社，2002：26

② 徐长福．理论思维与工程思维［M］．上海：上海人民出版社，2002：28

③ 徐长福．理论思维与工程思维［M］．上海：上海人民出版社，2002：46

要顾及施工和运行过程的安全可靠。可见工程的建构过程既区别于纯粹的科学理论重建过程，又区别于一般定型产品的生产过程。因为理论重建是在系统研究弄清道理之后，运用概念、判断和推理，建立起逻辑上一以贯之的理论体系；批量化的产品生产过程基本就是照原样复制，一批产品、一个品牌可能就是一个样子，在正常生产过程中一般不涉及创新。而工程的建构过程，只能运用可获得的现成材料，针对具体工程项目的特定要求和现实允许的外部条件，统筹设计、合理制造理想的工程实体。其间既不能完全依赖逻辑推理，又缺乏统一完整的操作规则；而且还要克服众多约束条件的限制，解决好一系列技术难题，故整个过程将包含着很多创新环节。这就要求工程师必须具备一种特殊的智慧，一种独特的思维禀赋，可称之为工程思维方式。在这种思维过程中充满了“折中、妥协、跳跃和转换”，既区别于科学研究中比较严谨的逻辑推理，又区别于为实施技术而制定的严格操作规程。概括其实质，整个工程活动过程，就是自觉地以各种可资利用的理论、原理和知识为依循，利用现有的实体完形为材料，发挥独特的工程思维方式，通过非逻辑的整体复合途径，创造全新的实体完形来满足人的需要的过程。

所谓思维方式，就其本质而言，是指“人脑以理性处理信息的操作系统。”就思维主体的目的而言，无外乎两类：“一是认知，一是筹划。认知是为了弄清对象的本来面目，回答‘本来怎样’的问题；筹划是为了对主体活动预作设计，回答‘应该怎样’的问题”。就思维对象而言，或者追求对一个实存个体形成尽可能完整而丰满的认识；或者追求建立一个逻辑上严谨自洽的理论体系。就思维的层次而言，又可分为低级的日常思维和高级的专业思维。综合以上各方面关于思维属性的划界可见，工程思维是专业层次上的筹划型实体思维，是人类所具有的一种高级思维方式。它既不是追求对一个实存个体的完整描述，也不是追求对客观事物内在规律的揭示，更不是对某一特定事物表达好恶态度式的评价，而是谋求对理想实体完形及其建构过程的合理性统筹设计。它不仅在“思维什么”上取决于主体需要，而且在“如何把握对象”上也要由价值目的来决定。因此，相对于其他思维方式，它具有价值优先性①。

由于工程思维既要沟通主体与客体，又要复合真理与价值；既要权衡可能性与现实性，又要兼顾必然性与偶然性；既要追求工程安全可靠，又要讲究建构的成本效率。因此，工程师若要胜任经由缜密的工程思维设计工程蓝图、正确指挥施工、建构合格的工程实体这项完整的工作，必须要具备主、客观两方面的条件，任舍其中之一，均难以顺利完成任务。主观方面当然是工程师的综合专业素

① 徐长福．理论思维与工程思维［M］．上海：上海人民出版社，2002：63-81

质。既有理论基础方面的，又有实践经验方面的；既有智力方面的，又有非智力方面的。客观方面就是必须给其提供一个足够硕大的工程技术知识库，使工程师在工作过程中，能够随时通过各种有效手段，从中获得他们所需要的知识，以便分析、处理所面临的各种实际问题。这个知识库包括的知识面广量大，涉及的领域十分宽广。其中，有理论的，有经验的；有自然的，有社会的；有科学的，有技术的；有实体的，有过程的；有价值的，有真理的；有至善的，有臻美的；……这里所称的工程技术知识库大概就相当于钱学森建构的现代科学技术体系中的整个"工程技术"层次。因此，那里的"工程技术"实际上是指工程技术知识系统，而非具体的工程技术活动。现代科学家和工程师怎样才能高效快速地建构这样几乎无所不包的工程技术知识系统呢？我们将进一步从认识论的角度继续探讨。

二、思维经济原则、理论虚体完形和非逻辑的工程整体复合

马克思曾说："哲学家们只是用不同的方式解释世界，而问题在于改变世界。"[①] 不过，若要合理地改造世界，就必须先正确地认识世界。毋庸置疑，现实世界是由无数的独立实存个体组成的；每一个这种实体又包含着无数种属于其自身的性质和特征，一般又统称之为属性。而人的数量及其进行认知的心力则是有限的。如果人类采取认知实体的思维，即对外部世界实施各个实体的分别认识，这将立刻陷入认知对象无限性和认知心力有限性的矛盾之中。"其成本将趋于无限大，而效益将趋于无限小，这显然是不经济的"[②]，根本难以达到逐步有效认识世界的目的。

为了避免这一矛盾，人类必须变更认知途径，以贯彻思维经济原则。实际上就是暂时回避直接认知实体，而致力于揭示不同类型客观事物中普遍存在的道理，以使人类所具有的有限心力能够随着历史的迁移，实现逐步认知无穷世界的目的。这种思维方式有两大要领：其一是寻求各种个别可感事物背后的"共性"；其二是发现各种"共性"之间的相互关系。这种同一类事物背后的"共性"，实际上就是其中各事物之间共有的属性。上述认知思维就是致力于将表达属性的概念联结成判断，将判断联结成推理，将推理一以贯之形成完整体系。其基本特征是力求逻辑自洽、规避自相矛盾。

这样，人类的认知就形成了以下逻辑线索：首先放弃对外部世界无穷事物的

---

① 马克思，恩格斯．马克思恩格斯选集（第一卷）[M]．北京：人民出版社，1972：19

② 徐长福．理论思维与工程思维[M]．上海：上海人民出版社，2002：101

逐一认知、对每一个事物所有属性的全面把握这样极其繁难而且实际上是办不到的事情；其次将外部事物按不同的标准进行分类，然后寻求每一类事物的共同属性及属性间的联系，并建立起能自圆其说的理论，以阐明同类事物中的共性道理；最后，可以再从一般把握个别，根据属性间的必然联系，顺藤摸瓜去认识具体的实体。这样一类一类地认知，事情就简单多了。

当然，采取这样的认知途径也是要付出代价的。因为当我们的注意力集中于把握同类事物的共性时，实际上就放弃或遗漏了对共性之外的其他属性的认知，所以如此揭示出来的道理，对于完整的实体世界来说，永远存在着片面性。补救的办法唯有以时间换空间，我们可以根据人类不同历史时期的认知水平和需求，设置不同的分类体系。开始的分类可能粗略一些，把握的共性道理也可以原则、抽象一些。随着知识的不断积累、认知能力的逐步深化、认知需求的推陈出新，分类就可以更加详细，追求的共性特征与规律则会更加具体、详尽。这样在空间上不断拓展，内容上不断丰富，通过累积上述各种片面性的知识，便能逐步更全面、深刻地认识外部世界。

如此以退为进的认知路径的变更，既可以实现人类逐步认识世界的目的，也完全符合思维的经济原则。因为“人作为有限的存在物，如想挑战这一无限的对象世界，只能采取尽量少的付出尽量多的获得的”思维和生存方式[①]。可以说，这种认知世界的途径，也是人类特有的一种禀赋，所谓理论思维就是这种禀赋的现实形态。

这种追求思维的首尾一贯性，是揭示理念之间必然联系的人类天赋，其源头可追溯到古希腊的柏拉图等先哲。亦如本书第一章导论中所说，古代思辨哲学只讲究自圆其说，不注重实践检验，便使其理论失去了可靠性；而近代科学既在演绎推理的基础上加强了归纳推理，又在理论思维的基础上增加了受控实验的检验程序，使得这一理论思维传统在揭示客观世界规律方面可靠性大大增强了。

进一步分析可见，由于理论思维认知的最高成果就是形成理论，理论是用抽象的概念建构起来的具有普遍性的观念体系，并以寻找共性、发现规律为其宗旨。而贯穿其中的基本道理，主要在于揭示属性间的必然或确定的联系。众所周知，“属性虽然总不免涵盖若干实体，但它具有确定的规定性，因而是单纯的”。“属性的普遍性和单纯性，使得它们之间能够建立起完全必然的联系。”这种必然联系可以发生在实体内部，也可以发生在各实体之间，并不受实体边界的限制，唯必然性是从。这样一来，属性间的必然联系就成了一种既不脱离实体又具有相对独立性的存在。所谓不脱离实体，是指属性间联系只能寓于实体间联系之中，

---

① 徐长福．理论思维与工程思维［M］．上海：上海人民出版社，2002：101

并且只有借助实体间联系才能将自己变成现实；所谓相对独立性，是指属性间联系跟实体间联系不具有对称关系，即任何实体间联系都不可能恰好跟某种属性间联系完全相同。于是，我们就得到了一个有别于实体世界的“理”的世界，即由属性间的必然联系所构成的世界①。

鉴于上述之“理”既实在而又不得不依存于实体，徐长福称之为“虚体”——“取其真而不实，虚而不假之义”②。在这里，“理”和“虚体”必须相互规定。“理”若不“虚”，就成了理学家的概念，若无“体”，就成了唯名论名词，所以只能是“虚体”。反过来，“虚体”就是“理”，就是人凭借自己的理性能力在这个杂乱的实体世界中理出来的头绪。按照前述的从工程论立场对思维的几种划界，相对于工程思维方式，理论思维方式就是专业层次上的认知型虚体思维。

我们认为，和实体一样，每一个虚体都是一个完整的单元，一个整体系统，故称其为虚体完形。这也可算是从工程论立场所做出的另一个本体论规定。主要依据以下两方面的理由。

第一，虚体是由特定前提和结论闭合而成的有限系统，其主观形式就是理论。理论是以逻辑为依据建构起来的，只有同类属性间才存在严格的逻辑推导关系，或者说才有逻辑上的同质性。反之，实体中包含的许多属性，因分属于不同的理论逻辑框架，彼此间便不能相互推导，故称这些属性在逻辑上是异质的。它们要发生联系，除非通过“讲理”之外的其他途径。所以虚体之为理，必然是有限之理。

第二，任何一个作为有限之理的虚体，都是不可分割的整体，统帅该整体的灵魂就是逻辑上的必然性。因为更为抽象地说，虚体就是前提与结论相蕴涵的命题系统，其元素是属性，其规则是逻辑。由于属性普遍而单纯，逻辑严格而公共，因而只要假定了共同的前提，就能得到相同的结论。正是这种强制性的逻辑力量，保证了虚体作为单元的完整性，使其成为与实体相对应的另一种完形。

由此可见，立足于工程论立场，我们所看到的理必定是分门别类、自圆其说的逻辑化系统。理论思维方式达成最后结果的理论体系，都应是虚体完形。虚体既由属性建构而成，又是一个完形，因而虚体思维应兼具直觉与理智分析两种认知形式。理智分析不免疏漏和舛错，直觉则守护着虚体的真与全；但直觉难以诉诸名言，理智分析则使虚体可以公共地操作③。

---

① 徐长福．理论思维与工程思维［M］．上海：上海人民出版社，2002：32-33

② 徐长福．理论思维与工程思维［M］．上海：上海人民出版社，2002：34

③ 徐长福．理论思维与工程思维［M］．上海：上海人民出版社，2002：67

前已述及，在实际生活中，思维方式的主体规定性作为变量主要有两大类：一是认知；二是筹划。理论思维是认知虚体的思维，这种主体规定性针对的是认知行为，而不是认知的内容，因而是一种外在的规定。也就是说“为什么认知”和“认知什么”的问题，必须由主体规定性说了算，但“怎么认知”和“认知的结果怎样”都只能由事实说了算①。对理论思维来说，这种内部的非价值性也就是客观性，是其一种至关重要的品质。虽然理论思维具有外部价值性，即思维主体在操作这种思维方式时可能会有这样或那样的价值目的，其操作结果也必定会满足这种或那种价值诉求，但理论思维的程序内容却拒斥任何价值性。其天职就是发现真实之理，把理作为纯粹客观的东西来追求，故在实际认知过程中必须排除一切价值偏向的干扰，唯客观性是从。实际上，理论思维的内部非价值性和其本有的逻辑性是统一的；或者说，逻辑性本身就是一种潜在的非价值性。操作程序的逻辑化就意味着运算是非任意的、非选择的、非私我的，亦即非价值的。这一鲜明特征，实质上反映了人的生存自在性和人从事活动的客观制约性。这不是对工程思维内部价值性的限制和损害，而是对它的支持和成全②。

如果我们将理论思维方式与工程思维方式的诸多特点，列成表 2-1 进行系统比较，将不难发现两者并非彼此排斥，而是相互依赖、相互补充的。具体可以从以下五个方面加以理解。

表 2-1　理论思维方式与工程思维方式的比较

思维方式	理论思维	工程思维
思维目的	讲道理，建构不同的虚体完形	运筹设计，建构理想的实体完形
思维线索	形式逻辑推理	主体价值需求与客体各种属性相匹配
基本思维特征	逻辑上严谨自洽	非逻辑的整体复合
基本价值特征	外部价值性，内部逻辑性	内、外部价值统一协调性
成果的典型特点	虚体完形反映的道理既是客观的，又是片面的	建构理想实体完形，满足主体需要
产生的社会类型	生长型为主的人类幼年社会	建构型为主的人类成年社会
相互僭越的结果	拘于一理进行筹划，或者彻底失败；或者通过附加工程，对付遗漏属性	以筹划代替讲理，使“理”无据可依，成为能云亦云

第一，认知虚体，把握实体；改造实体，表达虚体。任何工程的建构都必须以人-物二维关系作为思考的起点：一方面，工程之所以为工程，首先在于它是具体的人所需要的一种人工物品，因此工程设计必须从现实的个人或群体的有效需求出发。另一方面，工程之为工程，还在于它必须用具体的、现实的材料来建设。工程使用材料固然是为了利用其中的某些属性，但由于材料也是实体完形，

---

① 徐长福．理论思维与工程思维［M］．上海：上海人民出版社，2002：78

② 徐长福．理论思维与工程思维［M］．上海：上海人民出版社，2002：86-87

其所有属性是不可分割的，因此工程在利用一种材料某些方面属性的同时，也不能排斥材料中会带来某些对工程无用甚至有害的属性。这样，工程设计就必须在材料的自在性和工程的目的性之间反复妥协。如果进一步追问，差异极大的实体材料是根据什么“凑”在一起而构成满足人所需要的工程的呢？那只能根据不同的“理”。没有理，工程就会变成实体的盲目堆砌，从而就不再成为工程；反之没有实体，工程就只能停留在图纸上，也同样构不成工程。因此，从工程论出发，人的活动过程就是通过认知虚体去把握实体，再通过改造实体，去表达虚体的过程。由于任何单一理论意义上的科学学科确实只能把握个体意义上事物的某些或部分属性，而不能把握具体事物的整体；并且在现实中事物的整体又是基本可以把握的，显然就必须要通过另一种非理论的思维方式来实现，这就是工程思维方式中的非逻辑整体复合。

第二，理智把握实体完形，既要运用逻辑，又不能全靠逻辑。实际上在工程设计中，弄清实体完形所包含的使之得以成立的必要属性是至关重要的。因为从理论上说，我们是无法认知任何实体的所有属性的，我们所以要构建工程，就是要通过统一协调，以使客体方面的若干属性实现有效的整合，以满足主体的具体需要。这类属性便是必要属性。否则，我们就不能确知工程对于实体究竟可以做什么及如何做。当然，实体完形一般拥有多个必要属性，而且这些属性未必是逻辑同质的。这样，我们如果对实体采取理论思维方式的话，就必须同时将其归入若干分类，亦即同时用若干种不同属性去规定一个实体。这就决定了以理智方式来认知实体完形，既不能不用逻辑推导，又不能从一个前提一推到底，而只能从多个前提分别推导，然后加以非逻辑地整体复合。

第三，工程依赖于虚体完形与实体完形的契合。必须进一步明确，工程虽系人造，但它并非是纯粹道理那样的虚体，也不完全是人的创造意图的化身，它既包含着人自觉赋予它的属性，也包含着人本不需要但又不得不接受的属性，还包含着人实际上已接受了但当前还不知道的属性。工程实体完形就是由这些属性共同来充实的，因此绝非是一个道理、一套理论能够将其全部说清楚的。要完整地把握工程实体，首先必须通过对各种相关虚体知识进行合理综合，以努力掌握其较完整的概貌；其次为了保证具体工程中某些方面的可靠性，还要通过安排一些特殊的试验，以获得一系列相关的设计参数。

同时由于虚体是完形，工程对虚体的使用只能是有限度的整体使用。在虚体的众多成分中，只要工程索取其一，虚体就会献出所有；工程只要接受了虚体的前提，就必须接受它的结论。正由于工程都是对虚体的整体使用，故使工程有了必要的约束；而工程限定每一个虚体发挥作用的范围，客观上又为更多、更好的虚体付诸工程应用提供了机会，从而使工程所受的约束趋于全面和细致，有助于提高工程的成功率和质量水平。

当然，虚、实二体相关而不互相对应（映射），我们不能以为比较全面地认识了跟实体相关的虚体就等于完整地认识了实体本身，更不能将认识虚体的思维方式用来认识实体。认识了某个虚体只是懂得了某种道理，而任何一个实体都包含着无数种道理。认识虚体只需逻辑一贯，而认识实体则必须要通过若干虚体对其综合定位。所以，认识实体需要一种既包含逻辑又高于逻辑的思维方式。

第四，实体与实体结合，虚体与虚体衔接，形成错综交织之势。按照工程论立场，人是一种特殊的实体完形，无数名目繁多的需要是其特有的属性。满足其每一种需要的过程，就是每一种主体属性追寻与其对应的客体属性的过程。如果现成实体身上没有这种相应属性，人就会努力将其创造出来。属性不能脱离实体而存在，因此，必须通过创造新实体来创造新属性。新的实体又必须以现成实体为材料，实质上就是利用现成实体所具有的某些属性间的必然联系来导出理想中的新属性。但现成实体均为完形，除了人看中的属性以外，还具有大量其他属性，这些属性不仅相互间存在复杂联系，并且跟人作为完形的其他属性之间及跟别的实体的属性之间也可能存在意想不到的种种联系。不论是人的需要与某现成实体对应属性间的联系，还是由此引出的其他属性间的各种联系，都由虚体完形来体现，为人的理性能力所把握，并成为创造新实体的指针和依据。虽然一种虚体只能切中实体内的一种或一些属性，但众多虚体合在一起就能逐渐彰显实体的全貌。所以离开了虚体思维对虚体的建构，人们就无从认识实体。

如是，凡是自觉依循虚体完形、通过利用现成实体完形以创造新的实体完形来满足人的需要的活动及其成果，就是实实在在的工程。可见，工程就是实体完形与虚体完形的一种特定结合，是为了表达虚体完形而创造出来的实体完形。在这里，实体与实体组合，虚体与虚体衔接，实体表达虚体，虚体范导实体，相互错综交织，从而使工程的设计与施工成为实体与虚体的多重复合。这就决定了工程思维不可能是一理贯通的虚体思维，而只能是实体思维；但又不是一般的实体思维，而是以筹划为目的实体思维，也就是上文所说的工程思维。

第五，理性直观与理智描述相得益彰。实体思维是实体存在状况所必然要求的一类思维方式，其根本特征就是对逻辑地发现的属性进行非逻辑的复合。其中又必须包含理性直观和理智描述两种形式。理性直观直接把握实体完形，其基础是对于实体完形的感性直观，因为感性已经直观到了一个实体完形，理性才能把众多属性理解成一个整体。但直观难以言传，因此需要理智的描述。后者实际是将表达实体不同属性的语言粘贴在一起。没有理性直观，实体的完形性没有保障；没有理智描述，实体的异质性属性无法分别逐一揭示。现在我们应该认识到，不仅把前提和结论必然地联系起来的逻辑力量是不可抗拒的；而且同样的，把没有逻辑联系的属性复合成整体完形的直观力量也是不可抗拒的。正是理性直观把这些逻辑上不相干的命题粘接成了不可拆解的整体。

理性直观是实体思维的基本内核，正是它在思维的层面上守卫着实体的实而全，并统帅着各相关虚体对实体的多种理解。没有这种认知形式，我们就无法形成对实体的有效认识。当然，如果没有虚体思维对各种属性分门别类的揭示，我们对实体的整体认知也会停留于空洞。故实体思维又必然以虚体思维的成果作为认知的源泉和基础。

实体思维的目的在于形成对实存个体的属性尽可能完整而丰满的认识——完整性由直观来保证，丰满性取决于可供粘接的语句的数量和质量，亦即取决于虚体思维所能提供的虚体资源的数量和质量。人的认知不可能穷尽一个实体的全部属性，但实体思维的程序对于实体所杂有的各种异质性属性始终保持着开放性，而虚体思维的程序在这一点上则是封闭的。至于实体思维应将实体掌握到何种程度，则要视工程建构的需要，实质上就是由主体的实际需要来决定。

综上可见，对工程的整个筹划设计过程就是一个根据主体的需要，运用所能获得的材料，针对各种现实的约束条件，依据“工程技术”知识库中众多广泛的现有虚体知识，对理想工程实体完形进行非逻辑的整体复合过程。

三、技术科学体系——工程技术知识库的源头活水

以上一、二两部分立足于工程论立场，通过工程本体论和工程认识论的独特理论研究与分析已使我们明白，任何具体的工程设计过程，都是工程技术人员根据特定的社会需要，为了谋求一个理想的工程实体完形，在专业层次上所进行的筹划型实体思维过程。要圆满地筹划工程实体，首先要比较充分地认知实体。但根据思维经济原则，人又不能采取直接逐一认知实体的途径，只能通过认知虚体去把握实体。而虚体完形作为一个有限的理论体系，以揭示某一类实体中的共同属性及其相互关系为己任，以逻辑上的首尾一贯性为准则，所表述的道理既是客观的又是片面的，故只能从特定的侧面揭示实体的部分属性。而工程设计要全面、系统地把握工程实体完形的各种属性和相关道理，就只有通过对与该工程实体完形相关的多种虚体完形的认知，以实现从多侧面、多角度去把握工程实体完形的目的。由此可见，作为具体工程设计知识基础的“工程技术知识库”若要正常履行其职能，就必须以与工程建构活动相关的各种虚体完形作为其知识的来源。这些虚体完形首先能将基础科学发展中的各方面成果努力转化为“工程技术知识库”中所需要的、基本能直接运用的知识；其次又能将工程设计中提出的疑难问题和具体要求反映给相关科学界；再次可以通过对各类工程活动中的经验进

行科学的系统总结，概括出关于其中共性特征与规律方面的知识体系，以作为以后同类或相似工程设计活动的指南；最后还可以通过这类虚体完形彼此之间相互作用所发生的信息增殖效应，以供给“工程技术知识库”各种急需的知识。从这4方面功能上看，这类虚体完形便是现代科学和工程技术之间的中介与桥梁，是基础性认识研究与工程技术开发之间的基本纽带。它们一方面为将各种基础科学成果有效转入具体应用担当起开路先锋；另一方面又为硕大的“工程技术知识库”充当了取之不竭的源头活水。这类虚体完形实际上就是本章即将要建构的技术科学学科体系。

我们在广泛借鉴、吸纳前人相关研究成果的基础上，又选择相当数量的具体技术学科进行典型案例分析，从而认识到现在这个技术科学体系大致由四大类学科组成。第一类可称为基本技术科学（T_1），主要是各种基础科学的原理和知识通过各种途径进行特定的工程技术应用转化而形成的，其内容仍以特殊约束条件下的自然物质运动形式方面的知识为主；第二类可称为过程技术科学（T_2），主要是在人类进入以建构为主的发展阶段以后，由于改造自然和社会的工程活动蓬勃发展，人们通过对大量人工自然过程和社会过程中共性特征的概括和提炼而形成的，其产生和表述又与数学、系统科学等横断科学的发展密切相关；第三类可称为工程技术科学（T_3），是在文艺复兴，特别是产业革命以后，由于产业结构演变、社会分工和专业化倾向的持续发展，人类在改造世界的过程中形成了各种专门的工程技术活动领域，活跃在这些领域中的能工巧匠和工程师们通过对实践经验的系统总结和科学整理，便形成了这类工程技术科学，当然，其中的内容必然包含着相当多的经验成分和规则性知识；第四类可称为综合技术科学（T_4），到19世纪中期以后，随着自然科学全面、充分地发展，人们已逐步发现，对于日趋复杂的工程实体完形及其建构过程中的问题，已不是单独一门或少数几门技术学科的知识所能奏效的，而必须集中相关的多学科知识予以综合解决，方能达到预期目的。因此，这里的综合技术科学大多数往往表现为服务于各种专门领域的独特学科群。以上四大类若干门技术科学学科之间，再通过彼此相互作用，进一步实现知识和功能等多方面的互补，便集结成一个庞大的技术科学体系，从而担当起为现代工程技术发展源源不断地提供新知识的使命。

这里可能需要再次阐明，作为现代“工程技术知识库”中知识供给源头活水的若干虚体完形，我们为何要统称其为技术科学呢？在本书第一章导论中我们已经分析过工程与技术的关系，工程作为实体完形，必须从系统整体上来看待，是宏观、全局的概念；技术、发明作为改造世界的具体方法和手段，是微观、局部的概念。工程中虽然也包含着一些非技术的知识，但其实施与完成主要是由技术手段与管理手段两方面支撑的①。如果按照本书的观点，管理应该视为广义的“软”技术，故原则上可以说，任何一项具体工程中都包含着一系列技术，是对各类相关技术的一种特定整合过程。而技术科学体系中的若干技术学科，亦可称理论虚体完形，从不同侧面为具体工程建构提供各类知识，且绝大多数都是为了帮助解决其中的广义技术问题。因此，从这种意义上说，称现代“工程技术知识库”以技术科学体系作为其知识的源头活水便是顺理成章之事。

以上现代技术科学体系的粗略轮廓，虽然是我们首先通过对多门技术学科进行典型案例分析后归纳总结出来的，并且与目前技术科学发展的客观现状基本吻合，但如果按历史与逻辑相一致的原则，结合认识史、科学技术史、产业结构演变史进行系统研究，将会进一步发现这一技术科学体系的出现又有其历史的必然性。本质上，它是科学知识与方法向工程技术领域逐步全面转移、渗透的结果。

技术科学的萌生首先是从工匠技术传统的变革、转型开始的。众所周知，发生在英国产业革命时期的主要技术变革都是由传统工匠技术支撑的。无论是钮可门将蒸汽泵改造成以产功为目的的蒸汽机，还是瓦特通过发明分离冷凝器和离心调速器改造蒸汽机，抑或是哈格里沃斯（J. Hargreaves，1720～1778）发明珍妮纺纱机，都是那个时代英国能工巧匠们发明创造的杰作。其共同的特点是，为了解决具体的实际问题，当事人以自己丰富的实践经验为基础，通过灵感触动，引发奇思妙想，再经反复试验、调整，最终完成发明创造。这在本质上是一种实体认知与思维过程，具体技术目标是初步实现了，但其中的一般科学道理未必完全获得澄清，这类被 F. 拉普称之为所谓“开拓性发明”的技巧当然就很难进行普遍推广。正如迈克尔·波兰尼所说：“像技能一样，行家绝技也只能通过示范而不通过技术规则来交流。”② 因为成熟的科学、技术知识，一定程度上可以与人分离甚至可以转化为书本知识进行广泛传播；而工匠们的发明技能和行家绝技是一种直接经验知识，与劳动过程融为一体，只能在师徒之间进行言传身教。

随着产业革命向纵深发展，工程技术问题便层出不穷，已不是当初少数能工巧匠所能全部包揽和应付的。同时，由于近代科学的节节胜利，科学的知识与方法不断深入人心，便有人将古代学者理论传统和工匠技术传统结合起来，把科学中追求共性特征和一般规律的理论思维方法，即认知虚体的方法引入工程技术领域之中。当然首先是将弗朗西斯·培根所提倡的归纳和实验方法用于各种工程技术领域，在经验的基础上抽提共同属性方面的基本概念，然后运用判断和

① 沈珠江．论科学、技术与工程之间的关系[J]．科学技术与辩证法，2006，(3)：21-25

② 迈克尔·波兰尼．个人知识——迈向后批判哲学．许泽民译．贵阳：贵州人民出版社，2000：81

推理，不断揭示概念之间的联系、现象背后的本质，再通过有目的的系统实验，检验初步的理论成果，总结参数之间的定量关系，从而总结出一套比较完整的应用性知识体系。例如，起初的炼铁学、采矿学、冶金学等，后来又出现的土木工程学、机械工程学、电气工程学和化学工程学等均属于上面已述及的工程技术科学（T_3）。

例如，化学工程学就是这样产生的。化工生产实践的发展使生产过程大型化、连续化的要求逐步提上议事日程，化学家和工程师们发现，企业生产中的大量技术问题既不是分子、原子、化合分解、化学平衡、反应速率等化学中的概念和理论所能回答的；也不是机械工程师们关于机械设备制造和动力传输等方面的技术所能解决的，生产中提出的新问题迫切要求一门新的学科予以系统解决。通过有经验的学者对大量化工生产过程的研究，发现化工产品可以千差万别，生产工艺亦可名目繁多，但只要是化工类的生产过程，其工艺过程基本都是由几十种“单元操作”（unit operation），如输运、过滤、吸收、蒸馏、萃取等基本过程组成的。于是，单元操作便成了后来化学工程学中首要的基本概念。化学工程师和化学工程科学家们通过对各种单元操作过程进行分门别类的研究和测试，最后总结出若干理论模型和系统的工程技术参数，从而初步解决了面广量大的化工生产、设计中的关键技术问题。

在以上唯象分类的基础上人们又发现，在每一种单元操作过程中无外只涉及动量传递、热量传递和质量传递三种基本物理过程，而从科学本质上看，虽然动量传递受牛顿运动定律制约、热量传递受傅里叶热传导定律制约、质量传递受费克扩散定律制约，但在实际的化工生产过程分析中，上述三项物理定律的原始表达形式均难以直接使用；另一方面，“三传”过程在化工生产过程中又不是单独发生的，它们往往共同出现在同一单元操作过程之中，而且彼此之间又存在“交联”，从而相互制约，相互影响。于是专家们又结合生产实际情况，进行大量试验和总结，并通过“三传”类比的方法，建立起新的“传递过程原理”，致使认识从现象进一步深入到本质。

如果说早期的工业化学家把具体的工艺过程视为一个整体的话，则后来的单元操作研究已将其分解成不同的部分；但从另一个角度看，单元操作又将成百上千种具体生产工艺概括成几十种物理化学过程，这又是一种新的综合。接着人们又看到“三传”虽然依附于基础物理学中的上述三定律，但在化工生产过程中往往又表现为统一过程中彼此制约的三个不同侧面，应该综合加以考察。后来又发现，不仅上述“三传”方面的物理过程需要进行统一研究，而且生产过程中发生的化学反应过程也不能完全单独考虑，再将“三传”和“一反”综合起来，化学工程学中又产生了化学反应工程学科。正是这样分析与综合的反复交替，使我们对化学工程有了更加全面而深入的理解①。

通过以上对化学工程学这一学科案例的详细分析，我们便不难观察到工程技术科学（T_3）这类技术学科的产生动力、研究思路、发展过程和最终成果等方面的基本特征；看到实验与理论、经验与科学、分析与综合、现象与本质、规则与规律、定性与定量等不同方面的对立统一在工程技术学科发展中是如何相辅相成，共同推动这一特殊的虚体认知过程不断向纵深发展，理论体系逐渐趋于完善的。尽管T_3类技术学科知识体系在逻辑严谨性方面难以与经典的公理化体系相媲美，但它们毕竟是由概念抽提、分类、类比、分析、综合、归纳、验证等形式逻辑的基本方法系统总结出来的共性知识体系，逻辑上也算得上相对严谨自洽，当然属于虚体完形类的知识体系。

技术科学除了沿着上述弗朗西斯·培根式的经验主义传统发展之外，从18世纪开始，以当时的法国人为代表，又沿着笛卡儿所推崇的演绎推理传统走出了另一条路子②，这就是基本技术科学（T_1）。原则上，这一类技术科学是从基础科学的基本原理出发，通过特定的技术定向演绎转化而来的。这也是当年法国多种工艺学院培养工程师时设置相关基础科学课程的基本思路。人们希望通过直接应用相关科学知识去解决工程技术活动中的问题，然而实际发展过程并非如所预想的那么简单。属于这类技术学科的，前期如材料力学、流体力学、建筑力学等，其后又有农业化学、工程热物理和物理力学等。

广义上说，“工程技术知识库”中的各种虚体类知识都应该是相当具体的，其中科学原理性的知识，应该具体到在特定工程技术领域中工程师们基本能够直接运用。例如，在化学工程中常常要涉及某一自发过程进行的方向和限度方面的分析，这在原则上通过热力学是可以解答的。但普通热力学定律在化工过程分析中难以直接运用，故必须先以化工生产过程的一般特征作为约束条件，将热力学一般原理转化成化工热力学中的特殊表达形式，以方便化学工程师们直接使用。

另外，还有大量属于技术规则方面的知识，这些知识主要是为特定技术过程的发生提供操作程序方面技术规范的，实际是具体规定“如何做”的知识。而在现代技术中，大量的这类技术规则性知识往往又是从相关的科学规律转化而来的。其转化的逻辑程序主要也是对一般性科学规律施加各种约束条件，通过逐步专门化、具体化，最后可以直接付诸操作。

现在人们已从总体上总结出，工程技术活动具体到可实际操作的约束条件大

---

① 刘启华．化学工程学发展的历史考察［J］．化学通报，1989，(3)：57-61

② S. F. 梅森．自然科学史［M］．周煦良，等译．上海：上海译文出版社，1980：262

约包括物质世界的结构、智力资源、物质资源和社会条件四个方面[①]。也可以具体表述成以下的逻辑表达式。

目的：最优地达到目标G

约束条件：

(1) 物质世界的结构（逻辑、自然规律）；

(2) 智力资源（科学知识、技术知识及能力的状况）；

(3) 物质资源（原材料、能源、机械、人力等）；

(4) 社会条件（市场机制、政治、法律、风俗习惯等）

工程技术实施方案?

其中，(1)、(2) 作为约束条件，表明现代工程技术方案不能逾越自然规律，技术科学中的基础研究就是要探讨与某个工程技术目的相关的自然定律，从而确定人们能够做什么、做到什么程度。(3) 作为约束条件，是指工程技术方案的具体实施，要受到现实物质条件的制约，实际上就是在特定的时空条件下，实施该项目所能调动的人力、物力、财力等现实的能力和条件。一般工程技术方案的可行性论证大都要考虑这类约束条件。(4) 作为约束条件，是指任何工程技术项目的实现，都要受到社会伦理、法律、风俗等诸多社会价值方面的限制，因为作为满足人的需要的任何工程实体完形，都是社会的存在物，必须是特定时空中社会文化所能允许的[②]。基本技术科学（T_1）正是在这样的逻辑框架下构建各种为工程技术服务的知识虚体完形的。当然在具体的基本技术学科建构中，以上四方面约束条件的限制强度一般又是不同的，所建构虚体的具体化程度、最后的表达方式差异也比较大，这些要视具体情况进行具体分析。

应该强调指出，以上逻辑推理表达式只反映一种研究问题的思路，绝非是顺着前提一推到底的逻辑过程。其中许多具体环节单靠逻辑演绎是行不通的，不少问题尚要经过繁复的计算以做出正确的判断，或是设计专门的实验，以获取准确参数。但从总体上看，T_1类技术学科确实是从基础科学原理出发，按照上述基本演绎思路，运用各种方法和手段逐步推演、总结而来的。

例如物理力学，其产生的背景是出现了一些极端条件下的工程技术问题。一方面是迫切要求能有一种有效的手段，预知介质和材料在极端条件下的性质及其随状态参量变化的规律；另一方面是近代科学的发展，特别是原子分子物理学和统计力学的建立和发展，物质的微观结构及其运动规律已比较清楚，为从微观状态推算出宏观特性提供了基础和可能。于是物理力学便成为从物质的微观结构及其运动规律出发 ，运用近代物理、物理化学和量子化学等学科的成就，通过分

---

① F. 拉普．技术哲学导论［M］．刘武，等译．沈阳：辽宁科学技术出版社，1986：40

② 潘天群．行动科学方法论导论［M］．北京：中央编译出版社，1999：142-144

析研究和数值计算阐明介质和材料的宏观性质，并对介质和材料的宏观现象及其运动规律做出微观解释的力学分支。理所当然，其科学基础为量子力学、统计力学和原子分子物理学。

这里应特别注意，虽然物理力学引用了近代物理和近代化学的许多结果，但它并不完全是统计物理或物理化学的一个分支，因为无论是近代物理还是近代化学，都不能完全解决工程技术中提出的各种具体问题。物理力学面临的问题要比基础学科中提出的问题复杂得多，它不能只靠简单的演绎推理方法，或者仅借助于某一学科的成就，而必须尽可能结合实验并运用多学科的成果①。

到 19 世纪中期以后，一方面，随着各门自然学科的划时代迅速发展，科学不仅可以从各个方面为工程技术提供技术支撑，而且其发展水平已走到工程技术发展现状的前面，进一步发挥着引领工程技术发展方向的作用。另一方面，人类已迎来了以建构为主的成熟发展时期，不仅工程建造活动极其频繁，而且许多工程项目相当复杂，已经不是一门或少数几门技术学科知识所能奏效的，必须采取多学科知识联合攻关以解决其中的复杂问题，方能最终实现目的，这样便出现了综合技术科学（T_4）。在这类技术科学中，除少数学科是将多门学科知识进行专门的逻辑重建，形成一门新型的综合性技术学科之外，大多数都表现为一组专门的技术学科群，以便于解决一个产业或新型开发领域中的综合性技术问题。医药科学、农业科学、环境科学、空间科学等均属于这样的学科领域。这一类学科群中的具体学科既可以直接借鉴、移植已经建立的上述 T_1、T_3 类技术科学中的相关学科；也可以根据需要，创建新的相关技术学科。

例如，环境科学，既“包括自然界的各种因素，如地质、地理、生物、物理和化学等”，也涉及“人类社会生活的各个方面，如经济、政治、社会、军事、科学技术和文化等”，从而“形成环境科学的分支学科体系”②。

历史发展到这一阶段，过去那种仅靠少数能工巧匠的直觉和灵感，以进行偶然性创造的“开拓型发明”为主的时代已经成为过去，大量的工程技术问题都是靠所谓“开发性发明”所解决的。后者是指整个开发过程“往往是由一组来自不同领域，按周密的计划工作的专家们搞出来的”。这“表明现代技术不能只归结为发明的技巧，也不能仅看作科学知识的应用”，而是“产生于工程师（如情况需要还包括科学家）的集体努力”的结果。“他们运用自己的专业知识和专长，创造并逐步研制新产品直至投入常规生产。”③ 冯·西门子曾深刻而形象地说明

① 钱学森．物理力学讲义［M］．北京：科学出版社，1962：序

② 李佩珊，许良英．20 世纪科学技术简史（第二版）［M］．北京：科学出版社，1999：714

③ F. 拉普．技术哲学导论［M］．刘武，等译．沈阳：辽宁科学技术出版社，1986：6

过这一事实，“有用的和实际的发明……其实不必去寻求，有了谙熟的专门知识和孜孜不倦地工作，它们就会自动找上你的。这样的发明牢固地建立在通过实验探索自然的基础之上，通过实验可以得到关于自然界的规律性的知识”①。这表明至此科学知识和科学方法已被全面引入工程技术开发领域之中。

这种专业劳动分工和制度化的趋势、科学和技术全面交融的趋势，既是“人类需要所引发的”，也体现着现代“科学技术的‘时代精神’”。这大概就是哲学家 A. N. 怀特海（A. N. Whitehead，1861～1947）所说的“发明了发明方法”的时代已经来临，势必会导致技术科学的大发展。

第二次世界大战期间，军事的迫切需要又催生了另一类新型的技术学科如运筹学，战后的和平利用使其获得进一步发展，在自然科学和社会科学领域中均产生了重大影响。同时由于自动化时代的来临，系统论、控制论、信息论等新型技术学科伴随着管理科学、系统工程的大发展而形成一股新的技术科学发展潮流，这实际上反映了技术科学又进入了一个新的历史发展阶段，这就是过程技术科学（T_2）的发展时期。

前已述及，对工程技术的全面研究，既包括对其成果，即工程技术实体完形的研究，又包括对工程项目的策划、设计和建造过程的研究。而上述的 T_1、T_3、T_4类技术科学，绝大多数实际上都是针对不同类型的工程实体而言的，以往对工程技术活动中局部过程程序的规范和控制，主要又包含在技术规则的制定过程之中。进入新的历史时期，特别是由于自动化时代的来临，更加宏观的工程技术活动过程规律问题便进一步凸显出来。于是人们便以数学、系统科学等横断型科学知识为基础，努力开发人工自然过程和社会管理过程中过程规律方面的技术科学学科，并推动着技术科学发展进入一个新的高潮期。这一阶段曾经又被凯德洛夫称之为由控制论、原子能科学、空间科学等技术学科作为带头学科的新时代。

钱学森在其《论技术科学》一文中，特别强调这类技术学科在基础自然科学中“是没有祖先的”，其实现在看来具有这一特征也不难理解。因为经典自然科学都是研究自然界不同层次上物质运动形式的，实际上就是在分门别类地揭示不同类型自然实体的运动规律，而 T_2类技术科学则侧重于揭示各种广义工程技术活动的宏观过程规律，故在经典自然科学门类中找不到其典型的“祖先”也就不足为怪了。

分析至此，我们已经可以相当有把握地给技术科学范畴做出一个比较全面、完整的界定，以作为本书其后进一步研究的基础。具体表述如下。

---

① F. 拉普．技术哲学导论［M］．刘武，等译．沈阳：辽宁科学技术出版社，1986：79

（1）从内涵上看，任何一门技术科学学科，应是一个逻辑上相对完整自洽、技术目标定向明确、涵盖范围大小不等、一般由通用原理和专用规则系统集成的科学知识体系。实际上，它是文艺复兴以后学者理论传统与工匠技术传统逐步交叉渗透和相互融合的结果。

（2）从外延上看，技术科学应包括由自然科学（或数学）知识技术定向转化和相关经验整合而成的学科，由社会科学知识技术定向转化和相关经验整合而成的学科，以及由自然、人文、社会科学相关知识与经验交叉综合形成的学科。主要包含在以下科学领域之中：研究各种工程领域的科学、农林科学、医药科学、军事科学、管理科学、环境科学、空间科学、计算机科学、材料科学等。

（3）从科学技术体系结构上看，技术科学是介于基础科学与工程技术之间多层次连续谱式的技术学科群。从抽象到具体主要包括以下四个层次：①基本技术科学（T_1），研究具有特定技术定向的物质运动形式的学科，如流体力学、工程热物理等；②过程技术科学（T_2），研究人工自然过程、社会过程中共性特征与规律的学科，如传热学、运筹学等；③工程技术科学（T_3），研究各种工程领域中基本特征与规律的学科，如化学工程学、机械工程学等；④综合技术科学（T_4），研究某一产业或新型开发领域中综合规律的学科（群），如农业科学、空间科学等。

以上各层次之间又存在“复杂的反馈和相互促进与转化作用”，从而形成如图 2-1 所示的技术科学的开放自组织体系。

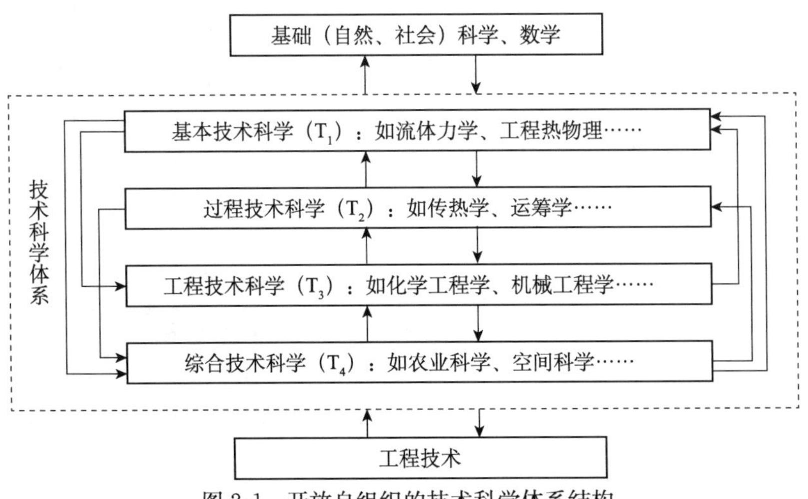

图 2-1　开放自组织的技术科学体系结构

列宁曾经说过：“在人面前是自然现象之网。本能的人，即野蛮人，没有把自己同自然界区分开来。自觉的人则区分开来了，范畴是区分过程中的梯级，即认识世界的过程中的梯级，是帮助我们认识和掌握自然现象之网的网上纽结。”①如果按照唯物论、辩证法和认识论三者相统一的原则来理解，列宁的上述论说至少应包含三层意思：首先，人类进步到一定阶段，便可以通过抽象思维能力，概括范畴，去把握自然现象之网的网上纽结，以实现用认识反映世界的目标。其次，范畴一旦准确地掌握了自然现象之网的网上纽结，范畴之间通过判断和推理便能建立起一个合理的概念之网，即理论体系或虚体完形，来大致地覆盖自然现象之网，从而达到较完整、统一地认识自然现象的目的。再次，人的认识不是固定不变的，而是不断发展的。随着认识的深化，人类可以锻造出新的范畴体系以取代旧的范畴体系，使覆盖自然现象之网的概念之网更加密实、周全、准确，即使认识提升到更新、更高的阶段。

依据列宁的上述思想，再对照钱学森的相关论述，我们将进一步认清图 2-1 中所建构的技术科学体系并不是基础科学原理的简单应用，而是人类根据新的目标，所形成的更加具体、周密的更高阶段认识成果。

钱学森曾指出，纯科学家为了认识的目的，其“兴趣在于将客观世界的问题简化到可以获得精确解”②，因此，“自然科学的研究对象并不是大自然的整体”，其“实质是形式化了的、简单化了的自然界”。“在任何一个时代，……科学理论决不能把自然界完全包括进去。总有一些东西漏下了，是不属于当时的科学理论体系里的；总有些东西是不能从科学理论推演出来的。所以，虽然自然科学是工程技术的基础，但它又不能够完全包括工程技术。”③ 到了人类进入以工程建构为主的时代，科学便从近代前期单纯认识世界的目的逐步转向为面广量大的工程建造活动服务，即改造世界的目的，这时许多科学家的兴趣则“在于解决他们面临的实际问题，故追求的是对于工程目的足够精确的近似解”②。为了满足新的需要，新型的技术（或工程）科学家们便“运用自然科学的规律为摸索道路的指南针，在资料的森林里，找出一条道路来”③。这条道路就是根据工程技术的特点和要求，在经典科学曾经进行过抽象思维认识的基础上，根据新的认识阶段揭示出来的更为复杂的现象之网，进一步进行抽象和概括，锻造更新的范畴体系，并按照逻辑规则，建立起一系列新型的理论虚体完形 ，编织起纵横交错、更为致密可靠的理论体系网络，去完成覆盖更加复杂的自然现象之网的任务。概言之，前述的技术科学体系就是技术科学家们为了满足人类工程建造的需要，建立

① 列宁．列宁全集（第二版）第 55 卷［M］．北京：人民出版社，1990：77

② 钱学森．钱学森文集，1938—1956 年［M］．北京：科学出版社，1991：550-563

③ 钱学森．论技术科学［J］．科学通报，1957，(4)：97-104

起来的更为致密的以新的概念（范畴）为基础的理论网络体系，以代替在经典科学中已经建立的比较疏松的概念（范畴）理论网络体系，努力将经典科学中遗漏了的、现代工程建造活动中又必不可少的“自然现象之网”中的大量信息重新弥补、充实起来，以满足人类创造新型工程世界的实际需要。

第三节 界定技术科学范畴的重要意义

以上两节，在比较充分地收集、批判性地考察、合理地借鉴前人关于技术科学相关“成说”的基础上，又通过典型案例分析和深入理论探索，尤其参考了徐长福关于工程论方面的哲学理论思想，最后对技术科学范畴做出了一个比较全面、完整的界定。我们认为，这样界定技术科学范畴至少可以具有以下五个方面的重要意义。

第一，可以消除目前这一学术领域中话语体系相当混乱的局面，使学者们立足于相对统一的基本立场并运用比较一致的概念和术语，以便大家在比较同一的话语平台上进行学术交流。我们在研究、界定技术科学范畴时，针对目前这一领域内的混乱局面和前人的相关研究成果，主要坚持了以下三方面基本学术立场。

（1）技术科学作为现代科学与技术之间的中介层次，是在原初学者理论传统和工匠技术传统这两支知识脉系长期孕育的基础上，迅猛发展起来的一支新型知识脉系，并由此形成了现代科学技术体系中包含三个基本层次的鲜明特征，这是不争的事实。

（2）科学的最基本特征之一，是其应是按照一定的逻辑法则建构起来的实证知识体系，即虚体完型。无论技术科学有多少新特点，但只要称其为科学，就应基本具备这一特征。反之，在许多工程技术活动中，尽管运用了多种科学知识，但这些科学知识，在特定应用背景下都没有或者根本不可能进行逻辑重建，而只是在开发技术、筹划工程的目标下进行非逻辑的复合，这些均不能含混地称为“应用科学”、“工程科学”等。目前我们宁可暂时笼统地称其为“工程技术知识库”，以避免这类混乱现象无休止地扩张、延续。

（3）由于科学与技术两种文化之间的极大差异，尽管科学充分发展到今天，可以在二者的互动与转化之中建立起比较稳定、有效的联系，但这一中介过程可能是比较复杂的，一般不能一步到位。因此，我们首先应充分估计到技术科学体系的复杂性；其次又应将在二者之间充当桥梁和纽带的所有科学学科，无论其有多大的差异，都纳入到技术科学范畴之中；最后在技术科学体系内部进一步对其进行深入的系统分类研究，而不是仅在现有概念的基础上扯来挪去，甚至依靠望文生义，企图将复杂的新问题纳入到简单、陈旧的概念框架之中。

我们正是在这三项原则立场的基础上，构建起如图 2-1 所示的技术科学体系及其对应范畴的。首先，在这样原则基础上建立起来的话语体系，尽管在细节上仍可以商榷、修改，但总体上很容易为大家所接受。其次，立足于这样的基本原则，前面关于由各种相关“成说”所引发的四大类矛盾都可以得到化解。这样，我们便可克服当前技术科学总体研究领域中所面临的，类似于经典化学界在 19 世纪初道尔顿建立科学原子论之前那样的混乱局面，使研究工作能在一个比较正常的学术背景下顺利开展。

第二，进一步丰富、完善了钱学森的现代科学技术体系思想。钱学森关于现代科学技术体系应包含三个层次或三个台阶的学术思想，在学术界已基本获得普遍认同。但正如本书第一章导论中所指出的，我们是否可以进一步追问在这三个层次内部究竟又有怎样更加详细的基本结构呢？显然，基础科学层次本身已是一个复杂的体系，总体上可包括数学、基础自然科学和基础社会科学。在基础自然科学体系中应包括物理学、化学、天文学、地球科学和生命科学；基础社会科学体系至少应包括政治学、经济学、社会学、心理学等。同理，在工程技术层次上进行粗略的分类，便可以包含土木工程技术、机械工程技术、电气电信工程技术、化学工程技术、工业工程技术等。其实，上述每一项工程技术还可以从结构和功能上进一步划分得更细。那么技术科学层次的基本结构又将如何呢？果真仅如有些学者比喻的“自然科学是树根，技术科学是树干和树枝，工程技术是树叶”[①] 这样简单吗？它仅是简单的一类学科呢，还是一个复杂的学科体系？我们通过界定技术科学范畴，已经初步认定它是由 T_1、T_2、T_3和 T_4类技术科学按照从抽象到具体的顺序排列而成的连续谱式的学科体系。实际上，就其内部结构问题还可以进一步进行深入探讨。

第三，比较深入地描述、揭示了科学与技术之间的互动机制，克服了理论界过去在探讨科学与技术关系时往往会面临的所谓“二难推理”。

我们已经勾勒出，技术科学体系是一个由基本技术科学（T_1）、过程技术科学（T_2）、工程技术科学（T_3）和综合技术科学（T_4）四个层次上众多技术学科依照彼此间均存在着的双向互动所集结而成的庞大学科群。从中我们可以体悟到以下三方面内容。

（1）技术科学体系正是通过这样纵横交错的科学理论虚体完形所编织成的致密范畴（概念）体系网络，来覆盖由各种工程技术活动所体现、揭示出来的人工

---

① 张维．谈技术科学［J］．中国人民大学复印报刊资料：科学技术，1980，（1）：3-6

自然现象和社会现象之网，以实现在当代认识水平上人类对各种相关人工自然现象和社会现象之网的相对圆满认识，从而为进一步合理建造工程世界奠定坚实的认识和知识基础。

（2）使我们比较清楚地观察到，在技术科学体系中确实存在从抽象到具体多层次的众多技术学科。T_1、T_2类学科与基础科学比较接近，其知识比较抽象，普适性当然也较大，基本属于技术科学中的基础研究部分。而且 T_1类学科是按物质运动的基本形式从纵向上展开的；T_2类学科是通过过程规律的视角从横向上进行概括的，这样纵横交错，更有利于我们全面地把握现代工程技术活动的基本规律。T_3、T_4类学科则更贴近于具体的工程技术活动，其知识比较具体，适用范围当然也有一定的限制。这类学科一般都是针对专门的产业、行业或工程技术活动领域而设立的，故常被视为技术科学中的应用部分。由此也可以看出，虽然同为技术科学，其基础部分和应用部分在知识构成与特征、学科性质与功能等诸方面都存在着较大差异，如果从科学技术管理角度考虑，就应分别采取不同的规划方案、管理模式、资助力度和方针政策，以确保技术科学整个系统持续而稳定地发展。

（3）以往理论界似乎还面临着科学与技术关系方面的“二难推理”，即“如果科学与技术有非常紧密的联系（交叉、渗透），二者就只有模糊的边界；如果技术与科学有颇为重大的区别，二者就应有明晰的边界”①。当我们通过统一界定技术科学范畴，初步揭示了技术科学体系内部的基本结构时，这一“二难推理”便可迎刃而解。实际上，现代科学与技术之间既存在“紧密的联系”，又具有“明晰的边界”，这些都是通过技术科学这一中介体系来实现的。

第四，为全面开发“社会技术科学”领域，推进当代自然科学奔向社会科学的强大潮流，构建了一个基础性框架。

马克思说过：“自然科学往后将包括关于人的科学，正像关于人的科学将包括自然科学一样，这将是一门科学。”② 列宁也曾经指出：“自然科学奔向社会科学的强大潮流，不仅在配第时代存在，在马克思时代也是存在的。在 20 世纪，这个潮流是同样强大，甚至可以说更加强大。”③

而在钱学森看来，现代自然科学奔向社会科学的一个重要渠道就是通过技术科学来实现的。首先在其《论技术科学》一文中以运筹学为例，比较详细地分析了这一技术学科怎样先产生于工程技术领域，然后逐步渗透到国民经济规划、区

① 陈昌曙．技术哲学引论［M］．北京：科学出版社，1999：168
② 马克思．1844 年经济学-哲学手稿［M］．北京：人民出版社，1979：82
③ 列宁．列宁全集（第 20 卷）［M］．北京：人民出版社，1958：189

域规划、国家发展计划等领域中的趋势，并认为这对推动社会科学的精确化意义极大①。无独有偶，J. D. 贝尔纳在阐述“技术-科学研究所”的任务和功能时，同样也专门强调了“社会学技术研究所将开辟崭新的局面”，“就其科学方面而言”，可以围绕“城乡规划、工业地点规划、人口控制和分布规划、劳动条件和教育规划等整个问题”展开工作，从而为“中央和地方政府”提供决策咨询服务②。而后来钱学森在构建如图 1-1 所示的现代科学体系结构时，就干脆给其中所有 11 个学术部门都留下了技术科学的空位，其中相当一部分都属人文社会科学的范畴，这不仅为技术科学的发展拓展了空间，更为社会技术科学领域的研究工作指明了方向与前景。

实际上，随着 20 世纪管理科学的大发展，人们都能觉察到未来社会技术科学领域将面临空前的发展态势。我们在界定技术科学范畴时，正是依据先驱者们的上述战略思想，将自然科学领域和人文社会科学领域统一概括在技术科学范畴框架的外延之中的。

此外，我们同时还认识到，自然技术科学的率先发展将给后来的社会技术科学的起步留下许多值得借鉴的宝贵经验。本书首先针对现代政策科学发展中当前面临的“两大范式”相互对峙的世界性难题，运用新建立的技术科学范畴及其体系结构思想对上述问题展开全面分析，结果不仅可以消解“两大范式”之间的对峙，而且还能进一步窥探政策科学的未来发展方向。具体研究成果已在《科学学研究》2007 年第 1 期上公开发表，并获得了较好的社会反响。这方面具体内容将在本书第三章中详细介绍。

第五，为全面、系统地研究技术科学，乃至整个现代科学技术体系的总体发展特征与规律奠定了坚实的基础。

本书的副标题是“范畴界定、历史分期与发展模式”，可以说，这应该是当前技术科学总体研究领域内所面临的三大难题，同时三者在逻辑上又形成一个紧密关联的问题链条。前一个问题是基础，后两个问题直接关系到技术科学发展的总体特征与规律。而后二者的合理解决又不是简单的案例分析或者一般的历史考察所能奏效的。唯有在较准确地把握技术科学概念含义的基础上，通过更加周详、深入的研究方案，才有可能获得严谨可靠、令人信服的结论。

另外，技术科学又是现代科学技术体系中最具时代特征的部分，它的发展特征与规律又必然会与整个现代科学技术体系发展的总特征与总规律密切相关。而从宏观上看，正确地解决这两个问题，理论与现实意义都十分重大。

---

① 王大中，杨叔子．技术科学发展与展望——院士论技术科学（2002 年卷）[M]．济南：山东教育出版社，2002：19-21

② J. D. 贝尔纳．科学的社会功能 [M]．陈体芳译．北京：商务印书馆，1995：389-392

为了使后两个问题获得比较全面、可靠的答案，我们当然要考虑到诉诸系统定量研究的方法。例如，如果能对技术科学总体发展进行扎实的时间序列分析，一方面，在纵向上必然会对破解技术科学发展的历史分期问题产生极大的作用；另一方面，由于技术科学又是具有明确技术目标定向的一类科学，故在横向上，其发展必然会与社会经济结构变迁、工程技术活动演变具有密不可分的相关性。因此，问题的关键是选择什么样的基础性指标以作为进行时间序列统计分析的基本参数。经过反复推敲与琢磨，我们后来决定选择技术学科数作为探究技术科学发展规模与特征的基本统计参数，再挑选适宜的学科辞典作为统计源，通过大量细致的资料收集和数据整理，终于绘制出从文艺复兴至 20 世纪末技术科学总体发展的时间序列增量特征曲线和 T_1、T_2、T_3、T_4类技术科学发展的时间序列增量特征曲线簇。研究实践表明，这两组坐标曲线对于解决上述技术科学历史分期和发展模式两大问题，揭示技术科学，乃至整个现代科学技术体系总体发展特征与规律都发挥了至关重要的作用。而上述两组坐标曲线比较准确地绘制，又是以对技术科学范畴的完整、合理界定为基础的。试想，如果没有对技术科学范畴及其内部体系结构的明确认识，面对统计源将无法进行资料收集、分类统计和数据整理，其后的一切工作也将势必成为空话和泡影。

第三章
技术科学的基本统计计量研究及其主要拓展路径

而近代统计数学有多方面的发展，我们完全有条件来处理这种非决定性的运算，……而其实一件在起初认为不可能用数学来描述的东西，只要我们这样地来做，我们就发现，通过这个工作能把我们的概念精确化，把我们的认识更推深一步。所以精确化不只限于量的精确，而更重要的一面是概念的精确化，而终了因为达到了概念的精确化也就能把量的精确化更提高一步。

——钱学森

并不存在着同人文科学截然对立的自然科学；科学和学术的每一门类都是既同自然有关，又同人造有关。

——G. 萨顿

本章将在第二章界定技术科学范畴的基础上，通过统计计量研究，针对技术科学的总体发展分别绘制其时间序列的增量特征曲线和累积量特征曲线；对 T_1、T_2、T_3、T_4类技术科学发展绘制出时间序列增量特征曲线簇，并通过系统比较，初步揭示技术科学发展的相关现象性特征与规律。在此基础上，再结合其他相关研究成果或重要问题，进一步拓展研究路径，以便更加全面、深入地探索技术科学乃至整个现代“科学-技术-工程-生产”体系在宏观运行和发展方面的基本特征与规律。

第一节　统计源的选择、统计样本的确定与相关统计计量曲线

如前文所述，技术科学已经成为当代科学技术体系中的重要组成部分，它既是基础科学与工程技术之间的基本纽带、科研成果转化为直接生产力的重要桥梁，又是现代工程技术教育的主要学科基础。如果能在定量的层面上揭示出技术科学发展的特征与规律，并据此有效地预测其未来的发展趋势，必将为当代世界各国在科技与产业发展战略的制定与调整、工程技术教育的改革与发展及未来社会人力资源的配置与优化等诸多重大问题的决策方面提供比较可靠的理论依据。在审慎选择统计源资料的基础上，通过对历史上出现的大量技术科学学科相关信息进行全面系统地搜集整理后初步发现，不同历史阶段新生技术学科数的多寡及其相关内容，基本能反映出该阶段技术科学的发展状况。据此，我们首先对不同历史时期产生的技术科学学科总数及 T_1、T_2、T_3、T_4类技术科学学科数分别绘制时间序列增量特征曲线；其次，对上述技术科学总体发展的增量特征曲线进行累积量转化处理，从而获得技术科学学科总数在时间过程中的累积量特征曲线；最后，通过对以上系列特征曲线分别进行系统的历时性和共时性比较研究，从而获得了一组相当有价值的现象性结论，以作为后续研究的重要基础。

经过认真筛选，我们决定采用姜振寰主编（卢嘉锡题名、钱三强作序）、中国经济出版社 1991 年出版的《自然科学学科辞典》作为统计源。由于编者在认真研究现代科学技术体系的基础上，“分横断科学、基础自然科学、工程技术科学、农学科学、医学科学、综合科学六大类”收集各学科条目，既能反映出“在传统的各门基础学科之间，自然科学与社会科学之间，哲学、数学与自然科学和社会科学之间，正在形成为数众多的、具有交叉性质或综合性质的新学科”的趋势，又基本上“能够覆盖自然科学各门类”①。因此，其作为本课题的统计源，

---

① 姜振寰. 自然科学学科辞典［M］. 北京：中国经济出版社，1991：序，前言

应该说既比较简明，又颇为合适。

上文的《自然科学学科辞典》共收录了 3 级以上学科条目 1862 条（其中含内容相同，名称不同的“参见学科”条目 359 条），以我们在第二章对技术科学范畴的统一界定为准则，从中共遴选出技术科学学科 1004 门，去除其中较冷僻且相关信息不完全的 101 门学科之后，共收集到信息比较完整的 903 门学科。又由于其中包含着直至公元前 495 年就已出现的少量古代实用科学，而技术科学主要是在文艺复兴以后，通过工匠传统和理论传统的逐步交融才出现的，所以，最后选定公元 1440 年（文艺复兴的开始年代）到 1987 年（统计样本的截止年代）产生的 886 门学科作为研究技术科学发展特征与规律的统计样本。下面以学科数为统计指标，分别从技术科学学科总数在时间过程中的增量和累积量这两个参数方面对这 886 门学科的时间序列特征展开描述与分析。

为了使图像能够更加明晰地反映出技术科学发展的特征与规律，通过反复尝试与比较，最后决定以 5 年为一个计时单位，首先绘制出如图 3-1 所示的从 1440 年到 1987 年每个计时单位内新生技术学科数的时间序列增量特征曲线。

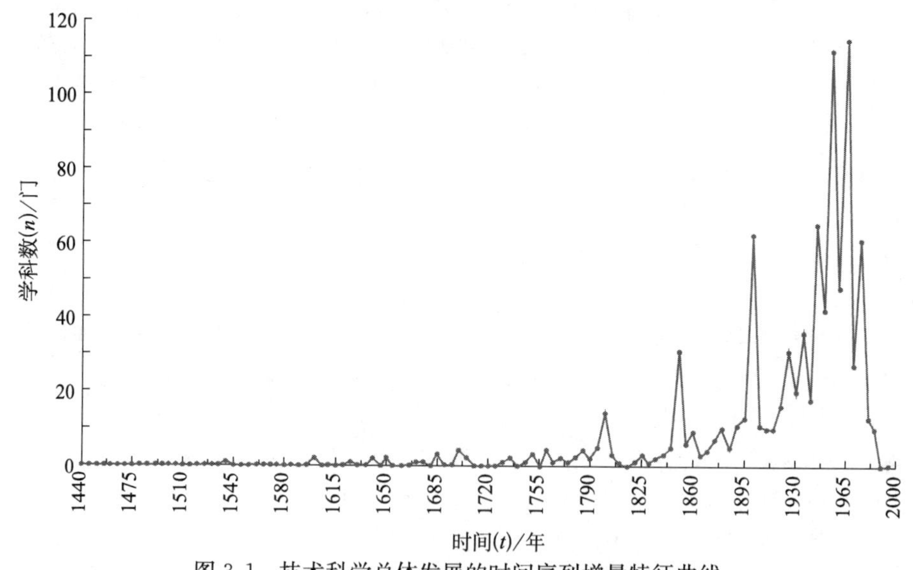

图 3-1 技术科学总体发展的时间序列增量特征曲线

其次基本按照同样的方法，也以 5 年为一个计时单位，又绘制出如图 3-2 所示的 1440～1987 年，T_1、T_2、T_3、T_4类新生技术学科数在时间序列中的增量特征曲线簇。

为了更为准确、全面地把握技术科学发展的特征与规律，除采用上述增量统计方法外，我们又根据下面的累积函数对其进行累积量转化处理：

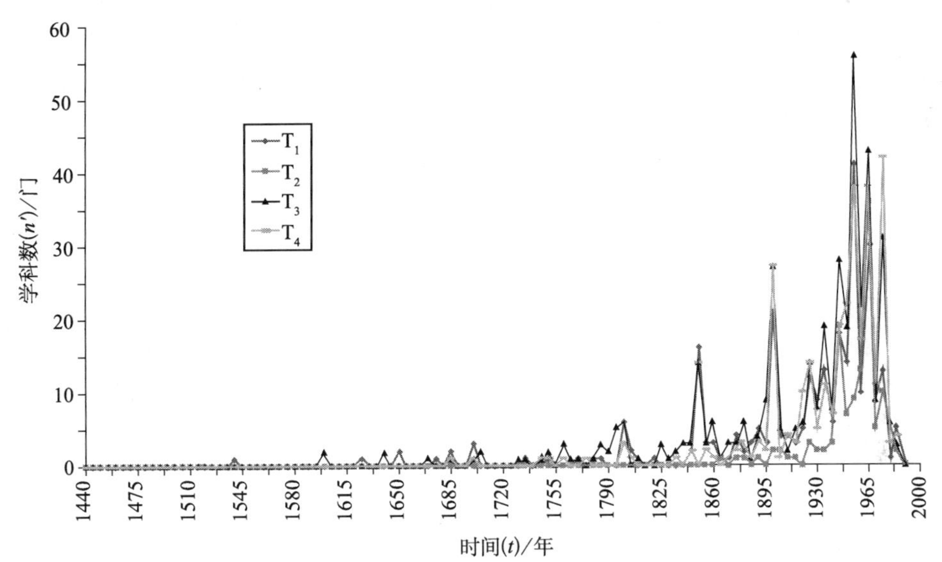

图 3-2 T_1、T_2、T_3、T_4 类技术科学发展的时间序列增量特征曲线簇

$$M(t)=\sum_{k=1440}^{t} n(k)$$

其中，$M(t)$ 表示到 t 年底技术科学学科的累积总数，$n(k)$ 表示 k 年内新增技术科学学科数。

最后以累积学科数 M 的自然对数为纵坐标，时间 t 为横坐标，便可做出直线性较好的 1600～1987 年的时间序列特征曲线；又以最小二乘法拟合，结果获得解析式：$\ln M(t) = -22.2916+0.0145742t$。在置信度为 0.99，即显著性水平为 0.01 的情况下，拟合函数的置信区间如图 3-3 所示。

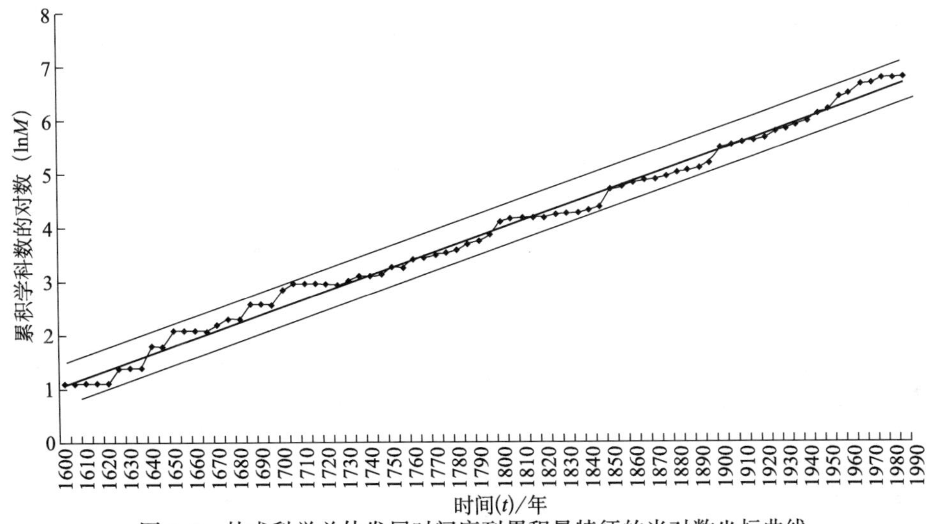

图 3-3 技术科学总体发展时间序列累积量特征的半对数坐标曲线

把上述拟合函数还原成指数函数则为 $M(t)=\mathrm{Exp}(-22.2916+0.0145742t)$，该函数式表明技术科学在时间过程中，尤其在 1600 年以后的累积发展基本呈指数增长特征，具体指数曲线如图 3-4 所示。

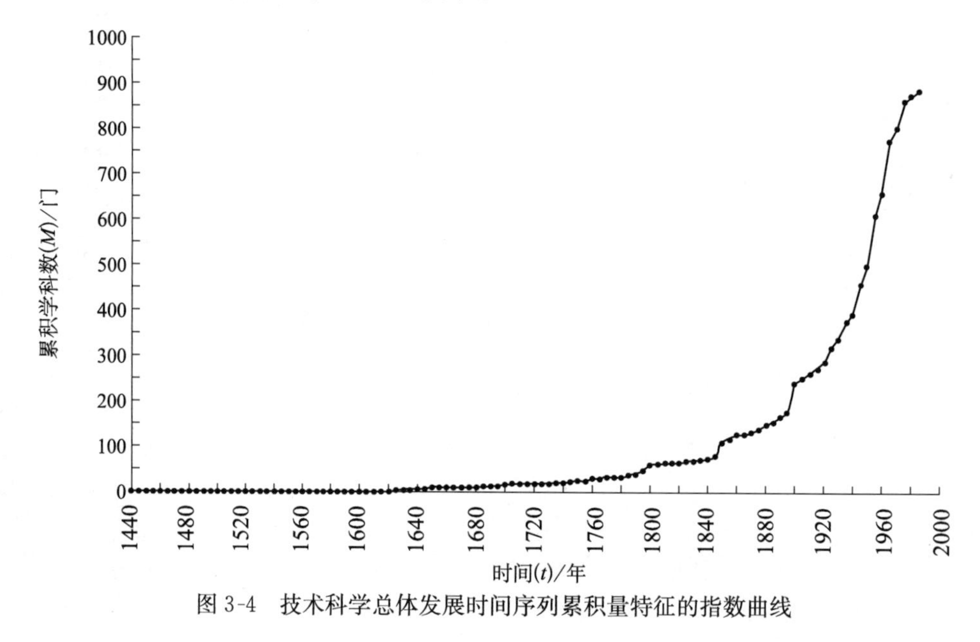

图 3-4　技术科学总体发展时间序列累积量特征的指数曲线

第二节　几点现象性结论

通过对图 3-1 至图 3-4 中时间序列系列特征曲线的系统比较研究，不难发现下列各项重要的现象性结论。

(1) 技术科学确实是在文艺复兴以后，主要通过西方文化中学者理论传统与工匠技术传统的不断交叉渗透才获得长足发展的。通过分析不难发现，在由 903 门学科组成的原初统计样本中，各门学科出现的时间分布，从公元前 495 年一直延续到 1987 年，一共经历了 2482 年的漫长历史时期。如果按照史学界一般观点，将 1440 年视为文艺复兴的起始年代，则从公元前 495 年到 1440 年的 1935 年间，只出现了 17 门学科，仅占整个统计样本的 1.9%；而 1440 年到 1987 年的 547 年间，则出现了 886 门学科，占整个统计样本的 98.1%。文艺复兴前后这两组数据的鲜明对比可以明确地表明：前面 17 门学科只是古代社会所出现的少量实用科学学科；而后面 886 门学科才是我们真正所要研究的通过学者理论传统与工匠技术传统之间互动不断深化而产生的技术科学学科。

(2) 由图 3-1 和图 3-2 中的坐标曲线可见，历史上四次技术科学发展高峰的发生年代分别为 1790～1819 年、1830～1859 年、1885～1914 年和 1940～1984 年（最后一个年代仅根据图像特征暂定），通过系统比较不难发现，除了第二次技术科学发展高峰之外，其余三次均与一般史籍中公认的近代三次产业革命的发生年代比较准确地一一对应，即第一次产业革命（以蒸汽动力技术为基础）发生于 1760～1840 年、第二次产业革命（以电力技术为基础）发生于 1860～1940 年、第三次产业革命（以信息技术为基础）发生于 1946 年之后。这正反映了技术科学具有直接为包括社会生产、生活等方面在内的重大社会历史行为的变革与发展提供服务的明显应用目标定向特征。

(3) 由图 3-1、图 3-2 中的坐标曲线亦可见，历史上技术科学发展的四次波峰分别出现在 1800～1804 年、1850～1854 年、1900～1904 年、1955～1959 年四个计时单位上（图中第四次高峰由四个子峰组成，这里以最高的第二个子峰的峰顶作为该阶段技术科学发展波峰的标志），这就不难看出，大的波峰之间的时间间隔分别为 50 年、50 年、55 年。这组具有鲜明特征的数据极易使我们想到，近代产业革命以来，世界经济发展中持续出现的长周期波动现象，其波动周期一般大约为 50～60 年。这两组数据的雷同，是偶然的巧合呢？还是反映了二者之间的内在的实质性联系，有待我们进一步深入研究。

(4) 通过图 3-1 和图 3-2 中的坐标曲线的历时性系统比较研究还可以发现，技术科学发展的前三次高峰都表现为大约持续 30 年的单一波峰，即 1790～1819 年、1830～1859 年、1885～1914 年。而第四次高峰则由彼此间相距 10 年的四个子峰组成。这似乎已向我们暗示：第四次高峰期间技术科学的发展模式可能已较前三次高峰期间的发展模式出现了明显的差异。这种差异性又是由哪些因素引起的？由此又会导致什么样的社会后果？亦有待我们深入研究。

(5) 由图 3-2 中的坐标曲线可见，第一次技术科学发展高峰（1790～1819 年）是由 T_1、T_3类技术科学时间序列增量特征曲线初步拟合嵌套而形成的；第二次（1830～1859 年）、第三次（1885～1914 年）技术科学发展高峰是由 T_1、T_3、T_4类技术科学时间序列增量特征曲线拟合嵌套而形成的；而第四次技术科学发展高峰（1940～1984 年）则是由 T_1、T_2、T_3、T_4类技术科学时间序列增量特征曲线拟合嵌套而形成的。这就比较明显地表明：作为科学与技术之间桥梁与纽带的现代技术科学完整体系的产生不是一蹴而就的；在知识特征上表现为从抽象到具体 4 个层次、彼此衔接的连续谱式学科群，显然是分阶段逐步完善起来的。而且图 3-2 中坐标曲线的这一基本特征，和我们在第二章中关于技术科学沿革的历史考察结论是基本一致的。

（6）由图 3-1 和图 3-2 中坐标曲线的共时性比较还可以发现，在历次技术科学总体发展高峰期间，T_1、T_2、T_3、T_4类曲线的发展亦出现发展高峰，而且在发展高峰期间，四者之间涨落速率近乎一致，起讫时间基本同步，波峰之间彼此嵌套。这不仅进一步验证了技术科学系统内的众多学科中，确实存在着知识特征上相互有别、基本功能上相互补充、结构分类上相对独立的连续谱式的四类学科群；而且这些共同特点也似乎表明，在历次技术科学发展高峰期间，这些不同类型（T_1、T_2、T_3、T_4类）的技术学科群都受到同一种力量的驱动，从而使得各类技术学科群均同时呈现出高速发展的态势。这种驱动力量来自何方？为何如此强大？当然也有待我们进一步深入研究。

（7）通过对图 3-2～图 3-4 中坐标曲线的系统比较还可以发现，图 3-2 中由T_1、T_2、T_3、T_4类曲线组成的曲线簇在历史过程中表现为紊乱波（反映不同类型技术科学各自相对独立地发展）与嵌套波（反映不同类型技术科学基本同步发展）彼此交替的现象；而正是在这些对应时段上，由图 3-3 和图 3-4 中坐标曲线的共时性比较又不难发现，图 3-2 中的紊乱波阶段对应着图 3-3、图 3-4 中连续指数曲线阶段，而图 3-2 中的嵌套波阶段又对应着图 3-3、图 3-4 中指数曲线的跳跃阶段。这又似乎表明：在紊乱波（或连续指数曲线）阶段与嵌套波（或指数曲线跳跃）阶段，技术科学的发展可能主要受到两种性质不同的力量驱动，具体详情也有待进一步深入研究。

第三节　进行深入研究的主要拓展路径

为了进一步深入探究技术科学发展的基本特征与规律，并揭示现代科学技术体系运行中的主要特点，在上述四幅坐标曲线和七点现象性结论的启发下，我们又构想出以下四方面主要拓展路径，以进一步推动研究工作向纵深发展。

（1）由图 3-1、图 3-2 中的坐标曲线可见，技术科学总体发展和 T_1、T_2、T_3、T_4类技术科学发展的历时性时间序列特征都有一个共同的特点，即在 1819 年之前、1820～1914 年、1915 年以后这三个阶段的不同对应时段内，技术科学体系内部学科类型的基本构成存在明显的差异。我们将以这一现象性特征为切入点，通过产业结构变迁、基础科学进步、工程技术教育演变和其他相关科技社会建制的演进这四个维度上的系统实证研究，详细考察这三个历史阶段中技术科学发展的实际状况，以期对技术科学发展的历史分期问题研究取得一些突破性进展，并力争获得比较可靠的结论。这方面的详细研究情况将在第四章中全面介绍。

(2) 根据文艺复兴，特别是产业革命以后技术科学发展均存在着以50余年为一个循环的周期性特征，及其与产业革命以后世界上较为普遍公认的经济长周期波动中存在的周期（50～60年）性特征基本一致的现象，启发我们感悟到：这二者之间的惊人相似，很可能是揭示技术科学发展与经济长周期波动、产业结构变迁三者之间内在实质性联系的一个重要切入点。我们将选定能够比较准确地表征经济长周期演化的定量坐标曲线，并将其与图3-1、图3-2中技术科学发展的时间序列增量特征曲线置于同一个坐标系中，进行系统的共时性比较研究和相关定量统计分析，以全面揭示技术科学发展与产业结构变迁之间的内在实质相关性。这方面的详细研究情况将在第五章中全面介绍。

(3) 如前所述，技术科学是现代科学技术体系中具有明确技术目标定向的一类科学，它是直接为现代工程技术发展提供知识服务的。因此，我们完全可以直观地想象，技术科学的发展与历史上工程技术建造活动的演变具有内在的实质性联系。为了进一步揭示现代科学技术体系中这方面的典型特征与规律，我们又通过相关统计源中大量资料信息的搜集与整理，以描绘出产业革命以后，历史上新型（或重大）工程技术活动数演变的时间序列增量特征曲线。并将其与经济长周期演化的定量曲线、技术科学发展的时间序列增量特征曲线置于同一个坐标系中，进行全面、系统的共时性比较研究，以揭示技术科学发展、产业结构变迁与工程技术活动演变三者之间内在的实质相关性。这方面详细研究情况将在第七章中全面介绍。

(4) 由图3-1、图3-2中坐标曲线总体的规律性特征，及其与基本历史事实、历史过程相吻合的特点，尤其是图3-2中历次技术科学发展高峰期间T_1、T_2、T_3、T_4类曲线簇之间界限分明、特征明显的分类现象，使我们进一步确信，第二章中关于技术科学的范畴界定及技术科学体系内部学科知识结构方面的分类思想是具有合理性的。因此，我们便将这一主要从自然技术科学中总结、概括出来的理论成果，直接移植入人文社会科学、管理科学领域之中，以作为分析其中当前所面临典型难题的工具。一方面，这可以进一步检验我们关于技术科学范畴方面认识的合理性；另一方面，又为拓展社会技术科学研究领域、推进当代自然科学奔向社会科学的强大潮流做出典型性示范。例如，在新型的现代政策科学发展中，政策科学和政策分析两大学派及其基本范式的长期对峙，致使其长期在学科性质上难以建立共识，学科的理论体系难以建立，研究范围的边界难以界定。运用我们关于技术科学范畴的思想作为主要理论工具，对该领域的上述问题予以系统剖析与研究，却可以使之迎刃而解，并能获得一系列全新的重要结论。具体内容将在本章第四节中详细介绍。

第四节　社会技术科学中一个典型问题的案例：现代政策科学两大范式的对峙与协调①

一、历史回顾：两大范式的对峙与互补

（一）拉斯韦尔-德罗尔范式的主旨和线索

学界普遍公认拉斯韦尔（Harold D. Lasswell）是现代政策科学的奠基人。早在1943年他就在一篇备忘录中提出“政策科学”这一术语；1950年，在其与卡普兰（A. Kaplan）合著的《权力与社会：政治研究的框架》一书中，正式使用了“政策科学”概念。而在《政策科学：范围和方法的新近发展》一书中，他又对政策科学的学科性质、研究内容、发展方向做了相当详细的阐述。自此，在美国便掀起了一场旷日持久的政策科学运动。

拉斯韦尔针对当时的社会迫切需要，和社会科学界片面追求专门化、实用性的两种倾向，提倡以政策研究为中心内容来一次社会科学的“革命”。他认为：第一，政策科学作为一门关于民主的科学，关心的是“社会中人的基本问题”，要尊重整个社会制度中的个人选择；第二，政策科学是将政治学、心理学、社会学、行为科学及自然科学结合起来，同时又超越各个学科之上的革命性的新学科体系；第三，政策科学应强调政策的时间特征，既要重视历史的考察，又要以现实为基础预测未来，因此应是历史与现实相结合的科学；第四，主张政策研究应走学者与政府官员相结合的道路，既重视理论发展又重视经验总结，因此是一门理论与实践相统一的学科；第五，强调运用分析模型、数学公式来追求政策的合理性，要在高层次上将知识加以组织、整合，因此又应是理性与技术相结合的学科；第六，政策科学应采取全球的观点，因为全世界各民族构成一个统一的共同体，命运是息息相关的②。

拉斯韦尔的上述基本构想，或称政策科学的第一个初步范式，对新学科的理

---

①　这部分内容已写成《基于技术科学视角的现代政策科学体系新架构》一文，发表于《科学学研究》2007年第1期

②　严强．西方现代政策科学发展的历史轨迹［J］．南京社会科学，1998，（3）：47-48；陈振明．是政策科学，还是政策分析？［J］．政治学研究，1996，（4）：79-81

解确实不乏真知灼见，当然对学科的发展也发挥过一些积极作用。但是，他要将政策科学凌驾于各门科学之上，这就有企图建立“科学的科学”之嫌，当然在学界就难以达成共识。再者，拉斯韦尔等受当时政治学中行为主义思潮的影响，排除规范、理性的研究传统，过分看重自然科学的方法，强调对行为要进行量化处理，要用数据说话。在进行政策分析时，不考虑伦理价值，使公共政策游离于价值判断之外。这就使得这一范式下的政策科学成为“一门‘冰冷’、‘生硬’的学科”。日本学者药师寺泰藏评说道：“这种粗鲁的公共政策学不可能对推动社会前进、执行具体政策的人产生任何冲击。……第一个分水岭就这样脆弱地崩溃了。”[①]

20 世纪 70 年代前后，旅居美国的以色列人叶海卡·德罗尔（Yehezkel Dror）则继承和发展了拉斯韦尔的政策科学思想，在 1968～1971 年连续出版了被称为政策科学“三部曲”的著作：《重新审查公共政策的制定过程》（1968 年）、《政策科学探索》（1971 年）和《政策科学构想》（1971 年）。在这些著作中，他继续秉持拉斯韦尔的思想传统，对政策科学的对象、性质、范围和方法等问题做了进一步具体而详尽的论证，从而形成拉斯韦尔-德罗尔范式。他仍将政策科学现象视为一场“科学革命”，与传统的常规科学相比，概括起来大致具有下列范式创新方面的特征[②]。

（1）政策科学主要关心的是理解和改善全社会的发展方向，因此着力关注全社会的指导系统，特别是政策制定系统。基本目标是为了制定更合理的政策，倍加关注改进政策制定系统，而不直接关注具体政策内容。因此，政策科学所研究的是公共政策制定的宏观层次，其中的次级因素只有在政策系统中发生作用时才构成政策科学的主题。

（2）政策科学在传统学科，特别是行为科学和管理科学之间架构起桥梁。它必须整合各种学科的知识，构成一个集中关注政策制定的综合性学科。在理论结构上既包含多元因素，又是基本统一的。

（3）政策科学在纯粹研究和应用研究之间架起了桥梁。虽然政策科学的发展主要仍依赖于构建抽象理论，但真实世界应是其主要的实验室，最终检验理论的标准是看其是否对政策制定的改进发挥作用。因此，要注意将不证自明的知识和个人的经验当成重要的知识来源。应该提倡政策科学研究人员和政策制定人员的合作。把鼓励和刺激有条理的创造性作为政策科学的主题和重要方法论之一。

（4）政策科学突破了当代科学与伦理学、价值论的严格界限，努力建立一种

---

① 药师寺泰藏．公共政策［M］．张丹译．北京：经济日报出版社，1991：155

② 陈振明．是政策科学，还是政策分析？［J］．政治学研究，1996，（4）：79-81

可操作的价值理论。在强调系统化的知识和结构化的合理性对制定公共政策贡献的同时，承认超理性过程（如直觉、价值判断等）和非理性过程（如深层动机）的重要作用。

（5）继续承认政策科学对时间的敏感性，要努力在过去和未来之间架设桥梁。强调政策科学对变化的过程和动态的情境十分敏感。

总之，上述政策科学范式既要努力维护科学传统的基本原则，如证实和有效性，又要修正公认的科学原则和基本方法论。所涉及的主题十分广泛，几乎涉及从大政方针到各种具体政策研究的一切问题。

通过德罗尔勇敢的重建工作，虽然上述范式作为美国政策科学运动的主导范式，在实践中为许多政策科学工作者所赞许和效法，但其理论本身还是存在着严重的问题。首先，德罗尔创建的总体政策是一种元政策或“超政策”，因过于理论化而令人难以理解。虽然他“像走残棋一样，将拉斯韦尔以来的错误一个个地加以纠正。但他的这张残棋谱极其抽象，对于那些决心学习公共政策学的人来说，甚至连规则本身都搞不清楚”①。另外，为了构建一个总体理论，德罗尔不但要求将行为科学和管理科学纳入其中，而且还要把更多的其他学科收罗进来，使政策科学成为一门包揽许多学科的总学科。有人说“德罗尔的失败就在于：他试图在统一的公共政策学的旗帜下统率其他各相关学科”②。

事实上，在20世纪70年代兴起的高潮之后，这一范式就很难再有发展了。许多学者都对其提出批评，并提倡用政策分析来取代政策科学。20世纪80年代中期以后，德罗尔也承认政策研究处于逆境之中，不得不吸取学界的批判，主张政策制定与研究要有新的突破③。

（二）政策分析范式及其特征

从20世纪70年代中期开始，西方政策研究的兴趣中心已转移到政策分析方面。实际上，它是在吸取拉斯韦尔-德罗尔范式中的合理因素之后，朝着致力于作为一门应用社会科学的方向前进，从而形成这一领域的另一个基本范式。1958年，林德布洛姆（Charles E. Lindblom）首先发表了《政策分析》一文，把政策分析界定为将定性与定量研究结合起来的一种渐近比较的决策模型。1959年他又发表《“竭力对付”的科学》一文，运用他在Rand公司和其他地方的决策经验，将政策分析概括为两种方法：完全理性方法和连续有限比较方法，进一步完

---

① 药师寺泰藏．公共政策［M］．张丹译．北京：经济日报出版社，1991：156

② 药师寺泰藏．公共政策［M］．张丹译．北京：经济日报出版社，1991：158

③ 严强．西方现代政策科学发展的历史轨迹［J］．南京社会科学，1998，(3)：47-48

善了政策分析这一概念。故很多人都认为林德布洛姆是政策分析范式的创始人。

政策分析范式的兴起，除了与学科本身的辨证发展规律有关外，也与运筹学、系统分析等新兴学科有关。运筹学最初寻求运用科学方法去帮助决策者利用资源和做出决策。不过主要只适用于“低层次”的问题——即决策者心中有明确目标的问题的研究。系统分析则广泛地用于“高层次”问题的研究，它往往以把运筹学通常当成“给定了”的东西为目标，并考虑未来的经济因素，也接受了一些并非“科学的”方法。而政策分析则更多地运用于政策和社会因素占主导的情况，尤其是公共决策方面。因此奎德（Edward S. Quade）认为，政策分析是系统分析的扩展，系统分析又是运筹学的扩展。运筹学寻求帮助把事情做得更好；系统分析努力将事情做得既好又便宜；政策分析则要把事情做得既好又便宜又公平①。

此外，这一范式的兴起更与政策制定的实践密切相连。经过20世纪50～70年代的政策理论研究，宏观层次的政策制定知识已得到广泛传播。但是，对社会发展有直接作用的还是具体政策的制定、评估和修正。适应这种社会需要，以Rand公司为代表的一些决策研究机构创造出各种政策分析技术和方法，不仅拥有一系列科学决策范例，而且还创立了多种不断贴近实际的政策分析模式②。

最早占统治地位的是完全理性模式。其要点是：①决策者面对一个既定的问题；②理性人首先应该清楚自己的目标、价值或要点，然后予以排序；③能够列出所有达到目标的备选方案；④调查并比较每一备选方案所有可能的结果；⑤选择最能达到目标的备选方案。但这一模式也面临着下列难题：①决策者往往是面对困难的事情，而不是一个既定的问题，从前者到后者需认真探查和明确表征；②由于目标不清晰和价值冲突，决策者常处于犹豫不决的状态；③由于受能力、环境和时间成本等限制，要列出所有备选方案及其可能后果实际上是做不到的。

西蒙（H. A. Simon）和马奇（J. M. March）在批评完全理性模式和研究行政决策的基础上，提出了有限理性模式。认为由于受能力、时间、知识等因素的制约，在决策过程中人们对备选方案的选择往往不可能追求最优方案，而只能是次优或满意的方案。因此，人类行为依赖的只能是有限理性，即介于理性和非理性之间。尽管人们为有限理性设计了较详尽的决策步骤，逻辑上也颇有道理，但主要还是为学术服务的，在实际的政策分析中似乎作用不大。

西蒙的有限理性分析途径又被林德布洛姆发展成为“连续的有限的比较途径”。该模式认为：①价值目标的选择与所需行为的经验分析是没有区别的，二

---

① 陈振明．论政策分析［J］．岭南学刊，1995，(1)：105-107

② 陈振明．政策分析的不同模式、理论和方法论［J］．岭南学刊，1995，(2)：84-87

者交织在一起；②手段与目的不能截然分开，因而“手段-目的”分析方法是有限的；③分析者对一项政策的意见一致是“优质检验”的标准；④分析中会忽略某些因素；⑤通过比较，可大大减少或取消对政策理论的依靠。这一模式比较符合政策分析的实际，承认政策制定者缺少时间、信息和其他资源；同时人们面对实际，并不总是“固执”地寻求解决某一问题，而是寻求解决“将起作用的某些问题”的最优方案；通过连续有限比较途径做出的总是有限的、注重实际并容易被人接受的决策或政策。当然它也有缺陷：偏于保守，安于现状和忽视社会变革；注重短期目标，忽视长期目标；不适合于政治性和战略性决策。

此外还发展出混合扫描模式、最优模式等，当然也各有利弊，不一而足。

作为一门应用性社会科学，政策分析主要具有以下特征[①]。

（1）它是一个跨学科的、应用性的研究领域。通常不仅运用社会科学及行为科学的理论和方法，而且也借助哲学、数学和系统分析等思想和手段。其目的是创造与政策分析相关的知识，发现和解决社会问题。许多工作都是在政府和私人机构委托之下完成的。

（2）它既是方法论又是艺术。政策分析主要是方法论的研究和应用。经过四五十年的发展，已形成了一系列大家比较认可的方法，如成本-效益分析、计算机模拟、操作博弈等。然而迄今却又不存在固定不变的普适性方法论。因为社会环境、政治传统和意识形态等差异，不同的政策问题要用不同的分析方法。实践过程中，一般是定量与定性方法交叉使用，理性方法和超理性方法并行，同时强调依赖直觉、灵感等创造性思维。因此与其说它是一门科学，还不如说是一门艺术。

（3）政策分析涉及的是从问题发现到问题解决的整个政策过程。当然，解决问题既是其关键因素，又是其归宿所在。但是要真正解决问题，则首先要正确地提出或构造问题。因此，政策分析既是解决问题的艺术，又是提出问题的艺术。而发现问题往往是一种概念和理论活动，解决问题则主要是一种实践活动，因此提出问题比解决问题更重要、更困难。

（4）政策分析不仅是描述性的，而且也是规范性的。事实和价值的分离曾一度被当成经验科学的目标，但即使对传统科学也是很难实现的。政策分析作为一门新型的应用性社会科学，不仅要关心事实，而且要关心价值和行动，故必须兼有描述和规范。

（三）两大基本范式的同一与差异

综上所述，涉及现代政策研究的两大基本范式之间既具有同一性又具有差异

---

① 陈振明．论政策分析［J］．岭南学刊，1995，(1)：105-107

性。相同的方面主要在于以下几个方面。

（1）两者都顺应了人类的发展将从“自由落体”时代走向自我控制、自我完善时代的要求。努力克服传统社会科学片面追求专门化的知识倾向，坚持面向社会，特别是面向决策方面的现实问题。

（2）两者都注意吸收各门学科的知识，能够克服门户之见，博采众长，为我所用。

（3）两者在发展过程中都能针对社会问题的特点，注意克服传统科学中单纯追求客观真理的片面倾向，能够既研究事实，又注重价值。

（4）两者似乎都曾试图回避政策活动中的意识形态、文化传统等差异，将政治活动推向科学化，以建立世界统一的政策科学，但都遇到了困难。

两大基本范式的主要差别则有以下几个方面。

（1）前者着眼于建立包罗万象的统一政策科学体系，更注重完整、抽象的理论构建；后者注意面对实际，不断吸收新兴学科中的方法论思想，构造分析与解决具体问题的模式，更重视技术上的可操作性。

（2）前者因企盼早日实现“科学革命”，更多地周旋于概念、理论、逻辑等问题之间；后者则从解决微观的、低层次的具体问题入手，从易到难一步一个脚印，不断丰富和发展自己。

（3）前者因抱定构造理论体系这一最终目标，似乎显得困难重重，前途茫然；后者面对现实问题，采取一切手段，争取各个击破，一方面给人以务实、稳健之感，但另一方面仿佛又不像一个独立的研究领域。

综上可见，两大基本范式似乎是对立的，其实是相通的。因为他们都始终围绕当代社会科学中的一个中心问题：政策问题。只是在具体学术目标的确立上、探索攀登的途径上、所依循的方法论原则上存在着差异。我们认为：彼此最根本的区别是学科层次不一样；在现实的政策研究活动中，两者不能互相取代，但在功能上却具有互补关系；现在的问题是如何做出合适的学科定位，既能使两者各得其所，又可以推动现代政策科学更加合理地发展。

二、学科性质：一个较大的社会技术科学体系

（一）政策科学是一个典型的社会技术科学体系

如果将目前政策研究（包括政策科学、政策分析）的目标和现状与图 2-1 中的技术科学体系结构框架及其对应的技术科学范畴思想进行对比，我们将发现，整个政策科学作为一个典型的社会技术科学体系便跃然纸上。如此一来，以上两大范式的对峙局面便将迎刃而解。其理由大致有以下几个方面。

（1）从学科的宗旨和任务上看。技术科学是直接为工程技术提供知识服务的，而工程无论作为一种有形的实物构建，还是一种无形的思想构建（设计），都是为了解决人的现实需要中的具体问题。当然，传统的工程，仅从自然科学转化为专门技术的角度考虑问题。实际上，政策科学所应对的“社会中人的基本问题”，一旦通过政策议程，成为政府的工作目标和任务，便成为社会工程。也正是在这种意义上，日本人干脆就称政策科学为社会工程。①

空气动力学先驱冯·卡门（Von Karman，1881～1963）曾说过：科学家研究已有的世界，工程师创造还没有的世界②。这就是说，现代工程师要运用技术科学知识和经验，创造一个人工自然界。无独有偶，R. M. 克朗（R. M. Krone）又曾反复引用维克斯（Geoffrey Vickers）的一句话：当代，人类社会的“自由落体运动结束了”。政策科学要对“人类命运进行积极的干预”，以取代“对命运安排的消极等待”③。仔细品味，二人的目标何等相似，一个要改造自然世界，一个要改造社会世界。而西蒙则又说：“生产物质性人工物的智力活动与为病人开药方或为公司制订新销售计划或为国家制定社会福利政策等这些智力活动并无根本不同。”④

（2）从学科性质上看。技术科学是介于基础科学与工程技术之间相对独立的学科层次，发挥着后面二者之间的桥梁和纽带作用。同样我们从上文也已看到，政策科学也是属于基础社会科学与社会工程之间的中间层次，始终充当着理论与实践、传统与现代、过去与未来之间的桥梁。

（3）从学科特征上看。技术科学中介角色的功能定位决定着它具有以下特征：①要综合运用各学科的知识和经验，以解决工程技术实际问题，故有综合性特征；②技术科学是为工程技术服务的，面向工程、面向实际是理所当然的，故亦有应用性特征；③为了有效地解决具体工程问题，技术科学有时还要面对现实条件，统观整体，权衡利弊，机智地把一个工程方案“凑出来”，因此既体现为科学，又表现为艺术。而政策科学研究者们也早已总结出该学科的以上三特征，即跨学科的综合性、面向实际的应用性和科学与艺术的统一性⑤。

（4）从知识构成上看。技术科学首先是科学，其知识当然要受真理性标准的约束；但它又必须有效地解决实际问题，自然要满足人类的价值诉求，故其知识

---

① 张金马．政策科学导论［M］．北京：中国人民大学出版社，1992：1

② 王沛民．工程师的形成［M］．杭州：浙江大学出版社，1989：编者前言。冯·卡门的原话以英文表述：“Scientists study the world as it is，engineers create the world that never has been.”

③ R. M. 克朗．系统分析和政策科学［M］．北京：商务印书馆，1985：43-44

④ 赫伯特·A. 西蒙．人工科学［M］．武夷山译．北京：商务印书馆，1987：111

⑤ 刘斌，王春福，等．政策科学研究（第一卷）［M］．北京：人民出版社，2000：9-10

又必须是真理与价值相统一的。而无论在政策科学，还是政策分析范式的发展过程中，也都不可逾越地面临着价值问题。解决社会问题同样应该坚持真理与价值的统一。

（5）再从学科体系结构上看。由于科学与技术的互动是一个相当复杂的过程，一般不可能一步到位。因此作为二者之间中介桥梁的技术科学，从抽象到具体又是由四个层次连续谱式的技术学科群组成的。而政策科学的发展历史也已使我们看到，其宏大任务不是任何单一学科所能完全承担的；所涉及的复杂知识也不是任何单一学科所能提供的。与技术科学体系结构相比照，实际上，它也是由从抽象到具体四个层次的相关政策学科群构成的，一个开放式的政策科学体系。大致如图 3-5 所示。

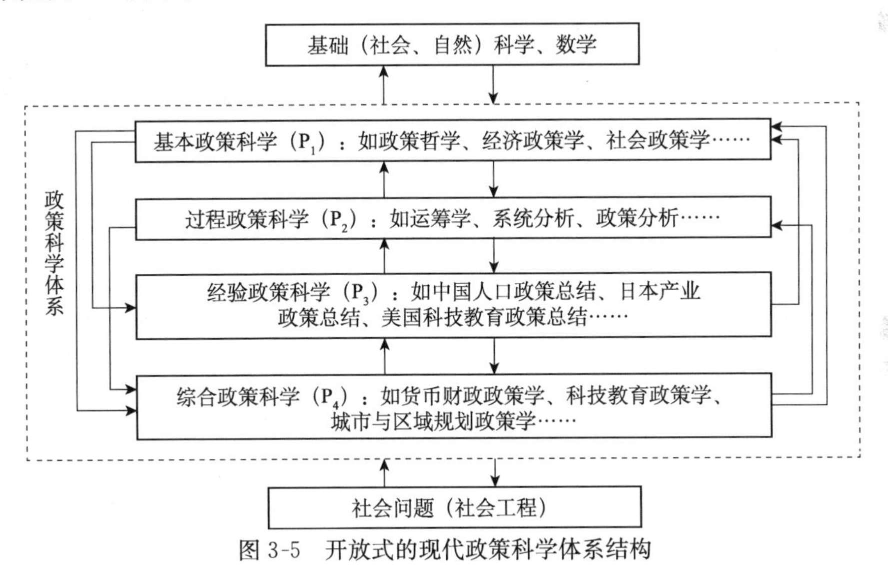

图 3-5　开放式的现代政策科学体系结构

必须强调指出，图 3-5 所示的现代政策科学体系结构，并不是我们牵强附会地凭空杜撰出来的，而是其历史和现状的基本总结。这里不妨简略论述于下。

（1）基本政策科学（P_1），是指由各门传统社会科学根据社会需要，进行政策定向转化而产生的学科。例如，政策哲学主要是探讨政策研究中的价值论、方法论、伦理学等问题的分支学科；经济政策学、社会政策学就是经济学、社会学中研究相关政策内容的分支，都是现实中已经存在的①。其他类似学科这里便不一一枚举。

（2）过程政策科学（P_2），是指从发现问题到解决问题的整个政策运行过程中抽象出来的关于基本过程规律的学科。运筹学、系统分析、政策分析等学科都

① 陈振明．政策科学［M］．北京：中国人民大学出版社，1998：4-5

是政策科学体系中在这方面不可或缺的学科。

（3）经验政策科学（P_3），是对不同国家和地区历史上政策发生过程的经验总结。政策科学既然是面向应用的社会科学，单凭基础科学的演绎是不能包打天下的，必须要在实践中发扬创造性，因此对经验的概括抽象也就不可或缺。这就要依靠历史研究和案例总结。只有这样，才能保证作为技术科学的政策科学长盛不衰。

（4）综合政策科学（P_4），是指对现代社会中各主要社会活动领域政策运行系统的全面知识总结。不同的社会活动领域包含着各自的特殊矛盾，自然就会涉及不同的科学知识。据此大致地划分出一些不同的政策科学领域，这既为研究者提供了不同的专攻方向，又可以将涉及社会发展方向的一些基本问题适当分解开来，这对理论和实践两方面均不无裨益。正像技术科学发展到今天，已明显地出现了农业科学、空间科学、计算机科学等领域一样，政策科学领域也已提出类似的学科划分要求，如科技教育政策学、城市与区域规划政策学、人口与福利保障政策学等①。

（二）架构政策科学体系的意义

我们认为，架构上述政策科学体系并非无病呻吟，而是协调两大基本范式，推动政策科学顺利发展的迫切需要。具体地说，可以具有以下意义。

（1）是克服所谓“科学的科学”的误区，推动政策科学全面发展的需要。拉斯韦尔和德罗尔将社会基本问题作为政策科学的主攻方向，把正确调整社会发展方向视为根本任务，并要掀起一场社会科学的革命。这既顺应了社会进步的趋势，也适应了社会科学发展的需要，大方向并没有错。但是他们想通过一门学科来完成这样的任务，自然会捉襟见肘，力不从心。所面临问题的复杂性和所涉及知识的广泛性，又导致他们要建立“科学的科学”的总学科。这既是学术界难以接受的，同时也给人以开历史倒车的嫌疑。现在将政策科学定位为一个开放式的社会技术科学体系，一方面协调了政策科学与传统各门社会科学之间的关系，彼此仅是环境与系统之间的互动、互补，不存在谁吃掉谁的问题；另一方面又协调了政策科学与政策分析两大基本范式的关系，明确政策科学是高层次上的学科体系，政策分析是这个体系中 P_2 层次上的具体学科，各自拥有不同的目标和任务，也不存在谁取代谁的问题。

（2）用四个层次学科群间互动、反馈机制构成政策科学的柔性体系结构，以代替拉斯韦尔-德罗尔范式中统一社会科学的刚性逻辑结构，可使整个学科体系具备更大的包容性和权变性。例如，原范式企图回避政策科学的政治性特征，要

① 张金马．政策科学导论［M］．北京：中国人民大学出版社，1992：28

建立世界统一的政策科学，这几乎是不可能的。而这里则将政治体制、文化传统、价值观念等差异以不同的政策哲学观点包含在体系之中，从而体现了政策科学必然要包容不同政治性特征这个不可避免的事实。正如药师寺泰藏所说，未来的政策科学“仍将以多民族、无政府国家的状态存在下去”①。

(3) 这一开放式的大型学科体系，较全面地包容了现行政策科学中的不同研究方向，更有利于政策科学全方位地吸收包括环境知识、人的知识、管理知识三大范畴的科学成果，以保证整个学科体系能够获得迅速、全面的发展。

(4) 这个学科体系明确地包含了政策科学的理论研究和实际应用两大方面，这样既有利于培养理论和应用两方面的人才，推动研究人员和政府工作人员之间的全面合作，又有利于在政策科学领域内建立起一种合理地开展科学研究、人才培养和社会服务的适宜社会建制。

三、未来展望：应努力加强 P_3、P_4 方面的开拓

从政策科学 60 余年的发展历史和目前现状来看，学科未来的发展方向仍是值得关注的大问题。拉斯韦尔、德罗尔学派强调研究一般选择理论，以人类的基本问题作为学科的逻辑起点，努力构建完整的理论体系，这样的学科定位和基本思路可能都是正确的。但面对这样庞大而复杂的任务，试图仅从基本方法论上寻求突破，以建立起一个崭新的综合学科，结果未必能如愿以偿，而且前景实在堪忧。后来以林德布洛姆、邓恩（William N. Dunn）、奎德为代表的政策分析学派退而求其次，将学科定位在一门应用性社会科学的基础上，强调要面对具体政策问题，充分运用现代科学技术手段，将定性与定量结合起来，努力解决一些现实问题，收到了一定的实效，在学术圈内也比较容易达成共识。但它所做的事情，毕竟只是政策科学总体任务中的一小部分，对许多复杂问题仍然无能为力。而且仅靠目前的数学工具和系统分析手段，要想解决这类复杂系统的所有问题，显然是不可能的。

那么，政策科学的未来主攻方向究竟应如何定位呢？社会发展对政策科学的热切期望我们能熟视无睹吗？也许歌德的名言可能会给我们以启迪：理论是灰色的，唯生活之树常青。我们不应忘记，技术科学最大的特点是始终坚持从科学与实践两方面吸取和整合知识。作为技术科学的政策科学，其发展既可以从科学方面借助理论研究成果，也可从政治生活的实践方面吸取经验营养。两极是相通的。当我们在基础理论方面一时难以突破时，也不妨从实践方面谋求新的发展。显然图 3-5 中的 P_3、P_4 相对于 P_1、P_2 更接近于现实生活，可能是目前值得关注

① 药师寺泰藏．公共政策［M］．张丹译．北京：经济日报出版社，1991：157

和开拓的重点方面。

（一）P_3方面：历史研究和案例分析

人类涉及的政策的智慧和知识可以追溯到久远的历史，我们如能全面地总结中外历史上这方面的宝藏，也许可以借历史智慧之光，帮助我们较全面地透视政策科学的未来前景。对先人这方面经验的系统总结，很可能会使政策科学的经验层次获得更加丰厚的充实。

另外，我们还可以对世界各国近现代以来的政策活动进行全面梳理，选择其中的大量典型案例进行认真的解剖和研究，并从正、反两方面汲取其中的成功经验和失败教训，以帮助我们发现政策活动中新的矛盾和议题，从而为充实理论提供直接的经验营养。还可以借助计算机建立一定规模的案例库，为研究人员和政策制定者提供鲜活的事实参照系。

（二）P_4方面：大有前途的开拓领域

众所周知，涉及人类基本发展方向的问题是一组既复杂又庞大的问题。我们不能指望科学研究能够直接面对这类问题，并能毕其功于一役。因此在研究之前首先进行问题的分解确实是一个明智之举。首先不妨将其按现代社会活动基本领域进行分割，这也是目前政策科学中已经尝试采用的一种分类方法，如可将其分成货币财政领域、科技教育领域、国防外交领域、人口与社会保障领域等。这样分而“食”之可以发挥下列作用。

(1) 在正常的社会活动中，这些领域都有大量的政策问题需要解决。如果政策科学能适应社会需要，帮助政府解决其中一些问题，就充分发挥了学科的社会适应性功能，向社会表明了自身的生命力。

(2) 在对不同领域政策科学的研究与开发中，我们可以针对各个社会领域的特殊矛盾，充分吸收与该领域相关学科的既有知识，充实武装自己，从而为本身的理论建设，即为实现学科的自治性功能创造条件。例如，在货币财政政策学建设中可以充分吸收货币银行学的最新成果；在科技教育政策学建设中可以充分吸收科学学、教育学的最新成果。这样也就把各领域政策科学（P_4）的研究和发展与图 3-5 中 P_1、P_2，甚至 P_3紧密结合起来了。

(3) 由于这些领域都是整个现代社会的主要有机组成部分，都是一个小社会，其问题的复杂性一般可以涉及政策活动的整个过程和方面。在研究和解决这些问题的过程中，我们便可以纵览和体察到政策科学中包括政策战略、政策分析、政策制定系统改进、政策估价、政策科学进展五大领域的特征，从而为整个政策科学理论体系的发展做好积极有效的积累。

第四章
技术科学历史分期的多维度实证研究

科学在铸造世界的未来上能起决定性的作用，已经不成问题。为了明智地运用科学，就科学同社会的关联来研究科学史依然是有价值的。

* * * * *

这样的任务不仅需要人们对整个科学有全面的了解，而且还需要人们具备一位经济学家，一位历史学家和一位社会学家的技能和知识。

——J. D. 贝尔纳

本章将在第三章统计研究所获得的坐标图系及其各方面现象性特征的启迪之下，通过产业结构变迁、基础科学进步、工程技术教育演变和其他相关科技社会建制演进四个维度上的系统实证研究，力求使技术科学发展中的历史分期问题能够获得一个比较完整、可靠的答案。

第一节 关于技术科学产生时期的典型“成说”与研究进路

一、技术科学产生时期的典型“成说”及由其引发的问题

应当说到目前为止，对技术科学的产生年代及其历史分期问题尚未有比较公认的、有说服力的基本论断。在相关的文献中，虽有不少学者对这一问题表明了各自的观点，但从总体上看，由于视角不同、结论悬殊等原因，致使其呈现出一片众说纷纭、莫衷一是的局面。这里首先将技术科学产生时期方面的主要典型“成说”进行如下概述。

第一，认为技术科学是在文艺复兴以后，随着科学和生产的发展，特别是为了满足产业革命的需要，在解决实际问题的过程中逐渐产生的。

苏联学者 Л. И. 乌瓦诺娃对材料力学、机械零件、外弹道学等技术学科的发展过程进行了历史考察，认为“为进一步发展物质产品的生产，迫切需要能有效解决实际问题的系统知识。这些系统知识不仅对研究现有技术和工艺对象，而且对建立满足日益增长的实际需要的新技术方法也是需要的。技术科学的一些部门，如材料力学、机械零件、外弹道学，远在文艺复兴时代便已形成，但是它们作为专门的科学学科，则是以后更晚的事情”①。由此可见，她认为技术科学从文艺复兴时期就已经开始出现，而生产需要则成为技术科学产生的基本原因。

我国学者关锦镗认为：“18 世纪初，积累了运用各种技术手段的试验资料，并在此基础上产生了机械技术科学（包括机械与技术的理论）。”② 生产需要成为

---

① 中国科学院自然辩证法通讯杂志社．科学与哲学［J］．中国科学院自然辩证法通讯杂志社，1980，(5)：97

② 关锦镗．技术史（上）［M］．长沙：中南工业大学出版社，1987：190

技术科学发展的主要动力，为此人们通过两种途径发展技术科学："一是从实用的学科中分化出来，例如：弹道学。二是从有关的力学理论中（如物质的阻力理论和弹性的理论）逐渐形成。"[①] 关锦镗不仅指出18世纪初开始出现技术科学，而且指明了技术科学的两个来源：一是分化于古代实用科学；二是形成于近代力学理论。

民主德国学者E. 乔布斯特考察了技术和科学的关系，认为只有在"'工业革命所产生的条件下'，技术科学才能作为一门独立学科明确地确立"[②]。可见，他突出地强调了独立的技术科学与产业革命的关系。

第二，认为技术科学产生于19世纪，是随着自然科学的全面发展、技术科学社会建制的基本确立等条件的出现而产生的。

苏联学者B. Г. 戈洛霍夫和B. M. 罗津对科学与工程实践的关系进行过探讨，并指出："18～19世纪，随着科学结构日益复杂和工程实践活动的形成，使得科学与实践的关系变得更加复杂。一方面，作为学科基础的基础科学得到了发展；另一方面，开始出现了利用基础科学理论原理去解决实际工程问题的技术科学。"[③] 由此可见，他们认为技术科学是在自然科学大发展的基础上产生的。并且还认为："19世纪后半期，理论力学知识开始被广泛地应用于计算机械零件，电学和电磁理论知识被广泛用于计算电动机和其他电气设备。这就是古典物理学理论最初应用于工程问题的一般情形。"[③]这样，两位学者就进一步把技术科学的产生时期定位在19世纪后半期。

苏联学者П. С. 库德里亚夫采夫和И. Я. 康费杰拉托夫指出："19世纪中期是一系列技术科学产生的时期。许多科学家、工程师和工程技术人员利用科学揭示出来大自然的规律性，积极参加了一系列技术学科——如机械的理论，热工学的理论基础，电工学的基本原理，建筑静力学，船舶技术，铁路技术等——的建立工作。"[④] 显然，他们是以技术科学的科学基础——自然科学的充分发展作为技术科学产生标志的，并认为技术科学产生于19世纪中期。

陈昌曙等认为，"在19世纪后期和20世纪初，有些科学家才更多地意识到"：仅凭基础科学理论还无法有效解决生产实践中的问题，而"当时自然科学的发展也已经有条件去研究生产技术的本质"。从而建立了"材料力学、冶金物

---

① 关锦镗．技术史（上）[M]．长沙：中南工业大学出版社，1987：193

② F. 拉普．技术科学的思维结构 [M]．刘武，等译．长春：吉林人民出版社，1988：150

③ 中国科学院自然辩证法通讯杂志社．科学与哲学 [J]．中国科学院自然辩证法通讯杂志社，1980，(5)：111

④ Π. С. 库德里亚夫采夫，康费杰拉托夫．物理学史与技术史 [M]．梁士元，等译．哈尔滨：黑龙江教育出版社，1985：276

理化学、机械工艺学、电力工程学等一批技术科学”。① 路甬祥和薛继良通过对科学与技术之间关系的历史考察亦得出了类似的结论，他们认为，19 世纪中叶以前，主要是科学得益于技术，即所谓的“科学技术化”；19 世纪中叶以来，主要是技术得益于科学，即所谓的“技术科学化”。19 世纪末，“在基础科学和工程技术之间又逐渐形成了一类科学，即技术科学”②。因此，陈昌曙和路甬祥等以 19 世纪后半叶自然科学经过充分发展后已经有能力去系统协助解决工程技术中的问题作为技术科学产生标志。

英国学者 C. W. 柏塞尔认为：“技术科学是一个包括传统工程各个分支、农业科学，以及有关空间、电子计算机和自动化的各种现代学科的学科群。”③ 并认为：“在文艺复兴时期，博学卓识的人们……已经认识到，技术可以提出实际问题，交由科学来解决；而科学也能提供定律和规则，推动技术更快地向前发展。到 19 世纪已经有了这样的现象，一些和自然科学十分相像的技术科学开始出现，并且开始发挥其作用；最后，对于大多数工程的发展来说，技术科学终于成为必不可少的东西。”③他又指出：“从 19 世纪的某一个时期以来，科学和技术之间开始建立起一种新的、更为密切的联系。”③还认为，这种密切的联系主是通过工程师和工程院校及其教授们实现的④。由此可见，C. W. 柏塞尔在考察和研究技术科学的发生时间时，已涉及技术科学的社会建制内容，认为技术科学普遍出现的首要条件是工程教育的发展和工程师的大量培养。而且他仅含糊地指出“19 世纪的某一个时期”出现了技术科学，而未做出更加明确的时间结论，这也许是出于颇为审慎的学术态度。

第三，认为技术科学基本上产生于 20 世纪以后。持这一观点的，主要是以钱学森为代表的我国当代一批著名科学家。

钱学森认为，作为自然科学和工程技术综合的技术科学直到 20 世纪 20 年代才成为一个独立的中间层次⑤。

而关士续则以技术科学体系结构的完善作为技术科学产生的标志，认为在科学和技术的发展过程中，直到 20 世纪 30 年代“才建立起来一套从技术的基本原理到技术的系统设想再到技术的工程方案的完备的理论”⑥。

吴熙敬认为，技术科学产生于 19 世纪末 20 世纪初，是“近代科学技术向现

---

① 陈昌曙，陈敬燮，远德玉．技术科学的发展［N］．光明日报，1981-1-9（4 版）

② 王沛民．工程师的形成［M］．杭州：浙江大学出版社，1989：代序

③ 邹珊刚．技术与技术哲学［M］．北京：知识出版社，1987：41

④ 邹珊刚．技术与技术哲学［M］．北京：知识出版社，1987：42-43

⑤ 魏宏森，等．系统理论中的科学方法与哲学问题［M］．北京：清华大学出版社，1984：9

⑥ 关士续．技术科学的对象、特点及其在现代科学技术体系中的地位和作用［J］．潜科学杂志，1983，(1)：12-16

代科学技术迅速转化的产物”①。可见，他认为技术科学应当产生于19世纪与20世纪之交物理学革命之后。

罗沛霖认为，“至20世纪初期，才有克莱因的工程力学，是萌芽的应用基础科学，或技术科学，这是弥合分化的努力”②。因此，罗沛霖以自然科学和工程技术传统的融合作为技术科学产生的标志。

郑哲敏认为，“一般认为这种变化发生在19～20世纪之交，以德国哥廷根大学数学家克莱因（F. Klein）和机械工程师、科学家普朗德（L. Prandtl）创建应用力学学派为标志。……遂在大约20世纪40年代，以应用力学为范例的技术科学思想被广泛接受，成为一个被认同的新科学领域”③。可见，郑哲敏则从考察技术科学的社会建制入手，以人们开始自觉地参与开辟一个新的科学实践领域作为技术科学产生的标志。

从以上观点中可以看出，各位学者都从各自的学术背景和立场出发，对技术科学产生时期问题展开了相对独立的、不乏真知灼见的探讨，遗憾的是彼此观点迥异，基本看法悬殊，相互之间难以实现包容与统一。从总体上看，有的学者主要是从科学的社会建制方面考察技术科学的；有的学者主要是从基础科学知识方面考察技术科学的；而更多的学者则是从生产实践需要方面考察技术科学的。即使从同一个视角切入这一问题的学者，由于所依据的史实和资料不同也会得出不同的结论。这就导致学术界迄今在技术科学产生年代及其历史分期问题上众说纷纭的混乱局面，同时又直接影响着对技术科学总体发展特征与规律的深入探讨和统一把握。如果进一步追根溯源，还可以发现，许多人可能又是从不同的技术科学定义出发，去理解和思考这一问题的。

二、基本研究进路

诚如前文所述，J. D. 贝尔纳曾经说过：“科学可作为（1.1）一种建制；（1.2）一种方法；（1.3）一种积累的知识传统；（1.4）一种维持或发展生产的主要因素；以及（1.5）构成我们的诸信仰和对宇宙和人类的诸态度的最强大势力之一。”但是，“在以上所列各形相中，科学作为建制和作为生产要素的两种形

① 吴熙敬．中国近现代技术史（下）［M］．北京：科学出版社，2000：结束语

② 罗沛霖．从科学技术体系的形成探讨我国科学技术体制改革［A］//王大中，杨叔子．技术科学发展与展望——院士论技术科学（2002年卷）［C］．济南：山东教育出版社，2002：63

③ 郑哲敏．论技术科学和技术科学发展战略［A］.//王大中，杨叔子．技术科学发展与展望——院士论技术科学（2002年卷）．济南：山东教育出版社，2002：74-75

相，几乎是专属于现代的”①。由于技术科学是现代科学技术体系中新生的知识脉系，其现代特征尤为明显，故我们认为将其作为一种社会建制，一种从基础科学和生产实践双方不断汲取营养的知识系统，以及一种维持和发展生产的主要因素来进行综合地研究与考察，可能更有助于我们澄清关于技术科学的产生年代及其具体历史分期问题。

作为一种社会建制，技术科学应有其相应的专职从业人员和组织建制以保证其研究活动的顺利持续；作为一种从基础科学和生产实践双方汲取营养的知识系统，技术科学既需要基础科学为其提供知识来源，又需要生产和技术的发展向其提供问题及实践经验；作为一种维持和发展生产力的主要因素，其发展既需要科学进步的推动，更需要产业需求的拉动。这样综合起来，技术科学的发展可能主要会受到产业结构变迁、基础科学进步及相关的科技社会建制的演进等因素的制约。因此，如果能对这些影响技术科学发展的诸多因素展开全面、系统的实证研究，必将有助于我们较为准确地回答上述技术科学的产生年代及其历史分期问题。

又由于工程技术教育历史沿革的内容相当丰富，对技术科学发展的影响较为特殊，我们便将其从其他的技术科学相关社会建制问题中独立出来，单独进行专门考察。这样，本章便可以从以下四个维度展开全面的实证研究，以全面揭示技术科学发展不同历史阶段的基本特征。

（1）技术科学发展与产业结构变迁的关系：主要研究技术科学系统演变与主导产业群更替之间的内在联系。

（2）技术科学发展与基础科学进步的关系：主要考察技术科学系统演变与不同时期基础科学背景之间的内在联系。

（3）技术科学发展与工程技术教育演变的关系：主要探讨技术科学系统演变与包括不同历史时期工程技术教育的办学方针、学科结构、课程设置、教学模式、教育体制等方面变化的联系。

（4）技术科学发展与其他相关科技社会建制演进的关系：主要研究科学社团的变迁、工程师（职业）团队的涌现、企业 R&D 机构的勃兴、政府科研组织的建立，以及 20 世纪以后大科学与科技园区的超常发展等多种历史现象与技术科学系统演变的内在联系。

下面将以展开上述四个维度方面的实证研究作为基本进路，又依据第三章，尤其是从图 3-2 中已经发现的，在不同历史时期技术科学体系内部学科知识结构方面的明显差异，分别对 1819 年以前、1820～1914 年、1915 年之后三个阶段技术科学发展的实际情况展开全面、系统的实证分析。

---

① J.D. 贝尔纳. 历史上的科学［M］. 伍况甫，等译. 北京：科学出版社，1983：6

第二节　从产业结构变迁维度考察技术科学发展的历史特征

一、1440～1819 年技术科学发展的产业结构背景

(一) 英国产业革命的基本线索

在本阶段，产业革命首先在英国发生。一方面，首先是大量工具机的发明和工厂的建立推动纺织业飞速发展，使得动力不足问题日益突出；另一方面，纺织方面工具机的大量需求对机械制造技术提出了更高的要求，用机器制造机器便成为当务之急，这大大促进了机械制造业的发展。同时纺织业的机械化趋势，对材料又提出了更高要求，要用铁取代木材，这促进了铁矿采掘业的发展。采矿过程中的动力不足问题又成为产业发展的关键制约因素。在这种情况下，瓦特革新了蒸汽机，对许多生产领域产生了深远影响，从而导致蒸汽动力革命发生。于是，在本阶段逐渐形成了由纺织业、冶金业（铁）、地质矿产业（煤、铁）、交通运输业（马车、帆船）、化学工业、机械制造业、仪器仪表制造业所构成的主导产业群。此外，由于城市的发展、人口的增长、产业工人队伍的扩大，为人们生活服务的食品加工业、农林畜牧业、土木建筑与水利业、医药卫生事业等也有了一定的发展。

(二) 解决产业发展中问题的基本手段

解决这一阶段生产发展中存在的问题，主要依靠两种基本途径：一是依赖不断积累的传统工匠经验，并在经验基础上采用反复试错方法进行试验；二是借助于当时已经初步发展起来的科学知识和方法，或者利用科学知识直接解决产业发展中的问题，或者利用科学的归纳、实验等方法系统总结生产实践经验。英国皇家学会成立之初，对工艺技术进行的公开调查就是这方面研究和实践的一种具体表现。

(三) 技术科学萌生与新型产业崛起之间关系分析

在本阶段，统计样本中总共出现了 65 门技术学科，其中 23 门是基本技术学科（T_1），占 35.39%；37 门是工程技术学科（T_3），占 56.92%；其余 5 门是综合技术学科（T_4），占 7.69%。由于 T_3 类学科一般来源于实践经验和试验结果的归纳总结，而 T_1类学科主要通过基础科学知识向应用方向的演绎而形成，故

从这里两类学科所占份额的比较中可以发现，发生在英国的产业革命主要是依靠传统工匠力量实现的。

在拥有了旺盛的需求、广阔的市场和政府的相关法规保障之后，在英国纺织业内引发了飞梭织布（1733年）、珍妮纺纱机（1764年）、水力纺纱机（1769年）、骡机（1779年）和水力织布机（1788年）等一系列的技术革新。这些基本均属于工匠、技师的经验范畴，并未有相应的技术学科产生。

在第一次产业革命期间，英国对生铁、铁和钢的产量提出了更高要求，为此，人们便系统总结炼铁和冶金的经验，于是在18世纪中期前后统计样本中便出现了“炼铁学”、“结晶学”和“冶金学”等技术学科。

肥皂、冶金、玻璃、制糖、制砖和制盐等高热工业的发展，导致当时的主要燃料木材供应不足、价格高涨，因此采煤工业获得了良好的发展契机。在这个过程中，通过对采矿经验的系统总结，统计样本中出现了“采矿学”、“水文地质学”等技术学科。

蒸汽机发明以后，为了提高其工作效率，便产生了“燃烧学”；伴随着动力蒸汽机制造业、一般机械制造业中制造精度要求的提高，统计样本中出现了“水力机械”、“刀具”、“切削加工”、“塑性力学”、“多刚体动力学”等技术学科。

机械制造业的发展，对加工精度的要求不断提高，因此也推动了仪器仪表制造业的发展，检测内容主要集中在计时、测温、测距等方面。相应地在统计样本中又出现了“成像光学”、“光度学”、“色度学”、“计时仪器”、“计温学”、“测量工具”、“精密仪器”等技术学科。

在这一时段，运输的主要方式是马车和帆船。针对因森林开采量增大而产生的交通问题，以及由国际贸易而导致的舰船导航问题，统计样本中又出现了“林区道路和桥梁工程学”和“航海天文学”等技术学科。

随着纺织业特别是印染业、玻璃工业、肥皂工业和炼焦炼钢业的大发展，以酸碱制造为主要产品的无机重化工和煤焦油化工成长起来，与此相应统计样本中又出现了“无机合成化学”、“无机化工”和“煤化工”等技术学科。

同样在本阶段内，由于工厂制度的确立，城市化程度的提高，城市人口的上升，人们对衣食住行等生活必需品和医疗卫生需求不断增加，统计样本中也出现了一些相应的技术学科，其知识或来源于技术经验的总结，或来自于力学、生物学及生理学方面。

由此可见，在1440～1819年，因产业革命而引发的一系列新的需求，成为当时技术科学发展的根本动力，推动着古老工匠传统和近代科学传统逐步融合，具体表现为本阶段技术科学体系中T_1、T_3两类技术学科的不断产生，并根据产业革命的发展，在功能上相互匹配。

二、1820～1914 年技术科学发展的产业结构背景

根据马建堂等学者关于经济长周期波动的过程，实质上就是主导产业群更替的过程，因而一次经济长波便对应一个主导产业群的观点①，我们对美国经济学家梅兹（Rainer Metz）由统计研究获得的经济长波所对应的四个历史时期内的实际经济运行状况进行了系统考察，并结合其他相关知识，构建了产业革命以来不同阶段的主导产业群。具体如表 4-1 所示②。

表 4-1　四次经济长波对应的四个主导产业群

四次经济长波时段 / 主导产业群构成	第一次经济长波期间［1780，1820）主导产业群	第二次经济长波期间［1820，1885）主导产业群	第三次经济长波期间［1885，1943）主导产业群	第四次经济长波期间［1943，1979］主导产业群
前导产业	纺织业（棉纺织业、毛纺织业、棉花加工业、棉布印染业）	纺织业、交通运输业（铁路运输业、汽船运输业）、蒸汽机制造业	内燃机制造业、石油采掘业、电气工业（电机制造）、煤炭采掘业、冶金业（钢铁）、煤焦油化工	航空工业、汽车工业、家用电器制造业、原子弹制造、钢铁工业、电子工业、激光产业
主导产业	机械制造业（一般机械制造业、蒸汽机制造业）	机械制造业（火车制造业、汽船制造业）、冶金业（钢铁）	农机制造业、船舶工业、航空工业、汽车工业、电气工业（发电工业、输电工业）、化学工业	航天工业、原子能工业、材料工业、广义信息业（计算机业、信息业、电讯业）
引发产业	仪器仪表制造业、交通运输业（帆船运输业、运河修筑业、道路修筑业、铁路运输业）、矿产采掘业（煤炭采掘业、铁矿采掘业）、冶金业（铁）、无机重化学工业（煤化工、酸碱制造业）	矿产采掘业（煤炭采掘业、铁矿采掘业）、化学工业（煤焦油化工、合成染料业、火药工业、化肥工业）	电气铁路运输业、家用电器制造业、电化学工业、电加工业、石油化学工业、合成材料业、合成染料业、化肥工业、化学制药业、电讯业（电报业、电话业、雷达制造业、电视业、电子工业（电子管））	海洋工业、环境工业、生物工业、新型农林畜牧业、化学工业、自动化设备制造业、人工智能产业（机器人制造）

注：由于梅兹收集的统计数据只截止到 1979 年，故其经济长波曲线中的第四次经济长波是一个不完整的波形。根据我们的研究结果，第四次经济长波的截止年份当为 1994 年

① 马建堂．周期波动与结构变动——论经济周期对产业结构的影响［D］．中国社会科学院研究生院，2000

② 刘启华，樊飞，戈海军，等．技术科学发展与产业结构变迁相关性统计研究［J］．科学学研究，2005，(2)：160-168

由表 4-1 可见，1820～1914 年的产业结构主要由第二次经济长波（1820～1884 年）主导产业群中的纺织业、交通运输业（铁路、汽船运输业）、机械制造业、冶金业（钢铁）和化学工业（煤焦油化工、合成染料、火药和化肥），以及第三次经济长波的前期（1885～1914 年）主导产业群中的电气工业、有线电讯业、动力工业、矿产采掘业（石油）、早期石油化工、电化学工业等构成。

这阶段产业的发展主要存在三大特点：一是产业革命在地域上的扩张和科学技术的发展，推动第一次经济长波期间主导产业群中相关产业和技术向纵深发展；二是热力学、电磁学的发展，导致动力产业、电气产业建立起来；三是农林畜牧业、医药卫生和管理事业等方面，通过综合利用自然科学的知识，不断加速发展。以上产业的发展促使大量技术学科的建立，而技术科学体系的壮大又推动这些产业进一步发展。对具体情况大致可以进行如下叙述。

（一）产业革命在地域上的扩张及科技进步，推动相关产业向纵深发展

在本阶段，除英国外，法国（1830～1860 年）、德国（1840～1875 年）、美国（1865～1890 年）等主要资本主义国家纷纷发生了产业革命，推动第一次经济长波期间主导产业群中的相关产业和技术不断向纵深发展。

由于原有的马车、帆船等运输方式已难以满足生产要求；蒸汽机技术和机械制造技术亦日臻完善，汽船（1807 年）和火车机车（1814 年）也都已经发明并逐步投入实际使用，使得交通运输业飞速发展起来。在这个过程中，统计样本中出现了“海洋气象学”、“交通运输地理学”、“道路工程学”、“船舶结构力学”等技术学科。

交通工具制造、机械制造、建筑材料和军工生产等对铁特别是优质钢的需求量急剧增加，引发了冶金革命。酸性转炉法（1856 年）、碱性转炉法（1869 年）、平炉炼钢法（1867 年）为改进炼钢质量、降低成本和提高产量发挥了重要作用。此外，这一阶段还出现了新的产业部门——有色金属和稀有金属冶炼业。与此相应，在这一阶段统计样本中便出现了“炼钢学”、“金相学”、“金属学”、“合金热力学”、“冶金炉”、“轻金属冶金学”、“重金属冶金学”、“有色金属冶金学”、“稀有金属冶金学”和“粉末冶金学”等技术学科。

上述产业的发展，对机械制造技术提出了更高的要求；高速发展的冶金业又提供了先进而丰厚的材料来源，二者又共同推动机械制造业继续发展。由于蒸汽机的改进、新型机床的出现、刀具不断更新，机械零件制造的规范化、标准化、通用化得以实现，进而使得机械产品的系列化和批量化生产成为可能。因此，在统计样本中便相应出现了“工程热力学”、“机械动力学”、“薄壁结构力学”、“弹性力学”、“固体力学”、“结构力学”、“液压传动与气动”、“机械工程”、“机械零

件”、“机构学”、“焊接工艺学”等技术学科。

19 世纪 20 年代以后，伴随着采煤技术日渐成熟，统计样本中又出现了“地下水动力学”、“煤田地质学”、“矿山建设工程”、“采矿工程”等技术学科。随着“1840～1860 年美国至少有 15 次在钻取盐矿时发现了石油”，1859 年在宾夕法尼亚州打出了第一口油井，“从而开始了宾夕法尼亚油田的发展”①。这使得统计样本中出现了“工业地理学”、“渗流力学”、“页岩工程学”、“石油工程学”等技术学科。

19 世纪中叶以后，对煤焦油进行废物利用，衍生出有机化学工业。合成染料方面，苯胺紫、香豆素、偶氮染料、人工茜素等新型合成染料相继投入工业化生产。合成材料方面，德国、美国分别完成了赛璐珞的合成。合成药物方面，“麻醉药乙醚（1842 年）和氯仿（1847 年），外科消毒药石炭酸（1865 年），催眠药水合氯醛（1869 年）”②等一批化学合成药先后出现。新发展起来的有机化学工业充分利用了当时迅速发展起来的有机化学知识，从而在统计样本中出现了“食品化学”、“染料化学”、“有机合成”、“合成化学”、“人造液体燃料工学”、“炼焦工艺学”、“燃料化学”、“化工冶金”等技术学科。

（二）物理学的进步导致电气、电讯和动力工业的建立

由于电气工业完全建立在电磁理论的基础上，所以在本时段之初电力技术仍处于从实验室向工厂的转化阶段。直到 1882 年，爱迪生电器照明公司的约翰逊在伦敦建立的第一座发电站开始发电、美国纽约珍珠街的“中央发电站”投入运行，电气工业才开始大发展。其后随着发电工业和输电工业的兴起，电化学工业、电冶金业、电气化铁路运输和电加工业等产业也相继出现。

在这一时段，电讯业也迅速崛起。起初虽然也成立了一些电报公司，敷设了一些电报电缆，但发送有线电报仅靠伏打电堆提供电源，且其使用亦不甚方便，致使电报业难以有大的发展。在一系列与电话相关的发明相继问世之后，世界上最早的电话公司——贝尔电话公司亦于 1877 年开始营运。斯特罗齐尔（A. B. Strowger）在 1891 年发明自动电话交换机之后，电话便真正进入普及阶段。1864 年麦克斯韦电磁场理论的创立及 1888 年赫兹用实验验证了电磁波的存在，使得无线电报业也获得高速发展。1897 年，马可尼获得无线电报专利，并成立马可尼无线电信公司，建立了世界上第一个无线电台。为了解决电讯业发展中存

---

① 关锦镗．技术史（上）[M]．长沙：中南工业大学出版社，1987：286-287

② 中国医学百科全书编委会．中国医学百科全书·医学史 [M]．上海：上海科学技术出版社，1987：240-241

在的一系列问题，统计样本中出现了“电声学”、“通信”、“无线电技术”、“电磁场与微波技术”、“电波传播”等技术学科。

由于热力学理论的完善，“工程热力学”、“热工学”等技术学科相继创立，动力工业获得了巨大的推动力。首先，使蒸汽机开始从经验性制造走向科学理论指导下的改良。“蒸汽机”技术学科的建立，蒸汽机工作效率的不断提高，使其“应用在20世纪初期达到了顶峰”①。其次，在“内燃机”技术学科建立的基础上，“从19世纪70年代开始，内燃机虽然已经以煤气机、煤油机、汽油机和柴油机的相继发明而问世，并在机床动力和汽车动力方面取得了初步的应用成果，但在19世纪的后20余年时间内”，内燃技术还只是处于热力技术的配角地位②。直到20世纪初，由于钢铁冶炼技术和机械制造技术的进步提供了必要的材料和制造工艺，内燃机制造业才真正成长起来，并推动了汽车工业、船舶工业、农机制造业等产业的发展。由于船舶大型化对动力要求的提高和火力发电站建设的需要，加上相关的技术科学理论和技术工艺的完备，蒸汽轮机技术亦获得发展。1884年，英国人查尔斯·A. 帕森斯发明蒸汽轮机并取得专利。此后汽轮机便“在火力发电厂中普遍使用”③。在这个过程中，统计样本中出现了“燃气轮机装置”、“蒸汽轮机装置”、“热力涡轮机”等技术学科。

（三）农林畜牧业、医药卫生和管理事业综合利用自然科学，不断加速发展

在这段时期，各门自然科学的迅速发展，使得农林畜牧业和医药卫生、管理事业等方面能够综合运用新颖的科学知识解决产业/事业中存在的问题，同时也产生了大量的技术学科。

由于工厂生产制度的普及，城市人口不断增加，农业人口不断减少；加之人口总数的增长，工商业和对外贸易的发展，也增加了对粮食等农产品的需求。这些发展农业的强大动力，一方面使农业机械化的趋势开始出现，提高了农业生产的效率；另一方面，“农业灌溉管道的应用和……人工合成肥料的使用，使农业的大规模生产有了可能”④。此外，孟德尔遗传定律被重新发现导致遗传学的迅速发展，使得动植物的良种选育工作取得较大进步。由于土壤统一形成学说（1914年）的创立、固氮微生物的相继发现及合成氨的工业化生产（1913年），土壤肥力大幅度提高，作物营养得到较大改善。因为工业发展需要大量木材，以及森林生态恶化被引起重视，林业生产也步入了新阶段，开始注重森林资源保

① 姜振寰．自然科学学科辞典［M］．北京：中国经济出版社，1991：261
② 童鹰．现代科学技术史［M］．武汉：武汉大学出版社，2000：168
③ 王鸿贵，关锦镗．技术史（下册）［M］．长沙：中南工业大学出版社，1988：57
④ 关锦镗．技术史（上）［M］．长沙：中南工业大学出版社，1987：262

护、合理利用木材。在这一系列发展过程中，同样也充分利用了自然科学的各方面知识，其间统计样本中出现了“动物饲养学”、“果树育种学”、“农业地理学”、“测树学”等技术学科。

19 世纪以后，经济的发展导致了人口的高度集中。起初生活与生产条件改善不力，曾导致职业病和传染病的广泛流行。医学综合利用自然科学知识，使得基础医学和临床医学结合更加紧密，分科进一步细化。如继斯旺于 1835 年进行胃蛋白酶方面的研究，李比希于 1839 年提出发酵理论，巴斯德于 1857 年提出微生物发酵理论等之后，“实验生理学”、“微生物学”、“免疫学”、“卫生微生物学”、“劳动卫生学”、“内分泌学”、“医学心理学”和“精神病学”等技术学科方面的研究都有所进展。同时消毒法、麻醉法、外科手术等医疗技术水平亦迅速提高①。

同样在工业化、城市化及努力追求生产效率的背景下，“人文地理学”、“经济地理学”、“城市地理学”、“物资管理”、“劳动管理”、“工业工程学”等技术学科也在统计样本中相继出现。

由此可见，在 1820～1914 年，由于传统产业技术不断向纵深发展，新型产业的不断出现，农林畜牧、医药卫生、管理等领域的迅速发展，相关产业/事业的发展越来越依赖于科学的进步，从而使技术科学体系中 T_1、T_3、T_4 三类技术科学中新兴技术学科不断产生，并且在功能上相互匹配，共同发展。

三、1915 年以后技术科学发展的产业结构背景

在本阶段，产业结构主要由第三次经济长波后期（1915～1943 年）的主导产业群和第四次经济长波阶段（1944～1994 年）的主导产业群构成。第三次经济长波期间主导产业群中的航空、电子、电讯、化工、机械、地质矿产等产业不断向纵深发展；同时一批新兴产业，如原子能、计算机、信息、人工智能（机器人）、自动化、航天、材料等产业也在第四次经济长波期间迅速兴起；另外，农林畜牧业和医药卫生、管理事业也取得了令人瞩目的成就。对具体情况进行如下详述。

（一）第三次经济长波后期的主导产业群不断深入发展

航空工业的最初发展发生于第一次世界大战期间的军事运用，接着民航工业

---

① 中国医学百科全书编委会．中国医学百科全书·医学史［M］．上海：上海科学技术出版社，1987：241-242

也开始在欧洲各主要国家得到发展。其间统计样本中产生了“飞机电气系统”、“航空仪表”、“航空气象学”、“飞机导航系统”等技术学科，推动着该产业进一步发展壮大。第二次世界大战中航空工业迎来了其历史上的第二次飞跃；战后军用航空运输转向民用，加上旅游业和国际交往的日益频繁及雷达、无线电和计算机技术的推广，也使航空工业的发展不断加速。航空工业改变了交通运输的传统结构；工业上应用于空中摄影、资源调查、地质勘探、大地测绘等多种用途；农业上用来播种施肥、除草灭虫、森林防火、环境保护等。其间统计样本中便出现了“飞机飞行控制”、“高空气象学”、“航空测试系统”、“航空医学”等技术学科。

电子管的笨重、能耗大、寿命短、噪声大、制作复杂等缺点，越来越成为电子技术进一步发展的障碍。为了促进电子工业的发展，便出现了“最佳滤波理论”、“晶体物理学”、“电子电路学”、“量子电子学”等技术学科。1947 年晶体管的出现和其后不久集成电路的出现推动了电子技术不断革命。其间“电子材料学”、“半导体器件”、“人工晶体学”、“电子器件学”等技术学科相继创立，有力地推动了电子工业的进一步发展。之后，集成电路不断改进、大规模和超大规模集成电路相继出现、微电子技术的出现，一直主导着现代电子工业的发展方向。

以电子管的应用为起点，现代电讯业中首先发展起了“微波技术”、“雷达”、“天线”、“数字通信”等技术学科。20 世纪 50～60 年代，通信技术由真空电子管过渡到晶体管，卫星通信也因为航天工业的发展而兴起，并在 70 年代以后发展出了多种业务。由于光纤通信在 70 年代末进入实用阶段，“并已在电信、广播电视、闭路电视、电子计算机、数据通信、工业、交通等领域得到了较为普遍的应用”[①]。为适应和促进这种变化，统计样本中又出现了“微波接力通信”、“移动通信”、“激光通信”、“雷达数据处理”等技术学科。

这一阶段，第一次世界大战的爆发，加速了合成氨和硝酸的工业化过程。合成氨生产中涉及的高压、催化方面技术来源于“工业催化”、“高压化学”等技术学科的发展，并对其他化学合成工业的发展起到了巨大推动作用。

“第一次世界大战期间，钢铁工业高速发展，同时作为火炸药原料的氨、苯及甲苯也很急需，这促使炼焦工业进一步发展，并形成炼焦副产化学品的回收和利用工业。”[②] 第二次世界大战前和战争期间，德国开始利用煤进行液体燃料的

---

① 王鸿贵，关锦镗．技术史（下册）［M］．长沙：中南工业大学出版社，1988：420

② 《中国大百科全书》编委会．中国大百科全书·化工［M］．北京：中国大百科全书出版社，1987：447

工业生产，促进了煤化工的全面迅速发展①。此外，石油化学工业的兴起，使得“石油化学工艺学”、“石油化学”、“煤化学”、“石油加工工程”、“煤加工工程学”等技术学科应运而生。

第二次世界大战期间及战后，由于电力、交通运输工具、内燃机、化工、冶金、轻纺食品、航空、航天、军事等诸多产业/事业部门对机器需求的高涨，机械制造业也持续发展。并产生了“振动理论”、“断裂力学”、“食品机械”等技术学科。20 世纪 60 年代起，计算机开始应用于机械制造业。70 年代，因为电工、电子、自动化、智能机器人、冶金、化工、激光、材料、农林等领域的科技进步及其在机械制造中的应用，机械制造业中出现了精密化、高效化和自动化发展趋势。

第二次世界大战以后，由于煤炭、铁矿采掘业等发展缓慢或停滞；中东大储量油田的发现，使石油和天然气的产量猛增；需求高涨导致有色金属采掘业迅猛发展；航空、航天、原子能和电子等工业的发展，导致稀有金属采掘业迅速增长。于是产生了“矿山电气化与自动化”、“资源地理学”、“选矿工程”、“油气田地质与勘探”、“矿山机械工程”、“找矿勘探地质学”等技术学科，对矿产采掘业的机械化、电气化、自动化生产，以及科学选矿、采矿发挥了至关重要的作用②。

(二) 一批新兴产业的崛起

1. 原子能工业

在“原子核物理学”、“电离辐射剂量学”、“核化学”、“实验反应堆物理”等技术学科建立的基础上，1945 年美国的“曼哈顿工程”开花结果，成功试爆了原子弹。此后，各国的原子弹研究与制造陆续取得进展。第二次世界大战后，原子能技术一方面继续运用于研制各类核武器和核动力舰艇；另一方面在 20 世纪 60 年代以后转向民用，核能发电产业开始发展壮大，核电在世界能源动力供应方面的比重日益上升。顺应这一过程，统计样本中又出现了“核爆炸物理”、“受控核聚变”、“潜艇核动力”、“核动力控制工程”、“核能经济学”等技术学科，深化了对原子能利用的基本机理、方法、控制和效率等方面的研究。

2. 计算机、信息等新兴产业的发展

1946 年世界上第一台电子计算机 ENIAC 的诞生，标志着计算机制造业的

---

① 《中国大百科全书》编委会．中国大百科全书·化工［M］．北京：中国大百科全书出版社，1987：448

② 王鸿贵，关锦镗．技术史（下册）［M］．长沙：中南工业大学出版社，1988：489-562

产生，此后获得迅速发展。计算机科学充分利用信息论、控制论和相关数学理论方面的知识，已成为一个发展快、渗透性强、影响深远的技术科学门类，其中包括统计样本中出现的“计算数学”、“信源编码”、“计算机辅助设计”、“智能计算机”、“并行计算方法”、“数学软件”、“计算机软件”、“计算机网络”等技术学科。由于计算机科学和产业飞速发展，从业人员日趋增多，并向其他领域广泛渗透，带动了一大批新兴产业的发展，引发了传统产业的一系列深刻变革。

现代社会的发展导致信息量剧增，信息论、控制论的产生奠定了其科学理论基础，电子计算机（第4代开始）、遥感和通信三项技术的成熟使得信息产业在20世纪70年代后诞生。其发展推动了生产力的迅猛发展，促进了产业结构的重大变革，改变了人们的生活方式，对人类社会的发展产生了极为深远的影响。本阶段统计样本中共产生了多达32门与信息产业相关的技术学科，成为信息产业发展的重要科学和技术基础。

由于信息论、控制论和系统论的综合化理论趋势和模糊数学的发展，人工智能产业于20世纪50年代产生。“从60年代到70年代末，人工智能的研究朝着全面模拟人的智能，扩大人的智能的目标迈进。在20多年中，人们继续在问题求解、博弈、定理证明、程序设计、机器视觉等课题方面进行广泛探索，建立了许多能完成以前认为只有人的大脑才能完成的智能计算机系统。”“60年代以来，在工业机器人广泛应用和不断改进的基础上，又产生了智能机器人。”“模拟专家行为的产生，是70年代人工智能研究获得的重大成果之一。”① 本阶段统计样本中出现了“人工智能”、“专家系统”、“模式识别”、“机器人视觉”、“机器人编程语言”、“机器人学”等技术学科，代表了人工智能研究领域取得的进步。

由于电子计算机在20世纪50年代末期的广泛应用和各领域生产自动化的巨大需求，以电子计算机技术为基础的自动化设备制造业开始出现并获得蓬勃发展，这直接导致了许多传统产业的改造升级和新兴产业的迅速发展。“1958年，美国首次在化学工业中实现了计算机控制。60年代，在冶金、电力、机械等工业部门，计算机的应用得到迅速的发展。”② 该阶段内统计样本中出现了“农业电气化与自动化”、“冶金生产自动化”、“自动化仪表及装置”、“线性控制系统理论”、“系统辨识”、“自适应控制理论”、“船舶控制”、“工厂自动化”、“军事

---

① 魏宏森．人工智能的产生与发展［A］//《金属世界》编辑部．技术革命的过去，未来［C］．北京：《金属世界》编辑部，1984：181-194

② 王鸿贵，关锦镗．技术史（下册）［M］．长沙：中南工业大学出版社，1988：164

控制论”、“大系统控制理论”等技术学科。涵盖了线性系统、系统辨识、最优控制、自适应控制、大系统控制等自动化领域的重要问题，不仅关系到数控、计算机辅助设计和制造等技术的发展，而且广泛涉及农业电气化与自动化、船舶控制、冶金生产自动化、核动力控制工程、军事控制论等具体领域的自动化研究。

3. 航天、材料产业的发展

航天工业在本阶段也得以飞速发展。1945年前，已产生了“飞行器设计”、“等离子体动力学”、“航天测控系统”等技术学科，为该产业的发展奠定了一定的技术科学基础。“自从1957年第一颗人造卫星上天以来到1984年年底，苏联、美国、法国、日本、中国、英国、印度等国家及欧洲空间局先后研制出近80种运载火箭，修建了10多个大型航天器发射场，设计、制造和发射了3022颗人造地球卫星、100多个载人航天器及109个空间探测器，建立了完善的跟踪和测量控制系统、地面模拟试验设施、数据处理系统。约有40个不同用途的应用卫星系统投入运行。”① 在这个过程中，“气体动力学”、“雷达气象学”、“航空航天生理学”、“火箭结构”、“航空航天材料”、“高温气体动力学”、“火药与固体推进剂”等技术学科在统计样本中出现，主要使用于航天飞行器的结构设计和制造、导航控制、燃料、材料、通信、遥感遥测、航天医学和管理等方面。

由于生产、军事的需要和矿物资源出现短缺现象，非金属材料的研究和生产开始成为热点。“20世纪第二个10年间，原子结构理论的提出、化学键理论的开始建立和结构化学的发展，把研究各类材料的结构和结构与性能的关系提到一个新的水平。”② 陶瓷生产因为电力工业需要绝缘材料、基础化学工业需要耐腐蚀、耐高温材料而得到大力发展；玻璃因为电力照明器具制造、光学仪器制造和建筑业发展而大规模生产；水泥的生产由于铁路、码头和高速公路建设和建筑业钢筋混凝土生产的需要而加速发展。第二次世界大战以来，由于军备竞赛和社会经济需求的拉动，材料工业获得了前所未有的大发展。基础研究继续取得进展，对材料结构、结构与性能关系的认识进一步加深。材料科学的发展使得其他产业获益匪浅。其间统计样本中出现了“水工材料科学”、“航空材料学”、“口腔材料学”、“半导体光电子学”、“半导体化学”、“激光化学”、“集成光学”、“复合材

---

① 《中国大百科全书》编委会．中国大百科全书·航空航天［M］．中国大百科全书出版社，1987：445

② 中国科学院自然科学史研究所近现代科学史研究室．20世纪科学技术简史［M］．北京：科学出版社，1985：392

料”、“复合材料力学”、“含能材料”、“超导技术”、“稀有元素化学”、“稀有气体化学”、“无线电陶瓷”等技术学科。

（三）农林畜牧、医疗卫生和管理领域的发展

由于工业生产力的迅速发展，人口增加，食品需求量增大，消费结构也发生了变化；工业对农产品原料的需求量也大大增加。除了市场需求的拉动以外，生态学、遗传学、生理学、营养学、生物化学、有机化学、电子计算机等科学理论的进步也加速了农业的科学化进程。这个阶段“农业昆虫学”、“造林学”、“农药学”、“土壤化学”、“动物育种学”、“林木遗传育种学”、“家畜繁殖学”、“饲料科学”、“作物育种学”、“农业工程学”等技术学科在统计样本中出现，推动了农林畜牧业的发展。

在本阶段，由于经济的发展，生活水平大幅度提高，人们更加关注个人健康，医疗卫生事业继续蓬勃发展。在丰富医疗卫生事业服务领域的过程中，“社会医学”、“放射诊断学”、“抗生素学”、“肿瘤学”、“军队卫生学”、“临床检验与诊断学”、“医用生物学”、“人体组织学与胚胎学”、“职业病学”、“放射医学”、“核医学”、“生物医学工程学”、“内分泌代谢病学”等技术学科出现于统计样本之中，使医疗卫生事业取得了重大成就。

同时，以梅奥的行为科学理论为代表的管理思想应运而生，着手研究人的心理和行为及其相互关系，使这一阶段管理理论出现流派纷呈的局面。在统计样本中出现了“科技管理”、“质量管理”、“技术创新经济学”、“宏观经济学”、“技术学”、“管理信息系统”、“管理经济学”、“管理心理学”、“经营管理学”、“经济管理”等技术学科。本阶段与管理相关的学科表现出以下特点：数学和统计学的手段被广泛地应用于生产过程中的运筹决策问题上；重视量化分析等管理技术的运用；重视人和环境之间关系的研究；在系统论思想的指导下，注重从宏观角度和整体观念出发研究问题。由此使统计样本中进一步出现了“排队论”、“价值工程学”、“对策论”、“运筹学”、“蒙特卡罗方法”、“系统管理”、“柔性加工系统”、“可行性理论”等技术学科。

综上可见，在1915年以后，第三次经济长波后期部分主导产业向纵深发展，一些新兴产业领域急剧扩张，以及农林畜牧、医药卫生、管理等领域在新形势下的迅速提升，使得技术科学体系中T_1、T_2、T_3、T_4这四类技术科学中的新学科不断产生，并在功能相互匹配过程中不断发展、完善，最终形成了完整的连续谱式的技术科学学科体系。

第三节 从基础科学进步维度考察技术科学发展的历史特征

一、1440～1819 年技术科学发展的基础科学背景

在此阶段，科学领域内发生了近代第一次科学革命，其主要标志是近代天文学革命、近代医学革命和经典力学的创立。

1543 年哥白尼发表《天体运行论》之后，伽利略通过望远镜观察，证实了哥白尼的学说。开普勒在第谷丰富的天文观测资料和哥白尼学术思想的基础上，提出了行星运动三大定律。同年，维萨留斯出版了《人体的构造》，建立了解剖学，掀起了近代医学革命。1628 年，哈维的《心血运动论》阐明了血液循环的原理，“产生了从概念生理学到实证生理学的哥白尼转换”[①]。1761 年，意大利医学家莫尔干尼发表了《论疾病的位置和原因》一书，创立了病理解剖学[②]。1799 年，法国居维叶出版了《比较解剖学》一书。

在这次科学革命初期，力学首先取得辉煌成就。在开普勒和伽利略工作的基础上，牛顿建立了经典力学，使力学作为一门精密科学崭露头角。其后，法国科学家拉格朗日、达朗贝尔、纳维埃、柯西、泊松，瑞士科学家欧拉，英国科学家斯托克斯等推动力学向纵深方向发展，尤其在分析力学、连续介质力学、弹性力学及流体力学等力学诸分支领域有较大建树，使力学逐渐脱离物理学而成为独立学科[③]。

除上述学科外，热学、数学、化学、生物学等学科也有不同程度的进展。在化学方面，波义耳提出了化学元素概念；拉瓦锡确立了新的燃烧理论。在热学方面，布拉克和厄尔文首先进行了量热的工作。在数学方面，笛卡儿和费尔马在 1637 年前后大体创立了解析几何，其后牛顿和莱布尼茨建立了微积分；1795 年蒙日出版了《画法几何》一书，为工程图学奠定了理论基础。在生物学方面，胡克用自制显微镜发现了细胞；哈维和沃尔佛初创了近代胚胎学；1735 年林耐出

---

① 汤浅光朝．科学文化史年表［M］．张利华译．北京：科学普及出版社，1984：49

② 程之范，宋之琪．简明医学史［M］．北京：北京医科大学、中国协和医科大学联合出版社，1990：26-27

③ 姜振寰．自然科学学科辞典［M］．北京：中国经济出版社，1991：36

版了《自然的体系》一书，对动物、植物和矿物进行了比较合理的分类。

在以上自然科学发展的基础上，在产业需求的强烈刺激下，这一阶段的统计样本中出现了一系列技术科学学科。

首先，力学成为对产业发展贡献最大的基础学科。经典力学的建立、数学的应用促使“一般力学”、“塑性力学”、“多刚体动力学”、“分析力学”、“液压传动与控制”、“液压传动学”、“画法几何及工程制图”、“机械制图”、“杠系结构力学”等为机械制造业服务的技术学科相继产生，力学和数学相结合还孕育出“流体力学”、“建筑力学”、“块状结构力学”等技术学科，促进了土木建筑业和水利业的发展。

此外，化学的进步导致了为冶金业服务的“炼铁学”、“结晶学”、“冶金学”，以及为化学工业服务的“无机合成化学”、“无机化工”、“煤化工”等技术学科的产生；热学的初步发展使得为蒸汽机制造服务的“燃烧学”、为仪器仪表业服务的“计温学”诞生。这些学科基本构成了蒸汽动力革命的主要科学基础。

借助于生物学的进步，“贝类学”、“林学”、“森林经营学”创建起来；医学中派生出“兽医卫生检验学”；从天文学等学科中发展出“气象观测”。这些技术学科共同促进了当时农林畜牧业的发展。

随着医学理论的发展，由《人体的构造》派生出“人体解剖学”，由《心血运动论》孕育了“医学生理学”，由《论疾病的位置和原因》建立了“病理学”，这些技术学科推动着医药卫生事业不断前行。

由此可见，在1440～1819年，力学已成为技术科学发展的主要科学基础。另外，化学、基础医学、生物学等科学知识也对技术科学的发展发挥了初步的影响。这就导致了统计样本总共65门技术学科中含T_1类学科23门（占35.39%）、T_3类学科37门（占56.92%），二者在当时的技术科学知识体系中共占有92.31%的绝对优势。

二、1820～1914年技术科学发展的基础科学背景

（一）1820～1914年基础科学发展概况

19世纪上半叶，近代科学开始走向全面繁荣。新学说、新理论使19世纪成为名副其实的科学世纪；到19世纪中后期，基本形成了比较完整的基础科学体系。

在物理学方面，进步主要体现在热力学和电磁理论方面。1798年汤普逊通过摩擦生热实验，有效地打击了热质说。随后，迈尔、焦耳、卡诺、克劳修斯、开尔文、麦克斯韦和玻尔兹曼等发现了热力学第一定律和第二定律，初步建立了

热力学。

1820 年丹麦物理学家奥斯特发现了电生磁的现象；随后安培研究了两根平行通电导线之间存在的磁性作用；1831 年法拉第总结出了电磁感应定律，奠定了电工学的基础，使得电力在工业上的广泛应用成为可能；1864 年麦克斯韦以严密的数学形式建立了完整的电磁场理论；1888 年赫兹通过实验证实了电磁波的存在，这样电磁场理论终于获得了世人的普遍承认。

热力学和电磁学这两门新科学的兴起和发展，不仅直接推动了经典物理学体系的形成，而且也为第二次产业革命的兴起奠定了直接的科学基础。

在这一阶段，力学也获得了进一步发展，19 世纪上半叶，英国科学家哈密顿发展了分析力学，从而推动了力学普遍原理的研究，完善了经典力学。

在化学方面，1800 年伏打发明电堆，揭示了电能和化学能之间的内在联系，初步揭示了电化学的机理①；1806 年，戴维写成了《论电的化学作用》的实验报告，次年又以自制的巨型电堆实施电解，并获得两种新元素钾和钠，促进了电化学的发展；1808 年道尔顿建立了化学原子论；同时，由于普劳特、柳兰兹、迈耶尔和门捷列夫等的相继努力，元素周期律终于被发现；又因盖·吕萨克、阿佛伽德罗、康尼扎罗等的工作，道尔顿的化学原子论得到修正和发展，建立起原子-分子论。自此，近代基础化学的理论规范已基本形成。此外，在以三酸（硫酸、硝酸、盐酸）两碱（纯碱、烧碱）为主体的无机化学工业领域，已经形成了比较完整的无机化工学科体系；而由于维勒、李比希、杜马、日拉尔、罗朗、霍夫曼、凯库勒、布特列洛夫、肖莱马等人的努力，以有机提纯、有机分析、有机结构和有机合成为基本分支的有机化工学科体系也基本形成②。

在生物学方面，从拉马克到达尔文的生物进化论，以施莱登和施旺为代表的细胞学说，由巴斯德奠基的微生物学，成为 19 世纪生物学的三大杰出成就。以这些为基础，近代生物学的科学规范也基本形成。

在天文学方面，康德和拉普拉斯奠基了天体演化学；夫琅和费、基尔霍夫、昂格斯特罗姆、洛克耶、塞奇、哈金斯等创立了天体光谱学。

在地质学方面，1830 年赖尔出版了《地质学原理》，提出了地质渐变论，成为科学地质学的奠基人。此后，美国地质学家丹纳和奥地利地质学家休斯进一步奠定了大地构造学说的基础。

在数学方面，从 18 世纪末至 19 世纪初，以高斯为新的起点，数学进入了全

① 关士续．科学技术史简编［M］．哈尔滨：黑龙江省科学技术出版社，1984：344-345

② 童鹰．现代科学技术史［M］．武汉：武汉大学出版社，2000：2-3

面发展的新阶段。“高斯、柯西、魏尔斯特拉斯、戴德金、康托尔、彭加勒等进一步推动了数学分析的发展，特别是柯西和魏尔斯特拉斯以极限理论为数学分析建立了严格的理论基础。……同时，非欧几何和高等代数成为两个迅速崛起的新兴学科。……此外，……康托尔试图以他创立的无穷集合论来建立统一的数学基础。”① 概率论和数理统计也获得了一定的发展。

综上所述，到了 19 世纪末期，在近代基础科学领域，不仅形成了以数、理、化、天、地、生为基本分支的整体基础科学体系，而且这六大基本分支也各自形成了比较科学的理论体系。

（二）1820～1914 年技术科学衍生线索

近代基础科学体系的形成，使得当时产业/事业的发展获得了相当丰厚的科学知识支撑，因此大量技术学科便在这个阶段应运而生。

与奥斯特、法拉第等相关的电磁定律已成为电气工业的基础，使得“电介质材料学”、“电路与系统学”、“电机学”、“电工学”、“电厂热能动力及自动化”、“发电厂工程”等技术学科产生。麦克斯韦电磁場理论及赫兹用实验证实了关于电磁波的预言，促进了电讯工业的发展，导致“电声学”、“通信”、“功率电子学”、“无线电电子学”、“无线电技术”、“电磁场与微波技术”、“电波传播”等技术学科创立。统计样本中这些技术学科均成了电力革命的直接科学基础。

这一阶段，在无机和有机化学知识的基础上，统计样本中出现了“食品化学”、“金属有机化学”、“染料化学”、“药物化学”、“有机合成”、“合成化学”、“物理无机化学”、“精细化工”等技术学科，使得化学工业依靠基础化学的进步获得巨大发展。

动力工业由于热力学的发展亦成长起来。统计样本中出现了“工程热力学”、“热工学”、“内燃机”、“燃气轮机装置”、“蒸汽轮机装置”、“热力涡轮机”等技术学科。

在力学和热力学理论的影响下，统计样本中也产生了“飞行力学”、“天文动力学”、“液体动力学”、“空气动力学”等技术学科，从而奠定了航空工业的科学基础。

科学地质学的奠基和力学知识的渗透，迎来了地质矿产业飞速发展。“页岩工程学”、“石油工程学”、“钻井工程”、“采矿工程”、“煤田地质学”、“石油地质学”、“矿床学”、“地下水动力学”、“渗流力学”等技术学科因此得以

---

① 童鹰．现代科学技术史［M］．武汉：武汉大学出版社，2000：4

建立。

化学和热力学推动冶金业获得了新的冶炼方法，使统计样本中出现了“炼钢学”、“轻金属冶金学”、“稀有金属冶金学”、“有色金属冶金学”、“合金热力学”等技术学科。

同时，由于力学应用的深入发展，统计样本中出现了“液压传动与气动”、“机械动力学”、“薄壁结构力学”、“弹性力学”、“固体力学”、“结构力学”、“运动稳定性”、“结构动力学”等技术学科。

微生物学的建立促进了食品工业的进步，统计样本中出现了“发酵工程”、“罐头食品工艺学”、“发酵微生物学”、“食品酶化学”、“食品卫生学”等技术学科。

通过生物学、化学和医学等学科知识的综合，统计样本中出现了“植物病理学”、“森林病理学”、“农学”、“动物饲养学”、“测树学”、“土壤地理学”、“土壤微生物学”、“园产品贮藏加工学”、“兽医公共卫生学”、“兽医临床诊断学”、“兽医外科学”、“蚕学”等技术科学，使得农林畜牧业在各种科学知识的综合支撑下获得飞速发展。

医药卫生在这一阶段也获得了各门科学的强力支持，使统计样本中出现了大量相关技术学科。例如，“药理学”、“病理解剖学”、“病理生理学”、“医学微生物学”、“免疫学”、“儿科学”、“口腔组织病理学”、“护理学”、“精神病学”、“传染病学”、“卫生法学”、“流行病学”、“劳动卫生学”、“生药学”、“药剂学”等均应运而生。

由于自然科学、社会科学和数学的综合，管理科学也获得了发展。统计样本中出现了“人文地理学”、“经济地理学”、“城市地理学”、“物资管理”、“市场学”、“管理科学”、“劳动管理”、“工业工程学”等技术学科。

综上可见，在1820～1914年这一阶段内，由于各门基础科学的充分发展，人们逐渐摆脱了单纯依赖力学等少数学科和实践经验的局面，开始综合运用各门科学知识解决工业、农林畜牧业和医药卫生、管理事业中存在的大量问题。导致本阶段统计样本总共197门技术学科中，含T_1类学科73门（占37.06%）、T_3类学科96门（占48.73%）、T_4类学科20门（占10.15%），三者在当时的技术科学知识体系共占有95.94%的绝对优势。

三、1915年以后技术科学发展的基础科学背景

（一）1915年以后基础科学的发展概况

“当20世纪的曙光刚刚升起时，由于现代物理学革命与现代生物学革命的

同时兴起，世界科学史也就因此跨入现代科学史的新纪元。”①

19世纪末，X射线（1895年）、放射性（1896年）、电子（1897年）的发现，使得经典物理学面临巨大危机，终于导致20世纪物理学革命的发生，由此产生了现代物理学。它以相对论和量子力学为两大理论柱石，对20世纪以后的整个科学技术体系产生了重大而深远影响。

1905年，爱因斯坦发现了质能同一性；1919年，卢瑟福实现了人工核反应；1932年，查德威克发现中子，考克饶夫特及沃尔顿发现原子核的人工嬗变；1938年，哈恩和史特拉斯曼发现铀原子核裂变现象；1942年，芝加哥大学实现了原子核链式反应。这一系列的成就终使核物理学成熟起来。第二次世界大战后，核物理开始演化为两个分支。一个分支主要研究核结构和核力学问题；另一个分支则主要研究粒子问题，并建立了粒子物理学。

“固体物理学作为物理学的一个主要分支”，肇始于“1912年德国物理学家冯·劳厄发现晶体的X射线衍射，和英国物理学家布喇格于次年研制出X射线衍射仪”。1905年，“爱因斯坦首先把量子概念用于点阵振动来解释固体的比热”，同时促使了该学科的诞生。1928年，索末菲提出金属的自由电子理论、瑞士物理学家布洛赫提出能带理论，遂使固体物理学趋于成熟。“30年代，固体物理学以量子力学为理论基础蓬勃发展起来，成为一门研究固体各种物理性质（如力学性质、电学性质、光学性质、热学性质、磁学性质等）、微观结构及其内部运动规律的学科。”初期其“研究对象主要是晶体”；后来的研究又“集中于固体的表面和原子、分子无规则的排列形态，开创了表面物理学和非晶态物理学；此外，还研究了与非晶态固体有某种相似的液体，在某些方向上规则、某些方向上不规则的液晶，以及其他一些无序和部分有序的系统”。上述这样一个综合性领域，人们又常称之为“凝聚态物理学”②。

1905年爱因斯坦提出了光量子理论，揭示了光的“波粒二象性”；1924年德布罗意创立了物质波学说；1925年玻恩提出了波粒二象性的几率解释，建立了波动性和微粒性之间的联系。20世纪60年代起，特别是在激光问世以后，光学与许多科学技术领域相互渗透，使其以空前的规模和速度飞速发展，并派生出许多崭新的分支学科。

20世纪初，数学的进步部分地解决了工程力学中的计算问题，使力学理论开始广泛地应用到工程技术之中。在这个过程中，德国力学家普朗特、美籍匈牙

---

① 童鹰．现代科学技术史．武汉：武汉大学出版社，2000：17

② 中国科学院自然科学史研究所近现代科学史研究室．20世纪科学技术简史［M］．北京：科学出版社，1985：82-85

利科学家冯·卡门在固体力学、流体动力学、空气动力学等方面做出了突出的贡献，使他们成为继经典力学之后，近代力学的奠基人[①]。60年代后电子计算机的出现和应用，使力学在理论和应用上都有了新的突破，并在与现代各类工程技术及其他学科的结合中，开拓了许多研究和应用的新领域。

“现代物理学革命对化学影响最深的……是基础化学领域，特别是元素化学、物理化学和分析化学这些基础化学分支。继此之后，基础化学的变革又直接推动了无机化学和有机化学……分支的变革。……同时，生物化学和高分子化学这两大新兴化学分支迅速兴起。”可以说，正是由于基础化学分支的进步、变革和新兴化学分支的兴起，使得化学“在20世纪初期实现了从近代化学到现代化学的变革”[②]。

物理化学作为化学学科的理论部分，涉及化学热力学、溶液理论、电化学、化学动力学和催化科学等许多理论性问题，以及物质结构精细理论的研究。20世纪以来在原子构成、分子构成及化学键的研究方面相继提出了一系列量子化学、配位场理论、分子轨道对称守恒定则等新理论和新概念[③]。同时，无机化学在共价键理论、分子轨道理论和配位场理论的基础上，也形成了新型的无机化学体系；有机化学也在有机化合物的结构、化学反应机理、化学键的本质与空间构型等方面有了不少新突破。

20世纪20年代末，施陶丁格提出由小分子通过共价键联结而形成大分子的概念，大大促进了高分子科学和技术的发展。生物化学领域则产生了生物无机化学和生物有机化学两个分支。

核化学研究核反应及其产物的性质、结构、分离、鉴定及应用。该学科和核物理、放射化学、同位素化学、辐射化学等学科密切关联。

在19世纪末近代生物学危机不断深化的背景下，“一场以现代遗传学兴起为主体，以生物进化论的变革和神经生物学的兴起为两翼的现代生物学革命”亦于20世纪初爆发了[④]。其深入发展则在第二次世界大战以后，主要标志是分子生物学的兴起。“在分子生物学蓬勃发展的主旋律中，细胞生物学和生命起源论这两个重要的现代生物学分支也有了显著的发展。”[⑤]

1900年重新发现了孟德尔于1865年发现的遗传法则；1926年摩尔根建立了作为现代遗传学基础的基因论，细胞遗传学开始兴起；1941年比德尔和泰特姆

① 姜振寰．自然科学学科辞典［M］．北京：中国经济出版社，1991：36
② 童鹰．现代科学技术史［M］．武汉：武汉大学出版社，2000：93
③ 王玉仓．科学技术史［M］．北京：中国人民大学出版社，1993：495
④ 童鹰．现代科学技术史［M］．武汉：武汉大学出版社，2000：68
⑤ 童鹰．现代科学技术史［M］．武汉：武汉大学出版社，2000：236

建立了生化遗传学；与此同时，与其密切相关的细菌遗传学也获得迅速发展。在以上成果的基础上，20 世纪 50 年代分子生物学兴起，并取得了“DNA 是遗传的物质载体的证实、DNA 双螺旋结构的发现、遗传密码的破译、遗传中心法则的发现、生物大分子的人工合成等一系列重大成就”，“使得分子生物学革命成为当代科学史上的一场最激动人心的科学革命”[①]。同时，微生物学进入了生理学研究阶段，在微生物代谢研究方面也取得了众多成果。40 年代后，微生物学便进入了分子生物学研究阶段。

20 世纪初期，由于物理学革命的影响，地质学实现了从近代地质学向现代地质学转变的历史变革。地球物理学的兴起成为这次转变的主要科学标志。由此生物地球观转入物理地球观[②]。于是，“经典地质学逐渐向大洋底、地球深部和前寒武纪地层扩展，确立了以板块构造说为主要代表的一系列新的地质学理论观念和方法，建立了同位素年代表和地磁反向年表，建立了以力学地质学、固体物理地质学、化学地质学、生物地质学为主要内容的新理论体系”[③]。

19 世纪末至 20 世纪初，数学也进入了一个急剧变革的时期：一是现代数学基础的变革；二是基本数学分支的发展。第二次世界大战以后，现代数学的发展形成了应用数学显著发展、数学基础持续发展、纯粹数学迅速发展和新兴数学初步发展的新格局。新兴数学分支兼具纯粹数学和应用数学的特征，其中以模糊数学与突变理论为代表。

20 世纪现代科学发展的另一个显著特征，就是新型横断学科群的兴起和发展。系统论、信息论、控制论及其分支学科的建立，使得现代科学的整体化趋势进一步加强。主要代表性成果有：1948 年贝塔朗菲出版了《一般系统论的基础和应用》、申农发表了《通信的数学原理》、维纳出版了《控制论》；1970 年普利高津建立了耗散结构理论；1971 年艾根提出了超循环理论；1977 年哈肯出版了《协同学导论》；1978 年乌耶莫夫发表了《类比型与参量型系统论》；80 年代以后，非线性系统论又成为发展的主要方向。

几乎同时，系统工程也迅速崛起。美国贝尔电话公司首创“系统工程学”；1965 年麦克霍尔使之成为一个比较完整的体系。“从 70 年代初期起，……系统工程学的研究对象和应用范围已经打破传统工程的界限，开始从工程系统推广到经济系统和社会系统，并进而发展到目前以‘社会-技术系统’和‘社会-经济系统’的最优化控制和最优化管理为对象的新阶段，正是在这一背景之下，大系统

① 童鹰．现代科学技术史［M］．武汉：武汉大学出版社，2000：236
② 童鹰．现代科学技术史［M］．武汉：武汉大学出版社，2000：127
③ 姜振寰．自然科学学科辞典［M］．北京：中国经济出版社，1991：215

理论也就随之发展起来。”①

(二) 1915年以后技术科学衍生线索

在上述科学背景下，这阶段大量技术学科蜂拥出现，为现代工程技术的发展做出了突出贡献。

原子物理学、核物理学的发展使得原子能科学技术诞生，统计样本中出现了“原子核物理学”、“实验反应堆物理”、“核武器物理”、“反应堆物理”、“核爆炸物理”、“反应堆热工及流体力学”、“磁流体动力学”、“电磁流体力学”、“电流体动力学”、“高速碰撞动力学”、“核化学”、“超铀元素化学”、“原子能化学”等技术学科。

通过凝聚态物理、无机合成化学、有机合成化学、高分子化学等学科知识的综合集成，材料科学技术迅速成长②。孕育出了统计样本中的“非晶体半导体物理学”、“固体发光”、“半导体光电子学”、“稀有气体化学”、“稀有元素化学”、“固体无机化学”、“有机硼化学”、“化学纤维学”、“固体物理力学”、“实验固体力学”、“稠密流体物理力学”、“复合材料力学”、“材料光学”、“集成光学”等技术学科。

计算机科学技术是本阶段的标志性科学技术，在数学等横断科学与计算机基本原理的基础上获得了飞速发展。使得统计样本中的“数学软件”、“并行计算方法”、“计算几何”、“系统仿真”、“信源编码”、“汉字信息处理”、“非线性控制系统理论”、“离散控制系统理论”、“随机控制系统理论”、“多变量频域控制理论”等技术学科应运而生。

信息科学技术的发展使统计样本中出现了“信道编码”“信号检测理论”、“汉字识别”、“图像处理与机器视觉”、“纤维光学”、“统计光学”、“傅里叶光学”、“遥感地质学”、“雷达天文学”等技术学科。

由于人工智能科学技术迅速崛起，统计样本中出现了“人工智能”、“专家系统”、“自动程序设计”、“机器人学”、“机器人编程语言”、“机器人传感器”、“机器人规划”、“机器人控制”等技术学科。

自动化科学技术的发展，使得统计样本中的“线性多变量系统理论”、“系统辨识”、“线性控制系统理论”、“自动控制系统”、“分布参数控制系统”、“自适应控制理论”、“大系统控制理论”、“鲁棒控制理论”等众多技术学科产生。

通过宽幅度地综合运用各种科学、技术，空间科学技术方面出现了统计样本中的“航空医学”、“航空天文学”、“飞机导航系统”、“实验流体力学”、“飞行器

---

① 童鹰．现代科学技术史［M］．武汉：武汉大学出版社，2000：403

② 童鹰．现代科学技术史［M］．武汉：武汉大学出版社，2000：431

设计”、“火箭设计”、“航空航天生理学”、“航天医学”、“航天生物物理学”、“航天心理学”、“航天检疫学”、“航空航天材料”、“惯性导航”、“航空航天系统工程”、“稀薄气体动力学”、“高温气体动力学”等23门技术学科。

在基础化学知识发展的基础上，统计样本中出现了“石油化学”、“生物无机化学”、“高压化学”、“有机电化学”、“红外激光光化学”等技术学科。

地质学、力学和数学等科学知识的综合又成为地质矿产业的科学基础，使得统计样本中“矿山岩体力学”、“岩石力学”、“爆破工程力学”、“海洋工程力学”、“工程地质学”、“地热地质学”、“油气田地质与勘探”、“找矿勘探地质学”、“地质统计学”等技术学科相继出现。

环境科学是“研究人类控制、利用、保护环境的一类学科的总称。是涉及自然科学、技术科学和社会科学的综合性学科门类”①。在该阶段的统计样本中出现了“环境污染化学”、“环境化学”、“污染控制化学”、“大气污染化学”、“环境工程学”、“环境电磁学”、“环境声学”、“城市气候学”、“环境地质学”、“环境生物学”、“环境微生物学”、“环境水利学”等技术学科。

对于土木建筑、水利行业，力学一直占据相当重要的地位。在这阶段，统计样本中出现了“计算固体力学”、“结构优化设计”、“土力学”、“岩土力学”、“河流动力学”、“河流泥沙学”、“工业空气动力学”、“土质学”、“建筑工程数学”、“建筑系统工程学”等技术学科。

在本阶段，农林畜牧领域也适应社会需要飞速发展，在统计样本中出现了大量的相关技术学科。

农学方面主要有“农业昆虫学”、“农产品贮藏加工学”、“农业环境保护学”、“杂草学”、“蔬菜学”、“作物种质资源学”、“作物育种学”、“果树栽培学”、“农药学”、“生态毒理学”、“作物栽培学”、“农业生态学”、“土壤化学”、“环境土壤学”、“土壤生态学”等18门技术学科。

在畜牧学方面主要有“动物育种学”、“草原科学”、“家畜繁殖学”、“饲料科学”、“兽医微生物学”、“禽病学”、“兽医病理学”、“兽医传染病学”、“兽医寄生虫学”、“兽医产科学”等技术学科。

在农业工程学方面主要又有“土地开发与利用工程学”、“农业系统工程与管理工程学”、“农村能源工程学”、“农业生物工程学”、“森林采运工程学”等技术学科。

本阶段医药卫生事业的持续发展，使其各分支领域均产生了显著进步。在统计样本中出现了“计量医学”、“生物医学工程学”、“医学病毒学”、“医学遗传

---

① 姜振寰．自然科学学科辞典［M］．北京：中国经济出版社，1991：600

学”、“人体组织学与胚胎学”、“辐射防护学”、“放射医学”、“循环内科学”、“内分泌代谢病学”、“口腔颌面外科学”、“口腔正畸学”、“放射诊断学”、“康复医学”、“肿瘤学”、“皮肤病学”、“核医学”、“社会医学”、“放射卫生学”、“儿童少年卫生学”、“预防医学”、“职业病学”等35门技术学科。

随着工业的发展，管理成为社会生产、生活的一个重要领域。数学、经济学及行为科学构成了管理方面的主要科学基础。在统计样本中出现了“系统分析”、“系统动态学”、“大系统建模理论”、“系统预测”、“最优控制”、“自动控制原理”、“对策论”、“线性规划和非线性规划”、“动态规划”、“多元分析”、“蒙特卡罗方法”、“时间序列分析”、“工业经济学”、“技术经济学”、“科技管理”、“质量管理”、“管理信息系统”、“经营管理学”、“经济管理”、“科学学”、“科学政策学”、“科学战略学”、“城市科学”、“城市生态学”、“人机学”等35门技术学科。

综上可见，在1915年以后，自然科学、社会科学和数学的高度交叉综合，大量横断学科的崛起，人文社会科学的较大发展，为这阶段原子能、信息、自动化、人工智能等新兴科学技术的产生与崛起，以及主导产业的更新换代奠定了重要的科学技术基础。使得本阶段总共包含624门技术学科的统计样本，形成由189门 T_1 类（占30.29%）、118门 T_2 类（占18.91%）、277门 T_3 类（占44.39%）和40门 T_4 类（占6.41%）技术学科组成的完整连续谱式的庞大技术学知识体系。

第四节　从工程技术教育演变维度考察技术科学发展的历史特征

一、1440～1819年技术科学发展的工程技术教育背景

在1440～1819年，工程技术教育的初步兴起主要表现为以下几个特征：一是工程技术教育出现的地域范围较小，主要集中在法国；二是面向社会需要，主要培养实用型人才；三是工程技术教育内容逐步系统化，自然科学知识开始进入课堂。

（一）工程技术教育主要集中在法国

到18世纪，随着近代技术中的科学知识含量不断增加、对技术人才的需求

日益增多，艺徒制便越来越难以满足人才培养的需要，社会迫切需要教育为其提供合格的工程技术专业人才。面对这一形势，各国的反映是不同的。

由于放任学说思想的影响，英国对教育的态度非常保守，教育完全被视为自愿的或私人的事情。因此，英国虽然在12～18世纪创办了6所大学，但其教育一贯实行宗教限制，在教学中排斥近代科学知识。产业革命以后，英国才开始出现了一批专业学院，如1757年建立的沃灵顿学院，便是一种新型学校，除古典教育外，开始注重吸纳自然科学、近代语和商业方面的学科。

在17世纪末期，德国为了恢复其在学术和科学上的地位，开始了两次大学改革运动，出现了一批新型大学，如哈勒大学、哥廷根大学等。新大学积极吸收最新的哲学和科学研究成果，排除宗教教条，提倡“教自由”和“学自由”，上课多采用讨论、实验观察等新方法。不过这些在传统大学基础上的改进，尚未涉及工程技术教育。

美国的高等教育发展较晚。始建于1636年的哈佛学院，是仿效牛津、剑桥模式的第一所高等学校。到独立战争前，美国共创办了9所学院，主要也是模仿英国的模式。独立战争以后，美国开始先后模仿法国和德国模式，创办面向实际，以实用为目的的大学（学院），但直到1802年才开办第一所包含工程技术教育的学校——西点军校。

俄国从彼得大帝起就陆续建立了一些实用性的专科院校，如数学航海学校（1701年）、工程学校（1707年）、彼得堡海军学院（1715年）等。但由于教育政策反反复复、断断续续，直到十月革命前还没有建立起工程技术教育制度。

相对于以上各国，法国的工程技术教育则起步较早，且大踏步前进。在封建专制王朝重商主义和战争的刺激下，法国于1747年创办了国立桥梁公路工程学校，由于其采取了理论与实践相结合的教学形式，被誉为世界上第一所正规的工程学校①。18世纪前期，法国还大力发展了各类中等技术学校，为其培养了大批工程师；大革命以后，国民政府建立了巴黎多种工艺学院，该校成为后来高等工程技术教育的楷模；拿破仑执政后于1805年创立了帝国大学，并颁布《帝国大学令》，掌管全国的高等教育，使法国形成了一套严密的、中央集权的教育领导体制。可见在1440～1819年，法国的工程技术教育在全世界可谓一枝独秀。

（二）面向社会需要，主要培养实用型人才

为了适应公路建设的需要，法国早在1747年就创办了国立桥梁公路工程学校。随后为了弥补在奥地利战争中所暴露出来的欠缺，又陆续创办了梅齐埃尔工

---

① 王沛民，顾建民，刘伟民．工程教育基础［M］．杭州：浙江大学出版社，1995：57

兵学校、造船学校、炮兵技术学校和士官学校，为法国培养了众多服务于炮兵、军工、路桥、采矿、造船、民用建筑诸方面的专业技术人才和数理科学方面的人才。

由于认识到了推行专业工程技术教育的益处，1789 年法国大革命以后，便取消全国所有 27 所教会大学，全力发展专业学校，培养社会需要的各种专门人才。到 1793 年，全国已有 11 所专门高等学校。1794 年建立的巴黎多种工艺学院更将法国工程技术教育推向新的高峰，培养了大量的科学家和工程师。

在 1799～1814 年拿破仑执政期间，继续延续上述教育制度，又成立了一批专业学校，如法国矿业学院、公路与桥梁学院等，当时许多著名科学家都在这两所学院里任教。法国的工程技术教育造就了许多急需的专业人才，使其一度在科技和综合实力方面成为当时欧洲大陆的第一强国。

（三）教育内容逐步系统化，自然科学知识开始进入课堂

在这一阶段，工程教育的内容越来越系统化，自然科学知识开始进入课堂。

首先，表现在教材内容上。“在校任教的一些数学家编写了一批工程教科书，如贝利多（B. F. de Belidor，1698～1761）的六卷《工程科学》（1729 年，论及结构和机械）、《水工建筑》（1737 年，涉及运河和给水装置、桥梁和港口），1772 年贝佐特（Bezout）出版了六卷《应用数学教程》（适用于射击技术、舰艇建造和航行），1795 年蒙日（G. C. de P. Monge，1746～1818）创立了《画法几何学》，这些努力促进了工程知识的系统化。”[①]

其次，表现在课程设置上。例如，法国多种工艺学院设四门主课，包括分析和力学、画法几何学、物理学、化学[②]。这样，自然科学、数学知识便被引入了课堂，培养出了熟练掌握科学、数学知识的工程师，提高了他们在工程实践中解决技术问题的能力。从此以后，“技术在原则上接受了科学方法论的基础”，“利用数学方法和经过全面实验来证实科研成果的系统理论研究方法就代替了技术所特有的零散的以实践为基础的经验规则”[③]。

最后，表现在教育模式上。例如，法国的国立桥梁公路工程学校开创了理论与实践相结合的教学形式，冬天在校学习理论，夏天到现场实习。而巴黎多种工艺学院则交替采用讲课和实验室训练培养工程师，打破了关于普通教育应先于专业训练并为专业训练提供基础的陈旧观念。这类教育模式促进了科学传统和技术

---

① 王沛民，顾建民，刘伟民．工程教育基础［M］．杭州：浙江大学出版社，1995：56-57

② 洪丕熙．巴黎理工学校［M］．长沙：湖南教育出版社，1986：28

③ F·拉普．技术哲学导论［M］．刘武，等译．沈阳：辽宁科学技术出版社，1986：79-80

传统的结合。

综上可见，在1440～1819年，工程技术类专业教育已经开始出现，不仅培养出了一批接受过较为系统的工程和科学训练的工程师，使当时社会面临的许多经济、军事等方面的工程技术问题得以有效解决；而且还通过创办各类工程技术专科学校，为未来技术科学的持续发展奠定最基本的社会建制。当然，由于当时实施工程技术教育的范围较小，技术科学发展仍较缓慢，技术科学知识体系也很不完善。

二、1820～1914年技术科学发展的工程技术教育背景

在1820～1914年，工程技术教育的发展主要表现为以下几个特点：一是研究职能在大学里获得确认；二是建立了研究生教育体系；三是实验室训练成为教学和科研的成功模式；四是工程课程、工程系科进入传统大学；五是新型技术院校成为工程技术教育的主力军。

（一）研究职能在大学里获得确认

科学研究，尤其是应用研究，既是将科学成果转化为技术的重要途径，又是技术科学知识的重要来源，也是技术科学发展不断被建制化的重要根据。

在经历了普法战争（耶拿战争）的惨败后，德国人认识到了建立新型大学的必要性。于是由教育大臣威廉·冯·洪堡（1767～1835）于1810年创办了柏林大学，其“主旨就是要用脑力来补偿普鲁士在物质方面所遭受的失败”①。并以“学术自由”、“大学自治”、“教学与科研相结合”等主张作为其办学方针。首先采用“习明纳尔”（seminar），即研讨班式的学习方法，改变了传统大学“满堂灌”的教育模式；还首创学期制、学位资格考试和学位论文制度，并成为德国高等学校发展的榜样。在其影响下，其他高等学校也相继改革，“习明纳尔”和研究所由于得到了政府的支持，发展迅速，科学研究职能在大学里获得明确认可。

研究职能在大学里的确立使得德国高等教育取得了举世瞩目的成就。第一次世界大战之前，在42名诺贝尔自然科学奖获得者中有14人是德国学者，他们全部都是大学教授，仅柏林大学就有8人。德国大学“首先将教学和研究职能结合起来，从而创造了近代大学模式。它们是大量近代学术和科学的源泉。在20世

① 王沛民，顾建民，刘伟民．工程教育基础［M］．杭州：浙江大学出版社，1995：60

纪初，德国大学制度是最令世人赞美的"，是"帝国王冠上的一颗宝石"[①]。

（二）建立研究生教育体系

德国大学的改革成果使得"研究和教学在世界各地的大学中逐渐普及开来，并从根本上改变了大学只是传授知识场所的观念"，出现了"科学学院化"的趋向[②]。这种影响的结果之一就是美国建立了研究生教育体系。

1825年美国哈佛大学成立了研究部，1847年耶鲁大学建立了哲学和文科部，向大学毕业后的学生提供高级教育。19世纪70年代以后，大量留德学者回到了美国大学任教，其中有哈佛大学校长蒂克诺和艾略特、密西根大学校长塔潘、康奈尔大学校长怀特、克拉克大学校长豪尔、哥伦比亚大学校长巴特勒和约翰·霍普金斯大学校长吉尔曼等，他们带回了德国教育体制的经验，建立以科学研究和研究生教育为主要任务的研究型大学。在他们的影响下，或者更准确地说是在德国大学的影响下，一所以科学研究和培养研究生为主要任务的新型大学——约翰·霍普金斯大学（1876年）成立了。同时，哈佛、哥伦比亚、耶鲁等传统学院也纷纷采取提高教学水平、设置研究生课程等措施，相继改造成了大学，并重点强调教学和科学研究的紧密结合。这种思想一直影响后来的，如芝加哥大学、美国天主教大学的建立。到1900年，美国开设研究生课程的学校已达150所，其中1/3的学校开设了博士课程，共有近6000名研究生，而在1850年仅有8名研究生。这些大学的建立和发展，为美国的社会、经济提供了强大的推动力，使其综合国力获得了质的提升。

（三）实验室训练成为教学和科研的成功模式

大学在教授"纯粹科学"的同时，也开始适应时势需要，尝试创办应用性研究所。例如，1826年在吉森大学建立的李比希实验室，一方面进行了大量的科学研究工作，取得了一系列技术科学方面的成果；另一方面也培养了大量的博士生，被认为是最有效地进行化学教育的形式，是实验室教育的典范[③]。此后，科尔比（Kolbe）在莱比锡的实验室就有40个为研究人员设置的岗位；拜尔（Bayer）在慕尼黑有50个进行研究工作的学生；海德堡的本生（Bunsen）、波恩的凯库勒及哥丁根的维勒等均开展这类实验室教学与研究工作。这些杰出的化学家不但培养了一批化学工业方面的骨干，而且还和当时德国的化工企业保持着紧

---

① McClellan C E. State，Society，and University in Germany 1700—1914［M］. Cambridge：Cambridge University Press，1980：286

② 王沛民，顾建民，刘伟民．工程教育基础［M］．杭州：浙江大学出版社，1995：60-61

③ 刘立．插上科技的翅膀——德国化学工业的兴起［M］．太原：山西教育出版社，1999：70-71

密联系。实验室的大量出现和发展对德国科学应用方面的研究产生了巨大的推动作用，结果使实验室教育在德国乃至向世界逐步扩散开来。

(四) 工程课程、工程系科进入传统大学

19 世纪中期，欧美许多国家相继完成产业革命，国家工业化的需要被提上议事日程，技术科学化的趋势日趋明显，工科院校开始增多，高等教育的“重术轻学”倾向开始抬头，所有这些因素导致大学开始重视工程教育。

1840 年左右，“格拉斯哥大学已开设了工程学”。“第一任教授戈登（L. D. B. Gordon）进行了很成功的工程咨询工作”，并直接“从事铺设海底电缆的工作”；第二任教授兰金（W. J. M. Rankine）“是一位很有经验的工程师”，“后来把注意力集中到对热的研究和编写教科书上”[①]。1851 年伦敦世界博览会之后，为了防止传统大学脱离国家实际生活，牛津大学、剑桥大学两个皇家委员会成立，着手对两所学校进行改革。1865 年牛津大学开始把工程学列为独立的专业并设置学位，1875 年剑桥大学设立了机械工程学教授职位。到 19 世纪末，自然科学已经成为牛津大学、剑桥大学的主要学科，并且重建了医科，建立了荣誉学位和导师制度。1903 年剑桥大学又把经济学单独列为高级学士学位课程，并于 1905 年设立了采矿专业。在美国，耶鲁大学和哈佛大学分别于 1852 年和 1862 年开设了工程学课程；1864 年哥伦比亚大学设立矿冶学系；1870 年威斯康星大学率先设立工学院，下设土木、机械、矿山、采矿等专业。这样，改革后的大学开始适应社会发展的需要，成为经济、科技发展的重要推动力。

(五) 新型技术院校成为工程技术教育的主力军

当工程教育在大学里缓慢发展的同时，在大学外部也取得了日新月异的成绩。不过在不同的国家，其表现形式是不同的。

19 世纪，德国建立了一批专业性的技术学院，如卡尔斯鲁厄技术学院（1825 年）、达姆施塔特技术学院（1826 年）、慕尼黑技术学院（1827 年）、德累斯顿技术学院（1828 年）、斯图加特技术大学（1829 年）、汉诺威技术学院（1831 年）及稍后的亚琛技术学院（1870 年）等。这些学院大都是参照法国的“大学校”设立的，主要进行实际的科学训练和应用科学教育。虽然初期这些学院并未取得与大学平等的地位，但随着技术学院与工业的广泛合作及理论水平的不断进步，其地位也在不断提升。1892 年技术学院的教授取得了与大学教授同

---

① 查尔斯·辛格，E. J. 霍姆亚德，A. R. 霍尔．技术史（第Ⅴ卷）[M]．辛元欧译．上海：上海科技教育出版社，2004：540

样的地位；1900年技术学院获得授予工程学博士学位的权力。至此，技术学院与传统大学的地位已趋于平等。它们“对德意志帝国时代的工业发展做出了举足轻重的贡献。1898年德国最有名的工业公司的105个企业共有3281名技师，其中1124人为技术学院毕业生，占34%。1913年，德国机械输出额已超过英、美，居世界首位，并赢得了‘机械之国’的称誉”。这些均与技术学院的迅速发展密不可分①。

由于英国最早发生产业革命，在业余时间对工人进行职业技术教育便成为适应社会发展的新要求。由于传统教育既满足不了大范围职业教育的需求，又对职业技术教育持歧视态度，所以以对工匠和熟练工人进行科学教育为目的的技工学校便蓬勃发展。到1850年，英格兰就有这类文化和机械学校600多所，遍布各主要城市②。

在技工学校发展的同时，新型大学开始出现。第一所具有民主主义、自由主义色彩的新型伦敦大学学院在1828年成立。新学院是在对传统大学教育的保守性进行批判的基础上建立起来的，是英国第一个拥有化学、物理和生理学实验室的大学。1832年又设立了达勒姆大学。但此时保守势力依然占据着主导地位，由英国国教会建立的英王学院和伦敦大学学院互相妥协，于1836年合并成作为一个考试机构的伦敦大学，便是一个实例。从此出现了与传统的牛津、剑桥不同的“大学学院”体制。

在1851年伦敦万国博览会上，英国虽然赢得了100多种产品的绝大部分金奖，但已感觉到其工程技术教育的落后。为此，1854年以后英国在内阁增设了科学和艺术部，以促进科学和技术教育的发展，但进展不大。1867年的巴黎万国博览会上英国仅勉强得到12个奖项，这极大地震惊了英国，使其真正意识到本国技术的落后，认识到了工程技术教育对国家的重要作用③。此后，英国的工程技术教育才真正发展起来。在1870～1900年的30年里，英国颁发了大量有关教育的报告、法规和改革方案，使得教育特别是工程技术类教育开始得到充分发展。在这种情况下新大学运动进入了高潮：约克郡理工学院（后来的里兹大学，1867年）、训兹约克那学院（1874年）、布里斯托尔大学学院（1876年）、伯明翰梅逊学院（1881年）、利物浦大学学院（1881年）、诺丁汉大学学院（1881年）、雷丁大学学院（1892年）、谢菲尔德大学（1897年）、南安普顿大学学院（1902年）、伦敦帝国理工学院（1907年）、赫尔大学学院（1908年）等“民间大学”相

---

① 贺国庆．德国和美国大学发达史［M］．北京：人民教育出版社，1998：77-78

② 张泰金．英国的高等教育历史，现状［M］．上海：上海外语教育出版社，1995：50

③ 查尔斯·辛格，E.J.霍姆亚德，A.R.霍尔．技术史（第Ⅴ卷）［M］．辛元欧译．上海：上海科技教育出版社，2004：540-545

继建立，使30万人口以上的城市都有了大学。这些学院逐渐获得了独立大学的地位，成为工程技术教育发展的主力军。此外，由于英国缺乏工业研究中心，这些大学又承担起工业研究和在许多领域进行革新的功能。“这些领域有冶金、燃料工程、纤维化学、肥皂制造、酿酒、造船及其他各种工程技术领域。”①

独立战争后，美国开始先后仿效法国和德国模式，创办面向实际以实用为目的的大学（学院）。在1802年开办的西点军校仿效巴黎多种工艺学院模式之后，1819年的诺威奇学院、1824年的伦塞勒多科技术学院（美国第一所纯技术学院）亦相继建立。在1824～1861年又先后成立了雷圣拉尔工业大学、联邦学院工学院、麻省理工学院等7所高等工科院校。

1862年美国国会通过了《莫里尔法案》（土地赠予法案），建设主要传授农业和机械等方面知识的院校；1887年又通过了《哈奇法案》，继续对工程技术教育给予支持。到1896年，全国工程院校已多达110所，学习工程的在校生人数达1万人。工科课程计划在原有的军事工程、土木工程的基础上又增加了机械工程、矿冶工程、电气工程和化学工程。工程教育已成为美国高等教育的一个重要组成部分。由于工程院校的发展能够同当时的科学技术水平和生产状况相适应，大大地促进了美国工农业生产的发展。1859年农业占美国国民生产总值的63.8%，工业只占36.2%；40年后的1899年，对应数据则分别为43.2%和56.8%，工程技术教育在其中的作用是不可忽视的②。

由此可见，在1820～1914年，几个主要资本主义国家立足于本国的经济、社会、政治等实际情况，相互借鉴他国工程技术教育的先进经验，不仅基本建立起了工程技术教育制度，而且学科体系不断完善，办学规模亦有扩大。这就为技术科学的全面发展奠定了教育和研究方面的坚实基础。

三、1915年以后技术科学发展的工程技术教育背景

在本阶段，工程技术教育的发展主要表现为以下五个特征：一是工程技术教育的规模迅速扩大；二是工程技术教育的科学基础得到加强；三是“非技术教育”成为工程技术教育的重要内容；四是各国工程技术教育体系进一步完善；五是工程技术教育与社会的联系更为紧密。

---

① 查尔斯·辛格，E.J.霍姆亚德，A.R.霍尔．技术史（第Ⅵ卷）［M］．辛元欧译．上海：上海科技教育出版社，2004：85

② 李明德．美国科学技术的政策·组织和管理［M］．北京：轻工业出版社，1984：7

(一) 工程技术教育的规模迅速扩大

在这一阶段，世界进入了现代科学技术革命的新时代，科学、技术加速发展，工程技术教育与国家的政治、经济、科学、文化、军事等方面的关系进一步密切，其发展水平已成为一个国家实力的重要标志。同时，各国经济的发展迫切需要大量的技术人才和管理人才，而普及义务教育年限的延长也使更多的人具备了接受高等工程技术教育的机会，人民大众对受教育机会均等的呼声日益高涨。这些都为工程技术教育的进一步发展奠定了基本条件。因此许多国家的工程技术教育在规模上都有了较大扩展，这从高等教育入学率的统计数据亦可略见一斑，具体如表 4-2 所示。在 1950～1975 年 25 年间，德、法、意的高等学校入学率提高了 4～5 倍，美国也增长了近 50%。

表 4-2 1950～1975 年德、意、法、美 18 岁年龄组中高等学校入学率 (单位:%)

年份	德国	意大利	法国	美国 (20～24 岁)
1950	3.93	5.78	5.30	18.16
1955	4.40	6.23	6.07	19.28
1960	5.85	7.48	7.83	20.60
1965	6.10	8.75	8.66	21.49
1970	7.45	9.70	9.29	22.06
1975	18.60	24.34	22.42	26.41

注：如果将美国高等学校入学率的年龄组折合为 18～21 岁，实际入学率要高于表中数字

资料来源：Windolf P. Expansion and Structural Change, Higher Education in Germany, the Unites States, and Japan, 1870—1990 [M]. Boulder: Westview Press, 1997: 261-262

英国在 1914 年以前，工程技术教育为地方工业服务的机制已经形成，使得高等工程技术教育的大门开始向广大的中产阶级开放，故必然要扩大招生规模。特别是在第二次世界大战时期，由于是海、陆、空全方位的立体战争，科学家、大学、技术学院、工业界的专家齐心协力为战争服务，科技教育与研究得到了空前的发展。因为战争需要，妇女、退休人员也都加入科技教育行列，使科技教育和研究得到很大普及。战争使人们对科技教育的重要性也有了更深刻的认识，因此第二次世界大战结束初期，英国就起草了《波西报告》，它和 1944 年的教育法一样，表明了英国人对战争胜利的信心和振兴国家必须从教育抓起的明确思想。1946 年又由巴罗委员会发表了《科技人力资源委员会的报告》，并提出三项重要建议：①始终维护大学的独立自主权；②政府扩展高等教育的计划应通过大学拨款委员会去执行；③政府今后应更积极地研究对大学的政策。在《科技人力资源委员会的报告》的指导下，教育规模不断扩大。为实现 10 年内大学生、科技人员数量翻一番的目标，大学拨款逐渐增加，并新建了基尔大学 (1950 年)、南安普顿大学 (1952 年)、赫尔大学 (1954 年)、艾克塞特大学 (1955 年)、莱斯特

大学（1957年）、北斯坦福郡大学学院（1962年）、纽卡索大学（1963年）等，并广泛招收学生和复员军人入学。同时，科技教育的结构也发生了重大变化，根据大学拨款委员会的导向，新增大学生人数的2/3要读理工科，尤其是实用科学①。

20世纪60年代，苏联人造卫星的成功发射极大地震动了西方国家。为此英国提出了重要的《罗宾斯报告》，出现了教育发展和改革的新高峰。并开始实行双轨制教育制度，大力发展技术教育。从1966年到1968年短短的两年间，英国将10所高级技术学院升级为技术大学②。通过以上各种措施，1950～1967年，英国的理工科学生增加了两倍多，年增长率接近10%。

在1945～1974年，美国亦投入极大的资源发展高等教育，造就了美国高等教育发展的黄金时代。在第二次世界大战即将结束的时候，美国颁布了复员军人法，使225万复员军人因获得联邦政府的资助而进入高等学校；朝鲜战争结束后，又有116万复员军人进入大学，使高等教育规模迅速扩大。20世纪50年代初，欧洲几个发达国家的高等学校入学率都没有超过同龄人的5%，而美国在1950年就超过18%，1955年便达到了19.28%。不过不久金融动荡、通货膨胀加剧等因素，也曾使高等教育发展停滞，造成了苏联在空间领域上的领先。苏联成功地发射第一颗人造地球卫星以后，美国政府迅速检讨教育政策，于1958年颁布了《国防教育法》，使美国的高等教育得到了政府的全方位资助。于是入学人数剧增，许多两年制学院变为四年制学院，专业学院变成综合性大学，研究生教育受到极大的重视，万人以上巨型大学开始出现，使美国高等教育逐渐成为普及教育。仅在《国防教育法》颁布后的10年之中，美国便有150万人靠国防教育贷款读完大学，1.5万人获得了博士学位，终于在教育和科技水平方面赶上并超过了苏联，居于世界领先地位。

由此可见，在这一阶段，工程技术教育规模的扩大主要依靠两种途径：一是增加各种提供工程技术教育的机构数量；二是将工程技术教育的大门向更多的社会大众敞开。结果培养出了历史上前所未有的大量工程科技人员，并使得这一阶段统计样本中的新生技术学科数增至1820～1914年的3倍以上。

（二）工程技术教育的科学基础得到加强

尽管理论和实践教学都是现代工程技术教育的主要内容，但在不同的学校、学科专业和时代二者的地位是不同的。一般来说，传统大学立足于数学和自然科

---

① 张泰金．英国的高等教育历史，现状［M］．上海：上海外语教育出版社，1995：54-79

② 张泰金．英国的高等教育历史，现状［M］．上海：上海外语教育出版社，1995：80

学体系，偏重于理论教学，而新型高等学校则面向工业和市政建设的需要，侧重于实践教学；土木、机械等传统专业强调实践，而电气、化工、原子能等后起专业则偏重理论。从总体上看，在 1820～1914 年，主要是由从事工程活动的教师传授成套、稳定的技术型知识和技能，对理论及其教学重视不够，甚至连专业基础课也大大落后于技术发展；1915 年以后阶段这种情况便得以改观。

1930 年，物理学家康普顿（A. H. Compton）出任麻省理工学院第九任院长，他在就职演说中指出："我希望……本院越来越多地将注意力放到基础科学上来；希望我们获得前所未有的精神状态与研究成果；希望将所有教学科目都仔细检查一下，看看是否过分强调了细节的教育，而影响了总括性的基本原理的教学，要知道后者的作用更大。"康普顿的这一思想确立了本阶段工程技术教育改革的主调，即把工程技术教育建立在科学基础之上，削弱其专门的、职业的性质。第二次世界大战后，这一改革方向得到进一步落实，在新的课程计划中加强基础科学教学，从而使工程教育从狭窄于技术教育转向混同于科学教育。20 世纪 70 年代末以后，工程技术教育界和工程界几乎一致地赞同工程技术教育基础化，认为它是"应付科技快速变化和工程技术人才专业需求变化的唯一有效途径"[①]。

强调工程技术教育的科学基础带来了三个好处：一是使得工程师能够越来越纯熟地应用科学知识解决技术问题；二是提高了工程师的创新能力；三是增强了工程师和科学家之间的交流能力，使得科学理论传统和工匠技术传统之间的相互渗透得以加强。

（三）"非技术教育"成为工程技术教育的重要内容

在本阶段，工程技术教育还出现了另外一个重大的转变："非技术教育"开始成为工程技术教育的重要内容。具体表现为工程管理及其经济意义，人文和社会科学等非技术类知识成为工程技术教育的教学内容。这是由现代工程朝着大规模、高度复杂的方向发展，工程活动要和自然、社会协调发展等趋势所决定的。

美国在第一次世界大战前已开设了商务方面的选修课，开始重视工程管理方面的教学。1934 年的《威肯顿报告》明确建议，在工科课程中增加更多人文社会科学的内容；1944 年的《哈蒙德报告》则认为工程技术教育应当沿着科学技术和人文社会科学两条路径齐头并进；1955 年的《格林特报告》把人文社会科学作为工程教育课程的一大基本部分；1968 年的《工程教育的目标》报告得出"未来工程师将被要求参加解决与日俱增的复杂的社会问题"的结论。同样的趋

---

① 王沛民，顾建民，刘伟民．工程教育基础［M］．杭州：浙江大学出版社，1995：70

势在其他国家也取得进展。1962～1977 年，英国在其工程学士学位课程中增加了人文学和社会科学方面的科目。20 世纪 70 年代以来联邦德国着力改革大学本科教育，不断增加工科学生的文科教学课程，力争使其比重逐步增加到 20%左右；同时在自然科学和工程科学课程中引进有关的社会科学基础理论。

人文和社会科学类知识的教学丰富了工程师的知识结构，使得工程师能够更好地处理技术和社会、自然环境之间的复杂关系，以便自如地应对处于变化中的社会、政治和经济条件下的工程问题；同时也有助于工程技术与社会科学之间交叉学科的产生。

（四）各国工程技术教育体系进一步完善

在本阶段，为了适应社会发展的需要，各主要发达国家均纷纷完善自己的教育体系，形成了更加全面、合理的工程技术人才培养模式。由于各国原有工程技术教育的发展状况不同，这一阶段的发展也各具特色。

英国在大力发展大学内技术教育的同时，出现了一种以电视、广播等新型手段进行教学的开放大学。这种大学独立自治，实施自学制度，开设本科、研究生课程和专题课程，入学不论年龄、地位和学历。此外，英国是最早开展职业技术教育的国家，早在 1921 年就对职业技术教育开始实行国家证书制度，在第二次世界大战以后有了较大的发展，使正规大学以外的职业技术教育更加普遍。同时将职业技术教育渗透入整个教育体系之中，16 岁以前义务教育阶段技术课是学生的必修课程；16 岁以后分流，一部分人选择几门课进一步加深知识，通过高级水平考试，从而获得进大学的资格，另一部分人则以各种方式走向职业技术教育。后者中有的则先上职业技术班（校）取得合格证书后再就业；有的则先工作，由服务部门选送进入职教班，提高业务水平，获得合格证书。在大学以外的职业教育学院里既设有中专水平的班级，也设有大学水平甚至硕士水平的班级，根据国家统一标准培训、考试、颁发相应的证书。

在法国，为了弥补大学教育对专业训练的不足，自 1966 年起，政府连续新建了 66 所大学技术学院，培养介于大学校毕业的工程师和技术高中毕业的技术员之间的高级技术员，这些人主要为工业服务性行业和应用科学部门等服务。

从 20 世纪 60 年代末起，联邦德国在传统的高等学校体制中增加了美国两年制初级学院和日本二至三年的短期大学那样的高等专科学校。到 1975 年，这类学校已达 136 所，使高等学校培养的高级人才结构进一步适应社会需要的发展变化。

第二次世界大战以后，技术密集型企业的大量涌现和工业生产的自动化，对劳动者的文化素质和智力水平提出了更高的要求，又进一步推动了美国高等教育改革的步伐。为适应社会需求，美国社区学院迅速发展，在 20 世纪 60 年代末，平均每周就有一所社区学院成立；到 70 年代中期，社区学院的学生总数已经占到高等院校在校生总数的 1/3。

（五）工程技术教育与社会的联系更为紧密

1916 年，英国成立了科学工业研究部。在其领导下，高等工程院校大力发展工程、燃料技术、航空、纺织、冶金、炸药化学、物理学，以及农业、水产、营养、土壤、海洋生物等“求生存学科专业”以满足战争的需要①。

1951 年，美国斯坦福大学在学校附近的一片土地上建立起世界上第一个科技园区。此后，特别是 20 世纪 70 年代以后，大量的“科学园”围绕大学建立了起来。通过“科学园”，企业利用大学的科学研究成果发展高新技术，大学接受企业的委托进行应用研究，大学和企业的联系达到了前所未有的境界。

综上可见，在 1915 年以后阶段，由于工程技术教育规模日益扩大、内容不断丰富、体系得到完善、职能进一步增强，整个工程技术教育体系紧密围绕着技术科学发展与社会工程技术实践需要之间的基本矛盾全面、有序地展开，这不仅彰显了技术科学发展与社会文明进步的内在联系，而且更有效地确保本了阶段的技术科学一直处于加速发展状态，从而使由抽象到具体四个层次、连续谱式的技术科学完整学科体系得以最终形成。

第五节　从其他相关科技社会建制演进维度考察技术科学发展的历史特征

一、1440～1819 年技术科学发展的其他相关社会建制

在本阶段，技术科学的其他相关社会建制方面主要存在以下几个特征：一是以非正式的、较松散的学术交流机构为主；二是机构成员较少，影响较小；三是既关心科学问题，又关心技术问题。

（一）科学社会建制以非正式、较松散的学术交流机构为主

1. 科学社团

最早萌生的技术科学的其他相关社会建制，实际上就包含在近代科学发展

---

① 张泰金．英国的高等教育历史，现状［M］．上海：上海外语教育出版社，1995：53

初期形成的科学社团之中。16 世纪 50 年代，那不勒斯大学教授包尔塔建立了意大利第一个科学社团“自然秘密协会”，该协会主要讨论一些科学问题，也进行一些实验，但不久就被教会关闭了。17 世纪初，罗马山猫学会（院）创立，它是意大利最负盛名的学社；“在 1601 年到 1630 年的 30 年间，这个学会一直都很活跃”，而且“包尔塔和伽利略等都曾是它的会员”；学会后因赞助人去世而解散。“意大利最后一个科学社团，是齐曼托学社”，也被“称为实验学社”，在“测量声速、研究气压、研制气温表和水银气压计”“方面取得了一些重要成果”，1667 年，“由于赞助人里奥波尔德当上了教主”，学会也解散了①。在意大利的影响下，其他国家也相继建立了各种科学社团，如英国的圆月学社、法国的皮雷斯克学会等。

这些科学社团的成员主要是一些科学家、工程师、学者及其他一些科学爱好者，他们广泛地讨论科学、技术、社会等问题，进行科学实验，对当时的技术发展起到了一定的促进作用。例如，瓦特在圆月学社学到了各种科技知识，从而为其以后改进蒸汽机打下了基础。

2. 英国皇家学会和法国科学院

在科学社团发展的基础上，英国皇家学会和法国科学院等半官方或官方组织亦相继成立。这类组织的建制化程度高于上述科学社团，因此便成为这个阶段最重要的科学机构。

英国清教徒威尔琴斯很重视科学在商业、航海及工业上的应用。17 世纪中叶，在他的周围聚集了一群年轻的科学家。从 1644 年起就每周聚会一次，进行实验或讨论各种理论问题，逐渐形成了一个“无形学院”，这就是皇家学会的前身。到 1662 年，经查理二世批准，该学会最终成为“皇家学会”。其下设置机械委员会、贸易委员会、历史委员会、农业委员会、天文委员会等几个专门二级机构②。

皇家学会是欧洲第一个获得官方承认的科学组织，表明科学的社会意义已获得公认。在英国学者已不再是孤立的个人，他们同属于一个有共同目的和宗旨的科学共同体。但是皇家学会当初毕竟只是一个皇家认可的群众组织，其活动主要靠会员缴纳的会费和会员的自觉性来维持，因此建制化程度也较低。科学家们仍然必须用从事其他职业的收益来维持生活和提供研究的经费，当时科学工作尚未成为一种职业，更谈不上成立专门的技术科学研究机构。

1666 年在国王的赞助下，法国科学院成立。相对于英国皇家学会，法国科

① 童鹰．世界近代科学技术发展史（上）[M]．上海：上海人民出版社，1990：149-150
② 张碧辉，王平．科学社会学 [M]，北京：人民出版社，1990：105

学院有了很大的进步。一方面它是在国家赞助的基础上建立起来的，因此有稳定的资金作为机构运行的保障；另一方面它是一个专门的科学研究机构，并聘用了一批专职研究人员，因此在建制化和科学家的职业化方面都比皇家学会走得更远。但我们仍不能以法兰西科学院聘用研究人员作为科学家职业出现的标志。因为约瑟夫·本-戴维认为“这些中心提供给科学家的职位被认为是精英才配获得的，并不是作为正规职位或职业”①。而职业化的科学家只有到19世纪以后，随着科学技术的全面充分发展才能逐步出现；也只有到这一时刻，英国剑桥大学教授R. W. 惠威尔才能首提“scientist”一词②。

（二）科学机构的成员较少，影响较小

英国皇家学会成立之初，会员人数不到100人。到了17世纪70年代，会员人数增加到200余人。从17世纪80年代开始，会员人数又逐年下降。到1700年仅剩125人，其中还有一半是荣誉会员，即非科学家会员。法国科学院也同样存在着类似的问题，该院成立时仅有20名院士，后来虽有发展但也增加不多。可想而知，如此少的研究人员，对科学和生产问题的关注都是很有限的。

（三）既关心科学问题，又关心技术问题

这段时间成立的科学机构开始关心生产问题，故对技术也做了一定的研究。皇家学会的章程规定：“皇家学会的宗旨和任务是增进关于自然事物的知识和一切有用的技艺、制造业、机械作业、引擎和用实验去从事发明。”③ 因此，它不仅关心自然科学知识，也对生产技术知识有着浓厚兴趣，并为此采取了一系列行动，尤其“在促进工艺诀窍向作为技术基础的科学转变的过程中十分重要。首先，皇家学会联合了一批对自然哲学及其应用感兴趣的新阶层”。创立者们在皇家学会成立后不久便出版了《调查探究的带头人》（*Head of Enquiries*）一书，显示出他们热衷于推动技术发展，特别是在化学工艺和冶金工艺方面。“其次，皇家学会资助了‘自然、艺术及工程史（Histories of Nature，Arts or Works）的研究，第一次对17世纪采用的工艺技术进行了科学描述”，这实际上就是把科学原理应用于技术的第一步。最

---

① 约瑟夫·本-戴维．科学家在社会中的角色［M］．赵佳苓译．成都：四川人民出版社，1988：160-161

② 伯纳德·巴伯．科学与社会秩序［M］．顾昕，等译．北京：生活·读书·新知三联书店出版，1991：134

③ 张碧辉，王平．科学社会学［M]，北京：人民出版社，1990：105

后，皇家学会还“促进了重要的科学技术发现的发表，从而使所有人都可以了解它们”①。

与英国皇家学会类似，法国科学院除在数学、物理学、化学、天文学、生物学方面展开研究外，也对应用力学、机械原理、机械发明等方面进行过研究和总结。例如，“科学院指派几个院士研究工业上常用的工具和机械，旨在阐明它们的工作原理以及改进或简化它们的结构。此外，院士们还设计了许多有创造性的机械装置，并发表在一本有图解的样本上”②。

可见，英国皇家学会和法国科学院的上述举措发挥了促进科学和技术相互融合的作用，既有助于科学成果向产业的推广应用，又有助于对技术经验进行总结。因此，在一定程度上也促进了初期技术科学的发展。

综上可见，在这一阶段科学技术的社会建制化程度仍然很低，还谈不上专门的技术科学社会建制。研究人员少，对产业发展的影响有限，虽然技术科学的发展已有苗头，但仍比较缓慢。

二、1820～1914 年技术科学发展的其他相关社会建制

在本阶段，技术科学的其他相关社会建制方面主要表现为以下三个方面的特征：一是技术科学社会建制的目标定向明确化、专业化；二是技术科学的社会建制化程度不断提升、扩展；三是工业实验室、国家实验室初步建立。

（一）技术科学社会建制的目标定向明确化、专业化

19 世纪科学的细分和生产的专业化趋势越来越突出，为了满足众多专业研究人员交流学术和出版刊物的需要，各领域的科学家与工程师纷纷成立自己的学会，其概况如表 4-3 所示。这些学会出版刊物，举办学术会议，组织专业研究及教学方面的讨论等。相对于上个阶段的科学社团，其技术目标定向越来越明确化，研究领域也越来越专业化。一定程度上已形成了专业领域内的科技交流网络，以及地区内、地区间的科技交流网络，对本阶段技术科学的发展发挥了极大的推动作用。

① 查尔斯·辛格，E. J. 霍姆亚德，A. R. 霍尔．技术史（第Ⅳ卷）［M］．辛元欧译．上海：上海科技教育出版社，2004：452

② 亚·沃尔夫．十六、十七世纪科学、技术和哲学史［M］．周昌忠，等译．北京：商务印书馆，1985：76-80

表 4-3　1820～1914 年英国成立的部分专业学会

学会名称	成立年份	学会名称	成立年份
皇家天文学会	1820	气体工程师学会	1862
动物学会	1826	电机工程师学会	1871
昆虫学会	1833	物理学会	1874
英国建筑师学会	1834	生理学会	1876
化学学会	1841	法拉第学会	1903
机械工程师协会	1847		

资料来源：张碧辉，王平．科学社会学［M］．北京：人民出版社，1990：114；［英］查尔斯·辛格，E.J. 霍姆亚德，A.R. 霍尔．技术史（第Ⅳ卷）．辛元欧译．上海：上海科技教育出版社，2004：302

与英国类似，其他国家在这阶段也兴办了不少这类专业性学会。例如，美国统计学会（1839 年）、阿莱格雷天文学会（1842 年）、波士顿土木工程师学会（1848 年）、芝加哥机械学会（1837 年）、美国采矿与冶金工程师学会（1871 年）、美国电工学协会（1883 年）等均相继成立。特别要指出的是，1841 年美国成立了全国性的农学会，到 1868 年已有 1367 个州县或区成立了农业学会和园艺学会。这些学会利用当时已较为发达的自然科学知识研究农业问题，对美国农业变革和发展发挥了很大作用，当然也促进了农林畜牧类技术科学的发展。

（二）技术科学的社会建制化程度不断提升、扩展

在本阶段，随着技术科学的社会建制化程度不断提高，其影响扩大到社会的各个阶层，从而能吸引更多的人加入到技术科学的发展中来。例如，科学促进协会，作为一种世界上许多国家都存在的群众性科学团体，其作用尤为显著。

德国早在 1822 年就建立了全国性的德国自然科学家与医生协会，每年轮流在德国各个城市集会，讨论当年科学的进展，对科学普及和推广作用较大。

在 19 世纪科学和工业都蓬勃发展的形势下，英国科学界的学究习气、脱离实际的作风也引起了广大教师和科学家的不满；同时皇家学会也没有能帮助科学家们取得应有的地位和为其提供必要的经费。受德国的影响，在爱丁堡大学副校长大卫·布儒斯特的倡议下，1831 年 9 月在约克郡成立了全国性的英国科学促进协会。这个协会的宗旨是：推动和有计划地指导科学发展；引起国民对科学的重视；排除阻碍科学进步的绊脚石；促进国内国际的科学交流。科学促进协会每年在英国的主要城市举行一次有 2000 人参加的大规模集会，大会期间经常为重要的辩论提供讲台，这种公开的争论往往会促进科学的新应用。这样，各专业性学术研究会及各地区不同学术团体的成员便得以建立起联系①。

美国在这期间先后成立了三个全国范围的综合科技团体：一是 1846 年的斯

① 张碧辉，王平．科学社会学［M］，北京：人民出版社，1990：115-116

密森学会；二是为克服科学家在交流上的困难，于1848年成立的美国科学促进协会，初创时会员仅为461人，到1908年会员已发展到6136人；三是政府在内战期间由于对技术咨询的需要，于1863年成立美国科学院，并下设若干个委员会。

1870年法国也成立了科学促进协会。

各国科学促进协会的成立，充分表明科学不只是科学家个人和政府的事，其已成为社会成员普遍关注的事业。这不仅有力推动了科学知识的普及和科技成果的应用，同时也减轻了科学家人数的增加和学科的细分造成的交流困难，使更多的人可以通过这种形式传递科学、技术信息。

（三）工业实验室、国家实验室的初步建立

1. 工业实验室的初步建立

在本阶段，能工巧匠的零星发明已越来越难以满足产业发展的需要，人们便将发明安排成一种有组织、有计划的活动。特别是在化工、电气这类新兴产业中，新发明必须以足够的科学知识为基础。因此，工业实验室便逐步出现并迅速发展，从而取代了历史上的工匠发明传统。

1826年J. 李比希在吉森大学建立了一个化学实验室，该实验室在教学和科研上的成功推动实验室机构在大学里普遍发展，并最终影响到了工业界。例如，“德国化学工业的奠基者和领袖”杜斯堡，就是在参照李比希实验室模式的基础上建立拜耳公司实验室的。这类“实验室中雇佣完全是学术性质的科学家进行独立的研究工作，以期发现新的产品和流程”①。拜耳实验室后来成为工业研究实验室的样板，被世界各国的工业企业普遍效仿，客观上对技术科学的全面、系统发展发挥了独特作用。

1876年，爱迪生在新泽西州门罗公园建立了他的实验室，主要采用反复试验的方法进行技术发明和创新，直至得到明确的成品或模型作为成果。这是美国第一个直接以发明为目标的独立研究实验室，实际上是具有独立社会建制性质的应用科学研究机构。这一研究和发明模式很快又为很多企业所效仿，使美国工业实验室开始进入发展期。1900年之前美国至少已有12个工业研究实验室，绝大部分分布于当时的主导产业电气、化工和石油工业中。这也说明工业实验室的发展初期，其工作就是与当时的新型产业发展紧密关联的。

1900年美国第一个正规的工业实验室——通用电气公司（General Electric Company，GE）的研究实验室诞生，其标志性特征有两点：一是“研究实验室与

---

① 约翰·齐曼．元科学导论［M］．刘珺珺，等译．长沙：湖南人民出版社，1988：183

生产和经营部门完全分开，成为一个相对独立的科技研发机构，”使其在企业内部获得了独立建制的地位；二是“集中很多科学家和工程师并由他们将已知的科学知识转化为公司所需要的技术和产品”[①]。GE这一研究实验室的成立，使美国掀起了新一轮工业实验室建设高潮。1902年美孚石油公司建立石油化学研究中心；几乎同时杜邦公司建立“东方实验室”；1904年AT&T组建了较完备的工业研究实验室。到1913年，美国的工业实验室已达50多家，主要都集中在大型公司里。

由于聘请了众多的科学家和工程师，工业实验室的成果不仅表现在新产品、新工艺中的技术水平上，而且学术性成果也越来越多，并以科学论文的形式发表出来。例如，柯达公司C. E. K米斯的工作，先从照相的理论着手，期望从化工原理上寻求照相技术的开发和突破，……为此，他得到G. 柯达的同意，可以发表实验室的研究成果，并努力了解欧美照相技术的相关信息，以便及时进行照相知识和信息方面的交流并扩大影响，到20世纪20年代初已发表文章近2000篇，并集成提要以小册子形式出版。这表明，工业实验室不仅发明和制造产品，也注重相关理论的研究和交流，成为全面推动技术科学发展的重要力量。

2. 国立研究机构的初步建立

19世纪后期，为了扩军备战的需要，德国政府于1873年建立了国立物理研究所；1877年和1897年又分别建立了国立化学工业研究所和国立机械研究所。1877年在“电气西门子”的支持下，又建立了国立物理技术研究所。受德国的刺激，英、法、美等国先后也建立了由政府管辖的国家级科研机构，主要进行应用基础和开发方面的研究，直接为国家的需要服务。

综上可见，在本阶段，推动技术科学全面发展的社会建制已基本建立。研究机构、研究活动越来越专业化，参与人员数量大幅度上升，研究工作也由少数人的活动逐步变成一种有组织的群体活动。从而推动技术科学迅速发展，技术科学体系进一步完善，具体又表现为由T_1、T_3、T_4这三类新型技术学科的大量产生，并在功能上进一步相互匹配。

三、1915年以后技术科学发展的其他相关社会建制

在本阶段，技术科学的其他相关社会建制方面呈现出以下三个方面的特点：一是工业实验室成为重要的科技研发部门；二是科学已成为国家关注的重要事业；三是科技园区成为联系科技与生产的重要纽带。

① 阎康年．通向新经济之路——工业实验研究是怎样托起美国经济的［M］．北京：东方出版社，2000：67

(一) 工业实验室成为重要的科技研发部门

20世纪工业实验室获得了令人瞩目的发展，一跃而成为科技研发活动的主角。具体可从以下几个方面进行理解。

(1) 从研究宗旨上看，战略目标不断完善。1925年美国贝尔实验室确立了以生产新科学知识并将其应用于技术创新的研究宗旨。自此工业实验室涉足基础研究领域，从而形成了基础研究、应用研究和开发工作并举的局面。在这个过程中，工业实验室又根据经济环境的变化，不断对企业的研发战略进行调整，从盲目崇拜基础研究走向基础研究、应用研究和开发工作并重，并最终实现研发和市场相结合。相比于1820～1914年，其研究宗旨和战略目标在不断地完善，使得工业实验室进一步成为技术科学全面发展的温床。

(2) 从工业实验室和科研人员的数量上看，研究规模日益扩大。如表4-4所示，到1950年，美国工业实验室就已有2500多个，而科研人员则达到7万人。这与第一阶段皇家学会的数百人规模相比，已截然不同。到1994年工业实验室总数已达13 000个，研发人员总数已达百万人之多。从这些数字可以看出，工业实验室的研发规模已惊人地扩大。

表4-4　1927～1994年美国工业研究室部分指标参数的变化

年份	工业实验室数目/个	研发费用/亿美元	科研人员/万人
1927	1000	1	1.9
1930	1400	1.66	3.2
1938	1722	2	4.4
1940	1769	3	7
1950	2500	15.9	7
1953		35	
1956	4838		
1975	6900		
1978	9 600		
1994	13 000	1700	100

资料来源：阎康年.通向新经济之路——工业实验研究是怎样托起美国经济的［M］.北京：东方出版社，2000：379-380

(3) 从研发经费所占的比例来看，已独占鳌头。美国工业企业自身所提供的研发经费总额占全国经费总额的比例“从1967年的33%，上升到1977年的43%，到1980年已约占全国R&D经费总额的半数，即49%”。此后“工业企业研究与发展经费的不断大幅度增加”，使得“多年来工业企业在研究与发展活动中占用的资金一直占全国总额的70%左右”①。

① 李明德.美国科学技术的政策·组织和管理［M］，北京：轻工业出版社，1984：39-40

(4) 从工业实验室R&D工作分布领域来看，也占据着极其重要地位。“美国工业企业的研究与发展工作特别集中在以下五个部门，即飞机和导弹、电气和通信设备、机械制造、化学及有关产品、汽车和其他运输设备。以上五大工业部门的产值占了美国全国工业总产值的80%。”而“从历史情况来看，上述五个工业部门均为研究与发展密集部门”[①]。

(5) 从工业实验室在其他国家的发展情况来看，亦呈现较普遍的发展趋势。在第一次世界大战期间和战后，日本的私人企业，特别是化学企业开始建立自己的综合性工业实验室。1960年日本的私营企业科研机构雇用的研究人员为42 900人，占当年总数的36.3%；到1980年在私营公司工作的研究人员总数上升到173 200人，已占全国科研人员总数的47.2%[②]。在德国，其先驱性行业化工企业，1925年雇用了13 500名科技人员，占全国化工科技人员的4%；电子工业雇用了19 000名，机械工程界雇用了42 500名，二者占全国同类科技人员的3.2%；在20世纪30年代中期，各大化学和机械工业企业纷纷建立科研部门，其设备之完善已是任何大学都不能企及的。同期，在德国像I.G.法本那样的工业联合企业的研究实验室，则变成了比政府和大学更重要的研究中心。

(6) 从工业实验室的研究成果来看，其对技术科学的发展已发挥着巨大的促进作用。例如，仅在W.R.惠特尼任职期间，GE实验室就在表面化学、电子管基本原理、冶金科学原理等技术科学方面取得了较大的成就。石油化工科技公司则成了孕育“石油化学”这门技术学科的主要温床。工业实验室的佼佼者贝尔实验室更是硕果累累。系统工程、信息论、负反馈原理这些横断学科的产生，为本阶段过程技术科学（T_2）的大发展做出了突出贡献；“晶体管的发明引发了微电子技术革命；激光的发明不但创造了新的加工方法和精确测距方法，对光通信技术的发明与开发产生了决定性的作用，并且在军事科技和战略研究上产生了革命性的变化。”[③] 总的来说，这阶段美国工业实验室在与化学制品、机械制造、电气机械和通信设备、飞机和导弹、石油精炼及制品、橡胶制品、交通运输工具、金属制品、大规模集成电路、空间技术、新材料技术、现代化科学仪器等相关的技术科学领域内部取得了重大突破[④]。到1998年，工业实验室已有18人获得了诺贝尔奖。

---

① 李明德．美国科学技术的政策·组织和管理［M］．北京：轻工业出版社，1984：322

② 赵克．工业实验室的社会运行论——关于现代科研组织企业化运行前提和基础的研究［D］．复旦大学博士学位论文，2003

③ 阎康年．通向新经济之路——工业实验研究是怎样托起美国经济的［M］．北京：东方出版社，2000：359

④ 李明德．美国科学技术的政策·组织和管理［M］，北京：轻工业出版社，1984：304-307

(二) 科学已成为国家关注的重要事业

20 世纪的科学，已成为现代国家的重要事业，也日益依赖于社会经济的全面发展和国家的大力支持，因此大科学现象及国家性质的科研体制、研究机构便繁荣起来。

1. 大科学的出现和发展

所谓大科学，简言之，就是具有新质的庞大研究机构，以新的管理模式推进研究开发的科学。其研究和开发需要惊人的资金和巨大的组织，既具有探究未知领域的知识这一“科学”特征，又具有以对工业、经济、军事等方面带来划时代巨大变革为明确目的的“技术”特征。20 世纪 30 年代，田纳西河流域综合开发计划成为大科学现象的第一个代表。其后 40 年代的“曼哈顿工程”更向人们展现了大科学的巨大力量。该工程集中了当时西方国家（除纳粹德国外）最优秀的核科学家，动员了 10 万多人，历时 3 年，耗资 20 亿美元，最终取得了成功。在工程执行过程中，负责人 L. R. 格罗夫斯和 R. 奥本海默应用了系统工程的思路和方法，大大缩短了整个工程所需时间。这一工程的成功还推进了第二次世界大战以后系统工程的发展。此后，经过 50 年代的国防计划、60 年代的空间开发计划[①]及 20 世纪末的人类基因组计划等，不断繁荣的大科学强力推动着当代各层次技术科学的大发展。

2. 国立科研机构的迅猛发展

从第二次世界大战开始，美国的国立科研机构便开展了许多的科学技术活动，并产生了众多令人瞩目的重大科技成果。

国家科研机构的兴起主要基于以下两个原因：一是通过建立研究机构，以利于一些政府部门，如国防、公共卫生、公共设施等部门完成自己的使命；二是政府直接进行一些 R&D 工作，以促进某些有利于整个社会的技术进步，而这些技术的开发一般又是私人企业、高等院校和其他非政府研究机构无能为力或不愿承担的。

到 1969 年，美国联邦政府所辖的各种规模的实验室、研究所、研究中心等科学研究机构已达 500 多个。这些机构的实验室虽然仅从事了大约占全国 1/6 的 R&D 工作，但其对整个科学技术的进步却起着不可低估的作用[②]。例如，1923 年海军部成立了海军研究实验室。“该实验室最初只从事无线电和声学两个领域

---

① 汤浅光朝．科学文化史年表［M］．张利华译．北京：科学普及出版社，1984：141

② 李明德．美国科学技术的政策·组织和管理［M］．北京：轻工业出版社，1984：106-109

的研究”，“在美国首先研制成功实用雷达设备”，“还发现了离子层并对此进行了早期探测”；第二次世界大战前夕，“又成立了物理光学、化学、冶金、机械与电学、内部通信等五个部”；第二次世界大战后的“1946 年，工作人员已增加到 4400 人”，“研究项目从 200 个增至 900 个”。其后该实验室在物理学、电子学与固体物理学、数学和信息科学、生物学和医学、心理学、地球科学、材料科学、海洋科学等领域均取得了突出的成绩①。

国家标准局一直是物理、化学特性精密测定，改善计量方法和发放标准参考材料的全国中心。该局“又利用本身所具有的研究能力，开展具体的研究活动，解决某些实际问题”。在计量科学、材料科学、表面科学、原子和分子科学、核科学、数学和计算机科学、建筑、电子技术、热学、消防等方面进行了大量的研究工作②。

此外，美国政府的农业研究历史悠久，成就卓越。农业部下属的几个研究中心在农业科学的基础研究和应用研究方面，领域极为广泛，大大促进了农林畜牧产业的发展。

从这些国立研究机构的目标、功能、研究方向及其研究成果上我们均可以看出，它们已经成为这个阶段技术科学发展的一支生力军。

（三）科技园区成为联系科技与产业的重要纽带

虽然美国的工业实验室已经走向成熟，但它主要只能存在于大、中型企业之中。由于规模、财力和人才等限制，许多中小企业的研发工作一直未能很好发展，这种局面直到科技园区的出现才获得有效改善。

1951 年，斯坦福大学决定在学校附近的一片土地上建立工业区，以便赚钱并聘请著名科学家任教授，以提高大学的声誉和档次，从此便出现了第一个科技园区。当高技术的小公司越来越多地在这里出现并形成集中之势时，园区的目的便转向利用斯坦福大学的基础科学优势开发高新技术，主要把该大学的实验研究成果转让给园区内小公司去改进、放大，并开发为成熟的产品和服务项目。园区实际上已成为利用大学的智力资源发展高技术的新型场所。科技园区出现后，美国产业界在依靠科学技术求发展中便形成了两条轨道：一条是各大公司的工业实验研究机构；另一条是中小企业以大学或研究院所作为智力资源的科技园区。以大型工业研究实验室或研发中心为创新发动机的大公司具有资金、人才和物力方面的优势，以及从基本原理和技术性能上进行重大突破和

---

① 李明德．美国科学技术的政策·组织和管理［M］．北京：轻工业出版社，1984：162-165

② 李明德．美国科学技术的政策·组织和管理［M］．北京：轻工业出版社，1984：152-153

创新的能力，其科技成果和产品的发展往往产生划时代的意义。科技园区中的中小公司群体由于具有善于经营、适应性强、转变方向快的优势，在适应各种用户需要的产品多样化和产品性能多元化方面反应灵敏而迅速，往往可以弥补大公司的不足。这两种发展类型相互补充，促进了美国科学、技术和经济在第二次世界大战之后的持续发展①。

上述硅谷类的科技园区经过二三十年的发展，已经以中小企业进行高科技创新和经济发展的成功模式而闻名于世界。“据统计，1955 年硅谷有 7 家小公司，1960 年为 32 家，1970 年有 70 家，80 年代初达 90 家，到了 1998 年年底已发展到 8000 余家，产值达到 2400 亿美元，占美国当年国内总产值的 3%。到 1999 年，由硅谷带动的美国互联网产业第一次超过了汽车工业的产值，而成为美国的第一大产业。”②

除硅谷外，其他地区也建立了几个比较重要的科技开发区，并取得了重大的科研成果。“在波士顿的 128 号公路地区，早在第二次世界大战前就由麻省理工学院的一些实验室分化出一些新技术公司。”“从 50 年代后期开始，由于冷战的原因和需要，军用部门和宇航计划在这里大量订货，公司数激增，15 年内由不到 40 个猛增到 1200 个之多”；1960 年建成的“研究三角”，“专门从事微电子、医药和生态环境的研发工作”；“模仿硅谷而建立起来的”“尚有盐湖城郊区的‘仿生谷’，主要从事人造器官、采矿和微电子的科技研发和生产”。另外比较著名的还有“纽约州北部的申奈克塔蒂和特罗伊地区的”“东部硅谷”；“在达拉斯和奥斯汀围绕著名的得克萨斯仪器公司和得克萨斯州立大学”逐渐发展起来的“硅草原”；“在科罗拉多州的斯普林”建立的“硅山”，已“成为民用和航空航天用微电子科技发展基地”；“在俄勒冈州波兰特附近的威廉特谷”建成的“北部硅谷”则“主要是产业发展园区性质的”③。

作为科技和产业联系的新纽带，硅谷不仅带动了遍布美国的科技和产业开发园区的发展，而且推动了各发达国家的科技和产业园区的发展。例如，英国以剑桥科学园为突破口，带动着每个大学都加强了与工业的联系。日本于 20 世纪 80 年代兴建了筑波科学城，在那里集中了 60 多个科研机构和数以万计的科技人才。法国也建立了几十个科技开发区，帮助中小企业进行技术创新。

由此可见，科技园区的兴起，使科技资源在企业中的配置形成了大中小企业

① 阎康年．通向新经济之路——工业实验研究是怎样托起美国经济的［M］．北京：东方出版社，2000：109-110

② 阎康年．通向新经济之路——工业实验研究是怎样托起美国经济的［M］．北京：东方出版社，2000：225-226

③ 阎康年．通向新经济之路——工业实验研究是怎样托起美国经济的［M］．北京：东方出版社，2000：227-230

均直接参与工业科研的格局，使科技和产业实现了全面的结合。

综上可见，在1915年以后，随着技术科学其他相关社会建制的不断完善，技术科学的发展获得了史无前例的强力推动，其四个层次上连续谱式的完整学科体系也基本建立起来，而且其间技术学科仍继续呈现指数增长的高速发展势头。

第六节 关于技术科学历史分期的实证研究结论

以上对技术科学三个阶段、四个维度上的系统实证研究已基本进行完毕，现将主要研究结果汇集于表4-5中。

表4-5 三个阶段、四个维度上技术科学发展特征汇总

初步历史划界 / 基本考察维度		技术科学发展的1440～1819年阶段	技术科学发展的1820～1914年阶段	技术科学发展的1915年以后阶段
产业结构变迁	产业结构及其基本特征	主要相关产业： 轻纺食品业、冶金业（铁）、地质矿产业（煤、铁）、交通运输业（马车、帆船）、化学工业、机械制造业、仪器仪表制造业、农林畜牧业、土木建筑水利业、医药卫生业	主要相关产业： 轻纺食品业、交通运输业（铁路、汽船）、机械制造业、冶金业（钢铁）、化学工业（煤焦油化工、合成染料、火药工业和化肥）、电气工业、电讯业、动力工业、矿产采掘业（石油）、初期石油化工业、电化学工业、电加工业	主要相关产业： 航空业、电子工业、电讯业、化学工业、机械制造业、地质矿产业、原子能产业、计算机产业、信息产业、人工智能产业（机器人）、自动化产业、航天业、材料产业、农林畜牧业、医药卫生业、管理业
		产业结构特征： 产业革命发生，生产迫切要求系统总结传统经验技术，并借助科学实施创新	产业结构特征： （1）产业革命在地域上扩张，相关产业向纵深发展； （2）物理学（热力学、电磁学）的发展导致动力、电气工业建立； （3）农林畜牧业、医药卫生和管理事业综合利用各门自然科学知识迅速发展	产业结构特征： （1）第三次经济长波主导产业群中相关产业向纵深发展； （2）第四次经济长波中一批新兴产业迅速崛起； （3）社会、经济、科技大发展，推动农林畜牧业、医药卫生与管理事业取得令人瞩目的新成就
	对技术科学发展的主要影响	（1）使传统工匠技术经验获系统总结； （2）借助新生科学，孕育T_1类技术学科T_1； （3）古老工匠传统和近代科学传统趋于融合	（1）传统产业向纵深发展，渴望借助技术科学，推进技术改革与创新； （2）科学不断超前发展，促进技术科学发挥桥梁作用，孕育新技术，催生新产业	（1）推动技术学科不断向交叉综合的方向发展； （2）推动技术科学发展规模迅速扩大、技术科学知识体系趋于完善

续表

基本考察维度 \ 初步历史划界		技术科学发展的1440～1819年阶段	技术科学发展的1820～1914年阶段	技术科学发展的1915年以后阶段
基础科学进步	基础科学基本特征	(1) 发生了近代第一次科学革命； (2) 经典力学建立并成为带头学科	(1) 形成了比较完整的经典自然科学体系； (2) 发生了现代科学革命； (3) 相关社会科学开始发展	(1) 自然科学充分发展，向微观、宇观领域全面进军； (2) 科学高度交叉综合，新型横断科学勃兴、发展
	对技术科学发展的主要影响	(1) 力学成为技术科学发展的主要科学基础； (2) 化学、基础医学、生物学等科学知识也对技术科学产生初步影响	(1) 物理学（以热力学、电磁学为主）成为技术科学发展的主要基础； (2) 化学、生物学、生理学等学科知识对技术科学的影响日益明显。 (3) 基础科学全面发展，促进 T_4 类综合技术科学出现	(1) 技术科学发展的科学基础获得极大地丰富； (2) 人文社会科学、管理科学在技术科学发展中作用日益增强； (3) 横断科学促进 T_2 类过程技术科学产生、发展
工程技术教育演变	工程技术教育基本特征	(1) 工程技术教育兴起的地域较小，主要集中在法国； (2) 面向社会需要，主要培养实用型人才； (3) 教育内容初步系统化，自然科学知识开始进入课堂	(1) 研究职能在大学里获得确认； (2) 建立起研究生教育体系； (3) 实验室教学和研究活动成为培养人才、发展学科的成功模式； (4) 工程课程、工程系科进入传统大学； (5) 新型技术院校成为工程技术教育的主力军	(1) 工程技术教育的规模迅速扩大； (2) 工程技术教育的科学基础得到加强； (3) “非技术教育”成为工程技术教育的重要内容； (4) 各国工程技术教育体系进一步完善； (5) 工程技术教育与社会发展的关系更为紧密
	对技术科学发展的主要影响	法国率先开办各种工程技术专科学校，并被其他西方国家效仿，不仅首先通过系统的工程和科学训练，培养了适应社会需要的工程师；而且还为未来技术科学的持续发展，确立了最基本的社会建制	几个主要发达国家基本建立起工程技术教育制度，办学规模不断扩大，办学层次迅速提升，教育体系逐步完善，为技术科学的全面发展奠定了坚实的基础	工程技术教育在规模扩大、体系完善的同时，教学内容不断丰富、科学基础获得增强，使其紧密围绕着技术科学发展与工程技术实践需要之间的基本矛盾全面、有序地展开，彰显了技术科学发展与社会文明进步的内在联系
其他相关科技社会建制演进	其他相关社会建制的基本特征	(1) 以非正式、较松散的学术交流机构为主； (2) 机构成员较少，社会影响较小； (3) 既关心科学问题，又关心技术问题	(1) 技术科学社会建制的目标定向明确化、专业化； (2) 技术科学社会建制化程度不断提升、扩展； (3) 工业实验室、国家实验室初步建立	(1) 工业实验室成为重要的研发部门； (2) 科学成为国家关注的重要事业； (3) 科技园区成为联系科技与生产的重要新型纽带

续表

基本考察维度＼初步历史划界		技术科学发展的 1440～1819 年阶段	技术科学发展的 1820～1914 年阶段	技术科学发展的 1915 年以后阶段
其他相关科技社会建制演进	对技术科学发展的主要影响	尚未形成技术科学的独立社会建制，研究人员较少，对产业发展作用不大	(1) 研究机构、研究活动越来越专门化； (2) 参与人员数量大幅度上升； (3) 研究工作由个人活动逐步变成有组织的群体活动，建制化程度日益提高	(1) 技术科学的社会建制趋于完善； (2) 新生技术学科继续呈指数增长态势； (3) 技术科学学科体系完整建立

从表 4-5 可以明显看出，1440～1819 年，在产业结构变迁维度方面，英国率先发生了产业革命，导致一系列新的产业发展需求，推动了技术的工匠传统和科学的理论传统渐趋融合，成为这一阶段技术科学萌生的根本动力，并推进 T_1 与 T_3 类技术科学的发展在功能上初步匹配。在基础科学进步维度方面，随着近代科学革命的发生，创立不久的经典力学便成为当时技术科学发展的主要科学基础，并带动热学、数学、化学、生物学等学科初步发展，使其也对技术科学的发展逐步产生影响。在工程技术教育演变维度方面，以 1794 年巴黎多种工艺学院的建立为标志，主要以培养实用型工程技术人才为目标的工程技术教育体系在法国初步建立。教学内容上以传授刚刚兴起的自然科学、技术科学知识与经验为主体，教学方法上把授课与实验室训练结合起来，这种教育模式在促进科学理论传统与工匠技术传统结合的同时，也推动着技术科学的发展。当时真正意义上的技术科学的其他相关社会建制尚未形成。因此，我们将这个阶段称为技术科学发展的萌发期。

1820～1914 年，在产业结构变迁维度方面，产业革命在地域上的扩张，推动相关产业向纵深发展。动力工业、电气工业、医药卫生和管理事业等也相继建立并开始迅速发展。在基础科学进步维度方面，力学、化学、生物学、数学等学科都形成了比较完整的学科体系，为科学与产业的互动奠定了基础。科学与产业两方面的发展都要求技术科学真正承担起科学向生产力转化的桥梁与纽带作用，使其在知识结构特征上表现为 T_1、T_3、T_4 类技术科学发展的并驾齐驱，并在功能上进一步相互匹配。电磁学等理论的超常发展，发挥着引领产业结构变迁的作用。在工程技术教育演变维度方面，科学的迅速发展和新兴产业对工程技术人才的迫切需要，使工程技术教育的规模在 19 世纪中后期迅速扩大，在教学内容上以自然科学、技术科学为主要学科基础。几个主要发达国家基本建立起工程技术教育的完整体制，在高等学校中也确立了研究活动的合法地位。在其他相关社会建制演进维度方面，各种专业性学会纷纷建立；以发明为目的的独立研究机构已崭露头角；工业研究实验室和国家科研机构也适应社会发展的需要在各发达国家初步建立，使得研究机构、研究活动越来越专业化；参与研发活动的人员数量大幅度上升，研究工作也逐步变成有组织的群体活动，技术科学社会建制的目标定向更加明确化、专业化。因此，我们将这一阶段称为技术科学发展的社会建制确立期。

1915 年以后，在产业结构变迁维度方面，由于现代科技革命和两次世界大战的强烈刺激，航空、电子、电讯、化工、机械、地质等产业不断向纵深方向发展；同时一批新兴产业如原子能、计算机、信息、人工智能、自动化、航天、材料等产业迅速崛起；农林畜牧业、医药卫生与管理事业快速发展，获得令人瞩目的新成就。这就使得技术科学发展的交叉综合趋势日益明显，学科体系迅速扩大。在基础科学进步维度方面，现代物理学革命和生物学革命的发生，促使自然科学高度交叉综合地发展；系统论、信息论、控制论等新型横断学科的兴起和发展，使得现代科学的整体化趋势进一步加强，促使技术科学的科学基础获得极大地丰富；人文社会科学在技术科学发展中的作用也日益彰显，促使大量过程技术科学（T_2）类学科应运而生，T_1、T_2、T_3、T_4这四类技术学科的发展在功能上进一步相互匹配，促进连续谱式的完整技术科学知识体系全面形成。在工程技术教育演变维度方面，各国的工程技术教育规模迅速扩大，体系进一步完善，技术科学已成为其教学内容的主要学科基础。由于社会对工程师素质的要求越来越高，工程技术教育中“非技术教育”的比重也逐步增加。日益完善的高等工程教育不仅为社会培养了大批工程师，而且培养了数量可观的新型技术科学家。在其他的相关社会建制演进维度方面，随着国家对科学的日益重视，工业实验室和国家科研机构蓬勃发展，在数量、研究费用、科研人员上都有了惊人的增长；科技园区的形成，促进科技与产业进一步结合，也带动了技术科学的大发展；由于大科学活动的蓬勃发展，在全球范围内国家和区域创新系统纷纷建立，使现代技术科学的社会建制臻于完善。因此，我们将这个阶段称为技术科学发展的成熟期。

至此，我们在第三章坐标图系中所体现出的现象性特征启迪之下，立足于上述三个阶段中技术科学在知识体系结构上不断递进的明显差异，在本章中针对以上三个时期内技术科学的发展，进一步围绕产业结构变迁、基础科学进步、工程技术教育演变和其他相关社会建制演进四个维度展开了系统的历史考察和详细的实证研究，终于获得了关于技术科学历史分期方面的比较可靠而明晰的结论。它不仅可以协调统一过去这方面众说纷纭的混乱局面，并实事求是地吸纳前辈们立足于不同视角进行探究所获得的各方面真知灼见，而且为进一步探讨技术科学发展的整体特征与规律奠定了坚实的基础。

第五章
技术科学发展与产业结构变迁的相关性研究[①]

随着自变量的增加，事物的不确定性也在相应增加。……只有在自变量的数字太大，找不到明确的答案时，才使用相关分析法。

——N. A. 阿姆斯特朗

在较早的时期，科学步工业的后尘，目前则是趋向于赶上工业，并领导工业。

——J. D. 贝尔纳

① 这部分相关内容已写成《技术科学发展与产业结构变迁相关性统计研究》一文发表在《科学学研究》2005年第2期上；该文的英文版已被全文收入中国科学技术协会编辑的 *The Proceedings of the China Association for Science and Technology*. Vol. 3 No. 2. Beijing：Science Press. 2007. 788-798

本章将在以上技术科学范畴界定和历史分期的研究基础上，通过对图 3-1 中技术科学总体发展的时间序列增量特征曲线与梅兹经济长波曲线之间的共时性比较研究及其相关定量统计分析，揭示技术科学发展与产业结构变迁之间的内在实质相关性，并通过系统历史资料的实证分析以验证上述定量统计研究所获得的基本结论。

第一节　产业革命的研究现状与经济长波理论

一、产业革命的基本研究现状

产业革命“是生产力的技术方面和社会方面的全面的根本的变革，是技术革命成果在生产中的广泛应用。从生产工具的变革开始，引起劳动性质、劳动力水平、企业组织形式、国民经济部门结构、管理体制、方法等一系列的重大变化”①。

对产业革命的研究曾经成为中外学者关注的焦点，我国在 20 世纪 80 年代初期也曾形成一个研究热潮。研究成果主要体现：界定产业革命的概念，探究科学革命、技术革命、产业革命和社会革命四者之间的关系；考证产业革命的起讫时间，科学地进行不同历史阶段的划界，总结不同阶段的发展特征；总结产业革命发生的社会条件及其影响，展望其未来发展趋势等方面。

学者们一般认为：第一次产业革命发生于 18 世纪 60 年代至 19 世纪 40 年代。它以近代第一次科学革命为前导，以纺织机等工具机的出现为起点，以改进后的蒸汽机在各个领域的广泛应用为标志。它以纺织业为前导产业，以蒸汽机制造业为主导产业，形成了以蒸汽机制造业、一般机械制造业、交通运输业、煤炭采掘业、冶铁业等为核心的主导产业群。作为第一次产业革命的根本特征，主要体现在蒸汽动力技术的广泛应用、机械化生产方式的推广普及，使社会生产由手工工场时代转入到工厂大机器生产时代方面；作为其历史性标志，则形成农业社会与工业社会的分界，并由此开始了世界经济的工业化进程。

第二次产业革命始于 19 世纪 60 年代，止于 20 世纪 40 年代。由电磁理论、热力学等科学理论的突破引发的这次产业革命，以电机的广泛应用为重要

① 查汝强．试论产业革命［J］．中国社会科学，1984，(6)：4-16

标志，以电力工业出现为开端。其间围绕着电力、内燃机、炼钢、有机化学合成等技术集成的主导技术群，发展出了以电力工业、石油工业、内燃机制造业、钢铁工业、化学工业、船舶工业、汽车工业、航空工业、家电工业等为核心的主导产业群，使人类从机械化时代进入电气化时代，将农业-工业社会推向了工业化社会。

第三次产业革命是世界范围内产业结构的又一次剧烈变革，通常认为以1946年世界上第一台电子计算机ENIAC的诞生为起点，目前尚未结束。由相对论和量子论创立所引发的现代科学技术革命是其科学动因。以电子计算机的广泛应用为典型标志，以原子能技术、空间技术、海洋技术和高分子合成材料技术的广泛应用为主要特征，形成了以信息产业（含电子计算机业）、原子能工业、航天工业、高分子化学工业为核心的主导产业群。其基本特点表现为国民经济的信息化和产业的知识密集化。它使人类由电气化时代走向了电子信息时代，将工业社会推向了信息社会。

现有研究成果虽然对产业革命的缘起、历史背景和发展过程做了详细的考证，并基本概括出了“科学革命-技术革命-产业革命-社会革命”的内在基本逻辑①，但对科学革命转化为技术革命，进而引发产业革命的内在过程机制的揭示尚不够充分，似乎忽略了技术科学在这一过程中的重要作用。没有充分、深刻地意识到：科学革命的成果一般是不可能直接转化为技术革命的成果，并进而导致产业革命的。

二、经济长波理论的来龙去脉

经济运行的长周期波动现象，即长波现象是20世纪以来经济学界的一个研究热点。焦点主要集中在对长波是否存在的验证和对长波出现原因的探讨两个方面。

英国人哈莱德·克拉克（Hyde Clarke）曾最早指出资本主义经济运行存在50～60年的长周期。之后，帕乌斯（A. L. Parvus）、考茨基（K. Kautsky）、范·盖尔德伦（Van Gelderen）、托洛茨基（L. Trotsky）、沃尔夫（De Wolff）、威克塞尔（K. Wicksell）、杜岗-巴拉诺夫斯基（Tugan-Baranowsky）、阿富太林（A. Aftalion）、勒努瓦（Lenoir）等也以不同的方式阐述了价格运动长周期波动现象的存在。

在前人研究的基础上，1925年康德拉季耶夫通过对18世纪后半叶到1920年

---

① 查汝强．试论产业革命［J］．中国社会科学，1984，(6)：4-16

以前主要资本主义国家历史资料的分析，发现经济增长中的价格和产出增长率存在周期为 50 年左右的长周期波动。此后，长波现象开始真正吸引人们的关注，并形成一个研究高潮。不过在这阶段，学界主要关心的是长波是否存在的问题，故可称为现象发现阶段。

由于 1939 年资本主义大萧条的出现与康氏长波预言的下一个周期出现时间相吻合，长波理论备受关注。其中熊彼特在《经济周期：资本主义过程之理论的、历史的和统计的分析》中对长波的存在进行了统计上的验证，并运用他于 1919 年提出的“创新理论”进行了解释。

第二次世界大战结束至 20 世纪 70 年代初，由于资本主义经济的长期繁荣，长波研究处于低谷。只有以比利时的曼德尔（E. Mendel）为代表的极少数经济学家仍在坚持研究[①]。比利时的 L. H. 杜布里茨、法国的加斯东·安贝、美国的罗斯托等亦肯定了长波的存在。

20 世纪 70 年代以后，世界经济出现的“滞胀”现象，应验了熊彼特的预言，长波理论研究再一次复苏。这一阶段除了继续通过统计分析来验证长波的存在之外，重点就是解释其出现的原因，故可称为原因解释阶段。

在验证长波的存在方面，自从荷兰的范·盖尔德伦“第一个同时在统计和理论方面研究价格长周期与工业发展波动关系”[②] 以来，康德拉季耶夫、曼德尔、麦迪逊、罗斯托、刘易斯、弗雷斯特、范·杜因等均做出了突出贡献。特别是梅兹，克服了前人研究中存在的统计数据不够全面、统计方法不够科学、主要集中于价格长波研究等方面的不足，对 1780～1979 年世界工业产出及美、英、德、法、意、瑞典、丹麦、比利时八个发达国家的 12 组实际经济数据进行了时间序列统计分析，进一步验证了长波的存在。其统计资料不是仅局限在价格方面，故更能反映实际经济运行的状况；加之统计的时间较长，据此划分出的长波则更为准确[③]。

历史上许多学者都曾对长波产生的原因做出过解释，如门斯、弗里曼、佩雷兹、范·杜因、金岩石、张蕴岭、张荐华、查汝强[④]、克莱因耐希特、马建堂、李涛[⑤]等。按照他们各自研究的切入点大致可划分为三类：货币-价格长波论、投

① 欧内斯特·曼德尔．资本主义发展的长波——马克思主义的解释［M］．南开大学国际经济研究所译．北京：商务印书馆，1998

② 范·杜因．经济长波与创新［M］．刘守英，罗靖译．上海：上海译文出版社，1993：64

③ Freeman C. Long Wave Theory［M］. Chelfenham：Edward Elgar Publishing Limited，1996：515-539

④ 查汝强．试论产业革命［J］．中国社会科学，1984，(6)：4-16

⑤ 李涛．经济增长的长周期［D］．中国社会科学院研究生院，1999

资长波论、创新长波论①。它们分别从不同角度解释了长波产生的原因，相互之间存在一定的互补性。

货币-价格长波理论认为，货币或资源供给量的变动导致价格波动，进而形成经济的长周期波动。最终将长波的出现归因于黄金生产、人口变动、能源和原材料供应变动、自然灾害、战争、太阳黑子运动等因素，实际上是长波外因论。由于以上很多因素的出现具有偶然性，实际上无法解释长波反复出现的规律性。

投资长波理论认为，创新、地区开发、战争等因素引起投资变动，而基础设施和重型设备等资本品的投资变动和更替，对经济长波的形成构成了直接影响。其实，投资的波动从属于经济的长周期波动，其本身就需要解释，用其来说明长波现象，说服力不强。

而以熊彼特、门斯、范·杜因为代表的创新长波理论，将长波出现的原因归结为创新的出现。认为经济的长周期波动，实质上就是基础创新、基础创新集群不断出现引发主导产业群更替的过程。

创新长波理论揭示了决定长波的真正物质力量，是迄今为止最具说服力的长波解释理论，但对基础创新是否具有严格的波动运动形式也缺乏足够的说明。为了解释基础技术创新出现的波动性，熊彼特曾提出创新蜂聚假说，认为基础技术创新群集于经济长波的落潮阶段。门斯则通过统计分析证实这一假说，并用“技术僵局”来说明其产生的原因。但他们都没有从根本上阐明导致创新蜂聚现象的原因，也没有指出基础技术创新的源头，更未能揭示出基础技术创新与产业结构变迁之间的内在深刻联系。

弗里曼认为，基础科学进步和市场需求两个因素的结合导致了经济长波的形成，比此前的创新长波理论有所进步。但他没有对基础科学转化为基础技术创新，进而影响产业发展、形成经济长波的过程加以深入研究，当然也未能揭示出技术科学在其间发挥的重要作用。

马建堂在其博士论文中，以创新长波理论为基础，提出经济长周期波动的过程实质上就是主导产业群的更替过程。虽然克服了熊彼特以来创新长波理论存在的诸多缺陷，把握了产业结构与经济长波之间的关系，但没有指明基础科学是基础技术创新的重要来源，更没有指出技术科学在基础科学—基础技术创新—产业结构—经济长波这一因果链条中的关键作用。

综上所述，技术科学、产业结构和经济长波方面的现有研究成果基本上仍停留在分别进行说事的单独研究阶段，尚未能揭示出三者之间的内在实质联系。本

---

① 马建堂．周期波动与结构变动——论经济周期对产业结构的影响［D］．中国社会科学院研究生院，2000

章将在前人研究成果的基础上，就这方面做一些尝试性的探索，以就教于学界同仁。

第二节　技术科学发展与产业结构变迁的相关特征曲线共时性比较

学术界通常认为，“科学革命、技术革命、产业革命和社会革命四者形成一条因果链”① 这一说法具有一定的合理性，它指明了科学向技术转化，进而影响产业（或经济）的基本过程机制，但显得过于简略、抽象。在现代科学技术体系中，技术科学作为基础科学转化为直接生产力的桥梁、联系基础研究和应用开发的纽带，是科学与技术、生产之间不可或缺的中介环节。本章就是要综合运用现象性考察、统计研究与实证分析等方法，以探究技术科学发展与产业结构变迁之间的内在实质性联系。

由于经济“长（周）期波动中的产业结构变动，更确切地说是产业结构的根本变革导致长期经济增长速度的变动”②，故在厘清二者因果关系之后可以这么说，是技术变革诱发主导产业群的更替，继而酿成产业结构的变化，而产业结构深刻变革的结果就是经济的长周期波动。因此，如能通过研究经济长周期波动与技术科学发展的关系，便可能体察出产业结构演变与技术科学发展之间的内在联系。

本章通过相关技术处理，将技术科学总体发展的时间序列增量特征曲线和梅兹经济长波曲线绘制在同一坐标系中，并通过比较研究，先从现象上考察二者之间的相关性。

一、关于两组曲线的相关技术处理

由于所谓的“主导产业群”及与其对应的经济长周期波动现象均发生在产业革命之后，我们将选择适宜的经济长波曲线，并通过相关技术处理，将其与图 3-1 中 1700 年以后的技术科学总体发展的时间序列增量特征曲线部分置于同一个坐

① 查汝强．试论产业革命［J］．中国社会科学，1984，(6)：4-16

② 马建堂．周期波动与结构变动——论经济周期对产业结构的影响［D］．中国社会科学院研究生院，2000

标系中，以便进行两者之间的共时性系统比较研究。

通过检索和研究发现，在寻找经济长波存在证据的研究成果中，美国经济学家梅兹的工作应该说是迄今为止比较完善的。他对 1780～1979 年的世界工业产出及美、英、德、法、意大利、瑞典、丹麦和比利时等 8 个发达国家的 12 组实际经济数据进行了时间序列上的统计分析，发现经济运行存在平均波长为 54～56 年的长波①。图 5-1 是梅兹根据 1780～1979 年世界工业产出（扣除采掘业）的增长率数据绘制的长波图像。其中两条曲线分别为考虑战争影响和去除战争影响的经济长波曲线。

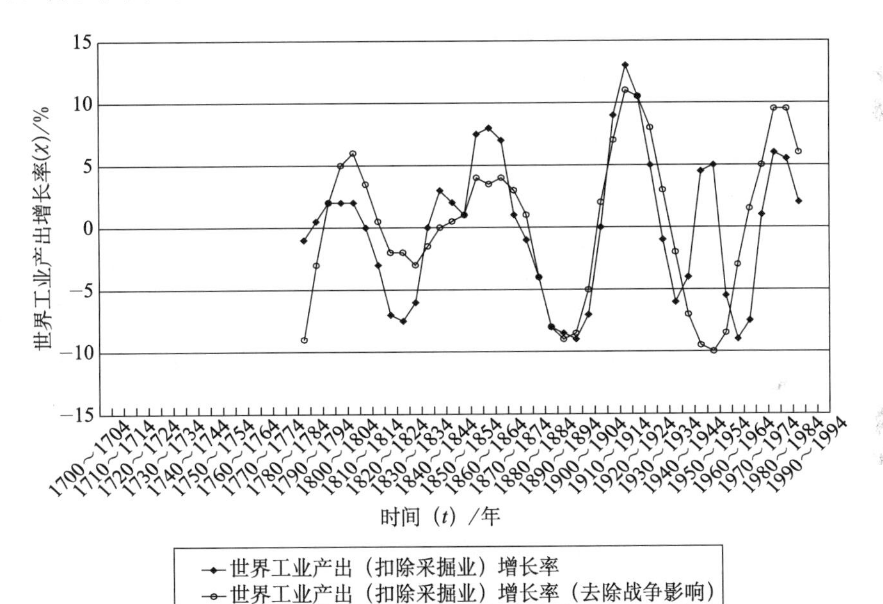

图 5-1　梅兹经济长波曲线——1780～1979 年间世界工业产出（扣除采掘业）增长率

资料来源：Freeman C. Long Wave Theory [M]. Aldershot：Edward Elgar Publishing Limited，1996：530

由于这里想通过对技术科学发展与产业结构演变进行系统的比较研究，首先旨在探讨在一般性正常社会发展状况下两者之间的相关关系，而暂不考虑比较特殊的战争因素，故决定先以技术科学总体发展的时间序列增量特征曲线与去除战争影响的经济长波曲线作比较。两条曲线复合而成的坐标图系如图 5-2 所示。从梅兹的去除战争影响的经济长波曲线中可以看出，在 1780～1979 年世界经济的运行中，分别于 1780～1820 年、1820～1885 年、1885～1943 年、1943～1979 年四个时段内出现了四次长波，峰值分别出现在 1798 年、1860 年、1912 年、

① Freeman C. Long Wave Theory [M]. Aldershot：Edward Elgar Publishing Limited，1996：530

1972年。这里还应该明确，梅兹的统计数据虽从1780年开始，但1780年并不是第一次长波的起始年代；梅兹统计数据收集、整理结束的1979年，第四次经济长波亦尚未结束。

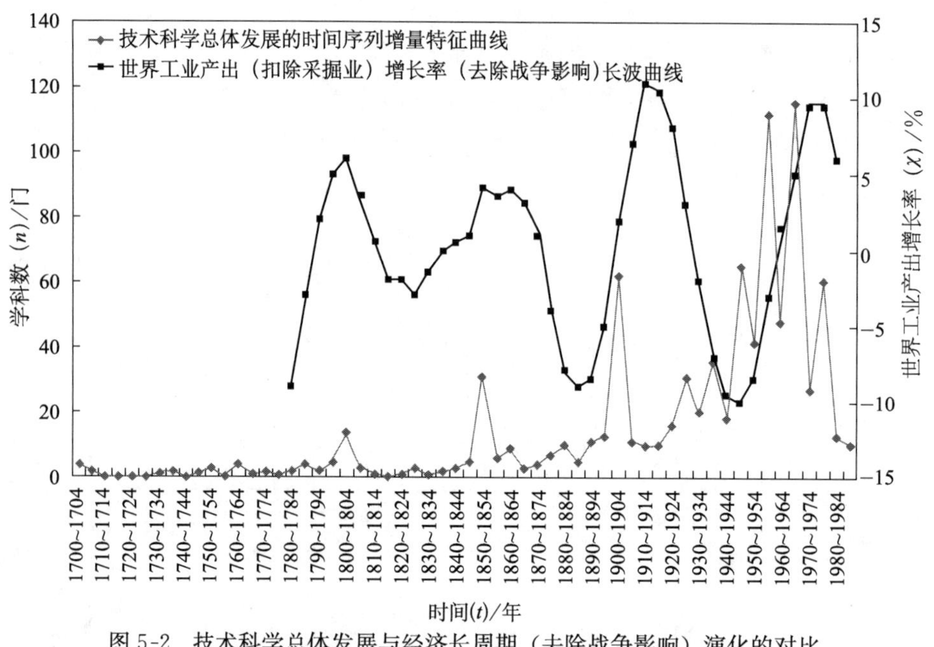

图5-2 技术科学总体发展与经济长周期（去除战争影响）演化的对比

二、两条曲线共时性比较的现象性结论

从图5-2中，可以清晰地观察到以下现象及其相关结论。

（1）技术科学发展中出现的四个高峰在时域上基本依次落入到四次经济长波之中。技术科学发展的第一次高峰［1790，1819］出现在第一次经济长波对应的时段［1780，1820）内；第二次高峰［1830，1859］出现在第二次经济长波对应的时段［1820，1885）内；第三次高峰［1885，1914］出现在第三次经济长波对应的时段［1885，1943）内；第四次高峰［1940，1984］（由四个子峰组成），应该说也基本落入了第四次经济长波对应的时段［1943，1979］之中。

我们认为，技术科学发展的第四次高峰的起点位于1940～1944计时单位，之所以略早于第四次经济长波的开始年份——1943年，主要是由于第二次世界大战期间，技术科学的发展受到政治和军事因素的强烈推动，故使其高峰提前出现了。而这里的经济长波曲线反映的是去除战争影响后的经济运行状况，故两者间显然存在系统误差。另外还应注意到，梅兹经济长波曲线中的第四个经济长波是一个不完全的波形，1979年只是统计数据的截止年代，当时第四次经济长波尚未结束。因此可以认为，在正常情况下技术科学的发展高峰一般都能够全部落入到对应经济长波的时域之中。

(2) 技术科学发展的四次高峰几乎全部出现在经济长波的涨潮阶段（即峰值年份以前)。仔细观察可以发现：在第一次经济长波期间，技术科学发展高峰的出现时间和经济长波波峰出现的时间几乎一致；第二次经济长波期间，技术科学发展高峰的出现在时间上略早于经济长波的波峰；第三次经济长波期间，技术科学发展高峰的出现在时间上比经济长波波峰提前得更多；第四次经济长波阶段，由于受战争的影响，技术科学发展波峰的起点略早于经济开始涨潮的年份。这一特点表明，技术科学的每一次大发展（以出现高峰为标志）可能对相应经济长波期间主导产业群的形成与发展，乃至当时整个社会经济的增长都发挥着决定性的影响与作用。

(3) 技术科学发展高峰出现的周期和经济长波演进的周期近乎一致。经济长波研究专家一般粗略认为，经济运行存在着50～60年的长周期；梅兹根据其统计研究结果估算，长波平均波长为54～56年。而技术科学发展四次高峰的峰顶出现在1800～1804年、1850～1854年、1900～1904年、1955～1959年四个计时单位上，相邻各高峰峰顶之间的间隔分别为50、50、55年。不难计算出，技术科学的发展也存在着平均52年左右出现一次高峰的周期性特征。

(4) 由图5-2还可以看出，技术科学发展的前三次高峰都表现为持续30年的单一波峰，而第四次高峰则由彼此间相距10年的四个连续子峰组成。这很可能反映出，技术科学在其发展的不同历史阶段具有不同的发展模式，当然这尚需要进一步详细研究。

综上所述，技术科学的发展与由经济长波所反映的产业结构变迁之间可能存在着更为深刻的内在实质相关性，有待进一步探讨。

第三节 技术科学发展与产业结构变迁的相关性统计研究

一、近代以来产业结构变迁的实质是主导产业群的更替

我们通过研究，基本认同马建堂等学者关于经济长周期波动的过程，实质上就是主导产业群更替的过程，因而一次经济长波便对应一个主导产业群的观点。故亦可以说，近代产业革命以来，世界产业结构变迁的实质，就是主导产业群的

周期性更替。通过对梅兹经济长波所对应的四个历史时期内实际经济运行状况的系统考察，我们在第四章已初步构建起如表 4-1 所示的四个对应主导产业群。下面便以技术学科数为统计指标，通过对不同经济长波时段内新生的技术学科进行系统的分类计量统计研究，力求从定量的层面上揭示技术科学发展与产业结构变迁之间的内在相关性。

二、技术科学学科的分类方案设计

由于技术科学的产生主要归因于文艺复兴以后学者理论传统与工匠技术传统的融合，参照 J. D. 贝尔纳的观点，我们取 1440 年作为统计分析的起点，上文已提及梅兹的统计数据截至 1979 年，当时第四次经济长波尚未结束，本书第六章的研究成果将表明，第四次经济长波在理论上应当结束于 1994 年。因此，为使统计结果更趋于合理，这里先将有关技术学科统计数据的截止年代延伸到统计源中新生技术学科最晚出现的 1987 年。其间（1440～1987 年）统计样本中共出现 886 门技术学科。根据研究需要，我们又针对该统计样本设计了以下分类方案。

首先根据产生年代，将 886 门技术学科分别划归入到第一次经济长波前[1440，1780)、第一次经济长波期间[1780，1820)、第二次经济长波期间[1820，1885)、第三次经济长波期间[1885，1943)、第四次经济长波期间[1943，1987]五个时段内。

其次根据与主导产业群关系密切程度的不同，把对应时段内技术学科划分为三类："与主导产业群直接相关的学科"、"与主导产业群间接相关的学科"、"需要解释的学科"。所谓"与主导产业群直接相关的学科"，是指与主导产业群之间直接形成知识供求关系的学科。所谓"与主导产业群间接相关的学科"，是指那些与服务于整个社会，当然也间接地服务于主导产业群的产业/事业相关的学科，主要包括轻纺食品类、农林畜牧类、土建水利类、医药卫生类和管理类共五类。所谓"需要解释的学科"，主要涉及两种类型：一类是与军事相关的学科；另一类是指在对技术学科进行上述的按时间、产业分类时，发现其与对应时段内的主导产业群无明显关系，但通过追根溯源，可找到其与在时间上相距较远的另外某个主导产业群之间存在一定知识关联的学科。

再次，根据历史上技术科学学科与主导产业群之间的实际知识供求关系，我们又将每次经济长波对应时段内的"与主导产业群直接相关的学科"进一步细分为"与前次长波主导产业群直接相关的学科"、"与本次长波主导产业群直接相关的学科"和"与以后长波主导产业群直接相关的学科"三类。

最后，针对有些学科的知识可以同时应用于多个产业的现象，在研究中又采取了两种处理办法：①学科不重复计算法，即一个学科只作一次产业归类计数。对同时可应用于多个产业的学科，按“与主导产业群直接相关的学科”、“与主导产业群间接相关的学科”和“需要解释的学科”的先后顺序原则，按第一顺序进行归类计数；而对于已归入“与主导产业群直接相关的学科”者，则再按“与本次长波直接相关的学科”、“与前次长波直接相关的学科”和“与以后长波直接相关的学科”的先后顺序原则，按第一顺序进行计数。②学科重复计算法，即如果一个学科的知识可同时运用于多个产业，则在应用该学科知识的各产业中分别计数一次。

三、技术科学发展与主导产业群更替的相关性统计分析及其基本结论

按照以上设计的分类方案，我们分别对四次经济长波期间新生技术学科与主导产业群的相关性做了系统的统计分析与研究，并将全部结果的相关数据汇总于表5-1中。

表5-1　历次经济长波期间与主导产业群相关的新生技术学科基本统计数据汇总

时段划分与计算方法 / 学科分类	第一次长波前[1440，1780)		第一次长波期间[1780,1820)		第二次长波期间[1820,1885)		第三次长波期间[1885,1943)		第四次长波期间[1943,1987]		不重复计算法平均百分比/%	重复计算法平均百分比/%	两种算法平均百分比的算术平均/%	1.1、1.2、1.3相对百分比/%
	不重复计算	重复计算	不重复计算	重复计算	不重复计算	重复计算	不重复计算	重复计算	不重复计算	重复计算				
	学科数/门（百分比/%）	学科数/门（百分比/%）	学科数/门（百分比/%）	学科数/门（百分比/%）	学科数/门（百分比/%）	学科数/门（百分比/%）	学科数/门（百分比/%）	学科数/门（百分比/%）	学科数/门（百分比/%）	学科数/门（百分比/%）				
1与主导产业群直接相关的学科	20 (58.82)	20 (57.14)	21 (67.74)	21 (60.00)	45 (52.94)	49 (48.51)	123 (52.12)	170 (56.11)	311 (62.20)	461 (61.06)	58.75	56.42	57.59	100
1.1与本次长波主导产业群直接相关的学科			17 (54.84)	17 (48.57)	26 (30.59)	30 (29.70)	78 (33.05)	94 (31.02)	200 (40.00)	257 (34.04)	39.91	35.83	37.87	63.72
1.2与前次长波主导产业群直接相关的学科					3 (3.53)	3 (2.97)	15 (6.36)	22 (7.26)	97 (19.40)	160 (21.19)	9.76	10.47	10.12	16.17
1.3与以后长波主导产业群直接相关的学科	20 (58.82)	20 (57.14)	4 (12.90)	4 (11.43)	15 (17.65)	16 (15.84)	30 (12.71)	54 (17.82)	14 (2.80)	44 (5.83)	11.52	12.73	12.12	20.11
2与主导产业群间接相关的学科	10 (29.41)	11 (31.43)	7 (22.58)	11 (31.43)	36 (42.35)	44 (43.56)	101 (42.80)	113 (37.29)	169 (33.80)	260 (34.44)	35.98	36.68	36.33	
1.1+2（与本次长波主导产业群相关的学科）			24 (77.42)	28 (80.00)	62 (72.94)	74 (73.27)	179 (75.85)	207 (68.32)	369 (73.80)	517 (68.48)	75.9	72.52	74.21	
3需要解释的学科	4 (11.76)	4 (11.43)	3 (9.68)	3 (8.57)	5 (5.88)	8 (7.92)	12 (5.08)	20 (6.60)	20 (4.00)	34 (4.50)	5.27	6.9	6.08	
合计	34 (100)	35 (100)	31 (100)	35 (100)	85 (100)	101 (100)	236 (100)	303 (100)	500 (100)	755 (100)				
统计样本学科总数/门	886	1229	886	1229	886	1229	886	1229	886	1229				

注：第一次长波期间，1.3表示与第三次长波主导产业群直接相关的学科。其余历次长波期间该项参数均为与下一次长波的主导产业群直接相关的学科

通过对表 5-1 中数据的系统分析，至少可以获得以下四点基本结论。

（1）技术科学总体发展的时间序列增量特征曲线中历次高峰与梅兹经济长波曲线中的波峰彼此一一对应，相互嵌套，周期基本一致（50 年左右）等现象是有其内在必然性的。从表 5-1 的数据可见，在四次经济长波中，平均占新生技术学科总数 74.21％的“与本次长波主导产业群相关的学科”（含“与本次长波主导产业群直接相关的学科”和“与主导产业群间接相关的学科”）随着主导产业群的更替要发生相应的变更，这显然使技术科学的发展伴随着产业结构的变迁，形成了幅度很大的周期性变化，于是就酿成了与经济长波相对应的以 50 年左右为一个周期的技术科学发展高峰频繁出现的现象。

至于每次经济长波中对应的技术科学发展高峰都出现在经济涨潮期，且有位置逐渐前移的现象，这一方面说明，每一次技术科学发展高峰的出现，就是为对应经济长波中主导产业群的形成与发展提供知识/人力资源方面服务的；另一方面也表明，随着历史向前推移，科学越来越超前于技术和生产，发挥着引领技术与产业发展的作用。

为了进一步验证上述推断，我们还专门统计出历次技术科学发展高峰期间的新生技术学科总数和“与本次长波主导产业群相关的学科”数，并计算出两者之间的对比百分数。统计数据如表 5-2 所示。结果表明，在历次技术科学发展高峰期间，二者间的比例平均为 77.69％。这与历次经济长波期间对应指标的平均值 74.21％相比，增幅较为明显。这进一步说明，技术科学发展高峰的出现，正是为了满足对应经济长波时段内主导产业群的形成与发展对新知识/人才的迫切需求。

表 5-2　历次技术科学发展高峰期间与本次长波主导产业群相关的新生技术学科数统计分析

四次技术科学发展高峰的时域	第一次技术科学高峰［1790，1819］	第二次技术科学高峰［1830，1859］	第三次技术科学高峰［1885，1914］	第四次技术科学高峰［1940，1984］	平均百分数/％
对应的经济长波时域	［1780，1820）	［1820，1885）	［1885，1943）	［1943，1979］	
统计指标	学科数/百分比（门/％）	学科数/百分比（门/％）	学科数/百分比（门/％）	学科数/百分比（门/％）	
1. 与本次长波主导产业群直接相关的学科	11/ 44.00	17/ 36.17	41/ 35.34	206/ 41.12	39.16
2. 与本次长波主导产业群间接相关的学科	7/ 28.00	22/ 46.81	51/ 43.97	177/ 35.33	38.53

续表

四次技术科学发展高峰的时域	第一次技术科学高峰［1790，1819］	第二次技术科学高峰［1830，1859］	第三次技术科学高峰［1885，1914］	第四次技术科学高峰［1940，1984］	平均百分数/%
3. 与本次长波主导产业群相关的学科（1+2）	18/ 72.00	39/ 82.98	92/ 79.31	383/ 76.45	77.69
本次高峰中产生的总学科	25/ 100	47/ 100	116/ 100	501/ 100	100

（2）要正确处理好“与主导产业群直接相关的学科”和“与主导产业群间接相关的学科”之间的比例关系。由表 5-1 可见，这两者的平均比例为 57.59：36.33；而在每一次经济长波期间，两者间对比百分数则基本围绕平均比例上下波动。而由前述定义可知，前者是为主导产业群直接提供知识/人力方面服务的；后者则是对服务于整个社会，当然也间接服务于主导产业群的那些产业/事业提供知识/人力方面服务的。这与马克思关于社会总资本的再生产，在国民经济两大部类之间必须维持相对平衡的道理是基本一致的。也就是说，为维持经济、社会的平稳、和谐发展，在国民经济的两大部类之间，不仅实物和货币资本的投入要保持相对平衡，而且知识和人力资本的投入也要保持相对平衡。从而为我们制订或修正科技与教育发展规划提供了重要的理论参考依据。

（3）基本是同样的道理，在“与主导产业群直接相关的学科”中，也存在着“与前次长波主导产业群直接相关的学科”、“与本次长波主导产业群直接相关的学科”和“与以后长波主导产业群直接相关的学科”三者之间合理的比例配置问题，表 5-1 中数据表明，四次经济长波期间其平均比例为 16.17：63.72：20.11。这说明，无论是制订科技发展规划还是教育发展规划，都要积极面向当前和未来，保持一定的重点意识和超前意识；要主动适时地改造、淘汰旧的学科专业，培育新的学科专业，以确保经济、社会持续稳定地向前发展。

当然我们也已注意到，在第四次经济长波期间，“与前次主导产业群直接相关的学科”和“与以后主导产业群直接相关的学科”的分配比例与前三次经济长波期间的情况截然相反，给人以“反常”的感觉，这既可能因为第四次经济长波是一个不完整的波形，统计数据缺乏代表性；又可能因为第四次经济长波期间技术科学发展模式与前三次相比，已出现了质的差异；还可能是其他原因，尚待进一步研究。

（4）从表 5-1 我们还可以发现两个重要的单调上升趋势。为便于表述，我们首先定义下面两个指标：①学科平均增长速率 $A=\Delta n/\Delta t$（门/年）。式中，Δn 为某一经济长波期间新生技术学科总数，Δt 为相应经济长波期间对应时段的年数。

②学科重复度 $B=(\Delta n_{重复}-\Delta n_{不重复})/\Delta n_{不重复}\times100\%$。其中，$\Delta n_{重复}$为在某一经济长波时段内按重复计算法所得出的新生技术学科总数；$\Delta n_{不重复}$为在相应的经济长波时段内按不重复计算法所得出的新生技术学科总数。计算结果列于表5-3中。

表 5-3 历次经济长波期间新生技术学科的平均增长率与学科重复度

项目	第一次长波前	第一次长波	第二次长波	第三次长波	第四次长波
A/（门/年）	0.1	0.775	1.354	4.138	13.028
B/%	2.94	12.9	19.32	33.75	47.3348

从表5-3的数据可见：在历次经济长波（包括第一次经济长波之前阶段）中，A、B均呈现单调上升的趋势。这一方面说明，随着时间的推移，技术科学正以越来越高的、增长极快的平均速率加速发展；另一方面显示，越是到后来，不同产业之间所需要的技术科学知识重复性越大。这也许表明：目前表现出来的技术学科宏观增长速率太快，将来未必能够持续维持；未来各种产业之间所需要的技术和知识交叉渗透性会更强，通用性技术和知识将越来越多。当然更深刻的原因与理由，还有待进一步探讨。

第四节 技术科学发展与产业结构变迁的相关性实证分析

通过对技术科学总体发展的时间序列增量特征曲线与梅兹经济长波曲线之间的比较研究、对历次经济长波期间新生技术学科数与主导产业群之间相关性的定量分析，已经发现技术科学发展与产业结构变迁之间存在着密切的相关性。但要进一步追究两者之间具体相关的实际内容，则需要进行综合的历史考察，即通过科学、技术、产业发展的具体历程及三者之间互动史实的实证分析，来进一步验证并阐明以上结论。

一、第一次经济长波期间新生技术学科与主导产业群的相关性实证分析

以下将着重对第一次经济长波以前（1440～1779年）和第一次经济长波期间（1780～1819年）主导产业群中主要的、具有较多相关技术学科数的相关产业进行综合历史背景考察，以追寻其发展与技术科学进步之间的直接相关脉络；而对地位不甚重要、涉及技术学科数较少的产业便不逐一赘述。以后各节中对其

后历次经济长波时段内对应情况的分析，也基本采取与此相同的办法。

本次经济长波期间主导产业群主要由：前导产业纺织业；主导产业机械制造业；引发产业仪器仪表制造业、交通运输业、矿产采掘业、冶金业、无机重化学工业组成。

（一）第一次经济长波期间“与主导产业群直接相关技术学科”的实证分析

第一次产业革命是第一次经济长波产生的动因。当时英国正由封建社会向资本主义社会过渡、转型。15 世纪末 16 世纪初的地理大发现，拉开了资本主义世界贸易和殖民地掠夺的序幕；1640～1688 年英国爆发了资产阶级革命，确立了资本主义生产关系。这些都成了产业革命兴起的必要条件。

1. 对本次长波主导产业群中主要产业及与其相关技术学科的实证分析

（1）纺织业是第一次产业革命的前导产业。当时英国纺织业拥有广阔的市场、其发展亦受到政府相关法规的保护。由于手工生产产量有限，难以满足需求，于是首先在纺织业内引发了一系列技术革新，发明出了许多新型工作机，如飞梭织布机、珍妮纺纱机、水力纺纱机、骡机、水力织布机等。

虽然纺织业的技术革新属于工匠经验范畴，起初并未有相应技术学科的支撑，但其却是产业革命的起点。首先大量工具机的发明和工厂的建立，推动着纺织业飞速发展，使得动力不足问题日益突出；其次纺织工具机的大量出现，对机械制造技术提出了更高的要求，用机器制造机器便成为当务之急，促进了机械制造业的发展；最后棉布需要印染、漂白，使酸碱制造业也获得相应发展。

（2）“冶金工业的演变和纺织工业的演变是平行的。”[1] 当时英国冶金业的相对繁荣，主要发端于纺织工业的机械化趋势，对生铁、铁和钢的产量提出了更高的要求。而冶金技术的革新使得产业革命发生前后，统计样本中出现了“炼铁学”、“结晶学”、“冶金学”等技术学科，这些学科基本都是对工匠经验总结的结果。

（3）肥皂、冶金、玻璃、制糖、制砖和制盐等高热工业的发展，导致当时的主要燃料木材供不应求，价格高涨，采煤工业因此获得良好的发展契机[2]。同时机械化趋势对材料提出了更多、更高的要求，这又促进了铁矿采掘业的发展。1780 年前后统计样本中出现了“采矿学”、“水文地质学”。

---

① 保尔·芒图．十八世纪产业革命——英国近代大工业初期的概况［M］．杨人楩，等译．北京：商务印书馆，1997：217

② 保尔·芒图．十八世纪产业革命——英国近代大工业初期的概况［M］．杨人楩，等译．北京：商务印书馆，1997：216-246

(4) 众所周知，瓦特对蒸汽机的改进已受到当时初步兴起的热学理论的影响，和蒸汽机制造有关的“燃烧学”在1780年以前便出现在统计样本之中。

在莫兹利等发明各种机床、刀架，以及改进后的蒸汽机应用于机械制造之后，机械制造业获得迅速发展。1780年前后统计样本中出现了近20门与机械制造相关的技术学科，如“结构工程学”、“刀具”、“切削加工”、“机床”、“液压传动学”、“机械制图”、“工程机械”等。

(5) 机械制造业的发展对加工精度和操作控制方面不断提出新的要求，又推动了仪器仪表制造业的发展。在第一次经济长波之前及第一次经济长波期间，统计样本中相继出现7门相关技术学科，学科内容主要集中在计时、测温、测距等方面。

(6) 英国产业革命早期运输的主要方式是马车和帆船。“由于国内外市场的扩大，货运量大为增加，从而使商品、原料等的运输量不断增长。……机器大生产增加了人口的流动。……相互联系的各生产部门之间的联系增长了，原有的运输手段已不能满足现有生产部门之间联系的需要。”[①] 这些推动交通运输业迅速发展，并同时掀起了运河建筑热潮[②]。1780年前在统计样本中便出现了“林区道路”、“桥梁工程学”、“航海天文学”等技术学科。

(7) 18世纪中期，印染业、玻璃和肥皂工业的发展，使得以酸碱为主要产品的无机重化学工业成长起来。使“无机合成化工”和“无机化工”这类相关技术学科出现在当时的统计样本中。此外，由于煤炭采掘业和冶金业中焦炭、炼铁技术的发展，煤焦油的利用导致了煤化工的产生，使“煤化工”这门技术学科亦在第一次经济长波期间出现在统计样本中。

2. 对“与第三次经济长波主导产业群直接相关学科”的实证分析

1800年伏打发明了电堆，揭示了电能和化学能之间的内在联系，电化学的机理已初步被认识清楚[③]。虽然推动了“工业电化学”、“应用电化学”、“腐蚀电化学”和“熔盐电化学”等技术学科的创立，但这一时期电化学主要还处于实验室研究阶段，直到19世纪末，也就是第三次长波期间，随着电力工业能够提供强大电流之后，电化学工业才能真正走向产业化[④]。

(二) 第一次经济长波前后“与主导产业群间接相关技术学科”的实证分析

第一次经济长波前后，食品、农林畜牧、土木建筑、水利、医药卫生等产

---

① 关锦镗．技术史（上册）[M]．长沙：中南工业大学出版社，1987：270

② 李少白．科学技术史 [M]．武汉：华中工学院出版社，1984：182

③ 关士续．科学技术史简编 [M]．哈尔滨：黑龙江省科学技术出版社，1984：344-345

④ 王鸿贵，关锦镗．技术史（下册）[M]．长沙：中南工业大学出版社，1988：48-49

业/事业均依照经验平稳地发展，由维萨留斯的《人体结构》开创的人体解剖学、哈维的《心血运动论》开创的生理学和18世纪建立的病理解剖学在此前就发展起来[①]，故相关的技术学科在统计样本中亦不多见。图书馆学的产生，反映了当时社会中知识交流的普遍需求。

（三）第一次经济长波期间“需要解释的技术学科”

这一阶段，该类学科主要集中于材料行业，如“非金属材料”、“磁性材料学”。“非金属材料”这门学科是在人们寻找新建筑材料的过程中产生的，如“1774年，英国工程师斯密顿（J. Smeaton）在建造海上灯塔时，试用石灰、黏土、砂和铁渣的混合物砌筑基础，效果良好。后来又发现了在石灰浆中加进些砖的粉末后能提高耐火性能。……人们逐渐认识到把黏土同石灰石适当地配合并加以煅烧，……可以制造出性能良好的胶结材料”[②]。这些均为亚斯普丁（J. Aspdim）1824年发明波特兰水泥奠定了基础。而“磁性材料学”的产生，与当时已经开始的电学和磁学研究紧密相关。

通过以上历史资料的系统实证分析不难看出，在第一次经济长波期间英国首先发生了产业革命，并形成了如上所述的第一个以蒸汽机改进和机械制造为核心的主导产业群。其主要技术成果虽然是以工匠经验和现场反复试验为基础的，但由于文艺复兴以后，学者理论传统与工匠技术传统已开始初步融合，在1440～1820年，按不重复计算法，统计样本中已出现了65门技术学科，其中与第一个经济长波内主导产业群直接相关的学科就有37门，占56.92%，主要分布在机械制造、仪器仪表、采矿、冶金、运输、化工等产业领域内；与第一个主导产业群间接相关的，即关系到衣、食、住、行、医、管（理）方面的学科有17门，占26.15%。两者合计占83.07%，说明这阶段产生的技术学科主要是为本次经济长波内主导产业群的发生、发展提供知识/人力资源方面服务的。其余11门学科中为以后主导产业群服务的电化学方面有4门，材料方面有2门，在这里提前出现了；另外5门学科则与军事方面相关。

二、第二次经济长波期间新生技术学科与主导产业群的相关性实证分析

本次经济长波期间（1820～1884年）主导产业群主要由：前导产业纺织业、

---

① 中国医学百科全书编委会. 中国医学百科全书·医学史［M］. 上海：上海科学技术出版社，1987：233-239

② 中国科学院自然科学史研究所近现代科学史研究室. 20世纪科学技术简史［M］. 北京：科学出版社，1985：424

交通运输业、蒸汽机制造业；主导产业机械制造业、冶金业；引发产业矿产采掘业、化学工业组成。

（一）第二次经济长波期间“与主导产业群直接相关技术学科”的实证分析

1. 对本次经济长波主导产业群主要产业及与其相关技术学科的实证分析

（1）交通运输业是这次经济长波中兴起的前导产业。纺织业生产的发展，煤、铁和机械等货物贸易量的增大，导致相关的原料、燃料和制成品的运量不断增加，原有的马车、帆船等运输方式已难以适应要求。又因为蒸汽机技术和机械制造技术已经比较成熟，并且之前火车机车（1814年）和汽船（1807年）都已经发明并逐步投入实际使用，于是火车、汽船便取代马车、帆船成为当时的主要运输工具。

铁路运输方面，自1825年世界上第一条铁路在英国正式建成之后，在各国相继兴起了建筑铁路的热潮。“19世纪中叶修筑铁路的速度加快了，1840～1870年的三十年间世界铁路的全长增加了二十多倍（由1840年的八千六百公里增至1870年的二十万零七千九百公里）。”[①]

汽船运输方面，1807年富尔顿的“克莱蒙特”号发明之后，汽船便首先在内河航运中发挥作用。1812年“彗星”号、1818年“罗布·罗伊”号开始航行后，欧美已有近百艘蒸汽轮船在内河航线上行驶。之后蒸汽轮船以“沙湾纳”号、“天狼星”号和“大西方”号横渡大西洋为起点，开始广泛应用于海洋运输[②]。

交通运输业在此期间的蓬勃发展，使得“海洋气象学”、“交通运输地理学”和“道路工程学”在统计样本中出现。

（2）火车机车制造、轮船制造、铁路铺设、机械制造、建筑材料和军工生产（枪、弹、大炮生产）等对铁特别是优质钢的需求量急剧增加，引发了冶金革命。酸性转炉法（1856年）、碱性转炉法（1869年）、平炉炼钢法（1867年）为改进炼钢质量、降低成本和提高产量发挥了重要作用，使钢铁工业飞速发展。其间统计样本中出现“炼钢学”、“金相学”等技术学科，是科学知识和方法被引入冶金业的明证。

（3）纺织业、交通运输业、矿产采掘业、冶金业的兴盛对机械制造技术提出了更高的要求。机械零件制造的规范化、标准化、通用化，使得机械产品的系列化和批量化生产成为可能；对机械传动、力学原理、结构特性、精确设计的研究

---

① 关锦镗．技术史（上册）[M]．长沙：中南工业大学出版社，1987：274

② 关锦镗．技术史（上册）[M]．长沙：中南工业大学出版社，1987：275-278

日益深化，使得统计样本中又出现了“机械传动”、“机构学”、“弹性力学”、“固体力学”、“机械工程”、“机械零件”等10门相关技术学科。

（4）由于发现了石油的多种特点，石油应用迅速普及。石油炼制工业也自此发端，如“1823年，……建立俄国的第一座釜式蒸馏工厂炼制石油”[①]。石油采掘业也随之得到发展。与此相对应，统计样本中出现了“页岩工程学”、“工业地理学”、“渗流力学”、“石油工程学”等技术学科。

（5）19世纪中叶以后，由于钢铁工业的发展，煤焦油的综合利用引起重视，衍生出有机化学工业。随着德国和美国在19世纪60年代实现了赛璐珞的合成，人们开始注重认识这些有机化合物，相关的7门技术学科如“染料化学”、“有机合成”、“合成化学”、“液体燃料工学”、“金属有机化学”等在统计样本中出现。

2. 对“与前次长波期间主导产业群相关技术学科”的实证分析

由于铁路运输业、汽船运输业、蒸汽机制造业和化学工业的需要，煤炭、铁矿采掘业获得大规模发展，相应的技术学科“矿山建设工程”、“地下水动力学”和“装药技术”等也随之在统计样本中出现。

3. 对“与下次长波期间主导产业群相关技术学科”的实证分析

（1）电力工业在第二次经济长波结束阶段开始崭露头角，首先又集中在电机制造方面。由于电气工业是完全建立在科学理论基础上的，当时处于发展初期的电力技术，必然有一个从实验室到工厂的转化过程，故与此相应，在统计样本中出现了“电机学”、“电器学”、“电介质材料学”等8门技术学科。又因为使用伏打电堆作为电源，存在着电力严重不足的问题，所以整个电气工业的大发展，只有在建成大型发电站、并能提供大功率稳定电流的以后时期，才能真正得以实现。

（2）在第二次经济长波期间，由于热力学理论逐步完善，其科学成果便开始向应用方面转化，统计样本中出现了“工程热力学”、“热工学”、“内燃机”、“燃气轮机装置”、“热力涡轮机”等7门技术学科。这在当时技术与产业发展的背景中也算是有其现实依据的。“19世纪70年代，煤气机、煤油机、汽油机和柴油机相继问世”，“并在机床动力和汽车动力方面取得了初步的应用成果，但在19世纪的后20余年时间内，内燃机的技术地位还不足以与当时的第四代蒸汽机和第五代蒸汽机相抗衡。因此，内燃技术在19世纪70年代以后的20余年时间内还只是处于热力技术的配角地位”[②]。直到20世纪初，内燃机制造业才真正成长

---

① 《中国大百科全书》编委会．中国大百科全书·化工［M］．北京：中国大百科全书出版社，1987：585

② 童鹰．现代科学技术史［M］．武汉：武汉大学出版社，2000：168-169

起来。

由于船舶大型化对动力要求的提高和火力发电站建设的需要，再加上相关的科学依据和技术工艺已经具备，此时蒸汽轮机技术亦获得发展。但直到 1884 年英国人查尔斯·A. 帕森斯发明蒸汽轮机并取得专利之后，汽轮机才能在“在火力发电厂中普遍使用”①。

在此期间，虽然反映燃气轮机技术理论基础的两门技术学科“热力涡轮机”和“燃气轮机装置”已经在统计样本中出现，但直到 1918 年，第一台有实用价值的燃气轮机才由美国工程师莫斯发明。

（3）社会对通信的需求是第二次经济长波期间通信业发展的动因。在 1820 年奥斯特发现电流磁效应之后，有线电报也从试验阶段开始走向实用阶段，各种电报机亦相继发明。这阶段虽然也成立了一些电报公司，敷设了一些电报电缆，但由于有线电报发送依赖伏打电堆提供电流，且其使用亦不甚方便，电报业仍滞留于萌发阶段。正是有线电报的多种缺陷，促使电话技术应运而生，世界上最早的贝尔电话公司也于 1877 年开始营运。

（二）对第二次经济长波期间“与主导产业群间接相关技术学科”的实证分析

（1）第二次经济长波期间，因为人口的增加和生活质量的提高，对食品加工业、纺织业、造纸业等提出了更高的要求。这些产业在经验和传统方法的基础上，初步吸纳了科学理论思想，获得了较大发展。此间统计样本中共出现了“制糖工程学”、“发酵工程”、“食品微生物学”、“食品卫生学”、“罐头食品工艺学”、“纸浆造纸工程学”6 门技术学科。

（2）在本阶段，随着工厂制的普及，城市人口不断增加，农业人口不断减少；同时总人口的增长和商业贸易的发展，也增加了对农产品的需求。这些使农业获得了巨大的发展动力。一方面，农业机械化的趋势开始出现；另一方面，“农业灌溉管道的应用和……人工合成肥料的使用，使农业的大规模生产有了可能”②。相应地，在统计样本中出现了“果树育种学”、“动物饲养学”、“农业地理学”、“植物病理学”、“生物统计学”等 8 门技术学科。

（3）产业革命以后，大生产的发展带来厂房、桥梁、道路、车站等建筑物需求的增加，另外工业的发展提供了水泥和钢铁等新型建材，使得建筑业也获得了较快发展。这阶段统计样本中相应地出现了“建筑材料”、“建筑物理环境学”2 门相关技术学科。

---

① 王鸿贵，关锦镗．技术史（下册）[M]．长沙：中南工业大学出版社，1988：57

② 关锦镗．技术史（上册）[M]．长沙：中南工业大学出版社，1987：261-262

(4) 19 世纪以后，经济发展、人口集中、生产条件恶化及工人阶级贫困化等因素，导致职业病和传染病流行①。这必然促使人类综合利用科学技术的相关成果，推动与医疗卫生相关的技术科学迅速发展。其间统计样本中出现了“生药学”、“药理学”、“药剂学”、“内科学”、“护理学”、“卫生微生物学”、“病理解剖学”、“儿科学”、“医学微生物学”等 17 门技术学科。

(5) 工业技术成果的广泛应用，推动社会化大生产的普遍发展。“为了提高效率，在亚当 · 斯密分工思想的指导下，企业中实行高度的专业化分工。高速的经济发展使人口很快涌向工业集中地，不久就在交通便利和资源丰富的地区形成了工业化城市。”② 在这样的背景下，“人文地理学”、“经济地理学”、“工业地理学”等技术学科亦在统计样本中出现，对这阶段社会宏观管理发挥了一定的作用。

(三) 第二次经济长波期间“需要解释的技术学科”的实证分析

(1) “工业生产技术，尤其是冶金技术、机床工业和加工技术及化工技术，得到迅速提高，促进了武器技术的发展。”“19 世纪 30 年代开始研制出各种类型的从后膛装弹药的以及来复式的枪和炮”，“自从冶金工业中应用贝西默炼钢法以后，开始大量生产钢铸炮”③。这些在当时爆发的诸多战争中都发挥了重要作用，与此对应在统计样本中出现了新生技术学科“炮身设计”。

(2) 在电学理论取得重要进展的背景下，“19 世纪后半叶，电学开始向电工学领域发展，……电能在各方面的应用推动了各种电测仪表的研制”；“19 世纪初，初步发展起来的波动光学体系已经形成”，“1865 年麦克斯韦提出了光的电磁理论，他指出光和电磁现象一致性，使人们对光的本性认识上向前迈出一大步”，自然也推动了人类对光学原理的应用；同时，电磁理论的发展，也吸引着人们“研究磁现象和物质磁性及其应用”④。与这些相对应，其间统计样本中出现了“电磁测量及仪表”、“光学”、“磁学”等技术学科。

通过以上联系史实的系统实证分析不难看出，在第二次经济长波期间形成了以机械制造和冶金革命为核心的主导产业群。其间按不重复计算法，统计样本中共出现了 85 门技术学科，其中与第二个主导产业群直接相关的学科有 26 门，占

---

① 中国医学百科全书编委会．中国医学百科全书 · 医学史［M］．上海：上海科学技术出版社，1987：239-241

② 郭咸纲．西方管理思想史［M］．北京：经济管理出版社，2002：46

③ 中国科学院自然科学史研究所近现代科学史研究室．20 世纪科学技术简史［M］．北京：科学出版社，1985：453

④ 姜振寰．自然科学学科辞典［M］．北京：中国经济出版社，1991：260，93-94，103

30.59%，主要分布在机械、化工、运输、地矿、冶金等产业领域内；与第二个主导产业群间接相关的学科有36门，占42.35%。两者合计占72.94%，说明这阶段产生的技术学科主要是为本次经济长波内主导产业群的发生、发展提供知识/人力资源服务的。其余23门学科中，为上一个主导产业群服务的有3门；为以后主导产业群服务的有15门；需要做特殊解释的仅有5门，涉及军事、未来高级仪器仪表和材料方面。

另外，在这阶段，“与本次长波主导产业群直接相关的技术学科”数之所以相对偏低，是因为第二次经济长波主导产业群结构与第一次经济长波主导产业群结构相似性较大，只有交通运输业具有明显的变化，以铁路、汽船运输代替了马车、帆船运输。反之，产业革命在空间和时间上的扩展，导致工厂制和城市化的迅速发展，使得为第二次经济长波主导产业群提供间接服务的衣、食、住、行、医、管（理）方面的技术学科大幅度增长。

三、第三次经济长波期间新生技术学科与主导产业群的相关性实证分析

本次经济长波期间（1885～1942年）主导产业群主要由：前导产业内燃机制造业、石油采掘业、电气工业、煤焦油化工；主导产业农机制造业、船舶工业、航空工业、汽车工业、电气工业、化学工业；引发产业电气化铁路运输业、家用电器制造业、电化学工业、电加工业、石油化工、合成材料、合成染料、化肥工业、化学制药业、电讯业组成。

（一）第三次经济长波期间“与主导产业群直接相关的技术学科”的实证分析

1. 对本次长波主导产业群及其对应技术学科的实证分析

（1）1831年法拉第电磁感应定律的发现奠定了电力工业的理论基础，因其具有蒸汽动力难以与之匹敌的可集中大规模生产和远距离传输、传动机构简单、可随意分割及易于转变为其他各种能量形式的优点[①]，遂取代了蒸汽动力的主导地位，在20世纪初期基本形成的现代能源与动力结构体系中，成为最主要的二次能源与动力。许多相关技术科学基础在第二次经济长波阶段已经奠定，有利于该产业在第三次经济长波阶段继续扩展。首先是电机制造业蓬勃发展，其次是发电工业和输电工业随之兴起，最后是家电制造业、电化学工业、电气化铁路运输业和电加工业等产业相继出现。由于相关理论基础已经基本建立，这一阶段统计

① 查汝强．试论产业革命［J］．中国社会科学，1984，（6）：4-16

样本中只出现了“发电厂工程”等少数学科。

(2)“1884年，在波士顿与纽约之间架设了第一条实用线路，1886年纽约和费城也架起了电话线。到1890年止，美国大约有五万人在自己家中或办公室安装了电话。”① 到19世纪“80年代初，欧洲许多城市都相继建立电话交换台。1891年美国人斯特罗齐尔（A. B. Strowger）又发明自动电话交换机，电话便真正进入普及阶段”②。

1897年，马可尼获得无线电报专利，并成立马可尼无线电信公司，建立了世界第一个无线电台③。之后无线电报业便开始崛起。

1864年麦克斯韦创立电磁场理论，1888年赫兹用实验证实了电磁波的存在，已为电讯业的崛起奠定了基本科学基础。故在第三次经济长波期间，统计样本中出现的“电声学原理”、“天线技术”、“电子线路”、“材料”、“航天电子学”、“超声学”、“电子对抗”等技术学科，均能普遍适用于电话、无线电报、雷达、电视等相关产业。

(3) 内燃机具有“效率高、马力大、设备轻、用途广”④ 等优点，更适合于为行驶和运动中的工作机、运输机提供动力。由于前一阶段热力学方面相关技术学科的发展已提供了必要的知识和理论依据；钢铁冶炼技术和机械制造技术的进步也为其提供了必要的材料和制造工艺，致使内燃机制造业在这个阶段得以飞速发展。同时推动汽车工业、船舶工业、农机制造业和航空工业在本阶段兴起，并和其他产业一起构成第三次经济长波期间的主导产业群。因为相关科学与技术基础已经奠定，所以本阶段统计样本中几乎没有与之相关的新兴技术学科。

(4) 由于石油工业的发展提供了燃料来源、动力工业（包含内燃机、汽轮机和燃气轮机制造业）和电力工业提供了动力来源、热力学提供了理论基础，汽车工业、船舶工业、航空工业和电气化铁路运输业在这个阶段飞速发展。与此对应，统计样本中出现了“船舶结构力学”、“陀螺力学”、“交通工程学”、“船舶流体力学”、“飞行力学”、“真空物理学”、“空气动力学”、“航空仪表”、“航空气象学”、“飞机导航系统”的等18门技术学科。

(5) 第三次经济长波期间，各分支产业相继建立，使得化学工业呈现出蓬勃发展之势。相关产业部门主要有以下各方面。

---

① 李少白．科学技术史［M］．武汉：华中工学院出版社，1984：242

② 关士续．科学技术史简编［M］．哈尔滨：黑龙江省科学技术出版社，1984：407

③ 关士续．科学技术史简编［M］．哈尔滨：黑龙江省科学技术出版社，1984：410

④ 童鹰．世界近代科学技术发展史（下）［M］．上海：上海人民出版社，1990：481

“石油化工是20世纪20年代兴起的以石油为原料的化学工业。起源于美国。”[①] 在石油采掘业、汽车工业、船舶工业、航空工业、农机制造业等相关产业推动下迅速崛起。

化学制药工业在这一阶段蓬勃发展，如有机砷制剂、磺胺药的发明，青霉素等抗生素的发现并产业化，胰岛素、维生素和激素的人工合成与生产都是在该时期完成的[②]。药物的合成为人类找到了战胜疾病的新途径。

合成材料的发明，必须要建立在对这些材料结构清楚认识的基础上，故一般首先在实验室中试验制成，其后逐步向生产转化。这一阶段合成橡胶、合成塑料、合成纤维纷纷研制成功并投入工业化生产[③]。

电化学的机理早在1800年就已经被揭示。直到19世纪后半叶电力工业可以提供强大而稳定的电流之后，电化学工业才能真正成为一个产业部门。“在19世纪的最后10年，还开始建立起生产铜、铝、磷、钠、碳化钙、金刚石、人造石墨等各种材料的电化学工业，也为这个新兴工业部门进入20世纪以后的发展做好了准备。”[④]

合成氨反应原理是在19世纪末物理化学取得重大进展后被揭示的。德国于1912年建成世界上第一个日产氨30吨的合成氨工厂[⑤]，第一次世界大战末期，德国合成氨年产能力已达30多万吨。1937年世界年产量达75.5万吨，1939年则已达到200万吨。合成氨生产中涉及的高压、催化方面的技术均来源于技术科学的发展。

20世纪初，煤焦油仍然是有机合成原料的主要来源。“第一次世界大战期间，钢铁工业高速发展，同时作为火炸药原料的氨、苯及甲苯也很急需，这促使炼焦工业进一步发展，并形成炼焦副产化学品的回收和利用工业。”同一时期，由于电力工业的大发展，用焦炭制造电石的活动也开始兴起。“第二次世界大战前夕及大战期间，煤化工取得了全面而迅速的发展。”[⑥]

与化学工业蓬勃发展相适应，本阶段统计样本中出现了“高温化学”、“精细化工”、“工业化学”、“萃取化学”、“分离化学”、“化学工程学”、“石油化学”、

---

① 《中国大百科全书》编委会．中国大百科全书·化工［M］．北京：中国大百科全书出版社，1987：574

② 《中国大百科全书》编委会．中国大百科全书·化工［M］．北京：中国大百科全书出版社，1987：779

③ 李少白．科学技术史［M］．武汉：华中工学院出版社，1984：600-605

④ 关士续．科学技术史简编［M］．哈尔滨：黑龙江省科学技术出版社，1984：415

⑤ 《中国大百科全书》编委会．中国大百科全书·化工［M］．北京：中国大百科全书出版社，1987：206-207

⑥ 《中国大百科全书》编委会．中国大百科全书·化工［M］．北京：中国大百科全书出版社，1987：447-448

“工业催化”、“石油加工工程”、“化学机械”、“硅酸盐物理化学”、“化学纤维学”、“化工冶金”、“超高压物理学”、“燃料化学”等25门相关技术学科。

(6) 另外，在第三次经济长波期间占据主导地位的采煤业仍继续发展；以石油工业为代表的新型矿产采掘业也得以出现。其原因是多方面的：重工业发展对矿产品的需求不断扩大；探矿和采矿的机械化和电气化方法逐步普及[①]；矿产企业的生产集中化、规模化及管理科学化等。相应地，在本阶段统计样本中出现了“陆地水文学”、“钻井工程”、“煤田地质学”、“采矿工程”、“矿床学”、“矿山企业管理”、“工程地质学”、“地球物理勘探学”、“石油微生物学”等20门技术学科。

2. 对“与前次经济长波期间主导产业群相关技术学科”的实证分析

第三次长波期间，由于社会经济发展的需求，推动冶金业继续快速向纵深发展。

由于工业、建筑业、交通运输业、农业和军事对金属的需求量急剧增加，钢铁冶炼在产量和质量上都有显著提高。实行联合生产方式，普及机械化和自动化，实现了连续化生产；采用了高速、高温、富氧、真空、物理提纯、羧化、热分解、电炉等一系列冶炼新方法；冶炼品种也从单一的铁和钢向多种合金钢转化；金相学（1863年）、铁碳合金相图（1896年）、X射线衍射金属分析法（1912年）、位错假说（1934年）、运用场发射电子显微镜研究金属（1936年、1938年）都成为了钢铁技术发展的理论依据。

为了与飞机、汽车、发动机、电机、建筑、船舶等制造业的发展相配套，在此期间，有色金属、轻金属（铝、镁、钛等）冶炼业也有了较快的发展，冶炼的方法也从化学法发展到电解法。

由于光电材料、磁性材料、化工等方面的需要及粉末冶金方法的出现，钨、钼、钒等稀有金属的冶炼也开始起步并获得较大发展[②]。

相应地，在统计样本中也出现了“合金热力学”、“冶金过程物理化学”、“冶金炉”、“轻金属冶金学”、“重金属冶金学”、“有色金属冶金学”、“稀有金属冶金学”和“粉末冶金学”等11门技术学科。

3. 对“与以后长波主导产业群相关技术学科”的实证分析

由于生产、军事的需要及金属资源和矿物资源出现短缺现象，非金属材料的研究和生产开始成为热点。“20世纪第二个10年间，原子结构理论的提出，化

---

① 王鸿贵，关锦镗．技术史（下册）[M]．长沙：中南工业大学出版社，1988：29-32

② 中国科学院自然科学史研究所近现代科学史研究室．20世纪科学技术简史［M］．北京：科学出版社，1985：378

学键理论的开始建立和结构化学的发展，把研究各类材料的结构和结构与性能的关系提到一个新的水平。”[①] 陶瓷生产因为电力工业需要绝缘材料、基础化学工业需要耐腐蚀和耐高温材料而得到大力发展；玻璃因为电力照明器具制造、光学仪器制造和建筑业发展而大规模生产；水泥的生产由于铁路、码头和高速公路建设和建筑业钢筋混凝土生产的需要而加速发展[②]。

第三次经济长波期间在统计样本中共有 14 门与材料工业相关的技术学科产生，主要有：“凝聚态物理”、“碳素材料工学”、“耐火材料工学”、“超导物理学”、“流变学”、“非晶体类物理学”、“稠密流体物理力学”等。

（二）对第三次经济长波期间“与主导产业群间接相关技术学科”的实证分析

（1）该阶段农林畜牧业的发展主要体现在以下四个方面：①农业机械化继续普及推广，汽油机拖拉机、柴油机拖拉机相继投入生产，并因为一战期间劳力缺乏、农产品涨价而扩大了生产和应用规模，到 20 世纪 40 年代末已经逐步取代牲畜，成为农场的主要动力；②因为孟德尔遗传定律的重新发现后遗传学的迅速发展，动植物的良种选育工作取得较大进步；③由于发生土壤学（1883 年）和土壤统一形成学说（1914 年）的创立、固氮微生物的相继发现及合成氨的工业化生产（1913 年），土壤肥力大大提高，作物营养得到较大改善，DDT、有机汞杀菌剂和硫酸铜等应用于病虫害和杂草防除；④因为工业发展需要大量木材，以及人们逐步意识到森林生态恶化状况，林业生产也步入了新阶段，开始重视森林资源保护、合理利用木材。

与上述诸方面相对应，第三次经济长波期间统计样本中共出现了 30 门与农林畜牧相关的技术学科，主要有“微生物资源学”、“土壤微生物学”、“农业气象学”、“土壤地理学”、“农业微生物学”、“土壤学”、“养蜂学”、“兽医外科学”、“蚕学”、“农业昆虫学”、“造林学”、“耕作学”、“土地开发与利用工程学”、“禽病学”、“作物种质资源学”、“森林采运工程学”、“农药学”等。

（2）“19 世纪下半叶钢铁和水泥的应用，为建筑革命准备了条件。”[③] 由于钢铁工业在这个阶段的蓬勃发展，钢铁产量也大幅度提高，各类建筑机械已被陆续发明，“20 世纪初，形成了建筑机械行业，而且发展迅速”。“20 世纪前半叶，在

---

① 中国科学院自然科学史研究所近现代科学史研究室．20 世纪科学技术简史［M］．北京：科学出版社，1985：392

② 中国科学院自然科学史研究所近现代科学史研究室．20 世纪科学技术简史［M］．北京：科学出版社，1985：383-389

③ 《中国大百科全书》编委会．中国大百科全书·建筑，园林，城市规划［M］．北京：中国大百科全书出版社，1987：3

建筑工程机械的动力方面发生了很大变化，以柴油机、汽油机和电动机代替了蒸汽机。”[①] 总之，到第三次经济长波时期，土木、建筑、水利等传统产业的发展已经开始和科学紧密挂钩了，结构设计也开始从弹性极限设计发展到20世纪初期出现的科学设计。与这种趋势相对应，本阶段统计样本中一共产生了11门与土木建筑水利业相关的技术学科，主要有“土力学”、“房屋建筑学”、“水工结构学”、“城乡规划学”、“土质学”、“河工学”、“建筑热能工程学”、“建筑企业管理学”等。

(3) 本阶段医学分科进一步细化，并在以下方面取得重要进展：治疗方法上，发现和发展了化学治疗法和抗生素；免疫学方面，伤寒、霍乱、白喉、破伤风等疫苗产生；营养学方面，蛋白质、氨基酸、维生素和微量元素的营养作用被揭示；内分泌学方面，发现了肾上腺素等一系列激素；外科方面，发现了血型，并发展了局部麻醉法；精神医学方面，对精神病和心理学的研究都有所进展，等等[②]。与此相对应，统计样本中共出现了24门相关学科，主要有“性医学”、“精神病学”、“传染病学”、“流行病学”、“免疫学”、“医学社会学”、“放射卫生学”、“放射诊断学”、“辐射防护学”、“医学病毒学”、“生物医学与仪器”、“临床医学”、“法医学”、“妇产科学”、“口腔预防医学”等。

(4) 由于电力等先进技术的采用、大型生产流水线的普及，19世纪下半叶以来生产技术的复杂性大大增强、企业规模日趋扩大、生产率大幅度提高。由于市场竞争的加剧、经济危机的频繁出现，企业家更加关心如何提高产量、降低成本等问题。为此在继续利用先进科技成果的同时；人们又开始对管理方法展开研究。就是在这样的背景下，以泰勒的科学管理理论为代表的管理思想出现了，对提高生产率起到了非常重要的作用；以梅奥的行为科学理论为代表的管理思想亦应运而生，主要着手研究人的心理和行为及其相互关系。其间统计样本中共出现了28门相关技术学科，主要有“商业地理学”、“微观经济学”、“工业经济学”、“物资管理”、“城市地理学”、“数理统计学”、“市场学”、“工业工程学”、“管理科学”、“行为科学”、“科技管理”、“排队论”、“质量管理”、“价值工程学”、“城市科学”、“图论及其应用”等。

(三) 对第三次经济长波期间“需要解释的技术学科”的实证分析

为了转嫁经济危机、瓜分或重新瓜分世界，在第一次世界大战爆发期间，常

---

① 中国科学院自然科学史研究所近现代科学史研究室.20世纪科学技术简史［M］.北京：科学出版社，1985：431

② 中国医学百科全书编委会.中国医学百科全书·医学史［M］.上海：上海科学技术出版社，1987：239-244

规武器朝着机械化和摩托化方向发展。大炮的数量和质量不断提高；枪械向自动发射方向发展；坦克也得以发明和大量生产；飞机开始用于运输、战斗和侦察，军事航空工业迅速建立；战舰威力不断提高，潜水艇亦已出现；氯气、芥子气和神经毒气等化学武器也相继问世；苦味酸和 TNT 等炸药可以投入大量生产；无线电已广泛应用于通信和导航。

第一次世界大战结束至第二次世界大战爆发，“由于钢铁、化工、精密机械、动力、航空、造船等工业的迅速发展”，以及“原子物理、光学（包括红外）、电子学、声学、自动控制等科学技术所取得的成果用于军事技术上”[①]，包括武器生产等相关军事领域进步惊人。坦克性能继续改善，反坦克炮也开始出现；伴随喷气发动机的发明，战斗机和轰炸机的发动机、材料、结构设计等都取得惊人的技术进步；航空母舰正加速制造；在 1940 年初英国设置防空雷达网后，雷达也开始广泛应用；导弹和原子弹的研究工作也得以展开。

在此期间，统计样本中共产生了 12 门军事相关学科，主要有“火炮设计”、“弹药学”、“军事测绘学”、“军事气象”、“军事地形学”、“自动武器”、“军事技术运筹学”、“装甲车辆振动与噪声学”等。

通过以上系统历史资料的实证分析不难看出，在第三次经济长波期间形成了以电力革命和内燃机技术为核心的主导产业群。其间按不重复计算法，统计样本中共出现了 236 门技术学科，其中与第三次经济长波主导产业群直接相关的学科有 78 门，占 33.05%，主要分布在电讯、化工、地矿、航空、运输等产业领域内；与其间接相关的，主要涉及衣、食、住、行、医、管（理）等方面的技术学科有 101 门，占 42.8%。两者合计占 75.85%。说明这阶段产生的技术学科主要是为本次经济长波期间主导产业群的发生、发展提供知识/人力资源服务的。其余需要做特殊解释的学科仅有 12 门，主要涉及军事方面。

四、第四次经济长波期间新生技术学科与主导产业群的相关性实证分析

本次经济长波期间（1943～1987 年）主导产业群主要由：前导产业航空工业、汽车工业、家电制造业、原子弹制造、钢铁工业、电子工业、激光产业；主导产业航天工业、原子能工业、材料工业、广义信息产业；引发产业海洋产业、环境产业、生物产业、新型农林畜牧业、化学工业、自动化设备制造业、智能产业等组成。

---

① 中国科学院自然科学史研究所近现代科学史研究室．20 世纪科学技术简史［M］．北京：科学出版社，1985：456

(一) 第四次经济长波期间“与主导产业群直接相关技术学科”的实证分析

1. 对“与本次经济长波主导产业群直接相关技术学科”的实证分析

(1) 人类对原子能的利用是能源动力领域的一次划时代的革命。战争的需要激发人们将核理论的基础研究首先转变为为战争服务的应用研究，1945 年美国的“曼哈顿工程”开花结果，成功试爆了原子弹，其后许多国家的原子弹研发、制造陆续取得进展。

第二次世界大战以后，原子能技术一方面继续运用于军事领域，不断研发、制造各类核武器和核动力舰艇；另一方面在 20 世纪 60 年代以后不断转向民用。由于世界对能源的需求急剧增加，石油、天然气和煤炭供不应求，核能发电开始发展壮大。1954 年苏联建成核电站动力反应堆后①，全世界开始大规模地建设核发电站。“到 1982 年，已有 25 个国家和地区拥有已运行的原子能发电站 249 座，装机容量为 17 300 万千瓦。”② 核电在世界能源动力供应方面的比重日益上升。

根据核动力发展的实际需求，除了要对原子能利用的基本机理、方法、条件和控制等方面继续进行深入研究以外，还需要对各种新型核动力反应堆的开发、核燃料的生产、核辐射与核废料的处理、核能的和平利用、核能开发的经济性等方面展开全面探索。这些都是原子能工业继续发展不可或缺的先决条件。与此对应，这阶段统计样本中出现了 23 门相关技术学科，主要有“加速器原理”、“核武器物理”、“超铀元素化学”、“核反应堆屏蔽”、“反应堆物理”、“核爆炸物理”、“受控核聚变”、“电磁流体力学”、“磁流体动力学”、“放射性测量学”、“潜艇核动力”、“冲击波理论”、“核动力控制工程”、“原子能化学”、“核临界安全”、“核能经济学”、“核爆炸的和平利用”等。

(2) 1946 年世界上第一台电子计算机 ENIAC 出现，标志着计算机制造业的诞生，并开始高速发展。由于计算机应用的广泛性（其用途已超过 5000 多种），计算机产业也在世界范围内发展成为具有战略意义的产业。

“计算机产业包括两大部门，即计算机制造业和计算机服务业。后者又称为信息处理产业或信息服务业。……计算机制造业提供的计算机产品，一般仅包括硬件子系统和部分软件子系统。”③ 与产业发展相对应，计算机科学已成为一个

---

① 李佩珊，许良英 . 20 世纪科学技术简史（第二版）[M] . 北京：科学出版社，1999：550

② 中国科学院自然科学史研究所近现代科学史研究室 . 20 世纪科学技术简史 [M] . 北京：科学出版社，1985：398

③ 《中国大百科全书》编委会 . 中国大百科全书・电子学与计算机 [M] . 北京：中国大百科全书出版社，1987：16

发展快、渗透性强、影响深远的技术科学门类。它的出现不仅导致了计算机的产生、发展，而且引发了信息革命，使产业结构发生了深刻变化。本阶段统计样本中一共出现了 41 门相关技术学科，主要包括："计算数学"、"半导体材料学"、"半导体科学"、"计算机辅助设计"、"自动机理论"、"计算机系统结构"、"并行计算方法"、"计算机辅助制造"、"计算机组织"、"数学软件"、"智能计算机"、"汉字信息处理"、"计算机软件"、"数据库"、"光计算机"、"微计算机"、"系统软件"、"软件工程"、"计算机网络"等。

如果将学科按照产生的年代排列，便可以清晰地看出：从电子管计算机（第一代）到晶体管计算机（第二代）、集成电路晶体管计算机（第三代）、大规模与超大规模集成电路晶体管计算机（第四代），再到智能计算机（第五代）的演变过程；程序及软件设计在计算机制造业中重要性日益突出的趋势；计算机的网络化趋势；半导体材料与计算机制造业发展的密切相关性；电子技术（包括微电子技术）的基础作用；应用范围日渐扩大的趋势，其中包括辅助设计、测试和制造，科学计算，过程控制，信息处理，智能模拟等领域。

（3）现代社会的发展导致信息量剧增，信息论、控制论的产生奠定了科学理论基础，电子计算机（第四代计算机开始）、遥感和通信等三项技术的成熟使得（狭义）信息产业在 20 世纪 70 年代后诞生。

根据《中国大百科全书》的定义和其他著作中的相关论述，认为广义的信息产业，包括计算机制造业、信息服务业、通信业等。其中，计算机制造业包括计算机硬件制造业和计算机软件业。狭义的信息产业，即信息处理业或称信息服务业。信息产业的产生推动了生产力的迅猛发展，促进了产业结构的重大变革，改变了人们的生活方式，对人类社会的发展产生了极为深刻的影响。

"就广义的信息技术的技术构成而言，凡是与信息的产生、传输、接收和处理有关的技术都属于信息技术。"信息遥感技术属于信息产生的范畴，相关的技术学科集中在遥感、遥测、遥控、雷达等方面；信息传递主要与通信技术相关，与通信相关的技术学科集中在光导纤维、有线通信、卫星通信方面；与信息处理相关的技术学科集中在情报、信号处理、软件、数据库，文字、图像和语言处理等方面；还有一些学科，如"信息科学"、"生物信息论"、"知识工程"等，则是从总体上进行研究的。

这一阶段统计样本中出现了 27 门与信息产业相关的技术学科，主要有"无线电统计学"、"信号检测理论"、"光导纤维通信"、"遥感地质学"、"纤维光学"、"遥控"、"遥感"、"统计光学"、"汉字识别"、"雷达天文学"、"卫星导航"、"鲁棒信号处理"、"自适应信号处理"、"知识工程"等。

（4）由于科学的发展和政治、军事上的需要，航天工业在第四次经济长波期间获得飞速发展。“自从1957年第一颗人造卫星上天以来到1984年年底，苏联、美国、法国、日本、中国、英国、印度等国家及欧洲空间局先后研制出近80种运载火箭，修建了10多个大型航天器发射场，设计、制造和发射了3022颗人造地球卫星、100多个载人航天器及109个空间探测器，建立了完善的跟踪和测量控制系统、地面模拟试验设施、数据处理系统。约有40个不同用途的应用卫星系统投入运行。”①

航天工业是一个技术高度集成的部门，其发展带动了电子工业、电子计算机业、自动化设备制造业、仪器仪表制造业、动力工业、材料工业、能源工业等一大批相关产业的大发展。航天工业大致经历了火箭、卫星和宇宙飞船、航天飞机等几个重要的发展阶段。与此相对应，在统计样本中共出现了37门相关技术学科，主要有“天体测量学”、“雷达气象学”、“无线电导航”、“稀薄气体动力学”、“航空航天生理学”、“火箭结构”、“火箭设计”、“高温气体动力学”、“火药与固体推进剂”、“物理力学”、“惯性导航”、“航空航天材料”、“航天器返回技术”、“航天医学”、“卫星通信”、“高温气体物理学”、“飞行器制造工程”、“计算流体力学”、“航天检疫学”等。内容主要集中在航天飞行器的结构设计和制造、导航控制、燃料、材料、通信、遥感遥测、航天医学和管理等方面。

(5) 第二次世界大战以来，由于军备竞赛和社会经济需求的拉动，材料工业获得了前所未有的发展。统计样本中共出现了22门与其相关的技术学科，主要有“水工材料科学”、“航空材料”、“航空航天材料”、“口腔材料学”、“集成光学”、“半导体光电子学”、“半导体化学”、“半导体器件物理”、“激光化学”、“电子材料学”、“光导纤维通信”、“纤维化学”、“复合材料”、“含能材料”、“超导材料”、“无线电陶瓷”、“稀有元素化学”等技术学科。当前，基础研究继续取得新进展；对材料结构、结构与性能关系的认识也进一步深化。

(6) 人工智能（机器人）工业产生于20世纪50年代。“从60年代到70年代末，人工智能的研究朝着全面模拟人的智能、扩大人的智能的目标迈进，在20多年中，人们继续在问题求解、博弈、定理证明、程序设计、机器视觉等课题进行广泛探索，建立了许多能完成以前认为只有人的大脑才能完成的智能计算机系统。……60年代以来，在工业机器人广泛应用和不断改进的基础上又产生了智能机器人。……模拟专家行为的产生，是70年代人工智能研究获得重大成果之一”。② 与此对应，在本阶段统计样本中出现了“仿生学”、“人工智能”、

---

① 《中国大百科全书》编委会．中国大百科全书·航空航天[M]．北京：中国大百科全书出版社，1987：445

② 魏宏森．人工智能的产生与发展[A]//《金属世界》编辑部．技术革命的过去、未来[C]．1984：186-189

“模拟识别”、“专家系统”、“机器人传感器”、“机器人控制”、“机器人视觉”、“自动程序设计”、“广义问题求解”等17门技术学科。

(7) 控制论创立后，由于电子计算机在20世纪50年代末期的广泛应用和各领域生产自动化的巨大需求，以电子计算机技术为基础的自动化设备制造业开始出现并得到蓬勃发展，为社会提供了大量的自动化装置和仪器仪表，直接导致了许多传统产业的改造升级和新兴产业的发展提速。“1958年，美国首次在化学工业中实现了计算机控制。60年代，在冶金、电力、机械等工业部门，计算机的应用得到迅速的发展。”① 该时期内统计样本中一共出现了20门相关技术学科，主要有“工程控制论”、“自动化技术”、“自动控制元件”、“过程控制”、“自动化仪表及装置”、“线性多变量系统理论”、“自动控制系统”、“自适应控制系统”、“鲁棒控制系统”、“大系统控制理论”等。这些学科涵盖了线性系统、系统辨识、最优控制、自适应控制、大系统控制等自动化领域的重要问题，也涉及数控、计算机辅助设计和制造等技术；包含了船舶控制、冶金生产自动化、核动力控制工程、军事控制论等具体领域的自动化研究。

(8) 由于电子管“笨重、能耗大、寿命短、噪声大、制作复杂等缺点”越来越成为电子技术进一步发展的障碍，所以1947年晶体管的出现，已成为本阶段的重要事件。“如果说40年代末出现的晶体管在50年代的电子技术中占了支配地位的话，那么50年代出现的集成电路就支配了60年代并掀起了另一次电子技术革命。”②之后，集成电路不断改进，大规模和超大规模集成电路相继出现。大规模集成电路和第一台微处理机的问世又标志着电子工业70年代以后的另一次革命——微电子技术的出现。而且电子工业与其他产业有着紧密的关联。电子技术和产品在电讯业、家电制造业、自动化设备制造业、机器人制造业、航空航天产业等许多产业中都有着广泛的应用。与此对应，在本阶段统计样本中主要出现了“晶体物理学”、“最佳滤波理论”、“半导体器件”、“集成电子学”等7门技术学科。

2. 对“与前次经济长波期间主导产业群相关技术学科”的实证分析

(1) 20世纪50年代至60年代，通信技术开始由真空电子管时代过渡到晶体管时代，卫星通信也因为航天工业的发展而兴起，并在70年代后发展了多种业务。光纤通信在70年代末进入实用阶段，“并已在电信、广播电视、闭路电视、

① 王鸿贵，关锦镗．技术史（下册）[M]．长沙：中南工业大学出版社，1988：164

② 中国科学院自然科学史研究所近现代科学史研究室．20世纪科学技术简史[M]．北京：科学出版社，1985：255

电子计算机、数据通信、工业、交通等领域得到了较为普遍的应用”[①]。这个阶段在统计样本中出现的“散射通信”、“微波接力通信”、“移动通信”、“激光通信”等7门技术学科，对微波通信、卫星通信、光纤通信等具体领域进行了开拓；也对通信过程中牵涉到的材料、信息传递和处理分别做了研究。

（2）第二次世界大战以后，“化学工业则由传统化工向高分子化学工业转化，石油冶炼、化学纤维、合成橡胶、塑料和化肥等工业占据了化学工业领域的主导地位”[②]。“在50年代以后，高分子化学工业又进入了一个新的阶段，获得了更加迅速的发展。合成材料以二倍于钢铁生产增长的速度逐步代替金属和其他传统材料，并在向大型工业化发展的同时又发展了精细高分子材料，不断创造出具有各种特殊性能的新型高分子化合物。”[③] 高分子化工产品多以石油为原料，又由于内燃机制造业的扩张及海湾等地区大量油田的发现，石油化学工业在第二次世界大战后，特别是在20世纪60年代以后获得飞速发展。

第四次经济长波期间统计样本中出现的“膜分离”、“化学反应工程”、“化工生产过程自动化”、“多相流体力学”、“聚合物工艺学”、“物理-化学流体动力学”、“有机电化学”、“杀虫剂学”、“膜生物工程学”等20门相关技术学科的研究内容，不仅涉及化学工业生产所需技术基础原理和生产工艺的创新与改进；也涉及了本阶段的各个具体部门如高分子化工、电化学、农药等具体领域；更包含了环境保护和生物化学等新兴领域的相关内容，为化学工业的发展提供了强有力的技术科学依据。

（3）第二次世界大战期间及战后，电力、交通运输工具、内燃机、轻纺食品、航空、航天、军事等诸多部门对机器需求的高涨，推动机械制造业持续发展，除对原有技术进行改进和扩大应用外，并努力与其他领域的科技成果广泛结合。20世纪60年代起，计算机开始应用于机械制造业。70年代以后，因为“与电工、电子、冶金、化学、物理和激光等技术相结合，创造了许多新工艺、新材料和新产品，使机械产品精密化、高效化和制造过程的自动化等达到了前所未有的水平”[④]。第四次经济长波以来，统计样本中一共出现20门相关技术学科，主要有“特种加工学”、“电加工”、“断裂力学”、“仿生机械学”、“装甲车辆发动机工程”、“农业机械学”、“林业机械学”、“振动理论”、“轻工机械”等。

（4）第二次世界大战以后，世界矿产采掘业的产品结构发生了变化：煤炭工

---

① 王鸿贵，关锦镗．技术史（下册）[M]．长沙：中南工业大学出版社，1988：420

② 张蕴岭．经济发展与产业结构［M］．北京：社会科学文献出版社，1991：205

③ 关士续．科学技术史简编［M］．哈尔滨：黑龙江省科学技术出版社，1984：520

④ 《中国大百科全书》编委会．中国大百科全书·机械工程［M］．北京：中国大百科全书出版社，1987：796-797

业、铁矿采掘业等发展缓慢或停滞；石油和天然气工业的产量则因中东大储量油田的发现而猛增；需求高涨导致有色金属采掘业的发展十分迅猛；稀有金属采掘业由于航空、航天、原子能和电子等产业的发展获得了更快的增长速度。本阶段统计样本中出现的24门学科对矿产采掘业的机械化、电气化、自动化生产，以及科学地找矿、采矿、选矿发挥了至关重要的作用①。主要技术学科有“矿山电气化与自动化”、“选矿工程”、“放射性矿床采矿学”、“油气田开发工程”、“矿山工程力学”、“矿山安全与劳动保护”、“找矿勘探地质学”、“数学地质学”、“爆炸工程力学”、“海洋工程力学”等。

（5）第二次世界大战以后，军用航空运输开始转向民用航空，旅游业和国际交往的日益频繁，以及雷达、无线电和计算机的广泛应用，加之喷气式飞机、超音速飞机、直升机等技术相继取得重大突破，均推动着航空工业进一步加速发展。由于航空工业是一个高度综合的产业部门，它“以基础科学和技术科学为基础，集中了20世纪许多工程技术新成就”②。本阶段统计样本中出现的9门技术学科，如航空天文学、飞机飞行控制、实验流体力学、航空测试系统、航空医学等，反映了航空工业在导航、控制、材料、动力、结构设计与制造、医学等方面的进步，保证了该产业的持续发展。

（二）对第四次经济长波期间“与主导产业群间接相关技术学科”的实证分析

（1）第四次经济长波以来，由于工业生产力的迅速发展，食品需求量增大，消费结构也发生变化；工业对农产品的需求量也大大增加。除了市场需求的拉动以外，生态学、遗传学、生理学、营养学、生物化学、有机化学、电子计算机等科学理论的进步也加速了农业的科学化进程。使农业机械向大型化、通用化、高效化、自动化的方向发展；促进作物的良种选育工作取得很大进展，使产量、营养价值和抗病能力都得到了巨大提高；保障化肥的广泛、合理施用，使土壤肥力得以改善；推动有机杀虫剂、有机除草剂的兴起，使病虫害获得综合防治；推动林业方面的工艺改革和机械化作业，促进了林业的综合经营；使畜牧业实现了饲养生产机械化、饲养管理机械化与良种化、饲料配合科学化③。本阶段统计样本中共出现53门相关技术学科，主要有：“林业经济学”、“兽医产科学”、“草原土壤学”、“动物育种学”、“畜产品加工学”、“昆虫遗传学”、“农田水利学”、“农业气候学”、“杂草学”、“食品加工工程学”、“农业生态学”、“植物病毒学”、“树木

---

① 王鸿贵，关锦镗．技术史（下册）［M］．长沙：中南工业大学出版社，1988：489-562

② 《中国大百科全书》编委会．中国大百科全书·航空航天［M］．北京：中国大百科全书出版社，1987：2

③ 张蕴岭．经济发展与产业结构［M］．北京：社会科学文献出版社，1991：215-224

遗传育种学”、“土壤发生学”、“家畜繁殖学”、“森林生态学”、“饲料种学”、“野生动物学”、“环境土壤学”、“生态毒理学”、“农业生物工程学”、“农业系统工程与管理学”等。

(2) 第二次世界大战以来，生产水平的发展和生活水平的提高，也推动着建筑业迅速发展；同时“19 世纪后期重工业大发展，为建筑业提供了性能越来越好的……各种新型建筑材料，……建筑材料由原来的几种发展到几百种”[①]；加之随着力学、物理学、材料科学、数学和计算技术及测试手段的进步，统计样本中出现了 18 门这方面的相关技术学科，对建筑业的发展起到了重要的指导作用。主要有：“建筑工程数学”、“建筑设备工程”、“岩土力学”、“建筑系统工程学”、“地下建筑学”、“防洪工程学”、“建筑理论”、“结构优化设计”、“岩土工程学”、“农业建筑与环境工程学”等。

(3) 第四次经济长波以来，由于经济的发展、生活水平的提高，人们更加关注个人健康，医疗卫生事业便继续蓬勃发展。具体地说，主要取得了以下重大成就：在诊断和治疗技术方面，采用放射免疫分析法等敏感化验诊断法和精确影像诊断法、利用光导纤维制成各类内窥镜、把激光运用到各种临床实践、运用计算机进行诊断、治疗和管理；创立和发展了分子生物学、分子医学和生物医学工程；发现了链霉素、短杆菌素、氯霉素等抗生素；发明了索尔克、萨宾、麻疹等疫苗，并开始临床使用；发明了营养不良症的疗法；陆续发明了含氮激素、促甲状腺素释放激素，并发展了分子内分泌学；发明和推广了器官移植术等[②]。

与此相对应，在这个阶段统计样本中共出现了 46 门相关技术学科，主要有：“口腔矫形学”、“肿瘤学”、“康复医学”、“皮肤病学”、“人体组织学与胚胎学”、“临场检验与诊断学”、“放射治疗学”、“运动医学”、“理疗学”、“预防医学”、“野战外科学”、“职业病学”、“放射病”、“核医学”、“老年医学”、“卫生经济学”、“计量医学”、“循环内科学”、“卫生毒理学”、“生物力学”、“生物医学工程学”、“生物控制论”、“围产医学”、“卫生事业管理学”、“计划生育学”、“内分泌代谢病学”、“医学遗传学”、“辐射流行病学”等。广泛吸收和利用同一时期物理学、化学、数学、生物学的相关知识和新型技术是上述技术学科产生的重要原因之一；另外，军事、航空、航天等产业/事业的发展也带动了医学相关具体领域的发展。

(4) 第二次世界大战以来，管理理论呈现出流派纷呈的局面。战争的需要、

① 中国科学院自然科学史研究所近现代科学史研究室．20 世纪科学技术简史［M］．北京：科学出版社，1985：423

② 《中国大百科全书》编委会．中国医学百科全书·医学史［M］．上海：上海科学技术出版社，1987：241-245

工业化大生产方式的继续推广、企业结构的新变化（巨型化、混合化、协作化和国际化）、市场需求的变化和市场竞争的加剧、经济危机频发导致的微观和宏观管理需要，所有这些因素都促进了管理科学领域的大繁荣。另外，数学、系统论、信息论、控制论、耗散结构理论、协同学、突变论、电子计算机等科学理论上的突破，也为其提供了科学理论方面的条件，故在第四次经济长波期间，与管理相关的技术学科表现出以下特点：重视量化分析等管理技术的运用，使得“数学和统计学的手段广泛地应用于生产过程中的运筹决策问题上”①；在系统论的指导下，重视人和环境之间关系的研究，注重从宏观角度和整体观念出发研究问题。

与此相对应，在统计样本中共出现了 37 门相关技术学科，主要有：“对策论”、“科学政策学”、“运筹学”、“蒙特卡罗方法”、“时间序列分析”、“最优化算法”、“城市生态学”、“系统分析”、“最优控制”、“人机学”、“动态规划”、“可靠性工程”、“科学战略学”、“管理信息系统”、“系统预测”、“城市设计”、“系统工程”、“系统模拟与仿真”、“柔性加工系统”、“管理心理学”、“人类生态学”、“可行性理论”等。

（三）对第四次经济长波期间“需要解释的技术学科”的实证分析

（1）由于第二次世界大战的推动、战后美苏军备竞赛的需要，以及原子能、航天、计算机、电子、激光、材料、红外等科学技术的进步和工业生产的发展，第四次经济长波期间，军事科学技术取得了长足进步。统计样本中共出现 12 门相关技术学科。研究内容上主要着重于以下方面：对雷达、导弹和反弹道导弹、核武器、军用航天器进行研究；也对炸药、军用车辆、火力控制、军事医学等做了深入探求；“军事运筹学”、“军事控制论”、“军事信息论”也在此时产生。

（2）“现代系统工程开始于 20 世纪 40 年代，首先在美国、丹麦等工业化国家的电讯部门中，为完成规模巨大的复杂工程和科研任务，开始运用系统观点和方法处理问题”②；第二次世界大战的需要也加速了其发展。现代科技的进步和社会化大生产的发展，给社会、产业和企业等发展带来了越来越多、日益复杂的管理问题。作为一种科学的管理方法和手段，系统工程在此阶段得以持续发展。本阶段统计样本中主要出现了“系统动态学”、“大系统建模理论”等相关技术学科，为科学、技术与生产的结合提供了新的思想观念和决策管理方法，既推动了上述三者的互动与发展，又加速了信息产业的形成。

---

① 《中国大百科全书》编委会．中国大百科全书·机械工程［M］．北京：中国大百科全书出版社，1987：249

② 王鸿贵，关锦镗．技术史（下册）［M］．长沙：中南工业大学出版社，1988：278

(3)“旅游地理学作为一门学科，起源于本世纪（20世纪）20年代，60年代后才逐渐形成为相对独立的学科领域。”① 这门学科的出现表明，随着生产力水平不断提高，人们对生活质量的要求也日益提升，也不再局限于衣食住行医这些基本生活要求，开始向娱乐型、享受型方向发展，这也许是未来社会发展的重要趋势之一。

通过以上联系史实并进行系统的实证分析不难看出，在第四次经济长波期间形成了以航空航天、原子能技术和信息革命为核心的主导产业群。其间按不重复计算法，统计样本中共出现了500门技术学科，其中与第四个主导产业群直接相关的学科有200门，占40%，主要分布在原子能、计算机、信息、航天、材料、人工智能、自动化、电子、激光等领域内；与第四个主导产业群间接相关的，主要涉及衣、食、住、行、医、管（理）等方面的技术学科有169门，占33.8%。两者合计占73.8%。因此仍然可以说，这阶段产生的技术学科主要是为本次经济长波内主导产业群的发生、发展提供知识/人力资源方面服务的。其余需要进行特殊解释的学科仅有20门，主要涉及军事、大系统理论和旅游等方面。

至此，我们已经完成了从坐标图像的现象性考察、定量的计量统计研究、系统的实证分析这三重视角上，对技术科学发展与产业结构变迁之间相关性的全部研究工作。并且获得了完全一致的结论：在历次经济长波期间，技术科学之所以呈现出周期性的发展高潮，是因为其发展就是要为对应经济长波内主导产业群的发生、发展提供知识/人力资源方面的服务。

① 姜振寰．自然科学学科辞典［M］．北京：中国经济出版社，1991：214

第六章

21 世纪上半叶技术科学发展与产业结构演变的初步预测①

指明科学的前途的线索在于它的过去。不论多么草率，我们只有在考察了它的过去以后，才能够开始判断：科学现有的社会功能是什么和科学可以有的社会功能是什么。

*　*　*　*　*

从科学史中，我们将一再发现科学新形象由实践生出，以及科学的新发展引出新的实践部门。

*　*　*　*　*

爱迪生的胜利，标明了发明家时代的结束和新时代——即工业上指导性科学研究时代——的开始，这个时代的威力，在今天则已逐步增强。从今而后，工业进展和科学这两股绳丝将混合得像在文明开始以前那样密切。

——J. D. 贝尔纳

① 本章相关内容已写成《21 世纪上半叶技术科学发展预测——基于两种数学模型的比较分析》一文，发表在《科学学研究》2007 年第 3 期上

本章在以上定量分析的基础上，根据已经初步揭示出来的技术科学发展的明显特征，主要运用趋势外推的方法，对21世纪上半叶第五次经济长波期间技术科学发展和产业结构演变的基本状况做出初步预测。

第一节　对第五次经济长波的时域及其间技术科学发展模式的预测

一、对第五次经济长波时域的预测

根据梅兹经济长波的曲线图像，第四次经济长波当起始于1943年，再按其估算的平均周期54～56年进行推算，理论上本次长波当结束于1996～1998年。为了与世界经济发展的实际情况相比照，我们检索了1995～2001年的《国际统计年鉴》，根据其中的"世界工业生产指数"统计数据，计算出1986～1989年(缺1985年的数据)、1990～1994年、1995～1999年三个时段内世界工业产出增长率（扣除采掘业）的平均值分别为：3.76%、1.23%、4.29%。将这三组数据和图6-1中的梅兹经济长波曲线拼接起来，便不难发现，第四次经济长波实际应终止于1990～1994计时单位内，其实际周期为52年，这一结果与理论推算结论应视为是基本相符的。参照世界经济实际运行状况，我们不妨将1994年作为第四次经济长波的终点，1995年作为第五次经济长波的起点。再按梅兹估算的平均周期进行推算，则第五次经济长波当终止于2048～2050年。尤其需要指出的是，这里的研究、推算结果与国外许多学者对同一问题的研究结论是基本一致的，有异曲同工之妙。"美籍德国学者G. 门施、荷兰学者F. 丹因、日本学者筱原三代平关于经济长波的研究，都认为到2000年前后世界经济的发展将进入一个新的长波。这个新经济繁荣周期的出现，显然与20世纪70年代以后被称为'世界新技术革命'的技术发展有关。"①

二、对第五次经济长波期间技术科学发展模式的预测

根据对图3-2中T_1、T_2、T_3、T_4类技术科学发展的时间序列增量特征曲线

① 关士续. 技术与创新研究［M］. 北京：中国社会科学出版社，2005：141

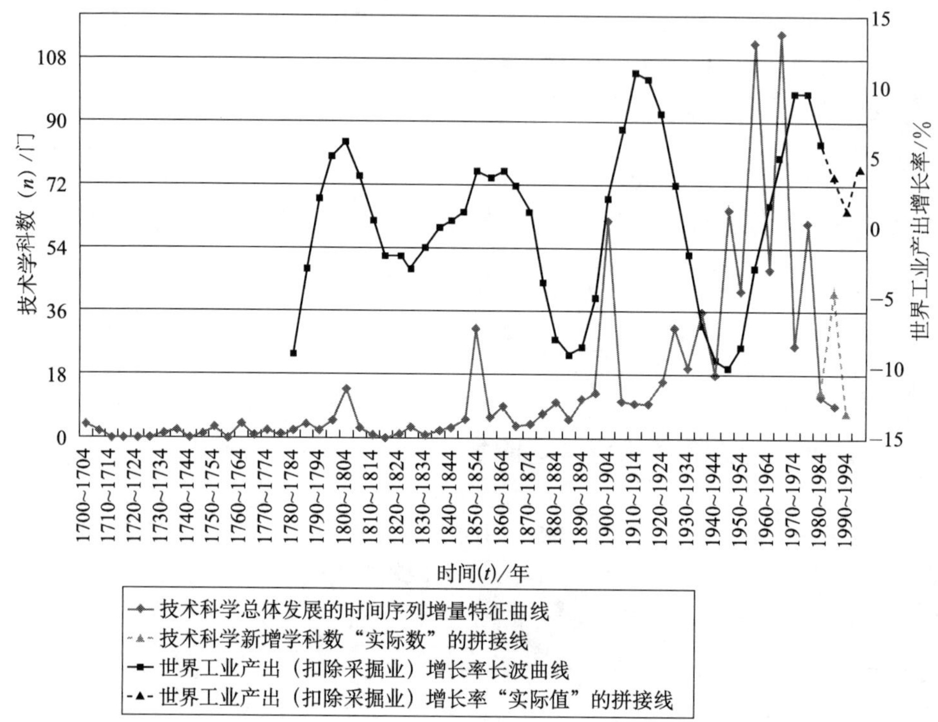

图 6-1　1979～1999 年经济长周期演化和技术科学发展的“实际情况”

簇的仔细审察，并结合对其他相关资料的综合研究，我们获得这样的基本判断：梅兹经济长波曲线中第四次经济长波所对应的技术科学发展高峰很可能是由五个相隔 10 年的子峰组成的。由于图 3-2 中第四次经济长波是一个不完整的波形，其间［1943，1979］只有 37 年，现在我们已结合世界经济发展的实际情况，推算出第四次经济长波应当结束于 1994 年，整个经济长波持续了 52 年。而在这一经济长波已有统计数据的对应时段内，已明显出现了起始于 1940～1944 年计时单位，由四个彼此相距 10 年的子峰组成的技术科学发展高峰。综合各种数据和信息，我们推断：紧接第四个子峰之后，在 1985～1989 计时单位应该再出现一个子峰，其峰值可能低于第四个子峰的峰值，具体大约如图 6-1 所示，从而使本次技术科学发展高峰有可能持续了 55 年（1940～1994 年）。主要有如下理由。

（1）从表 5-2 可知，在已进入统计范围的第四次技术科学发展高峰期间，“与本次经济长波主导产业群相关的学科”数在“本次高峰中产生的总学科”数中所占的比例为 76.45%。无论是将其与第二次、第三次技术科学发展高峰期间的对应数据 82.98%、79.31%（第一次技术科学发展高峰期间本指标之所以偏低，是因为 1440～1780 年间已产生了 34 门技术学科，而其中许多学科基本都是为孕育第一次经济长波期主导产群服务的）相比，还是从第四个主导产业群结构的复杂性、相关产业的新颖性方面考虑，这个数据都是偏低的。也就是说，要确保第四次经济长波所对应的主导产业群最终建成，还需要技术科学的进一步发展作为支撑。

（2）我们选作统计源的学科辞典出版于1991年，其中所收集到的最新技术学科只到1987年。常识告诉我们：对于历史资料的系统收集，距离我们越远的就可能收集得越完全，距离我们越近的就越难以收集齐全。

（3）我们还注意到，其他学者从另外的研究视角已分析出与我们上述类似的结论。认为“在第二次世界大战后的50年里，科学技术的发展又经历了五次革命性的变革，每次变革的周期大致为10年”①。

另外，我们通过图3-1和图3-2的历时性系统研究已经知道，技术科学发展的前三次高峰都表现为持续30年的单一波峰，而第四次高峰则是由彼此间相隔10年的4～5个子峰组成的。可见第四次经济长波期间技术科学的发展模式，与前三次经济长波期间技术科学的发展模式相比，已出现了质的差异，这很可能与这一时期“大科学”的出现，以及控制论、原子能科学、航天科学等技术学科已作为带头学科而崭露头角直接相关②（在本书第八章中，将对这方面的原因做出更为详细的分析）。而第五次经济长波是紧接着第四次经济长波之后发展起来的，如果不出现特殊、重大的政治、军事、文化等方面社会变动，根据相近相似的原则，我们推断：第五次经济长波期间技术科学的发展模式，与第四次经济长波期间技术科学的发展模式可能是基本一致的，即其发展高峰也应由彼此间相隔10年的5个子峰组成。

第二节　用“增量模型”预测第五次经济长波期间技术科学的发展规模

如图6-1所示，我们将在第四次经济长波期间增加了第五个子峰的技术科学总体发展的时间序列增量特征曲线，作为“技术学科在时间过程中的增量模型”，简称“增量模型”，以预测第五次经济长波期间技术科学发展规模。

根据上述图像特征和所分析的变化趋势，我们采用下列数学程序来预测第五次经济长波期间技术科学发展的规模与速度。

---

① 李喜先．迈向21世纪的科学技术［M］．北京：中国社会科学出版社，1997：序言

② B. M. 凯德洛夫．自然科学发展中的带头学科问题［A］//中国社会科学院情报研究所．社会发展和科技预测译文集［C］．北京：科学出版社，1981：24-31

（1）在技术科学总体发展的时间序列增量特征曲线中，选取不同历史阶段出现的技术科学发展波峰的8个数据点进行拟合，得到上包络线L_1，依据同理，对波谷的6个数据点进行拟合，得到下包络线L_2。将上下包络线分别按各自趋势外推到21世纪中叶之后，以第四次技术科学发展高峰的模式作参照，第五次技术科学发展高峰期间各个波峰与波谷的数据点均应处于上下包络线的沿线之间。

（2）根据技术科学总体发展时间序列增量特征曲线的图像特点，把1752～1957年的时段分成1752～1802年、1802～1852年、1852～1902年、1902～1957年4个部分，并分别依据4个部分里所有的数据点（前3部分各有11个点，第4部分有12个点），运用最小二乘法进行拟合，得到4条抛物线I_1、I_2、I_3、I_4。

（3）再根据以上4条抛物线的极值点拟合得抛物线L_3。对照第四次经济长波期间技术科学发展高峰的特征，我们推测出2010～2014年计时单位内第五次经济长波期间技术科学发展的第二个子峰顶点应与上包络线的延线相交，由交点可求得该计时单位内的技术科学新生学科数为158门。最后通过（1967，113）、（2012，158）作抛物线I_5，既使其最低点的横坐标在1967～2012年，又使该点落在L_3上。

（4）参照第四次经济长波期间技术科学发展子峰的样式和起落幅度，即模仿数据点与抛物线和上下包络线的相对位置的比例关系，绘制出如图6-2所示的21世纪上半叶由5个子峰组成的技术科学发展高峰的坐标曲线。

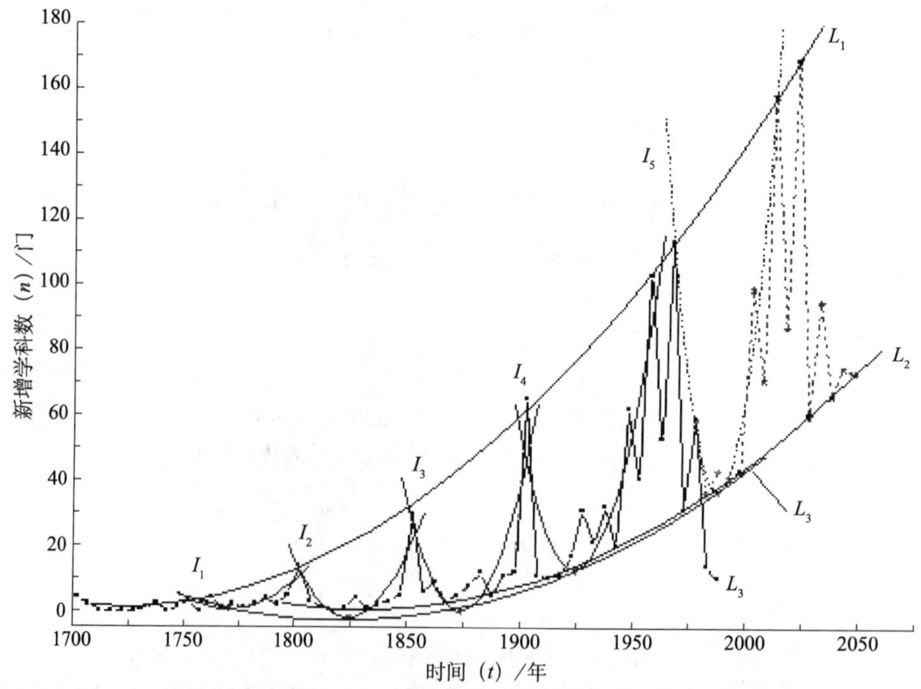

图6-2　外推出的21世纪上半叶技术科学总体发展的时间序列增量特征曲线

需要补充说明的是，在第四次高峰期间，统计出的最后两个数据点均处于下包络线的下方，我们认为这是对 1980 年以后实际新生技术学科数未能收集齐全所导致的。故在推测第五个子峰状况时，做了适当假设：使其位于下包络线的上方，峰值又低于第四个子峰。这样便可全面预测出 21 世纪上半叶新生技术学科的发展与分布状况。

（5）根据步骤（4）所得到的预测数据点，通过求和，可获得在 1995～2049 年闭区间内，技术科学的新生学科总数为 995 门（即 43＋99＋71＋158＋87＋169＋60＋95＋66＋74＋73＝995），结果如图 6-2 所示。

第三节　用“累积量模型”预测第五次经济长波期间技术科学的发展规模

为了更为准确、全面地把握技术科学发展的特征与规律，并检验以上结果的可靠性，除采用上述“增量模型”方法进行预测外，我们又对其进行了累积量转化处理，得到如下的累积函数：

$$M(t)=\sum_{k=1440}^{t} n(k)$$

其中，$M(t)$ 表示到 t 年底技术学科的累积总数，$n(k)$ 表示 k 年内新增技术学科数。

以累积学科数 M 的自然对数为纵坐标，时间 t 为横坐标，绘制时间序列曲线，并以最小二乘法拟合，结果得：$\ln M(t)=-22.2916+0.0145742t$。在置信度为 0.99（即显著性水平为 0.01）情况下，拟合函数的置信区间如图 6-3 所示。

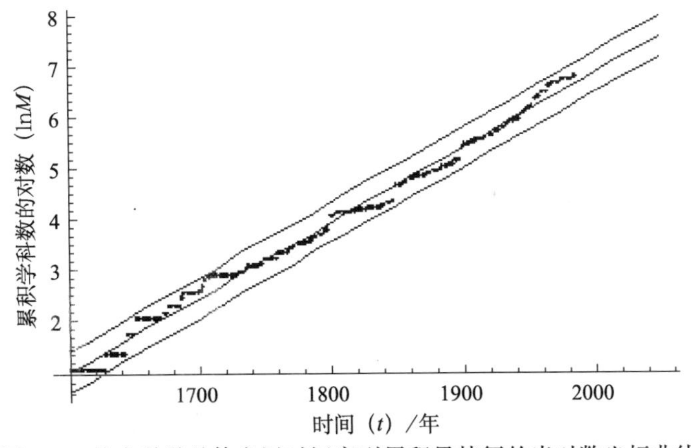

图 6-3　技术科学总体发展时间序列累积量特征的半对数坐标曲线

把拟合函数还原为指数函数则为 $M(t)=\text{Exp}(-22.2916+0.0145742t)$，我们称其为“技术学科在时间过程中累积量模型”，亦简称“累积量模型”。该函数表明技术科学在时间过程中的累积发展基本呈指数增长特征。按该函数式计算，1995 年到 2049 年新增技术学科数为 1057 门；技术科学累积学科数的倍增周期则为 $\frac{\ln 2}{0.0145742}=47.5$ 年，与 50 年较接近。

第四节　两种模型预测结果的比较研究

“增量模型”预测的结果是第五次经济长波期间，即 1995～2049 年，每 5 年一个计时单位内新生的技术学科数，共 11 个数据点。我们把预测的增量数据用累积函数转化成相应时间点上的累积量，就得到了如图 6-4 所示的用“增量模型”预测的 21 世纪上半叶技术学科数的累积量表示。再在同一坐标系中描绘出累积量模型的拟合函数曲线，这样两种模型的预测结果就可以放在同一个坐标系中作对比。分析图 6-4 中拟合函数曲线和散点系列之间的关系，可以得到以下结论：

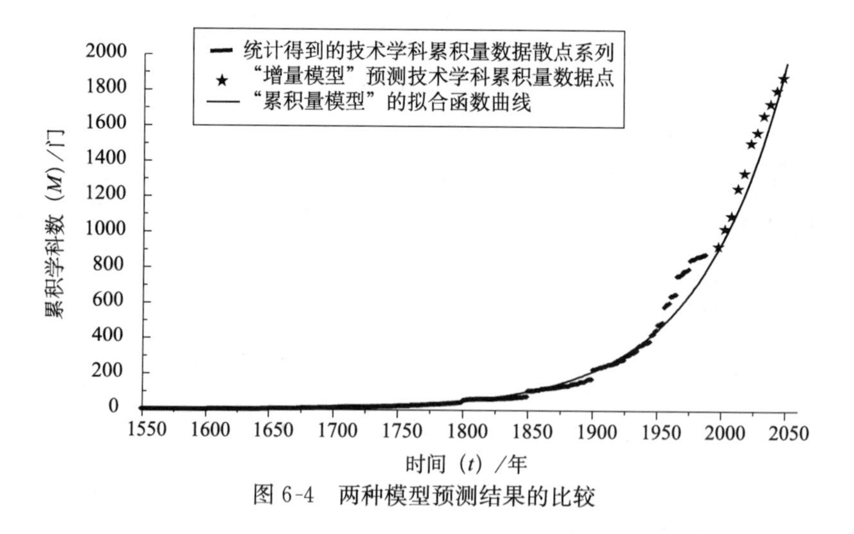

图 6-4　两种模型预测结果的比较

（1）两种数学模型对技术科学未来发展趋势的预测结果是基本一致的，实际上二者从增量和累积量两个不同侧面反映了技术科学发展的特征与规律。由图 6-4可见，1987 年前的散点系列表示实际统计获得的技术学科数，后 11 个散点系列是“增量模型”预测结果的累积量表示。“累积量模型”得到的函数图像就是图中的指数曲线。散点位置与指数曲线的位置相当接近，这说明两种数学模型对技术科学未来发展趋势的预测结果是基本一致的。具体地说，通过以上两种数学模型，我们预测出1995～2049年新增技术学科数分别为995门和1057门，若取两者的平均值1026门作为对21世纪上半叶技术科学发展的预测结果，根据我们的其他相关统计研究结论[①]，其中与第五次主导产业群直接相关的技术学科约为591门；与第五次主导产业群间接相关的技术学科约为373门；其余需要解释的特殊性学科约为62门。如果视技术学科数与社会对应用性知识及生产这类知识的人才需求成正比，以第四次技术科学发展高峰期间相关统计数据作参照，则在第五次经济长波期间，社会在这方面的知识、人才需求总量和对其投资规模大约要比第四次经济长波期间翻一番。这与累积函数所推算的倍增周期为47.5年（接近50年）的结论也是基本一致的。

由“累积量模型”的函数式和曲线特征还可以看出，技术科学的发展基本符合D. 普赖斯（D. Price）提出的科学发展的指数增长规律[②]，即学科增长速度与已有学科数的总量成正比，在“时间-累积学科数的对数”这个半对数坐标系中，图形为一条直线。我们认为，D. Price关于科学发展的指数增长规律，实际上主要揭示了一般的正常社会背景条件下，科学体系内部由学科间交叉渗透、知识信息互动增殖等效应推动科学不断发展的内在逻辑规律。技术科学是现代科学体系的重要组成部分，当然也不例外，故其发展在整体上也基本呈现指数增长规律。在“累积量模型”中，我们实际上是依据技术科学发展的这一规律做线性外推，预测其下一个周期发展趋势的。一般从数学上来说，对于线性系统，通过趋势外推来预测其未来发展，结果往往是比较可靠的。因此按通常情况，这里“累积量模型”预测的结果应当视为比较可信。而用“增量模型”做出的预测结果与“累积量模型”的预测结果基本一致，表明在这里运用“增量模型”的预测方法也是比较合理的。可以说，它们是从不同侧面反映了技术科学发展的基本特征与规律的。应当特别注意，运用以上两种数学模型进行预测时，隐含着两个重要前提：①21世纪上半叶，技术科学仍将呈加速增长态势；②第五次经济长波期间，技术科学的发展模式与第四次经济长波期间是基本一致的。

（2）技术科学的发展，从总体上看基本呈指数增长规律，但从许多局部看，因其受外部产业结构变迁因素的强力驱动，往往会出现跳跃式的发展。

根据我们对技术科学范畴的统一界定，从现代科学技术体系结构上看，技术

---

① 刘启华，樊飞，戈海军，等．技术科学发展与产业结构变迁相关性统计研究［J］．科学学研究，2005，23（2）：160-168

② B. M. 凯德洛夫．自然科学发展中的带头学科问题［A］//中国社会科学院情报研究所．社会发展和科技预测译文集［C］．北京：科学出版社，1981：24-31

科学应是一个介于基础科学与工程技术之间多层次连续谱式的技术学科群，从抽象到具体包括四个层次：①基本技术科学（T_1），研究具有某种技术定向的物质运动形式的学科，如流体力学、工程热物理等；②过程技术科学（T_2），研究基本人工自然过程、社会过程运动特征与规律的学科，如传热学、运筹学等；③工程技术科学（T_3），研究各种工程领域中基本特征与规律的学科，如化学工程学、机械工程等；④综合技术科学（T_4），研究某一产业或新型开发领域中综合规律的学科（群），如农业科学、空间科学等。根据上述技术科学学科的相关统计资料，我们已绘制出如图 3-2 所示的 T_1、T_2、T_3、T_4发展的时间序列增量特征曲线簇。由图 3-2 可知，曲线簇在发展过程中以紊乱波和嵌套波交替的方式不断演进。紊乱波阶段，四个层次技术科学的发展相关程度较低；而嵌套波阶段，不同层次技术科学在发展中呈现出这样的特点：涨落速率基本一致，起讫时间基本同步，波峰之间彼此嵌套，四者之间表现出明显的相关性。

由图 3-1、图 3-2、图 6-4 的系统比较可见，紊乱波对应着图 6-4 中的累积曲线的技术科学连续指数增长阶段，它实际上反映了各个层次的技术科学按通常的指数增长规律自发发展的特点，表明科学体系内在的逻辑发展规律是该阶段技术科学发展的主要动力。而嵌套波则对应着图 6-4 中累积曲线的跳跃增长阶段，即技术科学发展的高峰阶段，它反映了该阶段四个层次技术科学的发展几乎受到同一种外部社会力量的强力驱动。这种力量主要来自近代以来以主导产业群更替为特征的产业结构变迁过程。并具体表现为在历次技术科学发展高峰期间，新生的技术学科与当时主导产业群的相关度平均高达 77.69%①的特征。这说明与基础科学相比，技术科学发展不仅受科学自身内在逻辑发展规律的制约，而且更要周期性、间断式地经受外部经济、产业发展需求的强力拉动。也正是这种周期性产业结构变迁的强力驱动，使得四个层次技术科学发展的时间序列增量特征曲线簇呈现出周期性彼此嵌套现象，并使技术科学在总体上呈现出一次次的周期性发展高潮。

因此，技术科学的发展过程是受科学内在逻辑发展规律持续推动与外部产业发展需求周期性、间断式拉动双重因素共同作用的结果。也可以说，在总体上技术科学的发展具有自组织特征，基本呈现指数增长规律；在某些局部阶段，由于外部产业结构变迁力量拉动相关学科迅速发展，也包含着他组织特征。当然一般情况下，这种他组织的外部力量，还是要通过科学、技术内部的知识互动、整合体现出来。正是这种外部社会力量周期性的作用，使经济长周期波动特征与技术科学发展的宏观规律关联起来，使其发展也表现出以 50 年左右为周期的高潮迭

① 刘启华，樊飞，戈海军，等．技术科学发展与产业结构变迁相关性统计研究［J］．科学学研究，2005，23（2）：160-168

起现象。

(3) 20 世纪中期之后，技术科学的发展将更多地受社会、经济需求的制约。从图 6-1、图 6-4 和图 3-2 的比较中不难看出，1945 年以后技术科学的发展状况较之以前已发生了很大变化。首先，在第四次技术科学发展高峰与梅兹所绘制的去除战争影响的经济长波曲线之间已不像以前那样彼此完全对应嵌套，前者显然是超越正常的经济增长需求提前出现了。前已述及，这可以认为在第二次世界大战期间，由于受到正常经济、产业之外的政治、军事等社会因素的强烈刺激，技术科学获得超常发展所导致的。实际上，这是技术科学在当时受到一种偶然性外部社会力量的作用所表现出来的特殊结果。其次，在第四次经济长波期间，技术科学的发展已不像以前表现为紊乱波与嵌套波的彼此交替的形式，而基本上整个地表现为嵌套波的波型。紊乱波对应累积曲线中的连续指数增长阶段，表明科学体系内在的逻辑发展规律是该阶段技术科学发展的主要动力；嵌套波对应累积曲线中的跳跃增长阶段，即技术科学发展的高峰阶段，显示经济、产业的需求等外部社会因素则是这一阶段的主要驱动力量。而第四次经济长波期间技术科学发展几乎表现为完整的嵌套波，只能说明其整个发展阶段都持续地经受着外部社会力量的驱动。而该阶段“大科学”的出现、国家或区域创新系统的创建、产学研互动的频繁发生，都是外部社会力量驱动技术科学发展的新型社会形式。再次，在第四次经济长波期间，技术科学发展的高峰已不像此前表现为持续 30 年的单一波峰，而表现为连续分布于整个经济长波期间内、彼此相距 10 年的多个子峰。这说明由于科学、技术的全面发展，科技与社会互动的不断深入，科学长入产业、经济的生长点增多了，外部社会力量驱动技术科学发展的机遇便频繁出现。也正是在这一历史阶段，凯德洛夫发现控制论、原子能科学、航天科学等一组技术学科已作为新型带头学科而崭露头角[①]。这也表明，到这个历史阶段，技术科学在整个现代科学体系中已发挥着史无前例的重要作用。

综上可见，20 世纪中期以后，一方面技术科学的发展已经比较全面地经受着社会、经济等外部因素的制约；另一方面，它在整个科技、经济、社会发展中也已担当起史无前例的重要角色。而我们的预测结果又显示，21 世纪上半叶，技术科学很可能仍将会按照 20 世纪下半叶的模式加速发展。因此，立足当代，面向未来，人类对技术科学的发展进行全面、合理地规划已时不我待，而对其发展进行系统地管理与控制亦责无旁贷。至于人类应该通过什么样的途径和切入点

① B. M. 凯德洛夫．自然科学发展中的带头学科问题［A］//中国社会科学院情报研究所．社会发展和科技预测译文集［C］．北京：科学出版社，1981：24-31

来加强、改善对技术科学发展的规划与管理，在本书第七章、第八章中将分别从反思、调整人类世界观、科学观和改善当前各国科技政策管理体制的角度对这一问题作出更为深刻的分析和明确的回应。

第五节　对第五次经济长波期间主导产业群的初步预测

考虑到产业的发展是一个历史的渐进过程，从表 4-1 构建的四次经济长波对应的四个主导产业群的基本结构也可以看出，前后相继的主导产业群之间均存在着既对立有统一的辩证关系。其中对立性主要表现在相邻的主导产业群之间均存在着基本结构和发展方向的本质差异；统一性主要表现在前次经济长波内主导产业群中的许多主导产业和引发产业往往是下一次经济长波中主导产业群中前导产业的主要部分。本书第五章曾将每次经济长波时段内的“与主导产业群直接相关的学科”进一步细分为“与前次长波主导产业群直接相关的学科”、“与本次长波主导产业群直接相关的学科”和“与以后长波主导产业群直接相关的学科”三类，这种分类方法中其实也蕴涵着这样的道理。据此，我们认为在第四次长波时段内，将“与主导产业群直接相关的学科”中扣除“与前次长波主导产业群直接相关的学科”和“与本次长波主导产业直接相关的学科”后，余下的学科对应的产业就有可能发展成为第五次经济长波期间的主导产业群。

基于上述基本观点与思路，我们可以对第五次经济长波期间产业发展的基本状况做如下初步展望。

(1) 环境产业将成为下次经济长波期间主导产业群的构成之一。20 世纪下半叶以来，世界环境进一步恶化：工业的发展、二氧化碳排放量增大，导致气候变化、臭氧层出现空洞、酸雨频降、有害废弃物质在地域与国际间频繁流动；人口迅速增长带来了城市生活环境恶化、水资源短缺和严重污染、森林遭受过度开采与滥伐、遗传性物质资源锐减等严重问题。按不重复计算法，第三次经济长波期间统计样本中共出现四门与环境相关的技术学科；第四次经济长波期间统计样本中共有九门与环境相关的技术学科显现，这说明人类关注环境问题已有了较长的历史。“近一二十年来围绕着环境问题逐渐形成了一个新的研究领域，这就是环境科学，不过目前它还没有发展成为一个成熟的完整体系，……”① “学术界

① 中国科学院自然科学史研究所近现代科学史研究室．20 世纪科学技术简史［M］．北京：科学出版社，1985：515

有人认为，在世界范围内，它又是 90 年代带动整个技术-经济进步的三大领域之一，是最有发展前途的学科之一。”① 从存在问题和发展态势看，尽管在一些国家和地区已经出现环境保护设备制造工厂，但目前环境工业的发展基本尚处于初级阶段。在人类没有彻底解决环境污染问题之前，它将有很大的发展空间。等到环境科学这一综合性技术科学门类充分发展之后，它必将成长为对人类有着极大影响的新型产业。

（2）海洋产业将获得极大发展。海洋蕴藏着丰富的海底矿产资源、海水资源、水产资源和动力资源等。通过开发海洋资源造福人类，已经成为 20 世纪 60 年代以来的一个研究热点。但从总体上看，目前人类对海洋的认识与开发还刚刚起步。第四次经济长波阶段，统计样本中只出现一门与海洋相关的技术学科。历史上对海洋资源的利用主要仅停留在海洋捕捞、海水制盐和海洋运输的水平上。海洋油气和锰结核开采也是直到 20 世纪 60 年代才开始兴起。目前海洋产业的发展水平与其在经济中的应有地位仍相距甚远。由于在世界范围内广泛存在资源、能源、食品短缺，以及气候变化等问题，而海洋开发对解决这些问题均具有巨大潜力，所以发展海洋农业、开采海底矿产、利用海水资源、发展潮汐发电等方面将具有广阔前景。可以预见，海洋产业将成为第五次经济长波期间主导产业群的组成部分。

（3）生物产业将对整个经济社会的未来发展产生重大影响。在 1953 年 DNA 的双螺旋结构被揭示以后，现代生物工程技术开始崭露头角，主要由生物化学（酶）工程、微生物（发酵）工程、细胞工程和基因工程四大分支组成。目前“已广泛渗透到工业、农业、医药、矿业、化工、能源、环境保护、海洋开发和人口控制等各个领域”。“20 世纪 80 年代，蛋白质工程、海洋生物工程、生物传感器和生物芯片等新技术又得到了迅速的发展。”②中国科学院“未来生物学”预测研究组于 1992 年认为，21 世纪是以生命科学为带头科学的世纪。生物产业作为一个技术高度综合的产业部门，涉及多门学科和多种技术，目前尚处于萌芽阶段。面对世界人口剧增带来的食品短缺、环境污染、医疗卫生等问题，而现代生物技术对食品发酵、良种培育、工业催化、医药研制、疾病防治、环境保护、资源管理等方面均有着广泛的应用前景，故可以预见，现代生物产业将获得巨大发展。

（4）环境产业、海洋产业和生物产业的关联产业在第五次经济长波期间也将

---

① 李佩珊，许良英．20 世纪科学技术简史（第二版）［M］．北京：科学出版社，1999：701

② 徐同文，于含云．知识创新——21 世纪高新技术［M］．北京：北京科学技术出版社，1999：292，294

获得发展，并同以上产业一起构成第五次经济长波期间的主导产业群。另外我们认为，一部分产品或服务功能与第五次经济长波中的主导产业相类似的现有相关传统产业，会因为新兴主导产业采用更为有效的生产方法而渐趋萎缩，以至最终被取代；其另一部分将会通过运用最新科技手段进行改造，实现转型、升级。

（5）新能源产业将在第五次经济长波期间崛起。当前产业结构中许多产业的发展往往以耗费大量石化能源为代价，这既使世界面临严重的能源危机，又会带来极具威胁的环境污染。因此，从 20 世纪 70 年代两次石油危机以来，寻找更加高效、洁净的能源已成为人们乐此不疲的一项工作。随着新能源研究开发工作的不断深入，太阳能、风能、生物质能、地热能、氢能、海洋能、磁流体发电等各种新式能源将会不断获得合理的开发利用，并成长为对世界经济可持续发展发挥至关重要作用的新型产业。

（6）在相关技术进步的支持下，原子能工业将具有更加广阔的前景。第四次经济长波期间的主导产业原子能工业，目前由于技术水平的限制，主要还只能用于核能发电。并且在核辐射防护、核废料处理等方面尚存在着诸多不足，致使各国政府在规划其发展时往往会心存疑虑。随着原子能科学技术发展的不断完善，使其利用的安全性获得保障、经济效益进一步提高、核反应堆逐步实现小型化，就能使原子能工业自身所具有的高效益、低污染等优势得以充分发挥，使得石化燃料资源临近枯竭导致的世界能源现状得以改善。其应用范围将不只限于发电，可能会在核能供热、核能冶炼钢铁，以及船舶、火箭、导弹、宇宙飞船、人造卫星等动力方面大显身手。

（7）信息产业在 21 世纪上半叶将继续高速发展。继 20 世纪下半叶兴起之后，随着信息技术在各种行业的广泛推广，为现代社会、经济运行的自动化、信息化、高效化做出了巨大贡献。可以预见，在微电子技术、激光技术、光子技术、光电子技术、超导电子技术、现代生物技术等领域取得突破之后，计算机会进一步朝着小型化、微型化、多机化、网络化、功能综合化等方向发展；信息获取方式会呈现多样化、精确化趋向；信息传输会朝着高速度、大容量、长距离、综合化等方向发展；信息处理会出现自动化、智能化趋势。

（8）农业会进一步朝着现代化、科学化方向迈进。与现代生物产业、环境产业、海洋产业等相关的科学技术发展到一定的阶段，必然会向农业进行广泛、深入的渗透，推动相关农业科学技术大发展，促使新型农业跃上一个新台阶。届时它将不仅能够解决因世界人口急剧增长带来的粮食问题，而且还能够满足人类不断变化的消费需求和工业持续增长的原材料需求。

（9）另外，航天工业将在信息产业的推动下进一步发展；人工智能产业

（主要包括智能机器人制造业、自动化设备制造业等）将在信息、微电子领域发展的基础上逐步壮大；材料工业在环境等产业的拉动下也将有新的进展；化学工业在海洋石油天然气采掘业、原子能工业的推动下也会取得进步；由于原子能和海洋矿产采掘业的推动，冶金工业的产量会进一步增长、产品结构也将发生改变；电子工业、激光产业等也将因为科学技术的进步和社会需求的扩大而蓬勃发展。

(10) 此外，轻纺食品、土木建筑与水利、医药卫生等与主导产业群间接相关的产业/事业，由于与人类的“衣、食、住、行、医”等基本需求直接相关，也将在第五次经济长波期间，保持着与新型主导产业群迅速发展相匹配的正常发展势头。

综上所述，我们还可以进一步通过图 6-5 将第五次经济长波期间主导产业群内各主要产业之间的相关和依存关系进行初步描绘。

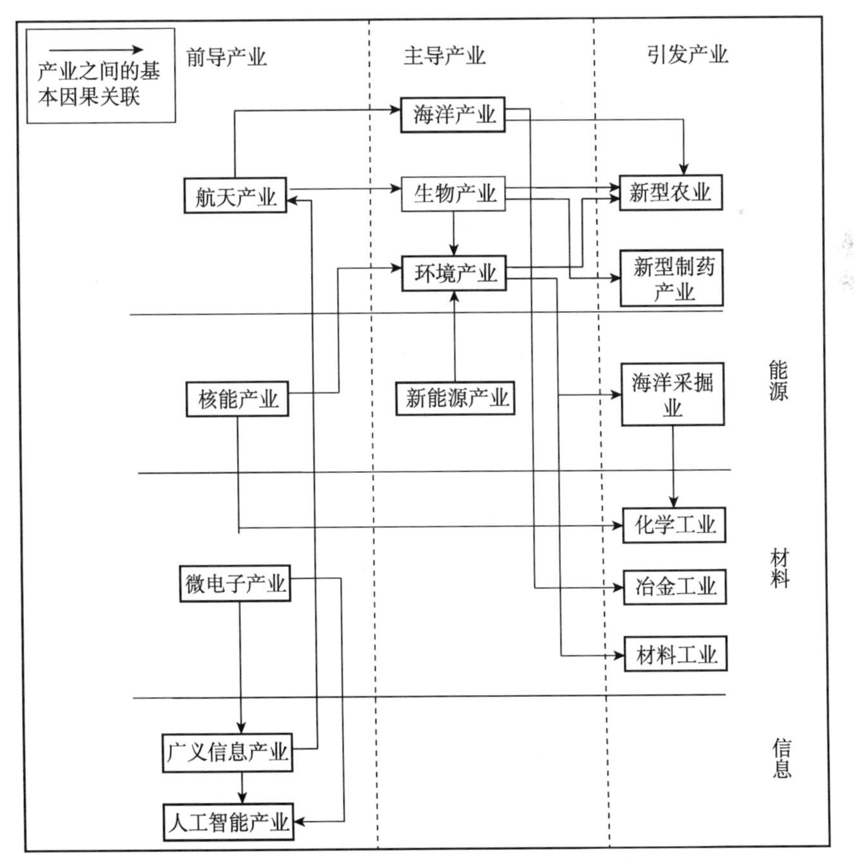

图 6-5 第五次经济长波期间主导产业群内的基本结构简图

由图 6-5 中所示的第五次经济长波期间主导产业群内主要产业之间的基本结

构关联，我们便可以大致描绘出如表 6-1 所示的第五次经济长波期间主导产业群的初步框架。当然这既是不成熟的，也是不完全的。

表 6-1　第五次经济长波期间主导产业群的基本框架

项目	前导产业	主导产业	引发产业
第五次经济长波期间主导产业群（1995 ～ 2049 年）	广义信息产业（计算机制造业、信息服务业、通信业）、电子工业（微电子）、核能产业（核裂变）、航天产业、自动化设备制造业	海洋产业、生物产业、环境产业、新能源产业（太阳能、核聚变等）、智能产业	新型农业、医药产业、矿产采掘业（尤其是海底矿产采掘）、冶金业、化学工业、新材料产业（含纳米材料）

第七章
工程技术活动演变与技术科学发展、经济长周期演化的相关性研究

事实上，必须把整部历史中科学和社会的种种相互作用，作出相当详细的介绍，然后才谈得到开始了解科学的意义，和它将来的前途。

* * * * *

科学是一种有待研究和叙述的程序，是一种人类活动，而联系到所有其他种种人类活动，并且不断地和它们相互作用着。

——J. D. 贝尔纳

本章将立足于“科学-技术-工程-社会（经济）”（S-T-E-S（E））宏观系统的大背景，以第五章中所得出的关于技术科学发展与产业结构变迁之间的实质相关性结论为基础，通过工程技术活动演变的时间序列增量特征曲线与技术科学总体发展的时间序列增量特征曲线、考虑战争影响的梅兹经济长波曲线三者之间的历时性、共时性系统比较研究，揭示产业革命以来工程技术活动演变与主导产业群更替之间的内在相关性。并认为在近现代不同的历史时期，“科学-技术-工程-社会（经济）”互动演变主要表现为科技创新型、技术转移型两种基本发展模式。

第一节　基本研究进路

“科学-技术-工程-社会（经济）”四方面之间立体式的互动是推动现代经济社会迅速发展的根本动因。近年来，对四者发展特征与规律以及四者之间相关性的探讨正逐步成为研究的热门。例如，本书第五章所提及的“科学革命、技术革命、产业革命、社会革命”四者之间彼此互动和关联的复杂关系，以及由四者形成的主干性因果链条，便是这一领域中过去曾引起我国许多学者研究兴趣的重要问题之一。但从整个研究现状看，还是对四者分门别类的研究居多，对四者总体上的互动特征和内在关联探索不够；针对不同国家、地区的具体问题进行的研究居多，对宏观的、普适性的特征与规律探索不足。本章试图通过对技术科学发展、工程技术活动演变与经济长周期演化三者之间相关性的系统探索，力求从宏观上获得一些对上述问题的解答。

根据本书第一章导言及以上其他各章所体现出来的研究进路和所获得的结论，我们可以将上述S-T-E-S（E）系统视为由两个基本子系统所组成。

其一是钱学森等学者曾长期探讨过的现代科学技术体系，这是由基础科学层次、技术科学层次和工程技术（知识）层次三者通过彼此互动所形成的一个有机系统。本书所深入研究的技术科学体系就是其中的一个中介层次，它在基础科学和工程技术（知识）之间发挥着无可替代的桥梁与纽带作用，从而形成现代科学技术体系中一支新兴的、极具生命力的、不断发展壮大的知识脉系。

其二是本书以上各章又已初步涉及的由“工程技术知识-工程技术活动-社会经济活动”所构成的与现代科学技术体系并列的另一个子系统。我们已经反复指出，钱学森所构建的现代科学技术体系中的“工程技术”层次，在严格意义上应该理解为“工程技术知识”层次，或称其为“工程技术知识库”，它专门为当代人类进行大规模的工程技术建造活动提供各种必要的知识。而由大量工程技术事件构成的“工程技术活动”层次，又必须根据“工程技术知识库”所提供的各种知识，通过复杂的筹划、设计、建造与生产过程，从而实现工程技术活动的根本目的，即通过建造工程实体或者生产产品、提供服务，以满足现代人类的各种需要。实际上，上述“工程技术活动”中的大量工程技术事件已经成为现代社会中生产、经济活动的重要组成部分，并由它们推动着经济不断发展、社会持续进步。因此，也正是在这种意义上，我们又称“工程技术知识-工程技术活动-社会经济活动”系统是上述S-T-E-S（E）系统的另一个基本子系统。显然，其中的“工程技术活动”部分又成为这一基本子系统的中介层次。

在第五章中，已经通过技术科学总体发展的时间序列增量特征曲线与梅兹经济长波曲线的共时性比较研究及相关定量统计分析，揭示出了技术科学发展与产业结构变迁之间的内在实质相关性。实际上，这已从一个侧面说明上述两个基本子系统之间不是彼此孤立的，而是相互密切关联的。那么，现在是否可以通过这两个基本子系统各自的中介层次，即技术科学层次和工程技术活动层次二者，与反映产业结构变迁的经济长波曲线之间的系统比较研究，以揭示技术科学发展、工程技术活动演变与经济长周期演化三者之间的内在相关性呢？这既是本章的基本研究进路，又是初步追求的目标。因为从常识和逻辑上均不难想象，任何新型（或重大）工程技术事件中均包含着新颖的工程技术原理，而这些工程技术原理的产生往往又是以技术科学的发展及其相关知识为基础的，所以从一般意义上说，技术科学发展的时间序列增量特征曲线和新型（或重大）工程技术事件的时间序列增量特征曲线之间很可能就存在某种特定的相关关系。

为了更好地理解上述研究进路，我们又绘制出如图7-1所示的现代“科学-技术-工程-社会（经济）”系统的基本结构简图，由此便能更清楚地看出，怎样以产业结构的变迁作为基础与中介，以窥探技术科学发展和工程技术活动演变之间的联系，并进一步揭示三者内在互动的相关特征与规律，以实现从这一视角窥探“科学-技术-工程-社会（经济）”系统运行规律性的目的。

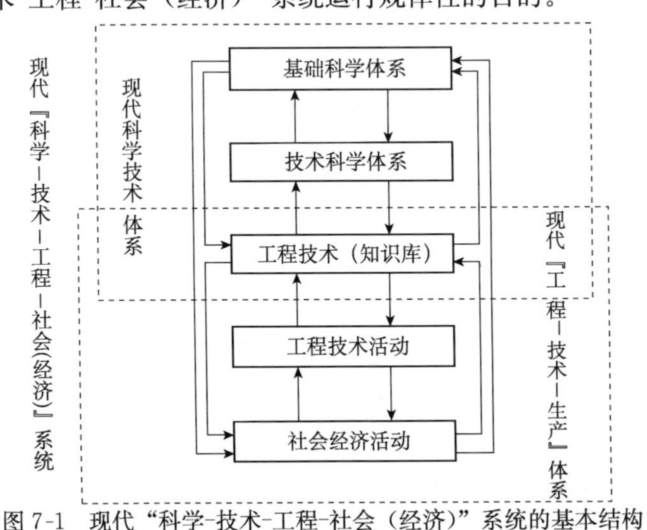

图7-1 现代“科学-技术-工程-社会（经济）”系统的基本结构

第二节　新型（或重大）工程技术事件时间序列增量特征曲线的由来

目前学术界对工程技术活动的关注，主要仍集中在具体工程技术的实用功能方面，而对历史上工程技术活动整体演变特征与规律的总结则并不多见。在一些文献资料中，虽然也收集了许多关于工程技术活动的相关历史资料，但亦缺乏系统性的梳理和总体研究。事实上，工程技术活动作为科学技术作用于经济社会的中介桥梁，通过研究其与技术科学发展、经济长周期演化三者之间相关性，对从宏观上透视现代“科学-技术-工程-社会（经济）”系统整体运行的规律，具有十分重要的意义。

当然，也有不少学者已认识到研究工程技术活动发展规律的重要性，并做了大量扎实的基础性工作。例如，江苏一批专家学者曾依靠集体力量，历时16年，编撰出一部300余万字的重要工具书《中外科技与社会大事总览》。全书“上起远古，下迄当今”，将“中外科技史与社会史上的重大事件”都收录在册。“为了突显清晰的历史线索”，该书又“严格按时序纵向编次，按时段横向贯通，对发生时间确切的事件，直接精确到年、月、日；对延续时间较长的事件，示之以时限期间；对于较重大的事件，有较详尽的介绍与说明”。此外，还“在以时序为主线的基础上又将科技与社会按照通行的学科分类标准和分类次序依数、理、化、天、地、生、农、医、工、文化、政治、经济、军事、其他分类编排，从而使历史事件在时间线索中仍能反映出系统归属”，“使偶发性的历史事件在逻辑格局、时间序列和类属网格中井然其位”①。这些工作，为本章进行系统的统计研究和实证分析起到了重要的奠基作用，故我们选择该书作为本章统计计量研究的基本统计源资料。

为使这里统计研究对象的范畴与本书中对技术科学范畴的理解相一致，本章所探讨的“广义工程技术活动”除了与主导产业群直接相关的狭义工程技术活动之外，还应包括为主导产业群提供间接服务的，关涉人类衣、食、住、行、医、管（理）方面的社会理性实践活动，故共应涵盖工、农、医、管四大类。亦如赫伯特·A. 西蒙所说，“生产物质性人工物的智力活动与为病人开药方或为公司制订新销售计划或为国家制定社会福利政策等这些智力活动并无根本不同”②。因此从总体上看，这四类活动对知识结构和思维方式的要求都是基本一致的。

由于丁长青主编的《中外科技与社会大事总览》中只有工、农、医三类相关统计资料，缺乏管理类统计资料，所以本章又选择了郭咸纲所著的《西方管理思想史》一

① 丁长青．中外科技与社会大事总览［M］．南京：江苏科学技术出版社，2006：出版说明

② 赫伯特·A. 西蒙．人工科学［M］．武夷山译．北京：商务印书馆，1987：111

书中的附录“管理大事年表”作为补充统计源资料，以便收集、统计管理类的相关历史资料。这样，我们以上述两书中对应时段内系统历史资料作为综合的统计源，通过对工、农、医、管四类新型（或重大）广义工程技术事件数的系统统计，以 5 年为一个计时单位，以新型（或重大）工程技术事件数为指标，绘制出如图 7-2 所示的工程技术活动时间序列增量特征曲线，以作为下面展开研究的依据。

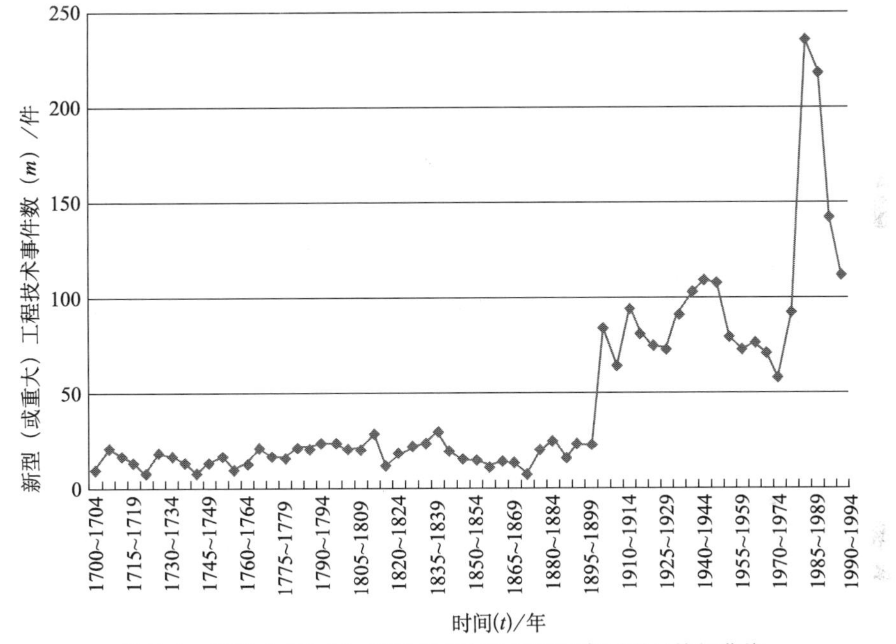

图 7-2 新型（或重大）工程技术事件的时间序列增量特征曲线

为了便于与本书以上已绘制的技术科学总体发展的时间序列特征曲线、梅兹经济长波曲线进行系统比较，这里在时间上也以产业革命发生前的 1700 年为起点，以第四次经济长波结束的 1994 年为终点，共选取有效事件 2626 件作为统计样本，其中狭义工程技术类事件 1844 件，农林畜牧类相关事件 106 件，医药类相关事件 549 件，管理类相关事件 127 件。

第三节 比较方案的选择和历史阶段的划分

我们首先按照第五章的研究进路，通过相关技术处理，将图 5-1 中去除战争影响的梅兹经济长波曲线、图 3-1 中技术科学总体发展的时间序列增量特征曲线的 1700 年以后部分与上述新型（或重大）工程技术事件的时间序列增量特征曲线三者置于同一个坐标系中，以便首先从图像现象上进行系统的比较研究，从而探索三者之间的内在相关性特征。结果如图 7-3 所示。

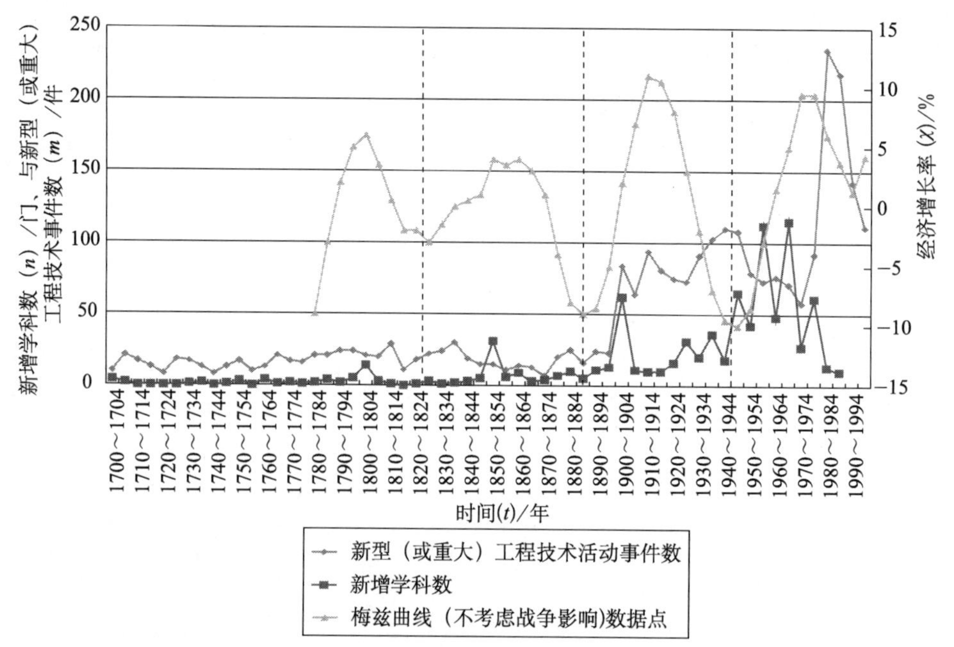

图 7-3 新型（或重大）工程技术活动演变与技术科学发展、经济长周期（去除战争影响）演化的比较

从第五章的研究中我们已经获得这样的结论：按照去除战争影响的梅兹经济长波曲线所包含的四个长波阶段，即 1780～1820 年、1820～1885 年、1885～1943 年、1943～1994 年阶段分别对应着四个主导产业群。因为不论是技术科学的发展，还是工程技术活动的演变，应该都是主要为对应时段内主导产业群的发生、发展提供服务的，所以以上四个阶段的划分应该成为我们下面研究工作的基础。在图 7-3 中我们又以三条垂直虚线作为四个经济长波时段的分界线。

通过对图 7-3 中三条时间序列特征曲线进行全面审察和系统比较不难发现，在 1780～1819 年、1885～1914 年、1960～1994 年这三个时段内，三条曲线升降起伏呈正相关性，即在基本呈现同步起落特征方面较为明显；在 1820～1884 年，虽然三条曲线之间没有明显的正相关性，但经济长波曲线与技术科学总体发展的时间序列增量特征曲线之间的正相关性还是比较明显的。考虑到第二次经济长波期间主导产业群的结构与第一次经济长波期间主导产业群的结构差别不大，只有交通运输方面出现明显的变革，而当时的社会经济发展主要是由英国产业革命的效应在时间、空间上的扩张所导致的。这样在上述四个时段内，我们对三条曲线之间的相关性便基本获得了比较满意的说明。但在 1915～1959 年，我们在三条曲线之间几乎找不到任何比较统一的相关性特征。这显然与在这一时段内发生了两次世界大战，大规模的政治、军事活动以偶然性因素强烈地干扰着正常的社会科技、经济活动有关。而去除战争影响的梅兹经济长波曲线与另外两条曲线之间显然又存在着系统误差，这就直接干扰着我们对该阶段内三者之间内在实际相关关系的认识。

为了消除以上分析中所发现的干扰因素，我们便决定重新改用考虑战争影响的梅兹经济长波曲线与技术科学总体发展时间序列增量特征曲线、新型（或重大）工程技术事件的时间序列增量特征曲线作比较研究，并又按照与上述相同的方法绘制出如图 7-4 所示的坐标图系。

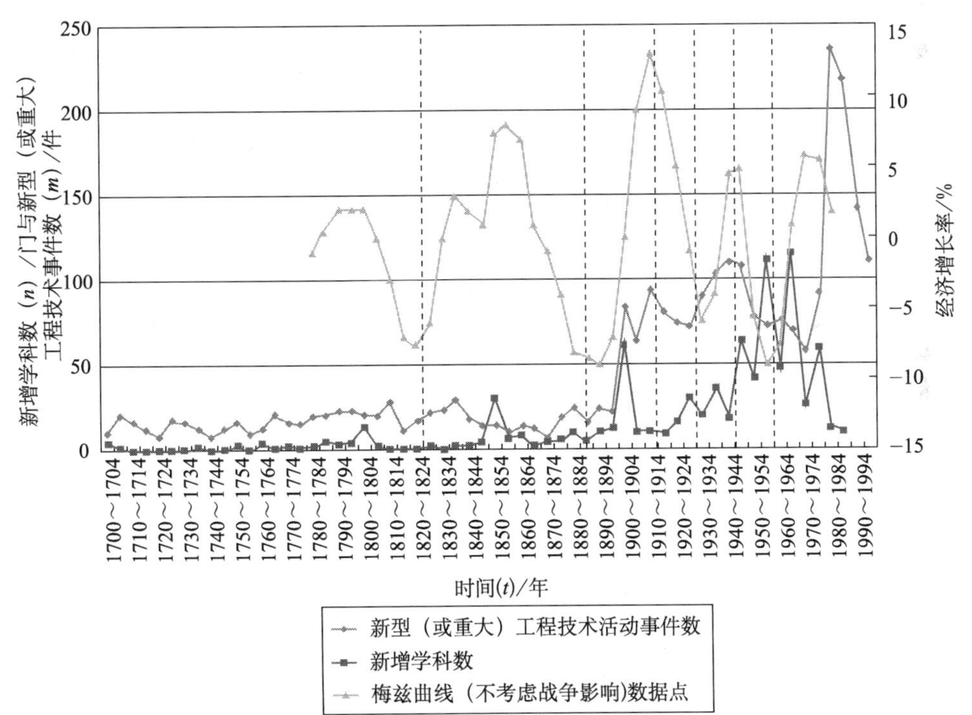

图 7-4 新型（或重大）工程技术活动演变与技术科学发展、经济长周期（考虑战争影响）演化的比较

在对图 7-4 中 1914～1959 年期间三条曲线的基本特征和两次世界大战期间的一些关键性事件进行综合分析之后，我们决定抓住以下几个关键时点。1910～1914 计时单位是第一个关键时点，在这里新型（或重大）工程技术事件时间序列增量特征曲线刚跃过一个波峰，考虑战争影响的梅兹经济长波曲线也刚跃过一个波峰；在该时点的左侧三条曲线有比较好的正相关性，而右侧则不具备这种特征；而 1914 年又是第一次世界大战的发生年。

1925～1929年计时单位是第二个关键时点，在这里考虑战争因素的梅兹经济长波曲线正处于一个波谷，而新型（或重大）工程技术事件增量特征曲线正走向一个波谷；而1929年又是当时世界经济大萧条的起始年。

1940～1944年计时单位是第三个关键时点，在这里考虑战争影响的梅兹经济长波曲线正处于另一个波峰，新型（或重大）工程技术事件时间序列增量特征曲线也靠近一个波峰；在该时点的左侧三条曲线有比较好的正相关性，而右侧则不具备这种特征；而该时点与第二次世界大战结束的1945年又非常接近。

1955～1959年计时单位是第四个关键时点，在这里考虑战争影响的梅兹经济长波曲线又刚跃过另一个谷底。我们在这四个关键时点分别做出垂直虚线，以作为不同时段之间的明确分界线。

为了从总体上准确把握1700～1994年上述三条曲线相关性方面的共性特征，我们又将不考虑战争影响的四次经济长波对应四个主导产业群的结论性框架和考虑战争影响的1915～1959年特殊的时段划分综合起来，以形成以下进行历时性、共时性系统比较研究的统一时段划分的基础。由于第三次与第四次经济长波之间的分界线与1915～1959年第三个关键时点的分界线基本重合；再考虑到本书中的相关坐标图系所采用的统一计时单位，这样综合起来，我们就可以把1780～1994年整个历史时期划分成以下七个时段：1780～1819年、1820～1884年、1885～1914年、1915～1929年、1930～1942年、1943～1959年、1960～1994年。结果如图7-5所示。

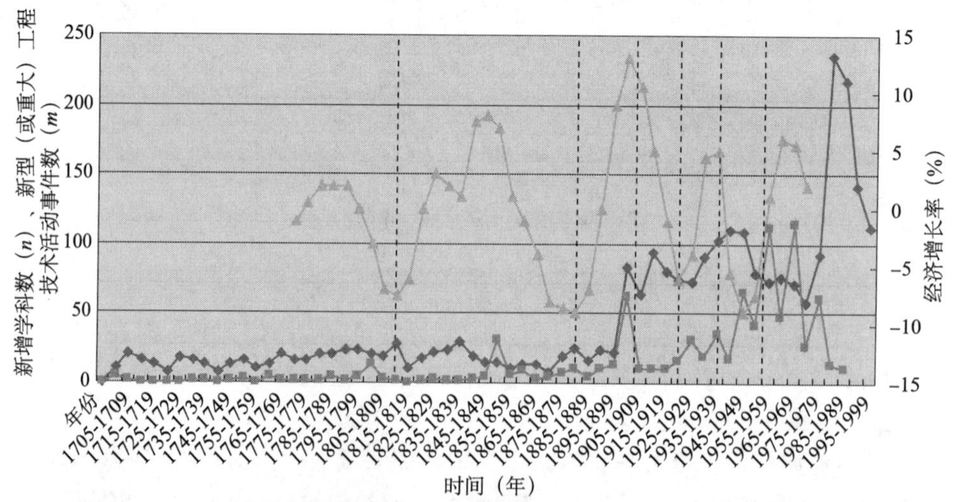

图7-5　三条曲线、七个阶段综合比较坐标图系

第四节　工程技术活动演变与技术科学发展、经济长周期演化的系统比较研究

一、工程技术活动演变与技术科学发展、经济长周期演化的历时性统计研究

通过第五章的研究我们已经发现，在产业革命以来历次经济长波期间，新产生的技术学科与该时段的主导产业群之间存在着密切的相关性。按学科不重复计算方法统计，四次经济长波期间“与主导产业群直接相关的学科”数目占新生技术学科总数的比重分别为67.74%、52.94%、52.12%、62.20%；“与主导产业群相关的学科”数，即“与主导产业群直接相关的学科”数和“与主导产业群间接相关的学科”数的和，占该时期新生技术学科总数的比重分别为77.42%、72.94%、75.85%、73.80%。

延续上述的研究进路，首先我们将各个时期的新型（或重大）工程技术事件按其与当时对应主导产业群是否相关，进行系统分类统计，结果获得如表7-1所示的完整统计数据。需要说明的是，在数据统计过程中，有些工程技术事件既可以视为为同时期主导产业群服务的，也可以视为为战时军事需求服务的。考虑到军事需求一般要优先于经济需求，所以在出现这类情况时，这里统一将这些工程技术事件看成是为军事需求服务的，而不计入与主导产业群相关的统计数据之中。

表7-1　历次经济长波期间新型（或重大）工程技术事件数与主导产业群相关性统计分析

统计项目＼历次经济长波时段	第一次经济长波	第二次经济长波	第三次经济长波			第四次经济长波		总计
	1780～1819年	1820～1884年	1885～1914年	1915～1929年	1930～1942年	1943～1959年	1960～1994年	1780～1994年
工程技术事件总数/件	171	233	305	229	304	260	892	2394
与主导产业相关的工程技术事件数/件	120	110	209	116	230	142	614	1541
与主导产业群相关的工程技术事件所占比例/%	70.18	47.21	68.52	50.66	75.66	54.62	68.83	(64.37)

从表 7-1 中的数据不难看出，工程技术活动与同期主导产业群之间也存在着比较密切的相关性。但在 1780～1819 年、1885～1914 年、1930～1942 年、1960～1994 年这四个时段内工程技术活动与主导产业群的相关性都比较高，与主导产业群相关的工程技术事件数占同期工程技术事件总数的比例一般在 70％左右，这里不妨称上述时段为“第一类时段”。而在 1820～1884 年、1915～1929 年、1943～1959 年这三个时段内工程技术活动与主导产业群的相关性都相对偏低，与主导产业群相关的工程技术事件数占同期工程技术事件总数的比例一般在 50％左右，这里便称这些时段为“第二类时段”。可以进一步概括地说，在这两类时段各自内部，工程技术活动与主导产业群的相关性存在着一定的同一性；而在这两类时段之间，工程技术活动与主导产业群的相关性则存在着一定的差异性。这其中的真实原因将有待通过具体的历史过程与事件进行实证分析进行揭示。

二、工程技术活动演变与技术科学发展、经济长周期演化的共时性实证分析

从表 7-1 可知，第一时段从 1780 年开始到 1819 年结束，实际即为梅兹经济长波曲线中的第一次经济长波期间。由图 7-5 可知，在该时段内：技术科学总体发展时间序列增量特征曲线于 1800～1804 年计时单位左右出现了第一次发展高峰；而工程技术活动则表现为持续的高涨，并在 1810～1814 年计时单位出现第一次高峰。回顾历史不难发现，经过文艺复兴以来学者理论传统与工匠技术传统的交融，技术科学在这阶段出现了第一轮大发展。围绕蒸汽机的发明与改进，相继出现了多刚体动力学、纺织机械、分析力学、液压传动与控制、机床、画法几何及工程制图、工程机械等一系列技术学科，大大促进了机器制造、纺织、矿冶等主导产业的发展。由产业革命带来的技术进步与经济发展，也使工程技术活动一直处于较高的发展水平，故这一时期新型（或重大）工程技术事件数与主导产业群之间便表现出较高的相关性（70.18％）。

第二时段从 1820 年开始到 1884 年结束，即梅兹经济长波曲线中的第二次经济长波时期。在这一时期，技术科学发展与经济长周期演化在 1850～1854 年计时单位都出现第二轮高峰，但新型（或重大）工程技术事件数却表现出前高后低、持续下降的态势。在上文中我们已经述及，在第二次经济长波期间，大多数主导产业仅是第一次经济长波期间主导产业的扩散与改进，只有交通运输业中以铁路和汽船取代了马车和帆船、冶金业中出现了炼钢、石油开采初步崭露头角、化学工业的范围也有所扩大等方面表现出了不算很大的差别。两次长波期间的主

导产业过于相似，使得整个第二次经济长波期间新型（或重大）工程技术事件出现不多，故其与主导产业群的相关性当然也不高（47.21%）。

实际上，第二次经济长波中前期的经济发展，主要表现为英国产业革命的效应在西欧和美国的扩散过程。其间虽然也存在一定的科技创新，特别是创新扩散作用使得第一次经济长波中的许多产业技术获得了进一步完善，但对经济社会发展发挥主导作用的仍然是产业革命中的新技术在时间、空间上的转移。尤其是比利时、法国、德国等西欧诸国和美国通过引进、吸收英国的大量工业技术，相继完成了产业革命。所以在这一时期，虽然世界工业生产处于波峰期，但新型（或重大）工程技术事件数增加却很有限，当原有的科技创新成果日趋发展成熟之后，甚至还出现了下降的趋势（1850～1869 年）。

在当时的历史条件下，一般只有当原有技术难以进一步发展时，新的技术才会开始孕育。但这个孕育过程首先表现为技术科学在经济需求强力拉动、工程技术实践持续推动下，于 1850～1854 年计时单位前后出现第二轮发展高峰；而由其发展出的新技术在 1870 年以后才能获得实际运用。具体表现为当时德、美两国没有大量陈旧设备与技术的包袱，利用后发优势，直接采用新技术，启动新型（或重大）工程技术活动，促进生产效率大幅度提升，并在经济发展水平上逐渐超越英、法两国。当然这在改变世界经济格局的同时，也刺激英、法等国淘汰落后的设备与技术，积极采用新技术。所以在第二次经济长波后期，虽然经济发展陷入低潮，但是技术科学与工程技术活动却都开始了新一轮的发展。只是世界技术中心已从英国转移到了德国和美国。例如，德国在 1872 年出现高效发电机并成功合成塑料，1876 年制成四冲程内燃机，1880 年西门子提出电炉炼钢；而美国则在 1873 年制成拖拉机，并开始平炉炼钢，1877～1878 年爱迪生发明留声机、白炽灯，1882 年又制成当时容量最大的发电机，并在纽约建成直流发电厂。这些工程技术与产业活动，在随后引发了新一轮的技术科学大发展和第三次经济长波。

1885～1942 年为第三次经济长波时期。由于其间发生了两次世界大战，战争对这一阶段工程技术活动有着极其重大的影响。通过对两次世界大战期间工程技术活动与军事需求相关性的统计分析，我们发现这一时期新型（或重大）工程技术事件数与军事需求的相关性很大，约占到新型（或重大）工程技术事件总数的 50.09%。说明工程技术活动受到经济需求与政治、军事需求的双重影响；特别是 1930～1942 年，战争的影响更为明显。这一期间大量新型（或重大）工程技术活动与新增技术学科呈现出明显的正相关性，也从一个侧面显示，当时的工程技术活动已不仅单纯作为技术科学与经济发展之间的中介桥梁，而且战争需求正以更大的动力推动着很多大型项目迅速上马。

为了进一步详细分析战争与经济因素对技术科学发展和工程技术活动演变的

影响，这里再将此次经济长波时期划分为以下三个时段来研究。

第三时段（1885～1914 年），属于第三次经济长波的前期。从 1885 年世界经济进入第三次经济长波时期，到 1914 年爆发第一次世界大战，技术科学与世界经济均获得了进一步发展。一方面新技术的大量涌现，导致工程技术活动频繁，并推动着世界经济大发展。使得其间新增工程技术事件数相对前两次经济长波阶段有了大幅度的增长，工业化地区从西欧、美国迅速扩展到日本、俄国等世界其他地区；但另一方面，由此带来的世界政治经济格局的巨大变化，也直接导致了第一次世界大战的爆发。从总体上看，该时期技术科学发展与工程技术活动演变、经济长周期演化呈现出高度的正相关性。

第四时段（1915～1929 年），处于第三次经济长波的中期。该时段主要包括第一次世界大战期间（1914 年 7 月 28 日爆发，1918 年 11 月 11 日结束）及第一次世界大战后的短暂繁荣时期（1919～1929 年）。技术科学的发展刚刚经历了第三次高潮，正处于相对低潮期，而世界经济仍处于高涨阶段，而这一时段新型（或重大）工程技术事件数却呈现减少的态势。对此可以这样理解：第一次世界大战期间的大量工程技术活动属于前一阶段的技术创新从民用向军用转移（如飞机、坦克等）；而第一次世界大战结束后，各国都处于恢复与重建期，虽然在该阶段后期技术科学又开始出现较明显的发展（部分与军事因素有关），但从总体上看，其间主要是技术转移因素起主导作用，所以新型（或重大）工程技术事件数则相对偏少。

第五时段（1930～1942 年），处于第三次经济长波的后期。1929 年年底，首先从美国开始，世界经济开始出现大萧条，并对政治、经济、科技、军事等诸多方面产生了深刻的影响。西方各工业国相继出现的经济危机导致了整个世界经济体系的崩溃，人民生活陷入困境，并引发了不少政局动荡。为了解决危机，缓解矛盾，各国都采取了相应对策。美国采用新经济政策，加大政府投资力度并进行宏观调控；而德国则采用了煽动民族主义，疯狂扩军备战的应对办法，最终引发了第二次世界大战。这样便导致两个直接后果：一是技术科学在经济和军事需求的双重激励下又获得发展；二是工程技术活动在短暂低潮后又重新高涨起来，并一直持续到第二次世界大战结束。可见，正是在军事与经济因素的共同刺激下，战时工程技术活动又出现新的发展高潮。从图 7-5 可以看出，在这一时段三条曲线同时表现为上扬的趋势，与研究方案修正前的图 7-3 相比，三者之间从“互不相关”变为“高度的正相关”。由此足见，战争对于这一时段技术科学发展、工程技术活动演变、经济长周期演化及三者之间的彼此互动都有相当重要的影响。

依循同样的研究进路，第二次世界大战结束以后的技术科学发展、工程技术活动演变、经济长周期演化及三者之间的互动特征也可以分为两个时段来分析。

第六时段（1943～1959年），处于第四次经济长波的前期。1945年第二次世界大战结束后，技术科学发展出现了新的高潮。经过第二次世界大战时期的技术创新与积累，很多新技术均趋于成熟并大规模地转用于和平时期的生产，迫切需要进行系统的科学总结与调整；反之，新的生产与工程实践又推动相关技术学科的建立与完善。于是在第二次世界大战后的二三十年里，大多数影响当今世界的主要技术学科都先后建立起来，其间统计样本中的新增技术学科主要包括：与原子能技术相关的23门新学科、与计算机技术相关的41门新学科、与信息技术相关的38门新学科、与航天技术相关的37门新学科、与材料技术相关的22门新学科，以及与自动控制相关的20门新学科。与此同时，世界经济也处于战后新的一轮调整与恢复期，西欧和日本到20世纪50年代前期基本恢复到第二次世界大战以前的水平，从50年代后期到60年代初各国均选择不同的发展策略，开始孕育新的经济起飞计划。故其间考虑战争影响的梅兹经济长波曲线从第二次世界大战期间的波峰降至波谷（1960年左右）。与此同时，新型（或重大）工程技术事件的时间序列特征曲线亦处于下降阶段。由历史考察也不难发现，这一时段的世界经济运行主要也是靠技术转移来实现的。从工程技术活动的技术基础看，一方面大量军用技术转向民用，另一方面美、德等国的先进技术正向世界各国扩散，故其间大量的工程技术项目主要表现为模仿与复制过程，一般不会反映到新型（或重大）工程技术事件增量特征曲线中来；从经济需求的角度看，第二次世界大战后初期，由于迫切需要改善民生及经济基础相对薄弱等，各国的经济发展主要以恢复生产和技术改造为主，首先注重的是生产规模的扩大和生产效率的提高，而对新技术的开发需求暂时可能不会特别强烈，也使得该时段内新型（或重大）工程技术事件数相对偏低。

第七时段（1960～1994年），处于第四次经济长波的中后期。1960年之后，世界经济格局发生了巨大变化。一方面，随着西欧与日本在经济上重新崛起，西方各发达国家之间为了各自的经济利益展开了日益激烈的竞争，为了在竞争中获胜，各国都在工业生产中大量开发、运用新技术、新工艺；另一方面，第二次世界大战后出现的冷战局势，使得东西方两大阵营之间在军事、科技、经济等各方面都展开激烈的竞争。在这样的大环境下，世界经济虽然出现了几次短暂的衰退和滞涨，但总体上仍始终保持一定的增长水平，其间技术科学与工程技术活动自然也都获得了极大的发展。所以在图7-5上，表现为技术科学发展、工程技术活动演变两条时间序列增量特征曲线与梅兹经济长波曲线呈现出基本嵌套、同步演进的态势。

根据我们的研究结果，第四次经济长波将在1994年基本结束；从1995年开始，世界经济将步入第五次经济长波时期。由当前现实的世界政治、经济、科技形势乐观地展望，在经历一番调整与孕育之后，技术科学与新型（或重大）工程技术活动也将会出现新一轮的大发展。

第五节　近现代“科学-技术-工程-社会（经济）”互动演变的两种基本模式

通过以上系统的历时性统计研究和共时性实证分析，我们已经不难看出，近代以来“科学-技术-工程-社会（经济）”互动演变实际上存在两类基本类型：第一类是指在1780～1819年、1885～1914年、1930～1942年、1960～1994年四个时段，图7-5中三条曲线之间基本上呈现正相关的特征，新型（或重大）工程技术活动与同时期主导产业群发生、发展的相关性较高；第二类是指在1820～1884年、1915～1929年、1943～1959年三个时段，三条曲线之间缺乏明显的相关性特征，新型（或重大）工程技术活动与同时期主导产业群的演变相关性偏低。我们需要进一步通过理论研究和实证分析，揭示、总结这两类“科学-技术-工程-社会（经济）”互动演变基本类型背后的实质性根源。

而在以上的研究过程中，我们已经初步觉察到，要对上述三条曲线之间的相关性做出统一的解释，“科技创新”概念和“技术转移”概念的使用都是不可避免的。为此，首先要对这两个重要概念的来龙去脉进行一番辨析；必要的情况下，尚需做出合理的界定。

一、对“科技创新”与“技术转移”概念的辨析与界定

“创新”这一概念，最早出现于美籍奥地利经济学家熊彼特在1912年出版的《经济发展理论》一书的“创新理论”之中。按照熊彼特的观点，“创新”是指一种生产函数的转变，或者生产要素和生产条件的一种重新组合，并将其引入生产体系使其中的技术体系发生变革，以获得企业家利润或潜在超额利润的过程。根据熊彼特的界定，创新是对现存生产要素组合进行“创造性的破坏”，并在此基础上“实现了新组合”。在熊彼特看来，“创新”不仅是指科学技术上的发明创造，更是指把发明的成果引入企业之中，形成一种新的生产能力。熊彼特还认为，创新不是孤立事件，并且在时间上不呈现均匀分布；相反它们趋于集群，或者说成簇地分布。具体地说，创新又可以包括五个方面的内容：①引入新的产品或提供产品的新质量（产品创新）；②采用新的生产方法（工艺创新）；③开辟新

的市场（市场创新）；④获得新的供给来源（资源创新）；⑤实行新的组织形式（管理创新）。

本章参考现有的研究成果，认为“科技创新”就是指科学技术活动过程中的创新，包括科学创新和技术创新。其中科学创新是指研究与开发过程中的基础研究创新和应用研究创新。科学创新以获得新知识为根本目的，其创新成果可能会对人类生产、生活产生革命性的重大影响。科学创新可以发现新的客观规律，也可以改变或提高人们对已知规律的认识①。现代科学创新一般发生在本章第一节中所论及的“现代科学技术体系”这一基本子系统中。而技术创新是指研究与开发过程之中试验开发阶段的创新。与科学创新不同，技术创新是一个科技与经济活动密切联系和相互作用的过程，它强调利用已有的规律改造世界，并以市场为导向，促进科技成果的商业化和产业化②。技术创新一般发生在本章第一节中所论及的第二个基本子系统中，即“工程技术知识-工程技术活动-社会经济活动”系统。科学创新与技术创新组成了科技创新的全部内容，二者是相辅相成，相互促进的。科学创新为技术创新奠定了理论基础和依据，或者为技术创新提供理论上的指导和前提；技术创新则是科学创新成果在实践中的应用，也是对科学创新成果的佐证；同时技术创新也为科学创新提供更高水平的工具或手段，支撑着科学创新的不断深化与提升③。

“技术转移”概念的渊源主要可追溯到两点：一是源于第二次世界大战结束初期的开发援助；二是源于第二次世界大战期间开发的军事技术向民用领域的转移。目前对技术转移尚无统一定义，一般来说表现为三类系统性知识的转移，即某种系统性知识从产生知识的地方向使用知识的地方的转移；技术开发活动各环节之间的转移，如基础研究→应用研究→试验开发→商业化各环节间的转移；现有技术的新应用。遵照国际上技术研究领域比较公认的看法，可将上述几种定义总括为：技术转移是指围绕某种技术类型的产业在特定技术水平上的知识群的扩散过程，即各种形态的技术从供方向受方的运动。这种运动可以在地理空间上进行，也可以在不同领域、部门之间进行，是一个动态过程，其实质是技术能力的转移。

谈论技术转移必定离不开技术创新，二者既是相互区别又是相互联系的。技术创新是整个技术进步的一个重要中心环节，也是技术进步促进经济增长和社会发展的根本机制，它是一个包括技术发明（新技术的产生）、技术开发（新技术

---

① 王耀德．科学与技术关系的三个问题［J］．江西财经大学学报，2004，34（4）：84－86

② 周寄中．科学技术创新管理［M］．北京：经济科学出版社，2002：91

③ Chen X D，Sun C. Technology transfer to China：alliances of Chinese enterprises with western technology exporter”［J］. Technovation，2000，20（7）：353

的应用）和技术扩散（新技术的应用推广）的技术进步过程。它是技术转移的基本前提和主要源泉。从技术发展变化的表现上看，依靠技术创新和技术转移这两大载体，两者并行发展且相互促进。技术创新作为技术转移的源泉，从转移的内容到转移的节奏上推动着技术转移的进程；而技术转移作为技术创新的传动机制，不仅为技术创新提供了技术资源上的保证，而且通过技术转移的桥梁、纽带作用使技术创新充满活力。

此外，技术扩散作为技术创新中的一个环节，使技术创新活动更为完整、有效。在特定情况下，技术扩散也被看成技术转移，而这时的技术扩散和技术转移都是针对新技术而言的，是新技术的再次应用。但从严格的技术转移所适用的技术对象上看，往往是指已有技术而非新技术，这也正是技术创新与技术转移作为两大对应范畴的主要原因①。此外，技术扩散是一个纯技术的概念，扩散的对象就是纯粹的新技术；而技术转移则不仅包括纯技术，而且还包括与技术有关的各种知识信息等。在概述目前关于“科技创新”与“技术转移”基本含义的基础上，根据本章以上的研究结果，可以用以下两种不同的发展模式来概括、总结近代以来“科学-技术-工程-社会（经济）”互动演变的基本特征。为此首先做出如下基本定义。

（1）科技创新型发展模式：是指产业的发展与经济的增长主要由新技术、新工艺等科技创新活动推动，大规模的科技创新活动导致大规模的新型（或重大）工程技术活动，并最终促进新型主导产业的兴起与蓬勃发展。在这种模式下，技术科学发展、工程技术活动演变与社会经济发展基本呈现出同步涨落的态势。产业革命以来，凡是表现出此类特征的历史时期都被划归为科技创新型时期。

（2）技术转移型发展模式：是指产业的发展与经济的增长主要由技术的扩散与转移活动推动，技术的应用从特定产业扩展到其他相关产业，从个别国家和地区扩展到其他有条件的国家和地区。前一时期的新技术已经基本发展成熟，大量的投资涌入主导产业中去，促进经济运行进一步高涨。在这种模式下，主导产业群已经完成了新旧更替，工程技术活动以扩大再生产与技术改造为主，新型（或重大）工程技术活动较少，工程技术活动演变与技术科学发展、经济长周期演化一般不呈现同步涨落的态势。产业革命以来，凡是表现出此类特征的历史时期都被划归为技术转移型时期。

仔细推敲将不难发现，如果将近代以来工程技术活动演变与技术科学发展、经济长周期演化表现出的各种发展特征与相关联系都置于以上解释体系之中，便可以帮助我们进一步认清、把握近现代以来“科学-技术-工程-社会（经济）”互动演变的基本规律。

---

① 斋滕优．技术转移的理论与政策［J］．科学学译丛，1988，(3)：33-41

二、科技创新型发展时期，“科学-技术-工程-社会（经济）”互动演变状况的实证分析

根据以上关于“科技创新型发展模式”的定义，我们认为1780～1819年、1885～1914年、1930～1942年和1960～1994年四个时段属于科技创新型发展时期，下面将根据系统的历史资料，对上述四个时段内“科学-技术-工程-社会(经济)”互动演变状况进行比较全面的实证分析。

在科技创新型发展模式中，由于基础科学的发展不断地推动技术科学发展，并伴随着大量新技术的涌现，再通过资本投资使先进技术应用于产业发展，使大规模的技术创新集群导致大规模的新型工程技术活动，并促进新兴主导产业的蓬勃发展，最终推动经济趋向高涨。与此同时，社会经济发展与大量工程技术实践也为科学技术的发展创造了条件、提供了动力。从具体过程上看，新的科技创新在初期总是带有较大风险，往往局限于个别企业或产业之中，扩散速度较慢，经过一段孕育时期以后，由于创新技术带来超额利润的吸引力逐渐增大，同时新技术、新产品也逐步被消费者认同，创新扩散速度逐步加快，从而不断扩大创新部门的投资需求。扩大的需求通过部门间的投入-产出关联，导致相关引致型创新的出现，这些相关创新继而传向其他各类部门，逐渐孕育着另一些生产环节的高涨。这样，乘数原理与加速原理机制便使投资源源不断，形成一个巨大的投资浪潮，把经济推向一个较高的长期均衡点上。在这个较高的均衡点上，社会总需求、一般物价水平和社会平均利润率都处在一个较高的水平。其间虽然经济也会不时地出现一些短暂的失衡——如由产品过剩或者其他原因引发出周期性危机，但这类危机一般振幅较小、时间较短、恢复较快，故大部分时间经济均处于繁荣发展的态势之中。而无论是原始科技创新还是技术创新扩散过程中引发的大量关联创新，最终往往都会体现为新型（或重大）的工程技术活动，所以在科技创新型模式之中，技术科学发展、工程技术活动演变、经济长周期演化往往会呈现出同步上扬的发展趋势，一般在技术科学发展高峰之后便会出现工程技术活动高峰，随后又会出现梅兹经济长波曲线的高峰。由于科技创新时期的社会经济发展主要是由新兴主导产业的迅速崛起带动的，所以在这类时期，新型（或重大）工程技术事件数与同期主导产业群的相关性较高。如表7-1所示，在呈现科技创新型发展的四个时段中，与主导产业群相关的新型（或重大）工程事件数占其总数的比例分别达70.18%、68.52%、75.66%和68.83%。

从历史上看，科技创新型发展模式的第一次出现是在1780～1820年第一次经济长波期间，文艺复兴以来科学与技术的融合发展、18世纪中期爆发产业革

命以后的相关产业发展，使得科学技术第一次在经济发展中发挥了重要的主导作用。在17世纪牛顿力学、18世纪初热学等科学理论的影响下，瓦特对蒸汽机进行了改进，引发了一场蒸汽动力技术革命，围绕这一重大技术进步，出现了一系列的相关技术创新与改进，技术科学随之出现了第一次发展高峰；同时由于蒸汽动力技术的广泛应用及机械化生产方式的普及，纺织、蒸汽动力、机械制造、冶金、煤炭采掘、交通运输等一系列新兴产业迅速发展，新型（或重大）工程技术活动在这一阶段也始终保持着较高的发展水平。

科技创新型发展模式第二次发挥主导作用是在第三次经济长波前期（1985～1914年）。19世纪中叶以后，随着电磁学、热力学理论的创立与完善，为发电机、电动机和内燃机技术的发展奠定了基础，使得为其服务的技术科学获得新一轮大发展。在这些新技术的推动下，一批全新的产业部门——电力、电讯、电器制造、化工、汽车、航空、农机制造等行业相继建立并发展起来，产业分工越来越细，工程与产业活动中科学技术的重要性日益彰显，社会经济发展主要依靠科技创新活动的驱动。

1930～1942年，全世界经历了1929年年底爆发于美国后来又逐步扩散到各主要工业国的经济大萧条及第二次世界大战，其间科技创新型发展模式在经济、政治、军事等因素的共同作用下，体现出与以往颇为不同的特征。新型（或重大）工程技术活动演化的高峰与技术科学发展的高峰几乎同时出现。工程技术活动中对新技术的大量需求，以及大型工程技术活动中关联创新的大量涌现，极大地促进了技术科学的新一轮大发展。在战争的刺激下，工程技术、技术科学、社会经济三者的发展几乎呈现同步高涨的势头。

在1960～1994年，科技创新型发展模式已经被推广到全球范围，无论是技术科学的发展还是新型（或重大）工程技术活动的演变都不再仅集中于少数国家和地区，世界各国之间的经济、科技竞争越来越激烈。技术科学的发展在全球范围内促进了新一轮主导产业群的兴起，国家与国家之间、区域与区域之间、产业与产业之间技术水平的差异逐渐缩小，技术合作及其他形式的技术交流与互动与日俱增，科技创新的水平与强度与以往相比均大幅度提高。

三、技术转移型发展时期，“科学-技术-工程-社会（经济）”互动演变状况的实证分析

根据以上关于“技术转移型发展模式”的定义，我们认为1820～1884年、1915～1929年和1943～1959年三个时段属于技术转移型发展时期，下面将根据系统的历史资料，对上述三个时段内“科学-技术-工程-社会（经济）”互动演变

状况进行较为全面的实证分析。

在技术转移型发展模式中，产业的发展与经济的增长主要由技术的扩散与转移活动推动，技术的应用从个别产业扩展到其他相关产业，从个别国家和地区扩展到其他有条件的国家和地区。前一阶段的新技术基本发展成熟，大量的投资涌入主导产业之中，导致经济进一步高涨。在这种发展模式中，主导产业群已经完成了新旧更替，工程技术活动以扩大再生产与技术改造为主，新型（或重大）工程技术活动较少，工程技术活动演变与技术科学发展、经济长周期演化呈现出不一致的发展态势。由于技术转移型发展时期社会经济的发展主要由主导产业的扩散与转移来带动，所以在这类时期，新型（或重大）工程技术事件与同期主导产业群的相关性较低。如表 7-1 所示，在呈现技术转移型发展的三个时段中，与主导产业群相关的新型（或重大）工程技术事件数占其总数的比例分别为 47.21%、50.66%和 54.62%。

一般状况下，在集群性技术创新及相应的新型（或重大）工程技术活动发展高峰持续一段时间之后，如果在地域之间或产业之间存在技术水平的较大势差，技术转移型发展模式就会开始发挥主导作用。此后，随着技术转移型发展时期的不断持续，新型产品与服务市场逐渐趋向饱和，技术创新扩散速度趋于平缓并开始下降，最终使创新性技术及相关产品与服务进入标准化的成熟阶段。而其间数量不断减少的创新往往都局限于改进现有产品和生产工艺方面；大量的成熟技术与工艺便向更多的部门或地区转移；社会经济发展则主要表现为扩大再生产或者调整产业布局。这一时期，经济发展的惯性和“高涨”的氛围往往会掩盖社会总需求逐渐下降的实际状况，企业与市场往往会继续盲目地推动资本投资，致使虚假的繁荣正孕育着更大的危机。此时，任何外来的意外冲击或者经济系统内生的突发事件都会导致投资浪潮的突然消失和经济崩溃。甚至在没有上述这类突发事件的情况下，严重的过度投资也会造成从降价开始的激烈竞争，最终导致利润率下降和大批企业破产。于是乘数原理和加速原理机制的逆向运转负效应，会加速社会总需求、社会平均利润率下降，造成虚假繁荣的过度投资和生产能力长期过剩，继而导致危机频繁爆发。这一时期，因为缺少新的创新技术，新型（或重大）技术活动相对较少。直到经济陷入低潮，企业才开始重新关注新技术的创新与应用，技术科学和工程技术活动也才能再一次从低潮走向复苏与高涨。

当然，在特殊的社会背景下，新型（或重大）工程技术活动演变的高峰在偶然性外因作用下（如战争需求）也会提前出现，随后导致技术科学发展高峰期凸显和处于技术转移型模式下的经济高涨期。例如，基本处于第二次世界大战结束后的 1943～1959 年时段，起主导作用的不是技术科学发展导致工程技术活动高涨；而是第二次世界大战期间大量比较成熟的军用工程技术向民用转移，从而推动技术科学和社会经济向前发展。

在这种情况下，一方面，很可能由于战时工程技术活动中的大量应急式、经验性技术改良与创新不能完全解决战后工程技术活动中的难题，则会求诸技术科学乃至基础科学。倘若当时的科学发展水平能够提供足以解决问题的知识和方法，基础科学理论知识便会经由技术科学路径向生产需求定向转化，在这一转化过程中，一般会产生一系列相关技术学科；如果现有基础科学理论不足以解决上述问题，那么这类难题就会被纳入基础科学研究范围，这无疑又会拉动下一阶段基础科学与技术科学的发展。另一方面，这些从战时工程技术活动中所积累起来的大量技术与管理经验，被迅速直接地应用于战后生产实践，自然也会促进社会经济进一步发展。

从历史上看，技术转移型发展模式的第一次出现是在第二次经济长波期间。在该时段，英国已经基本完成了产业革命，掌握了当时最先进的产业技术，而其他国家刚刚开始孕育产业革命，在世界范围内存在着地域上的巨大技术势差。在这种背景下，在英国已经成熟的大量产业技术开始向西欧诸国及美国转移和扩散，并推动着这些国家的经济发展和社会进步；此外，各类产业与部门之间也存在技术水平势差，随着产业革命效应的扩散和深化，先进的技术逐渐从纺织，采矿等传统产业向更多的新型产业与部门转移。正是这两方面的共同作用，导致了该时期技术转移型发展模式的形成。在这种发展模式的推动下，世界经济的发展主要依赖技术的推广应用及主导产业群的巩固与扩张，而非科技创新及新兴产业的发展壮大。

技术转移型发展模式的再次出现是在1915～1929年时段。在第一次世界大战期间，大量的科技创新被应用于军事领域，很多新型（或重大）工程技术活动亦与军事相关；而第一次世界大战结束后的经济恢复期，工程技术活动大都也是一些技术改造项目，新型（或重大）工程技术事件数相对较少。在这一阶段，梅兹经济长波曲线从波峰向波谷滑落，技术科学总体发展时间序列增量特征曲线有一个小的波峰，而新型（或重大）工程技术活动时间序列增量特征曲线则持续下降，三者之间没有表现出明显的正相关。

第三次技术转移型发展模式出现在第二次世界大战以后的1943～1959年时段。由于第二次世界大战期间出现了很多新技术、新工艺，而大量战时的工程技术活动也为战后经济的恢复和发展打下了很好的技术与物质基础，所以在第二次世界大战后的一段时期内，大量的军事技术逐渐转移到民用产业之中，这是该阶段出现技术转移型发展模式的主要原因。同时，国家之间的技术势差仍然很大，故其间地域上的技术转移也非常普遍。特别是经过两次世界大战，美国成为西方霸主并重建了政治经济秩序之后，西方主要工业国之间的技术转移变得更加方便、频繁，这也从一个侧面牵引着技术转移型发展模式的再次出现。

四、启示与思考

综合以上研究结果，我们还可以获得以下两点重要启示。

（一）第五次经济长波期间“科学-技术-工程-社会（经济）”的互动演变将仍会表现为科技创新型发展模式

首先，从第五次经济长波期间主导产业群的科技背景和发展需求上看，确实需要科技创新的大力支撑。在第六章中我们已经初步预测出第五次经济长波期间主导产业群的基本构架，主要由前导产业：广义信息产业、电子产业、核能产业、航天产业、自动化设备制造业；主导产业：海洋产业、生物产业、环境产业、新能源产业、智能产业；引发产业：新型农业、新型医药产业、新型矿产采掘业、新型冶金业、化学工业、新材料产业等共同组成。从目前的科技与经济发展水平看，上述产业基本均属于当前所称的高科技产业，其产生、发展都与现代科学技术背景密切相关，且仍隐含着巨大的科技创新潜力。例如，就其前导产业中的信息、电子、核能、航天、自动化等产业而言，它们作为第四次经济长波期间的主导产业，虽已获得比较充分的发展，但就当前的态势而言，在扩散、整合、完善的过程中，创新的潜力仍很巨大；尤其是围绕新的应用目标和主攻方向，在如何消化吸收层出不穷的新技术，以不断提高产业的生产效率和竞争能力方面，仍有很大的科技创新空间。再就主导产业中的海洋、生物、环境、新能源、智能等产业而言，它们都属于当代的新型产业，而且与世界各国未来经济安全运行、社会健康发展、人民安居乐业均关系极大；虽在第四次次经济长波期间已经奠定了基础，但未来的发展壮大仍要依赖科技创新动力的强大支撑。再从引发产业中的新型农业、新型医药产业、新型矿产采掘业、新型冶金业、化学工业、新材料产业来看，它们既是前导产业、主导产业发展的结果，又是人类克服当代面临的危机、自觉调整发展方向的必然；虽然是当代科技发展和人类需求结合的产物，但目前基本处于初露锋芒的阶段，距离成熟的产业发展水平还相差甚远，未来的发展与壮大，完全要依靠科技创新型成果与人才源源不断地投入。

其次，世界各国在科技、经济等领域的竞争将日益加剧。和平与发展是当今世界的主要潮流，伴随着全球性市场的逐步建立与完善，世界经济一体化趋势不断加强，各国间社会经济发展水平将越来越接近。这一方面会促使各国积极通过推动自主创新，以提升自身的综合国力；另一方面也使各国对自身的优势技术加强保护，国家、地区之间进行技术转移，将会增加如知识产权等方面的很多壁垒。

最后，产业部门间的技术势差也会逐渐缩小。由上可见，第五次经济长波期间的主导产业涉及的学科（专业）领域非常广泛，产业技术也更加具有综合性特征，许多工程技术问题将会在产业之间更加频繁的技术扩散与融合中获得解决；尤其是信息技术的广泛普及与应用，使得国家、区域、产业、部门之间都能通过正常、合法的交流渠道，分享到新技术带来的经济红利。这样，未来产业之间的技术势差将逐步缩小，故其间的技术转移自然也会减少。

综上可见，在21世纪上半叶第五次经济长波期间，科技创新型发展模式将成为“科学-技术-工程-社会（经济）”的互动演变的主导模式。世界各国经济的增长将主要依赖于科技创新与新技术的扩散，而不是依赖于旧技术或成熟技术在国际、地域或产业部门之间的转移。因此，加强自主创新能力将成为世界各国共同面对的课题。

特别是像我国这样产业门类比较齐全的发展中大国，根本不可能完全依赖国外的技术转移来满足整个经济社会发展的技术需求。随着我国经济、科技水平的提升与综合国力的增强，西方发达国家将会更加强化对我国引进先进技术的限制，通过承接国外先进技术来提高我国技术水平将会变得越来越困难。因此，我国应该结合自身的国情，正确处理好技术引进与自主创新的关系，建设强大的国家与区域创新系统，制订合理的创新战略，坚持以我为主，坚定地走以自主创新为主的道路，以适应这一新的未来发展趋势。

（二）技术科学发展、工程技术活动演变不可能无休止地呈现当前这样的指数增长模式

我们首先对图7-2中的新型（或重大）工程技术事件数的时间序列增量特征曲线进行累积量转化，发现其在18世纪以后，特别是1870年以后基本呈指数增长状态。再通过最小二乘法作回归处理，获得其指数函数解析式为 $P=62.021e^{0.0653t}$。其次再将1700年以后技术科学总体发展的时间序列增量特征曲线进行累计量处理，同样获得其指数函数解析式为 $M=4.5822e^{0.0932t}$。最后将以上两指数式进行半对数处理后放置在同一个坐标系中，结果如图7-6所示。

由图7-6可知，虽然按趋势外推，工程技术活动演化、技术科学发展都将继续呈现指数增长态势，但我们认为，二者都不可能无休止地继续依照当前的指数增长法则发展下去。其主要有如下理由。

第一，根据生态学原理，凡物种种群扩张呈指数增长规律，均指该物种的发展必须处于与其密度无关的条件之下，即假设种群处于“无限”的发展环境之

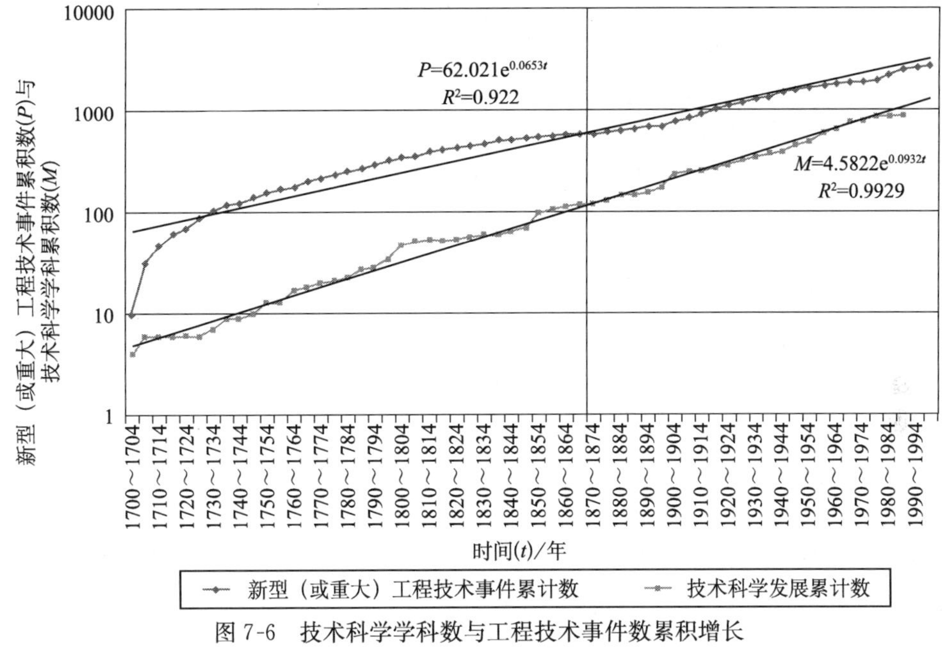

图 7-6 技术科学学科数与工程技术事件数累积增长发展趋势的半对数坐标图系

中，环境提供的空间、食物等资源都是无限的，因而其增长率不随物种自身的密度而变化①。而在宏观的社会生态环境中，无论工程技术活动演化，还是技术科学发展都不可能长期符合这种与密度无关的指数增长模式。例如，技术科学的发展必然要受到宏观社会环境中的基础科学、人力资源、经济资源等条件的约束；工程技术活动的演化必然要受到宏观社会环境中的空间、生态、自然资源、人力财力等条件的约束。

关于因现代科技与产业发展而酿成的整个地球生态环境压力，早在 20 世纪 60 年代末，罗马俱乐部就在其《增长的极限》这一著名报告中，向全世界发出了振聋发聩的警告；今天，世界各国政要均更加重视本国乃至世界的可持续发展前景。可见，无论是技术科学还是工程技术活动都不可能按照无环境约束的指数增长法则继续发展演变下去。

第二，在第五章中，我们曾对各经济长波期间新生技术学科数进行过产业分类统计，发现随着时间的推移，各产业所属学科重复度急剧上升，这表明在未来，许多通用性技术，如与计算机技术、自动化技术、管理技术、力学技术相关的技术科学原理将被很多产业共同使用，这必然使得技术科学在量上的总体发展

① 李博．生态学［M］．北京：高等教育出版社，2000：51

呈下降趋势；但如果按现行的技术科学总体发展时间序列特征做简单外推，其未来将仍会按目前的指数增长规律以更高速度发展。显然，两种预测结果是相互矛盾的。

第三，如果我们将图 7-6 中两条直线向外延伸，它们将在 2167 年相交于一点。这就是说，两者如果继续按当前各自的指数规律增长，届时新型（或重大）工程技术事件数和新生技术学科数将完全相等；而到 2176 年后，新生技术学科数将大于新型（或重大）工程技术事件数，这与我们在第二章中所述及的人类所践行的思维经济原则是背道而驰的。由此可见，最迟至 2167 年之前，工程技术活动演变、技术科学发展都将要终止各自目前的指数增长态势。

第四，通过深入研究我们进一步认识到，上述不合理态势也是由近代以来科技界擅长分析还原的思维习惯，导致学科（专业）不断细分；在市场规则作用下，应用性学科（专业）、产业分工日趋专一等客观原因造成的。这样，名目繁多的学科（专业）共同体和工程技术团队纷纷自立门户，建立自己的学问分支，结果表面上学术研究日趋繁荣，实质上相互之间交叉重复甚多，颇有虚假繁荣掩盖混乱之嫌。例如，被本书选为统计源的《自然科学学科辞典》①共收录了三级以上学科条目共 1862 条，其中包含内容相同名称不同的“参见学科”条目竟有 359 条之多，总体上重复率高达近 20%。当然编者的本意是为了澄清混乱，才以“参见学科”的名义将其列出的。“磁流体动力学”又被称为“磁气动力学”、“流体磁学”；“空气动力学”又被称为“气动力学”；“电化学”又被称为“离子学”、“电极学”、“界面电化学”①，如此等等，不一而足。目前技术学科领域内的混乱，由此亦可见一斑。

分久必合，合久必分，这是事物发展本来的辩证法。目前工程技术学科（专业）领域内的这种混乱其实早已被许多专家学者所觉察，尤其是各国高等工程技术教育专家们已认识到，这种名目繁多、交叉重叠、不得要领的所谓经典学科课程，其实已成为阻碍高等工程技术教育改革、发展的重要原因之一。例如，始建于 1891 年坐落在费城的美国著名私立大学德雷克塞尔（Drexel）大学工学院，在 20 世纪 80 年代末就已提出并实施了一项庞大的本科课程改革计划，“将教学计划前半期的 20 多门课程统筹安排、改革重组，整合为四门新课程：工程数理基础、工程原理、工程实验、专业和个人发展。新课程的核心是工程原理，包括问题求解导论、材料性能、势和迁移现象、场和波动现象、系统理论、工程力学六个部分，强调工程的多学科应用和本质”。

人们继而还指出，“对分门别类的工程学分支进行整合的努力，其实有一

① 姜振寰．自然科学学科辞典［M］．北京：中国经济出版社，1991：凡例，57，64-65，120-121

个共同的基础，即自然界的现象虽然五花八门，但其本质是统一的，它们无非是存在于均匀时间和欧氏空间内的物质的运动或运动的物质”。工程一般面对的是“大于分子若干倍小于实物若干倍的”“工程微元”的运动。“工程学研究的是通过力来实现的相互作用下的微元的运动现象的规律，以及这些规律在具体场合的简化表述和分析应用。”因此，“从物质运动方面考察的工程学可由三个相互联系的独立部分构成：力和平衡现象、势和迁移现象、场和波动现象”。“在统一的普通工程学中，最基本的概念是力/能、势和场。”“显然，上述这些有关微元物质运动的统一的观点、方法、概念和原理，对于任何一个工程学科都是基本的，同时也是进而借助计算机作工程模拟所必需的。”[①] 笔者认为，这种在分门别类的基础上，对同类问题的本质进行统一概括总结与整合的思路，将会成为未来对纷纭复杂的技术学科体系进行归类、抽提、整理、压缩的重要方法论思想。

第五，1870 年以后，新型（或重大）工程技术事件数之所以呈现出基本按指数增长法则飞速发展的态势，还与本书第二章中所指出的，19 世纪与 20 世纪之交人类已经从以生长为主的幼年阶段进入到以建构为主的成年阶段紧密相关。通过这一重大转折，人类的活动基本已从认识自然规律、顺应自然发展为主走向了利用自然规律、按照自身的目的改造自然为主的进程。随之“人类生活的世界正逐步被工程化”，现代人已基本完全生活在人工自然之中。这一方面通过高速发展的科学技术，推动经济社会、现代文明不断进步，为人类带来福祉；但另一方面又不能不看到，正是在这一时期，人类又面临着由自身行为导致的环境污染、气候变暖、能源资源短缺、生态恶化等日益严重的全球性危机。这使得当今举世各界有良知的人们都怀着“先天下之忧而忧”的济世心态，面对世界性的“两难选择”型社会疾病，多方面积极筹划良方，力图挽狂澜于既倒。笔者认为，以大卫·雷·格里芬等为代表的建设性后现代主义流派提出的一系列思想和观念很可能会对当今时弊产生“对症下药”之效。

与否定性后现代主义不同，该流派充分借鉴、吸收了科学家出身的著名哲学家怀特海的过程哲学合理思想，“并不反对科学本身，而是反对那种……科学主义”；在坚持“保存现代概念中的精华，同时克服其消极影响”的原则立场之下，“通过对现代前提和传统概念的修正来建构一种后现代世界观”，这将“是一种科学的、道德的、美学的和宗教的直觉的新体系”；其所谓“超越现代世界将意味着超越现代社会存在的个人主义、人类中心论、父权制、机械化、经济主义、消费主义、民族主义和军国主义”，还“要包含一个后现代的社会和后现代的全球

---

① 王沛民，顾建民，刘伟民．工程教育基础［M］．杭州：浙江大学出版社，1994：330，96-98

秩序”，从而“为我们时代的生态、和平、女权及其他解放运动提供了依据”[1]。最终要实现图尔敏所提出的目标：“后现代科学的发展使得我们再一次感到在宇宙有一种在家的感觉。”而“如若我们想要在宇宙中如同在家”，人类就要选择“应如何做”？关键要把“我们对人类和自然的理解是与企盼中的实践结合在一起的”，“正式条件包括将人类，实际上是作为一个整体的生命，重新纳入到自然中来，同时，不仅将各种生命当成达到我们目的的手段，而且当成它们自身的目的”[2]。

当然，如果这些理想观念能够付诸实践，则届时技术科学的发展、工程技术活动演变必将会改弦更张、另辟蹊径，走出一条更符合人类可持续发展的道路来。相信只要有我们这个地球村所有村民的积极参与，充分发挥全人类的智慧，全方位地认真反思已经走过的文明历程，人类就一定能赢得未来文明发展更加光明美好的前景。

① 大卫·雷·格里芬．后现代科学——科学魅力的再现［M］．马季方译．北京：中央编译出版社，1998：中文版序言，英文版序言

② 大卫·雷·格里芬．后现代科学——科学魅力的再现［M］．马季方译．北京：中央编译出版社，1998：44

第八章
技术科学发展模式研究[①]

但是我们深深地明白：工程师的才能已经被严重地滥用而且以后还可能被滥用。人类在道德上，对这样巨大的恩赐是没有准备的。在道德缓慢演进的过程中，人类还不能适应这种恩赐所带来的巨大责任。在人类还不知道怎样支配自己的时候，他们已经被授予支配大自然的力量了。

——A. 尤因

科学已十分重要，不应当听任科学家们和政客们来处理，而要科学造福而不作孽，就必须由全民参加。

——J. D. 贝尔纳

① 本章相关内容已以《技术科学发展模式初探——兼论现代科技政策的一种社会作用机制》一文发表在《科学学研究》2010年第5期上，并被《新华文摘》2010年第14期全文转载；另外英文版论文在应邀参加第8届国际怀特海大会（8th IWC）并作专题报告后，被全文收录入会议论文集

本章在借鉴西方科学哲学中科学发展模式方面理论成果的基础上，立足于技术科学发展的周期性特征，以生理学、控制论中的“功能耦合网、稳态和组织生长理论”作为方法论指导，以社会产业/事业系统、基础科学系统、相关的科学社会建制系统三者作为“硬件”维度，将包含相关的社会主流价值观念、法律法规、方针政策在内的“目标参数”体系作为社会价值整合的“软件”维度，构建了技术科学的基本发展模式。同时认为宏观技术科学社会系统是在社会系统 A 上周期性地生长出来的新的功能耦合网，并通过技术科学发展高潮的形式，专门为孕育、完善主导产业群提供知识和人力资源方面的服务。在此基础上，又对第四次经济长波期间“连续嵌套波型”技术科学发展模式的合理性提出质疑，并对改善未来科技政策管理体制提出了一系列合理化建议。

第一节　构建技术科学发展模式的前提与基础

为了构建技术科学的发展模式，首先要澄清一般科学发展模式的基本内涵、研究目的和主要特征是什么？构建技术科学发展模式的可能性是否存在？如果存在，需要借助于什么样的方法论思想？为此，要将前人的相关研究成果与我们已经获得的相关研究结论概述如下，以作为后面开展研究工作的前提与基础。

一、科学发展模式典型“成说”的启迪

20 世纪以来，西方科学哲学界曾掀起一股研究科学发展模式的热潮，并获得了诸多研究成果。较著名的有逻辑实证主义的“科学渐近模式”、K. 波普尔的“科学逼近真理模式”、T. 库恩的“范式变革模式”、I. 拉卡托斯的“科学研究纲领模式”等。通过对这些科学发展模式的比较研究与系统总结，又不难获得以下三点结论。

（1）科学发展模式是对科学发展内在机制与基本特征的概括与说明，是一种描述科学发展规律的模型。虽然不同的科学发展模式表现形式差异极大，但基本都隐含着科学发展的目标走向、动力机制、演化特征和评价标准等方面的内容。因此，与科学发展模式相对应，我们这里探讨的技术科学发展模式也应该是对技术科学发展内在机制与基本特征的概括与说明，是一种关于技术科学发展规律的模型。

（2）几乎所有的科学发展模式都认为，科学的进步在时间进程中均表现为周期性现象。例如，K. 波普尔的“科学逼近真理模式”认为，科学的发展是按

"问题1（P_1）→猜想（TT_1）→反驳（EE_1）→问题2（P_2）……"这样的程式不断循环往复而实现的；T. 库恩的"范式变革模式"认为，科学的进步是由"前科学→常规科学→科学革命→新的常规科学……"这样的程序反复交替而完成的。由图 3-1、图 3-2 亦可知，技术科学的发展过程也呈现出比较明显的周期性特征，因此我们也是有可能构建起技术科学发展的合理模式的。

（3）基础科学与技术科学发展的条件又是有区别的。众所周知，上述科学发展模式的各种"成说"主要是针对基础科学而言的，故一般可以围绕着科学问题、科学事实、科学逻辑、科学理论等科学认识诸要素而展开科学发展模式的构建，显然在科学认识论范围之内便可以使问题获得解决。而技术科学作为基础科学与工程技术之间的中介与桥梁，既需要基础科学作为其知识基础，又需要明确的社会应用目标导向，还需要适合于技术科学发展的特殊社会建制，这三者便成了构建技术科学发展模式过程中必须要考虑的"硬件"方面条件。可见，研究工作既要涉及科学认识论，又要涉及（技术）科学社会学。

二、技术科学发展的周期性特征

根据本章研究的需要，为了更简捷、清晰地概括与描述技术科学发展的周期性特征，先将图 3-2 中 T_1、T_2、T_3、T_4 类技术科学发展的时间序列增量特征曲线簇的 1700 年之后部分与（去除战争影响的）梅兹经济长波曲线放置在同一个坐标系中；再以 1986～1999 年世界实际工业产值增长率数据绘制出的数据点与梅兹经济长波曲线拼接起来，便可发现第四次经济长波实际当终止于 1990～1994 计时单位。结果如图 8-1 所示。

将图 8-1 中 T_1、T_2、T_3、T_4类技术学科发展的增量特征曲线簇与拼接后的梅兹经济长波曲线进行系统的共时性、历时性比较便不难发现：技术科学的发展具有以下三方面明显的周期性特征①。

（1）技术科学发展中出现的四个高峰在时域上基本依次落入到四次经济长波之中。其第一次高峰［1790，1819］出现在第一次经济长波对应的时段［1780，1820）内；第二次高峰［1830，1859］出现在第二次经济长波对应的时段［1820，1885）内；第三次高峰［1885，1914］出现在第三次经济长波对应的时段［1885，1943）内；由四个子峰组成的第四次高峰［1940，1987），应该说也基本落入了第四次经济长波对应的时段［1943，1994］之中。我们认为，这里技

① 刘启华，马万超．技术科学发展模式初探——兼论现代科技政策的一种社会作用机制［J］．科学学研究，2010，(5)：641-649

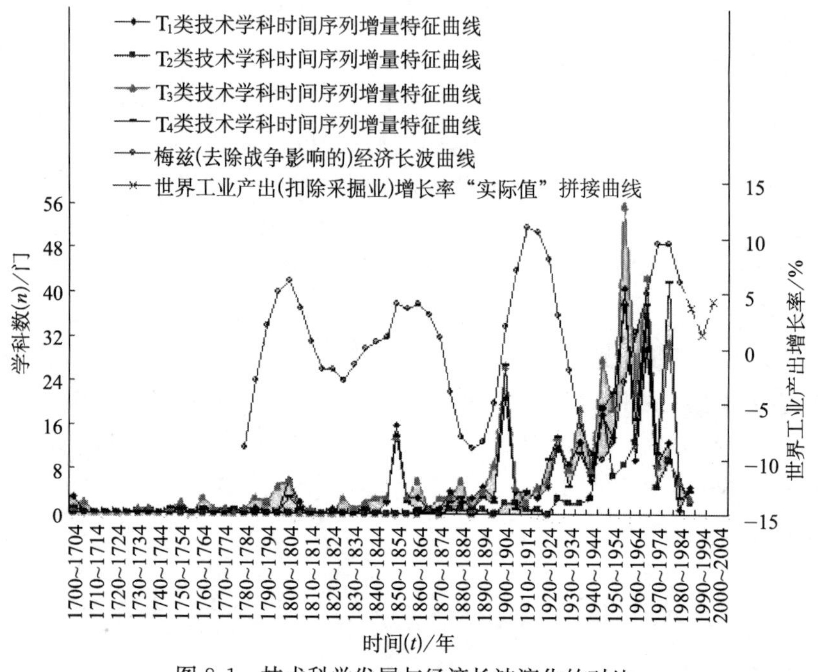

图 8-1 技术科学发展与经济长波演化的对比

术科学发展第四次高峰的起点之所以略早于第四次经济长波的开始年份，是因为第二次世界大战期间，技术科学的发展受到政治、军事因素的强烈推动，出现了超常发展势头，而这里的经济长波曲线反映的是去除战争影响的经济运行状况，两者之间显然存在着系统误差，这样，这里的图形上便使其高峰提前出现了。故原则上可以认为，正常情况下技术科学的发展高峰应该全部落入到对应经济长波的时域之中，形成两种波峰一一对应、彼此嵌套的结果。

(2) 技术科学发展存在着时间间隔为 50 年左右的周期性特征，而且这个周期与经济长波的周期应该是基本一致、彼此对应的。经济长波研究专家一般粗略认为，经济发展存在 50～60 年的长周期；梅兹根据其统计结果估算，经济长波平均长度为 54～56 年。如果这里将技术科学发展第四次高峰中最高的第二个子峰的峰顶作为该次技术科学发展的波峰，那么四次波峰峰顶便依次出现在 1800～1804 年、1850～1854 年、1900～1904 年、1955～1959 年四个计时单位上，相邻波峰峰顶之间的间隔分别为 50 年、50 年、55 年，故技术科学发展的平均周期约为 52 年。如果再考虑到：①首先是战争的影响，导致技术科学发展的第四次高峰提前出现，使得第三和第四次波峰之间的间隔缩短了。②又因为第一次产业革命期间，科技与产业之间的互动主要体现为“生产→技术→科学”型的发展顺序，使得技术科学发展的第一、第二次波峰和对应经济长波的波峰几乎同时出现；而19世纪中期以后，科学的超前发展趋势，使得科技与产业之间的互动主要体现为“科学→技术→生产”型的发展顺序，又使技术科学发展的第三、第四次波峰分别超前于对应经济长波的波峰。这必然会导致第二和第三次及第三和第四次两轮技术科学发展高峰之间的周期性时间间隔较对应经济长波之间的周期性时间间隔有所缩短。故原则上完全可以认为，技术科学的发展存在着50余年出现一次高峰的周期性特征，并与经济长波的周期是基本一致的。

（3）技术科学发展的周期性特征还表现为1940年之前每个发展周期内呈现出紊乱波阶段与嵌套波阶段交替出现的现象；而1940年之后，整个发展周期内都呈现出嵌套波的现象。如前所述，所谓嵌套波，是指在特定时段内不同类型（层次）技术科学发展的增量特征曲线之间升降速率基本一致，起讫时间基本同步，波峰之间彼此嵌套，呈现出明显相关性的特征波型；所谓紊乱波，是指在另一些时段内不同类型（层次）技术科学发展的增量特征曲线之间关系比较紊乱，不呈现明显相关性的特征波型。这可能表明，第四次经济长波期间技术科学的发展模式与以前相比已出现了某种质的差别。

根据上述技术科学发展的明显周期性特征，我们认为，构建技术科学发展的合理模式是完全可能的。

三、功能耦合网、稳态和组织生长理论

基于技术科学发展的复杂性，为了构建其合理发展模式，我们还需要以“功能耦合网、稳态和组织生长理论”作为方法论方面的指导。这一理论思想主要又来源于生理学、控制论等领域，其发现线索大致如下。

（1）19世纪末20世纪初，法国生理学家贝纳德（C. Bernard）发现，一切生命组织都有一个奇妙的共性，这就是它的内环境（如体内液床：血浆、淋巴）在外界发生改变时能够保持稳定不变。他曾说：“内环境的稳定性乃是自由和独立生命的条件。”①

（2）20世纪30年代，美国生理学家坎农（W. B. Cannon）发现，躯体生命的存在除了需要大脑供血量稳定外，还要求血液中水含量的恒定、盐含量的恒定、血蛋白的恒定、血液中性的恒定、体温的恒定、供氧量的恒定等。这些就是他所发现的组织内部的稳态（homeostasis）。可见，所谓“稳态”实际上就是组织内部若干可变性质的持恒性。他还把躯体内维持稳态的机制称之为“拮抗装

① 金观涛．整体的哲学［M］．成都：四川人民出版社，1987，7

置”，并强调内稳态是生命组织生长的基础①。

（3）20世纪40年代，维纳（N. Wiener）进一步揭示，坎农所说的生命体内维持稳态的“拮抗机制”，实质上就是“负反馈调节机制”②。

（4）金观涛在其《整体的哲学》一书中又进一步明确指出：①组织就是各个部分通过互相功能耦合组成具有整体功能的功能耦合网络；②组织是维持生命生存的基础，组织内部具有通过负反馈调节趋达稳态的机制，内稳态又是组织生长的基础；③组织的生长就是“功能耦合网的自动扩张”，即“在原有的功能耦合网基础上不断形成新的功能耦合网”。因此，组织的维持、生长可以概括为这样的循环发展过程：“内稳态→新的功能耦合网→新的内稳态→进一步建立功能耦合网……”③

坎农在其《躯体的智慧》一书中，继详细地陈述生命体的内稳态生理学机制之后，又进一步高瞻远瞩地指出：“难道我们不能用前述章节中考察过的人体稳定装置方面的新见解，为考察社会结构的缺陷及可能采取的对策提供新的见解吗?”④ 这就启发我们，将上述“功能耦合网、稳态和组织生长理论”作为重要的方法论思想移植入技术科学的哲学和社会学研究领域，以努力构建技术科学发展的合理模式。

第二节　技术科学发展模式的基本构想

一、技术科学发展的基本社会背景

我们认为，产业革命以后技术科学所以能迅速发展，并迎来一次次高潮，下面两个基本社会背景方面的条件是不容忽视的。

（1）随着商品经济的不断繁荣，社会分工日趋专一，导致各种专业社会共同体建制化为独立的社会子系统，这类子系统之间又根据各自的专门功能，依照供求关系，建立起功能耦合网，这又形成新型的社会组织。

（2）19世纪以后，随着科学、技术的加速发展，科学的社会功能日益增强，

① W. B. 坎农．躯体的智慧［M］．范岳年，魏有仁译．北京：商务印书馆，1980：5-114

② N. 维纳．控制论［M］．郝季仁译．北京：科学出版社，1963：99-115

③ 金观涛．整体的哲学［M］．成都：四川人民出版社，1987：43-143

④ W. B. 坎农．躯体的智慧［M］．范岳年，魏有仁译．北京：商务印书馆，1980：187

科学研究工作逐步职业化，各种学科（专业）共同体便适应社会的需求建制化为独立的社会子系统，并成为许多社会组织中不可缺少的组成部分。

技术科学系统作为科学与技术之间的中介层次，一种新型的科学知识生产体系，其发生、发展过程当然也离不开上述基本社会背景。据此，我们便可以借鉴上述的“功能耦合网、稳态和组织生长理论”方面的理论思想，尝试构建技术科学发展的合理模式。

为了以后表述方便，这里还需要进行一点特别说明。我们以下的分析与研究工作既要涉及科学认识论又要涉及（技术）科学社会学。从认识论角度谈论科学，一般是从知识生产与转化方面思考问题；从社会学角度谈论科学，一般是从科学活动及其建制方面思考问题。当然，在学科（专业）分工日趋专一并被建制化为专门社会子系统之后，学科（专业）知识系统与其社会建制系统就具备了彼此准确对应的特征，前者是后者的工作任务和活动目标，后者是前者发展的社会组织保障。因此，以后凡论及科学或学科（专业）系统，如果是从认识论角度谈论问题，一般是指其知识体系；如果是从社会学角度谈论问题，一般是指其社会建制系统；有时还可能是两种含义兼而有之。故以下相关表述的具体含义一般由上下文内容确定，如无特殊情况，便不作专门限定性说明。

二、孕育技术科学系统的基本社会功能耦合网

根据上述技术科学发展必须依赖的三个“硬件”方面条件，我们便选取社会产业/事业系统、基础科学系统、相关的科技社会建制系统作为建立功能耦合网的三个“硬件”维度。

仔细分析不难看出：社会产业/事业系统具有创造物质财富、提供公共服务的功能（输出），但需要引入人才和新的科技知识与研究成果（输入）；基础科学系统具有生产知识的功能（输出），但需要经费、人才和新型研究成果的支撑（输入）；相关的科技社会建制系统具有培养人才、研发成果的功能（输出），但需要研发与教育经费、新型知识等（输入）。这样，三者便可在以市场经济为主导的更广阔社会背景下，以上述各项“输入”与“输出”，通过互动匹配，实现功能耦合，构成如图 8-2 所示的社会功能耦合网。

那么，由以上三个社会实体性“硬件”维度构成的上述功能耦合网是如何趋达“稳态”的呢？显然还要借助于相关“软件”方面的社会条件。

三、形成社会组织的社会价值整合维度

如果上述三个“硬件”维度的互动匹配、功能耦合仅表现为偶然的、时断时

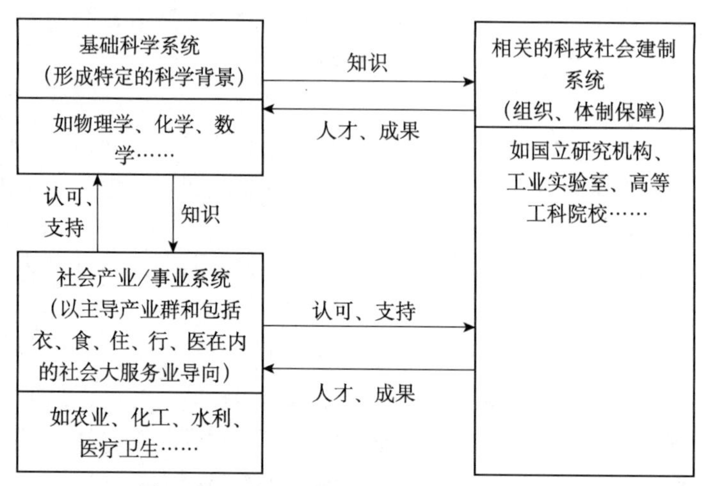

图 8-2　三个“硬件”维度的功能耦合关系

续的不稳定状态，显然还不能说三者已整合成相对稳定的社会组织。按控制论观点，上述三个子系统间的功能耦合实际就是一种交互作用、一种信息传递，相互之间的耦合关系便形成了信息传递的回路。如果各个子系统之间能够依据一定的“目标参数”体系，进行足够多的负反馈调节，便可使图 8-2 中的功能耦合网趋达稳态，从而形成如图 8-3 所示的新型社会系统 A。至此社会系统 A 的总体功能便可概括为：通过教育、研发与市场交换，培养人才、开发成果、生产知识，推动产业结构变迁和经济社会发展。

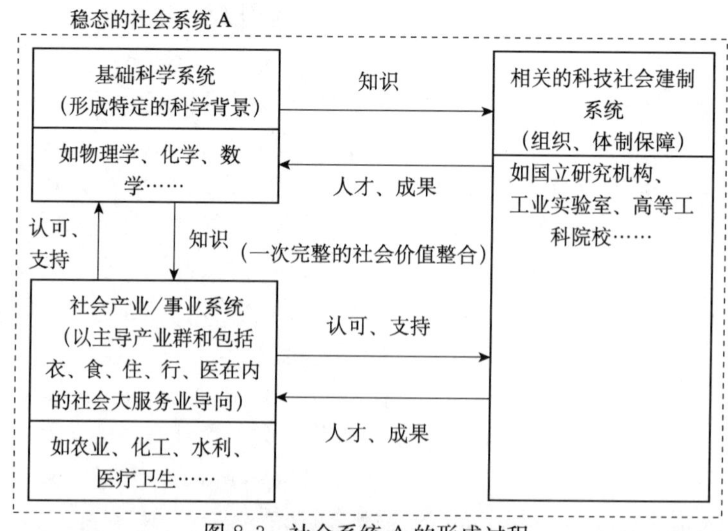

图 8-3　社会系统 A 的形成过程

而“目标参数”体系实际上就是形成社会系统 A 的社会价值整合“软件”

维度。在技术科学发展的现实社会中，它又是通过什么样的具体社会形式表现出来的呢？我们认为在现代文明与社会体制中，它主要又是以相关的社会主流价值观念、国家法律法规、政府方针政策来体现的。

促成社会系统A形成的相关主流价值观念方面可以有：价值规律指导下的公平竞争原则，科学活动的基本精神气质（普遍性、批判性、合理性……），知识转让的有偿机制，理论联系实际的社会风尚，……

促成社会系统A形成的相关国家法律法规方面可以有：各国专利法、教育法、科技法……中的相关条款。

促成社会系统A形成的相关政府方针政策方面可以有：各国科技发展战略、科技项目计划、科技管理政策……中的相关政令、规定和指标。

在一个现实的社会形态中，正是以上三方面中所包含的若干思想观念和具体指标，组成了社会系统A的社会价值整合“软件”维度中的“目标参数”体系。显然，三个“硬件”维度通过反复的互动匹配、功能耦合，完整、稳定地趋达这一“目标参数”体系之时，就是社会系统A的诞生之际。

四、宏观技术科学社会系统生长的两个基本阶段

根据前述的“内稳态→新的功能耦合网→新的内稳态→进一步建立功能耦合网……”的组织生长程序，在实现稳态的社会系统A上，便可能生长出一个完整的与特定主导产业群的发展要求相吻合的宏观技术科学社会系统来。这一过程一般又可具体地划分为两个基本阶段。

（一）微观技术科学学科（专业）系统的生长阶段

所谓微观技术科学学科（专业）系统，是指根据当时社会经济发展的各种特殊需要，利用已有的科学知识，通过与社会系统A实施功能耦合，努力培育出新型学科（专业）方向，并在局部社会价值整合维度的协调之下，最终使其作为有机社会组织在社会系统A上生长出来，成为独立的社会建制，担当起独特科技社会功能的新型技术科学学科（专业）社会子系统。例如，化学工程学科（专业）系统、机械工程学科（专业）系统等。

那么，微观技术科学学科（专业）系统是怎样从社会系统A上生长出来的呢？下面以化学工程学科（专业）为例，探讨其作为一个独立的社会子系统，从稳态的社会系统A上生长出来的机制。

诚如前述，化学工程作为一门新型技术学科，其社会建制的产生是一个从无到有的过程，它不是通过汰劣留良从旧的社会系统进化而来的，而只能从现存的

社会组织系统中生长出来。问题是什么地方能为其提供适宜的生长条件呢？我们知道，技术科学主要是为解决生产实践中工程技术问题服务的，故化学工程必与生产系统相关，但生产部门自身不能直接孕育一个新的科学子系统。另外，技术科学一般要以多种基础科学理论为基础，因此，它又与既有的基础科学系统密切相连。化学工程就必须要和数学、物理学、化学发生关联。不过，虽然其中每一门基础科学都能部分地向新型技术学科提供所需要的知识，但其中任何一个基础学科系统也难以独立地嬗变为化学工程学科（专业）系统。而教育系统，特别是其中的大学却可能具备新兴技术学科（专业）系统赖以为基础的各门科学知识，教育部门培养什么类型的人才，原则上又应受到社会制约。因此，我们可以从生产系统、基础科学系统、教育系统的互动中，即社会系统 A 中寻找出路。

前已述及，实际上“组织生长有两个必要条件：第一，原有组织提供完备的内稳态，这些内稳态能适当配合，以产生新的功能耦合；第二，功能耦合创造出的新稳态会进一步促成新的功能耦合，即组织生长内稳态要自动增加，必须通过‘内稳态→新的功能耦合网→新的内稳态……’这样的一条链”[①]。因此只要：①社会系统 A 自身能形成内稳态；②化学工程学科（专业）系统能与社会系统 A 构成新的功能耦合网并形成新的内稳态，这样化学工程作为微观技术科学学科（专业）系统便可能从社会系统 A 上生长出来。

对于①，前面已做了详细的分析，结论是肯定的。对于②，我们也不难看出，化学工程学科（专业）系统与社会系统 A 之间是能够实现功能耦合的。生产系统中的化工新问题（如大型化、连续化）需要化学工程解决（输出），新的子系统当然需要社会，特别是生产系统的认可和支持（输入）；作为新的科学子系统，自然也需要与教育系统以人才（输入）与知识（输出）构成功能耦合。其关系如图 8-4 所示。

再从社会系统 A 的总体功能看，化学工程系统与原来的基础科学系统在社会系统 A 中的地位、作用比较接近，在迫切要求化学工业迅速发展以适应社会经济发展需要等局部社会价值整合维度的统一协调下，只要通过足够多的负反馈调节，必能达到新的稳态。故化学工程学科（专业）系统从社会系统 A 上通过组织生长过程产生出来，在理论上是完全可行的[②]。

因此，技术科学系统组织生长的第一阶段，实际上就是在实现了稳态的社会系统 A 上，通过各种微观技术科学学科（专业）系统与一般系统 A 之间根据供求关系，进行新的功能耦合，并在各种局部相关社会价值的统一协调下，趋达稳

① 金观涛．整体的哲学．成都：四川人民出版社，1987：164

② 刘启华．化学工程发生的社会学初探［J］．自然辩证法研究，1989，5（5）：27-35

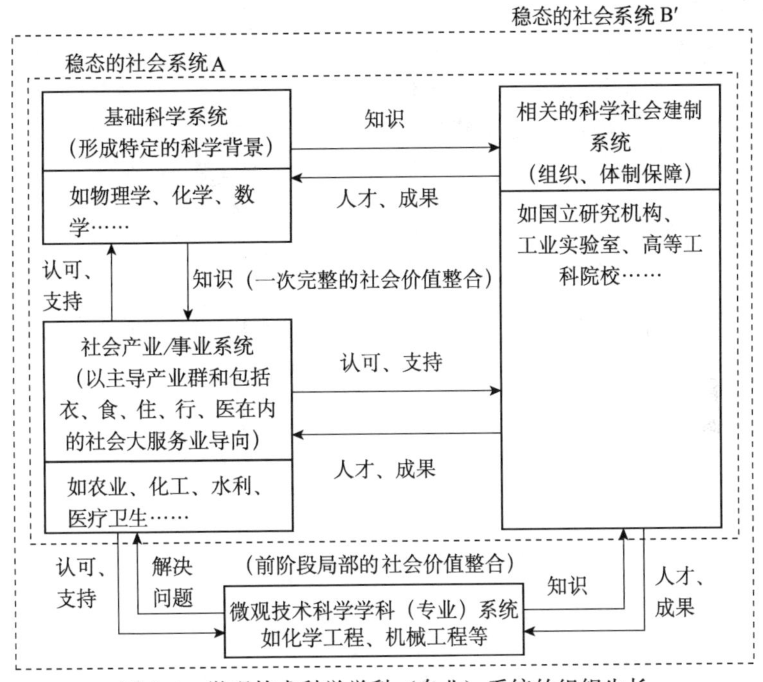

图 8-4　微观技术科学学科（专业）系统的组织生长

态，实现微观层次上的组织生长，同时使稳态的社会系统 A 发展成更高层次的稳态社会系统 B′。但在这个阶段，主要是各种微观技术科学学科（专业）系统独立的自组织发展过程，它们彼此之间未必能够形成有效的功能耦合。故社会系统 B′实际是一种过渡性的稳态系统，是社会系统 A 局部扩张的结果，并为其下一步全面扩张奠定基础。随着众多技术科学学科（专业）系统在社会系统 A 上不断生长，下一个主导产业群的雏形便隐约可见、呼之欲出，当然也会被社会各方面所认识并逐步达成共识。这样的社会价值观念又会对当时技术科学系统的进一步发展起着统一导引、协调作用，从而推动着宏观技术科学社会系统的生长。

（二）宏观技术科学社会系统的生长阶段

这一阶段的组织生长过程和上一阶段有着明显的区别。随着经济社会的发展，形成了以构建特定主导产业群为核心的社会价值目标。在这个特定社会价值总目标的统一导引下，由上个阶段形成的各种微观技术科学学科（专业）系统，以及本阶段为了对主导产业群进行填平补齐又新生出来的微观技术科学学科（专业）系统之间进行全面的互动匹配，形成有效的功能耦合，实现共同发展，最终并进一步趋达稳态，从而完成特定历史阶段宏观技术科学社会系统在稳态的社会系统 A 上的完整组织生长过程，同时使稳态社会系统 A 发展成更高层次的稳态社会系统B。这里不妨将社会系统B的总体功能概括为：通过教育、研发与市场交换，培养人才、生产知识、开发成果，孕育、构建特定主导产业群。实际上，宏观技术科学社会系统就是在社会系统A上通过组织生长过程全面扩张出来的一个新的完整功能耦合网。这便是技术科学系统组织生长的第二阶段，具体如图8-5所示。当然，至此也构建起了一个完整的技术科学基本发展模式。

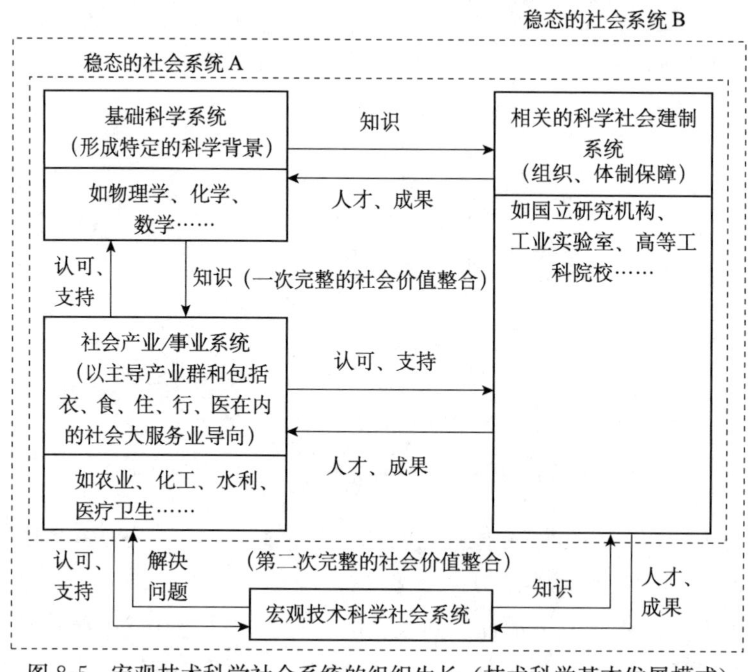

图8-5　宏观技术科学社会系统的组织生长（技术科学基本发展模式）

从技术科学系统的完整组织生长过程还可以看出，微观技术科学学科（专业）系统和宏观技术科学社会系统均在稳态的系统A上生长出来，但单个微观技术科学学科（专业）系统的生长，既可以在过渡性社会系统B′的稳态阶段实现，也可以在社会系统B的稳态阶段实现，即在特定阶段技术科学的整个发展过程中都可以实现；而宏观技术科学社会系统的产生过程只能发生在社会系统B的稳态阶段。

为了研究与表述的方便，这里不妨将单纯微观技术科学学科（专业）系统的生长阶段称为社会系统B的非稳态发展阶段；将宏观技术科学社会系统的生长阶段称为社会系统B的稳态发展阶段，当然这一阶段也是宏观技术科学社会系统的完善阶段。由于宏观技术科学社会系统的形成是为构建专门的主导产业群服务的，而主导产业群又是随着经济长波的演化而不断发生和解体的，所以特定主导产业群的解体，必定伴随着与之对应的宏观技术科学社会系统的解体，于是与其共生的稳态社会系统B也就随之消解，并重新回到非稳定状态。如此一来，我们就可以将社会系统B的整个演化过程概括为“非稳态阶段→稳态阶段→新的非稳态阶段→新的稳态阶段……”如此循环往复的过程。

这样，社会系统B的非稳态发展阶段基本对应着微观技术科学学科（专业）系统的生长阶段，社会系统B的稳态发展阶段基本对应着宏观技术科学社会系统的生长阶段。从社会系统B的非稳态阶段到稳态阶段，技术科学系统由微观技术科学学科（专业）系统发展成宏观技术科学社会系统；反之社会系统B从稳态阶段到非稳态阶段，稳态社会系统B解体，宏观技术科学社会系统又解散成众多的微观技术科学学科（专业）系统，它们重新开始独立发展，并可能会根据新的社会需求，淘汰其中的一部分、再产生新的一部分微观技术学科（专业）系统，为孕育新的宏观技术科学社会系统做准备工作。因此，随着社会系统B非稳态阶段与稳态阶段的反复交替，技术科学系统的整个发展过程自然也呈现出微观技术科学学科（专业）系统的生长阶段（系统B的非稳态阶段）→宏观技术科学社会系统的生长阶段（系统B的稳态阶段）→新的微观技术科学学科（专业）系统的生长阶段（新的系统B的非稳态阶段）→新的宏观技术科学社会系统的生长阶段（新的系统B的稳态阶段）……如此循环往复。这便可以生动而鲜明地反映出宏观技术科学社会系统是从系统A上周期性地不断生长出来的。

由此亦可表明，技术科学系统的形成与发展，绝不是一些偶然因素所能解释的，也不是单一的产业结构因素、科学发展因素或社会建制因素能够说明的，它是由社会产业/事业系统、基础科学系统和相关的科技社会建制系统三者相互作用，并在统一的社会价值整合维度协调下，形成功能耦合网络以后，逐渐构成趋于稳态的社会系统，再通过新的功能耦合形成新的稳态，从而不断发展、更新的。

按照上述各种维度在构建技术科学发展模式中所起的不同作用，又可以将其分为两类：第一类是社会产业/事业系统、基础科学系统和相关的科技社会建制系统三个维度，只有在三者所构成的功能耦合网络的基础上，社会系统A才可能趋达稳态，故三者是社会系统A形成稳态的必要条件；又由于三者均为社会实体系统，故我们便称其为构建技术科学发展模式的“硬件”维度。第二类是由社会主流价值观、国家法律法规、政府方针政策三者中相关内容组成的社会价值整合维度，它虽然在物质上是无形的，但在社会系统A形成和发展过程中，发挥着“拮抗机制”的作用，通过它的统一协调，社会系统A才能够正常运行并趋达稳态。只有这样，宏观技术科学社会系统才能从社会系统A上生长出来，故它与上述必要条件共同构成系统A形成稳态的必充条件；又由于其是非实体性的，故又称之为构建技术科学发展模式的“软件”维度。只有这三个硬件、一个软件兼备，社会系统 A 的稳态，即技术科学系统实现组织生长的内稳态才能形成。因此可以说，这“三硬一软”的条件正是技术科学系统发展的必备集成要素；而各种微观技术科学学科（专业）系统在稳态社会系统 A 上的生长，则是宏观技术科学社会系统形成的准备阶段；在构建特定主导产业群这一社会价值整合维度的统一调节下，上述各微观子系统再通过功能耦合形成网络，并最终作为社会系统 A 的有机组成部分从中生长出来，从而形成宏观技术科学社会系统。以上便是技术科学系统的完整生长机制。

依据上述技术科学发展模式的构建过程，便不难理解从产业革命发生到第二次世界大战结束的较长历史时期中，技术科学发展为何一直呈现出如图 8-1 所示的紊乱波阶段与嵌套波阶段的反复交替过程。

紊乱波阶段，实质上是在局部社会需求导引下，各种微观技术科学学科（专业）系统在社会系统 A 上的组织生长阶段。在这一阶段，以主导产业群为表征的社会产业结构尚未形成，微观技术科学学科（专业）系统只能以各自的独特功能与社会系统 A 进行功能耦合，它们彼此之间尚未形成明显的协作关系，基本上处于宏观上的无序发展状态。当然，该阶段整个技术科学的发展比较缓慢，难以出现高潮。按照我们在第六章第四节中的分析，紊乱波阶段对应着技术科学总体发展时间序列累积量特征曲线的连续指数增长阶段，在这里技术科学体系内在的逻辑发展规律是其发展的主要动力，各技术学科基本处于自发发展状态，故又称其为技术科学的自组织发展阶段。

嵌套波阶段，实质上是在构建主导产业群这样的统一社会价值导引下，在社会稳态系统 A 上通过各种微观技术科学学科（专业）系统的互动匹配、功能耦合，实现功能耦合网的统一扩张，以完成宏观技术科学社会系统的完整组织生长阶段。在这一阶段内，主导产业群所表征的社会产业结构基本定型并获得社会认可；相应的社会主流价值观念及国家法律法规、政府方针政策的相关条款形成统一的社会价值整合维度，规范和导引着三个硬件维度的协调发展。各种微观技术科学学科（专业）系统基本围绕着构建主导产业群这个统一的社会目标，进行互动匹配、功能耦合，总体上呈现出齐头并进、共同发展的宏观有序发展态势，最终形成宏观技术科学社会系统的有机整体。整个技术科学系统自然也因快速发展而出现高潮。根据第六章第四节中的分析，嵌套波阶段对应着技术科学总体发展的时间序列累积量特征曲线中的跳跃增长阶段，也是技术科学发展形成高潮的阶段，产业、经济发展等外部因素是这一阶段技术科学发展主要驱动力量。强烈的外部驱动使不同层次技术科学的发展在图 8-1 中呈现出起讫时间基本同步、涨落速率基本一致、彼此之间相互嵌套、各层次技术学科之间具有明显相关性的典型特征，故又可称其为技术科学的他组织发展阶段。

第三节 技术科学发展模式的实证分析

为了进一步验证以上构建的技术科学基本发展模式的合理性与科学性，本节结合第四章中关于技术科学历史分期方面的研究结论及相关的历史事实，对照上述技术科学基本发展模式的理论框架，分别对技术科学萌发期、体制确立期和成熟期中三个“硬件”维度和一个“软件”维度方面展开系统的实证分析与研究，以在进一步确认三个阶段技术科学发展在内在机制、基本特征等方面统一性的同时，也尝试揭示其彼此间的差异性。

一、萌发期（1440～1819 年）技术科学发展模式的实证分析

（一）萌发期技术科学发展模式的基本框架

1. 萌发期“三硬一软”四个维度的实际概况

结合表 4-5 中的相关总结不难看出，在 1440～1819 年，技术科学发展的社会目标导向维度、基础科学维度、相关的科技社会建制维度及社会价值整合维度方面的大致概况有以下几个方面。

1）社会目标导向维度方面

18 世纪 60 年代，在英国首先发生了第一次产业革命。随后逐渐形成了由纺织业、冶金业（铁）、地质矿产业（煤、铁）、交通运输业（马车、帆船）、化学工业、机械制造业、仪器仪表业所构成的主导产业群。其中机械制造业又成为核心的主导产业。

此外，产业工人队伍的扩大、城市的发展、人口的增加，使得为人类生活服务的食品加工业、农林畜牧业、土木建筑业、医药卫生事业等也有了一定的发展。

2）基础科学维度方面

1543 年哥白尼发表的《天体运行论》，标志着近代第一次科学革命发生。在开普勒、伽利略等工作的基础上，牛顿发现了著名的力学三定律和万有引力定律，并于 1687 年发表了《自然哲学之数学原理》，标志着经典力学体系的建立。此后，力学便成为第一个带头学科，引领着近代科学逐步全面发展。

在医学方面，1543 年维萨留斯发表了《人体结构》，1628 年哈维发表了《心

血运动论》，奠定了实证生理学的基础；1761 年莫尔干尼发表了《论疾病的位置和原因》，创立了病理解剖学；1799 年居维叶又出版了《比较解剖学》，这样就建立了以解剖学、生理学、病理学为核心的近代基础医学。

此外，这一阶段热学、数学、化学、生物学也有了不同程度的进步。热学方面，布拉克等首先进行了量热工作。数学方面，笛卡尔等创立了解析几何；牛顿、莱布尼茨创立了微积分；贝努利家族奠定了概率论的基础；耐普尔和别尔基分别发明了对数计算。化学方面，波义耳提出了元素的概念；拉瓦锡确立了氧化学说和正确的燃烧理论；道尔顿建立了化学原子论。生物学方面，胡克用自制显微镜发现了细胞；哈维和沃尔夫初创了胚胎学；1753 年林耐出版了《自然的体系》，对动、植、矿物进行了系统分类。

3）相关的科技社会建制维度方面

本阶段与技术科学相关的科技社会建制主要包含在近代科学发展初期形成的科学社团和最早出现的工程技术教育体制内。

16 世纪 50 年代后，意大利相继出现自然秘密协会、罗马山猫学院和齐曼托学社等科学社团；此后格雷山姆学院（1597 年）、哲学学会成为早期英国科学活动的中心；法国成立了皮雷斯克学会（1620 年）、蒙特摩学会（1654 年）等；德国出现了艾勒欧勒狄卡学社（1622 年）、实验研究学会（1672 年）。在此基础上，英国皇家学会（1662 年）、法国科学院（1666 年）①等半官方或官方组织相继成立。显然，后者体制化程度要高于前述的科学社团，成了这一阶段最重要的科学机构。

这个时期科学社团以非正式、较松散的民间学术交流机构为主；组织成员较少，影响有限；既关心科学问题，又关心技术问题，因此某种程度上也促进了初期技术科学的发展。

到 18 世纪，随着技术中科学知识含量不断增加，艺徒制已难以满足培养人才的需要，便迫切需要通过专门的工程技术教育为其提供合格的工程技术专业人才。这一时期法国、英国、美国、德国、俄国等都开始进行教育改革，但唯有法国的工程技术教育最具代表性。1794 年建立的巴黎多种工艺学院，为以后的欧洲，乃至世界的高等工程技术教育树立了一个典型样板。

从总体上看，此阶段工程技术教育的发展主要表现出以下特点：一是兴起的地域较窄，主要集中在法国；二是面向社会需要，主要培养实用型人才；三是教育内容逐步系统化，自然科学知识开始进入课堂。

---

① 童鹰．世界近代科学技术史（上）［M］．上海：上海人民出版社，1990：149-150，407-409；童鹰．世界近代科学技术史（下）［M］．上海：上海人民出版社，1990：155，485-486

4）社会价值整合维度方面

本阶段社会价值整合维度方面，主要表现为资本主义社会主流价值观的初步形成，一些国家也颁布了专利法，建立了专利制度，同时法国还开始了教育立法。

首先，商品经济的繁荣、科学技术的迅速发展，促使社会运行中形成了以价值观念、行为规范和系统契约为代表的，比较先进的社会主流价值观。例如，无论物质生产、知识生产、还是人才生产，都应依照公平竞争的原则，反对营私舞弊；知识生产应通过正确的评价标准实行有偿转让和合理奖励；不论知识的生产和利用，还是知识的传授与学习，都应奉行科学的价值观念，即科学性观念、普遍性观念、社会性观念、批判性观念等①。这些使全社会逐步形成一种尊重科学、尊重知识、尊重专业人才的氛围。美国 1787 年在宪法中还明确规定，国会要“促进科学和有用工艺的进步”。

其次，由于新兴的资产阶级为了维护切身利益，迫切需要运用法律的手段来保护技术、鼓励制造，促使其推广运用并创造社会财富。因此，专利法与专利制度便应运而生，成为当时促进技术科学发展最主要的国家法律制度。这阶段颁布专利法的国家（地区）主要有：威尼斯（1474 年）、英国（1624 年）、美国（1790 年）、法国（1792 年）、俄国（1814 年）等。但从总体上看，初期专利制度还很不完备，执行亦较乏力，对技术科学发展的影响也只是初步的。

最后，这一时期法国教育立法也已起步。1793 年雅各宾派执政期间，罗伯斯庇尔亲自领导教育委员会，并委托著名化学家拉瓦锡起草促进民族工业教育的计划，这促进了一大批专业技术学校的成立。拿破仑于 1808 年颁布《帝国大学令》，形成比较严密的中央集权的教育领导体制。

2. 萌发期技术科学发展模式的基本框架

鉴于以上四个维度方面的客观历史状况，1440～1819 年阶段，技术科学的总体发展属于萌发期，其发展模式的基本框架具体如图 8-6 所示。

（二）萌发期技术科学发展模式的基本特点

由上述萌发期技术科学发展模式在四个维度上的实际概况和基本框架可以发现其以下两个基本特点。

1. T_1、T_3类技术科学互动匹配构成萌发期的技术科学知识体系

在萌发期，生产需要是技术科学发展的主要动力，表现为新型产业部门不断向科学技术提出新的研究课题。而从理论上解决问题的途径主要有两条：一是对

---

① 刘启华. 化学工程发生的社会学初探［J］. 自然辩证法研究，1989，5（5）：27-35

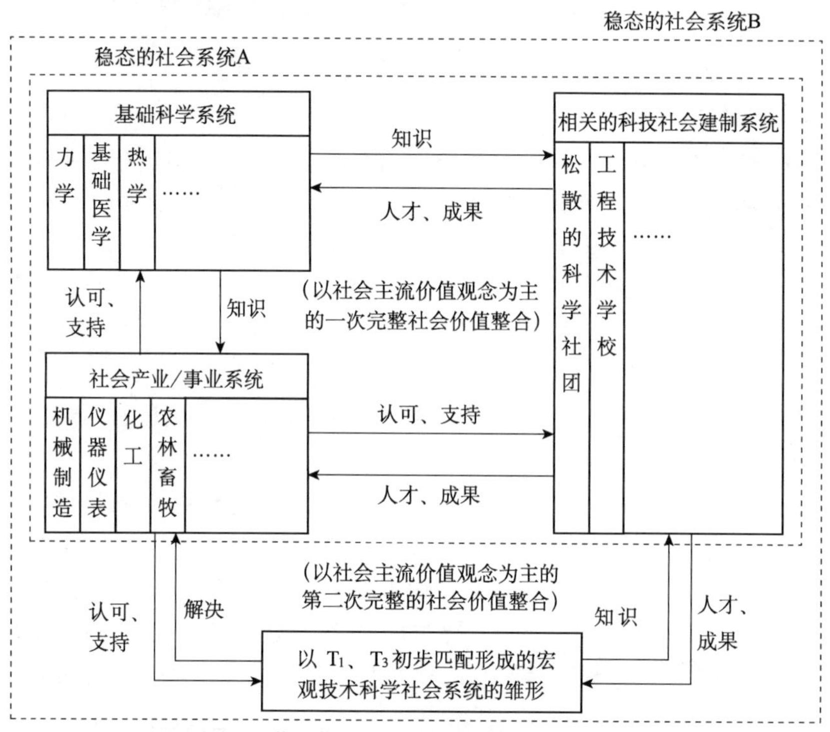

图 8-6 萌发期技术科学发展模式的基本框架

当时能工巧匠的实践经验加以总结提炼，形成了一批 T_3类技术学科；二是求助于初期的科学理论成果，将其相关知识按具体技术要求进行定向演绎，这样又形成了一批 T_1类技术学科。这两类技术学科的初步互动匹配，实质上反映了近代初期工匠技术传统和学者理论传统的交融。这一阶段统计样本中共出现 65 门技术学科，其中，T_1类学科为 23 门，占 35.4%；T_3类学科 37 门，占 56.9%。两者合占 92.3%，已成为当时技术科学发展的主流。

2. 萌发期的技术科学发展高潮只能发生在英国和法国

本阶段英国首先发生了产业革命，以机器大生产和工厂制为特征的新型工业生产体系的形成和发展，迫切要求科学与技术携手合作。法国在 1789 年大革命前封建专制王朝时期，由于受重商主义思潮和战争的刺激，深感发展科学技术的重要性；大革命后以拿破仑为首的国民政府，为增强本国的经济和军事实力，更注重发展实用科学。而当时其他国家还不能明确地体察到通过科学与技术的结合发展技术科学的重要性。在两国社会经济发展的实际过程中，中产阶级深感科学与技术结合的重要性，使两国在这方面较早地形成了一些公认的社会主流价值观，如价值规律指导下的公平竞争原则、科学活动的基本精神气质、知识转让的有偿机制、理论联系实际的社会风尚等，这些无疑对科学与技术的结合起到了重要的促进作用。此外，专利法、教育法等少数相关法律的出台，也为科学与技术的结合提供了初步的法律保障。

二、体制确立期（1820～1914 年）技术科学发展模式的实证分析

（一）体制确立期技术科学发展模式的基本框架

1. 体制确立期“三硬一软”四个维度的实际概况

结合表 4-5 中的相关总结不难看出，在 1820～1914 年，技术科学发展的社会目标导向维度、基础科学维度、相关的科技社会建制维度和社会价值整合维度方面的实际概况大致如下。

1）社会目标导向维度方面

如表 4-5 所示，本阶段产业结构主要由第二次经济长波（1820～1884 年）期间主导产业群和第三次经济长波（1885～1943 年）期间主导产业群中前阶段（1885～1914 年）的部分主导产业构成。前者包括纺织业、交通运输业（铁路、汽船）、机械制造业、冶金业（钢铁）和化学工业（煤焦油、合成染料、火药、化肥）；后者主要有电气工业、前期电讯业、动力工业、石油采掘与加工业、电化学工业等。这阶段产业的发展主要有三大特点：首先，产业革命在地域上的扩张和科学进步，推动相关产业向纵深发展；其次，物理学的进步导致动力、电气、电讯工业的建立；最后，农林畜牧业、医疗卫生和管理事业等方面综合利用新的科学知识，不断加速发展。

2）基础科学维度方面

从 19 世纪上半叶开始，基础科学中新学说、新理论不断涌现，近代科学呈现出全面繁荣景象，到 19 世纪后期，已基本形成了比较完整的基础科学体系，使该世纪成为名副其实的科学世纪。

本阶段，在物理学方面，进步主要体现在热力学体系的完善、电磁理论的发展和波动光学的胜利三方面；在化学方面，进步主要体现在科学的原子-分子论的确立、元素周期律的发现和有机化学理论的发展三个方面；在生物学方面，进步主要体现在细胞学说的形成、进化论的建立和孟德尔的遗传学成果及其重新被发现三个方面；在地球科学方面，进步主要体现在地图学、自然地理学和地质学方面；在天文学方面，天体物理学取得了长足进步；在数学方面，进步主要体现在数学分析基础的严格奠定，非欧几何、高等代数和集合论的创立等方面。

综上可见，从 19 世纪初到 20 世纪初，不仅以理、化、生、天、地、数为基本分支的完整基础科学体系已基本形成，而且这六大基本分支也各自形成了比较

完整的科学理论体系。这一比较全面完整的基础科学知识体系，不仅奠定了技术科学发展的坚实科学基础，而且也成为引发现代科学革命的重要理论根源。

此外，这阶段相关社会科学也开始发展。

3）相关的科技社会建制维度方面

在本阶段，科技社会建制方面主要表现为以下三方面特点：一是相关的技术科学社会建制定向专业化，建制化程度不断提升；二是工业实验室、国立研究机构初步建立；三是高等工程技术教育获得全面、高速发展。

首先看相关的科技社会建制定向专业化，建制化程度不断提升方面。到19世纪中期以后，随着基础科学的全面发展、学科不断分化及产业分工日趋专一，各学科（专业）的科学家和工程师为了进行专业交流和出版刊物，纷纷成立自己的学会。相对于技术科学萌发期的科学社团，这些学会呈现出技术定向越来越明确化、研究领域越来越专业化的趋势。例如，美国这一时期成立的专业学会主要有：芝加哥机械学会（1837年）、美国统计学会（1839年）、阿莱格雷天文台（1842年）、波士顿土木工程师学会（1848年）、美国采矿与冶金工程学会（1871年）、美国电工学会（1883年）等。

其次看工业实验室和国立研究机构初步建立的情况。由于电气、电讯、化工这类产业中的新发明必须以足够的科学知识为基础，而传统的能工巧匠已很难胜任这些领域内的发明创造工作，故工业实验室在本阶段逐步出现，并具有良好的发展势头。

例如，1826年李比希在吉森大学建立了第一个化学实验室，其在教学和科研上的成功，不仅推动了实验室在大学里的普及，而且也深刻影响了工业界。随后，杜斯堡参照李比希实验室模式建立了拜耳公司实验室，并“雇佣完全是学术性质的科学家进行独立的研究工作”，运用已有的化学知识努力开发新型产品和流程①。1900年，通用电气公司的研究实验室诞生，并具有两个标志性的特征：一是“实验室与生产和经营部门完全分开，”从而使研究实验室在企业内获得了独立建制的地位；二是“集中很多科学家和工程师并由他们将已知的科学知识转化为公司所需要的技术和产品”②。在国立研究机构方面，德国于1873年建立了国立物理研究所；1877年、1897年先后又建立了国立化学工业研究所、国立机械研究所。1877年在“电气西门子”的支持下，又建立了国立物理技术研究所。

最后看高等教育方面。本阶段主要有以下特点：一是研究职能在大学里获得确认；二是初步建立起研究生教育体系；三是新型技术院校成为工程技术教育的中坚和主力。

---

① 约翰·齐曼．元科学导论［M］．刘珺珺译．长沙：湖南人民出版社，1988：183

② 阎康年．通向新经济之路——工业实验研究是怎样托起美国经济的［M］．北京：东方出版社，2000：67

在经历了普法战争（耶拿战争）的惨败后，德国人认识到了建立新型大学的必要性。威廉·冯·洪堡（1767～1835）于1810年创办了柏林大学，以“教学与科研相统一”、“学术自由”、“大学自治”等主张作为办学方针，首先采用“习明纳”教学方法，还首创学期制、学位资格考试和学位论文制度。德国在改革教育体制的同时，也重视博士的培养，并取得了突出的成绩。例如，1820～1829年柏林大学毕业的博士为851人，占大学生的5%；1830～1839年为1260人，占大学生的9%；1840～1849年为1347人，占大学生的12%；1850～1859年为1504人，占大学生的16%；1860～1869年为1727人，占大学生的15%。在专业方向上也逐渐体现出重视自然科学的倾向，如1820～1869年哲学专业的博士比例由7%上升到14%，而其中有1/3的人学习自然科学。这些均促进了自然科学在德国的发展[①]。

在德国的影响下，美国也建立了研究生教育体系。“1826年哈佛学院为已获得学士学位并愿意继续学习的毕业生开设课程”，这“是美国研究生教育的重要开端”。“到1900年，开设研究生课程的学校已达到150所，其中有三分之一的学校开设了博士课程，这一年全国共授予博士学位382名，……1900年全国研究生已超过3000名。”[②]

“1886年，日本颁布《帝国大学令》，在东京帝国大学始设研究生院。”到“1910年，被国家认可的仅有东京和京都两所帝国大学的研究生院，在校研究生486人”[③]。

19世纪中期以后，随着美、日、德等国家相继完成产业革命，国家工业化的需要被提上议事日程。为此德国参照法国的“大学校”，建立起一批专业性的技术学院，如卡尔斯鲁厄技术学院（1825年）等。主要进行实际的科学训练和应用科学教育，对德意志帝国时代的工业发展做出了重要贡献。1898年在德国较著名的105个企业中共有3281名技师，其中1124人为技术学院毕业生，占34%。

综上可见，在1820～1914年，几个主要资本主义国家在相互借鉴的基础上，都基本上建立起比较完善的教育体制，为培养人才和开展科学研究提供了坚实的体制保障。

4）社会价值整合维度方面

本阶段，除资本主义社会主流价值观继续获得完善外，又主要围绕着专利法的颁布及与之配套的专利制度的建立、国家通过教育方面的立法加大对教育的支持等方面，德、日、美、英等主要资本主义国家做了大量工作。此外，19世纪末德国还出现了早期国家干预科学研究发展的阿尔特霍夫体制。

---

① 符娟明，迟恩莲．国外研究生教育研究［M］．北京：人民教育出版社，1992：274

② 符娟明，迟恩莲．国外研究生教育研究［M］．北京：人民教育出版社，1992：74，77

③ 符娟明，迟恩莲．国外研究生教育研究［M］．北京：人民教育出版社，1992：199-200

为了吸引更多的发明创造成果，推动本国科技进步、经济发展，许多国家的专利法突破地域限制，对外国的发明创造也进行保护，给予“国民待遇”。1883年《保护工业权巴黎公约》的诞生，就是国际间合作的结果。

另外，美国还通过立法来促进大学发展。1862 年由国会通过了《莫里尔法案》（土地赠予法），通过赠地的方式鼓励创办农工学院，明确规定以教授“农业和机械艺术”为宗旨，使美国与工农业相关的高等教育快速发展[①]，到 1922 年共有 69 所赠地学院。1863 年美国还通过立法成立了国家科学院。

综上可见，在这一阶段，除了社会主流价值观念继续完善之外，国家相关法律法规已逐步成为社会价值整合维度的主要体现形式，在该阶段技术科学发展实现体制化的过程中发挥了重要作用。

2. 体制确立期技术科学发展模式的基本框架

鉴于以上四个维度方面的客观历史现状，1820～1914 年，技术科学的总体发展当属于体制确立期，其发展模式具体如图 8-7 所示。

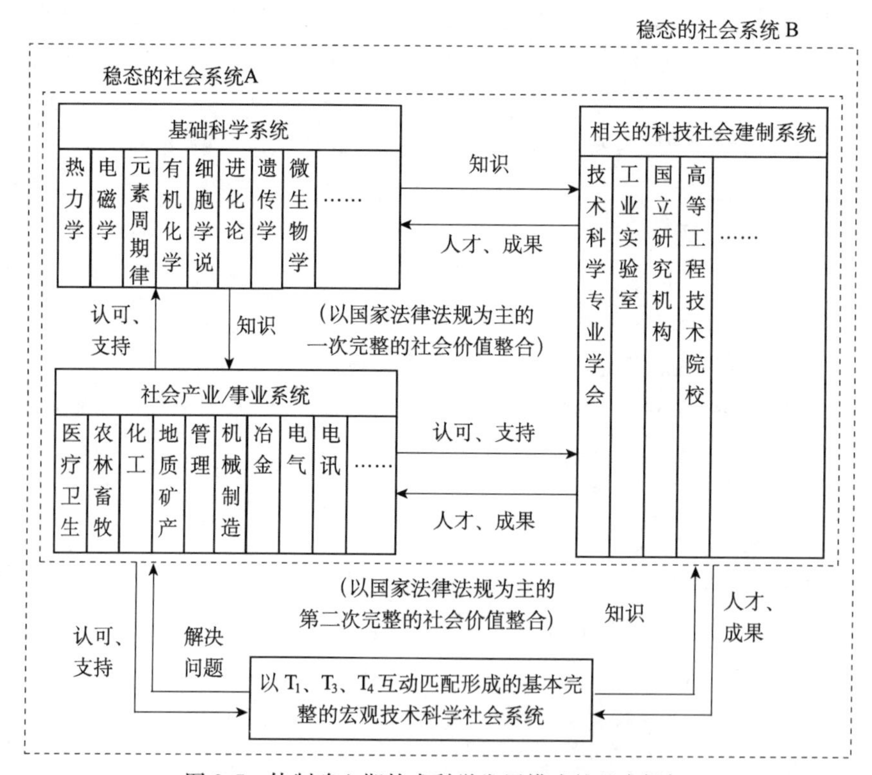

图 8-7　体制确立期技术科学发展模式的基本框架

① 李明德．美国科学技术的政策·组织和管理［M］．北京：轻工业出版社，1984：5

（二）体制确立期技术科学发展模式的基本特点

由上述体制确立期技术科学发展模式在四个维度上的实际概况和基本框架可以发现其三个基本特点。

（1）T_1、T_3、T_4类技术科学互动匹配构成体制确立期的技术科学知识体系。本阶段正处于第二个主导产业群向第三个主导产业群过渡的时期，产业结构上既包括第二个主导产业群，又包含第三个主导产业群的部分产业，产业链条既长又复杂，对科学技术便提出了更多的要求。同时基础科学方面已建立起比较完整的学科体系，也能为技术科学的发展提供多方面的基础知识支撑。这样，一方面能为工匠技术传统与学者理论传统的交融提供比较宽阔的作业面；另一方面又使得技术科学的发展摆脱了以前几乎完全围绕“大机器生产”这一单一方向，走上了包括电气、电讯、化工、农林畜牧、医疗卫生、管理等在内的多元化发展道路；并产生了一批研究某一产业或新型开发领域的综合技术科学学科（群），或称“产业化科学”（industrialized science）。这一阶段统计样本中共出现197门技术学科，其中T_1类学科为73门，占37.1%；T_3类学科96门，占48.7%；T_4类学科为20门，占10.2%。三者约合占96%，可见三者足以成为当时技术科学发展的主流。

（2）产业革命向纵深发展与基础学科超前发展，促使科学、技术与产业之间互动模式的转型，并导致技术科学发展的两次高潮。

19世纪上半叶，第一次产业革命在除英国之外的主要发达国家向纵深发展，首先导致第二个主导产业群的出现。但技术进步仍然主要依靠产业的拉动和工匠经验推动，科学、技术与产业之间的互动主要仍体现为“生产→技术→科学”顺序的发展模式，其主流技术实质属于在蒸汽动力革命方向上的深化发展。在社会产业/事业维度的引领下，基础科学维度、相关的科技社会建制维度与社会价值整合维度之间形成有效功能匹配，使社会系统B从社会系统A上生长出来，从而形成了技术科学的第二次发展高潮（1830～1859年）。而在19世纪中期以后，由于基础科学超前发展，导致第三个主导产业群中一些新型技术的出现，如电气电讯技术、外科消毒技术、免疫治疗技术等。新的基础科学理论和实验的发现首先转化为技术，然后再推动新型产业/事业出现。使得科学、技术与产业之间的互动主要体现为“科学→技术→生产”顺序的发展模式，其主流技术实质属于电力技术革命的发端，这使工业获得了可靠的二次能源保障，其直接后果是使资本主义由自由竞争阶段进入垄断阶段。由于科学理论创新不断，科学技术空前繁荣，使得基础科学维度、社会产业/事业维度、相关的科技社会建制维度与社会价值整合维度之间形成更为有效的功能匹配，又一次使社会系统B从社会系统A

上生长出来，形成了技术科学的第三次发展高潮（1885～1914 年）。另外应注意到，在两次技术科学发展高潮之间出现了一个紊乱波阶段，实际上，是由蒸汽动力革命向电力革命转换期间的缓冲阶段。

（3）企业和国家成为技术科学发展的新兴力量。如果说在技术科学的萌发期，“无论是科学家个人，还是政府机构，都不承担继续发展技术科学所必需的长期义务，倒是一些工科学校及其教授们，对于这项工作做出了重要贡献”① 的话，而在技术科学的体制确立期，由于技术科学的发展基本实现了多元化，已与多种产业和产品密切结合起来，在整个社会、经济生活中其地位也日趋突出，这必然要吸引政府和企业的重视。许多工厂为了盈利和发展，必须诉诸科学，建立起为企业自身生产服务的实验室；又有一些研究任务，由于工作量大，历时长久，耗费巨大，而且直接关系到国家经济命脉与军事竞争，这样国家就不得不出面设立专门研究机构，开展相关的应用基础研究，从而推动了技术科学的进一步发展。

三、成熟期（1915 年以后）技术科学发展模式的实证分析

（一）成熟期技术科学发展模式的基本框架

1. 成熟期“三硬一软”四个维度的实际概况

结合表 4-5 相关总结不难看出，在 1915 年以后时期，技术科学发展的社会目标导向维度、基础科学维度、相关的科技社会建制维度，以及社会价值整合维度的实际概况大致如下。

1）社会目标导向维度方面

如表 4-5 所示，本阶段的产业结构主要由第三次经济长波期间主导产业群中后阶段（1915～1943 年）的部分主导产业和第四次经济长波期间（1944～1994 年）主导产业群构成。前者主要有航空、电子、电讯、化工、机械、地质矿产，后者包括原子能、计算机、信息、人工智能（机器人）、自动化、航天、材料等产业。同时农林畜牧、医疗卫生、管理等产业/事业也发生了令人瞩目的变革。

本阶段的产业发展主要有以下五条基本线索：第一，由于热力技术的变革，形成以内燃技术为主、外燃技术为辅的技术体系；第二，在电磁理论的基础上，电子管技术兴起，这既是电力技术的继续发展，又是晶体管技术的直接前导，随

---

① C. W. 柏塞尔．技术科学［A］//邹珊刚．技术与技术哲学［M］．北京：知识出版社，1987：42-43

后广播、电视、雷达相继出现，推动社会文明迅速进步，公共事业全方位发展，并酝酿出领域广泛的现代产业；第三，第二次产业革命的技术基础与20世纪之交物理学革命的科学成果相结合，通过战后军转民用的大好契机，推动了以电脑技术、核能技术和空间技术为标志的第三次产业革命的兴起；第四，以第二次世界大战后现代物理学、生物学、化学等基础科学成果为科学基础，以第三次产业革命的诸多技术成就为技术基础，各门基础学科之间、各项基础技术之间、基础科学与基础技术之间的交叉渗透、相互融合的速度加快，推动20世纪70年代以微电子技术、信息工程技术、生物工程技术、材料工程技术和能源工程技术等为标志的新兴技术群的形成与发展，并将孕育出下一代新型主导产业群；第五，现代生命科学成果和多种现代技术成就相结合，推动现代医药事业和农林牧业的大发展。

2）基础科学维度方面

如表4-5所示，本阶段物理学革命主要表现为相对论的建立、量子论的建立与发展、原子核物理（包括基本粒子物理）的形成及凝聚态物理“回采式”大发展四个方面。

其发展基本呈现以下四个特点：第一，经历了数百年的发展，物理学在19世纪末20世纪初开始有了革命性的突破。以相对论和量子力学为代表，将物理学发展推向了新的阶段，同时也改变人们许多原有的哲学观念。第二，在20世纪50年代以前物理学的主要突破集中在理论研究方面，而以后则逐渐转入了理论与应用相结合的研究阶段。这是由于经历了相对论和量子力学的创建，新的范式已经基本确立，新发现的实验现象多被纳入新的范式体系，与理论不符的“反常”现象并不突出，这导致理论研究进入了库恩所说的常规科学缓慢发展轨道，而应用研究则进入了快速发展阶段。第三，物理学革命有效地带动了包括理论手段、测量手段、观测手段、实验手段等众多技术手段的变革与发展，大大开阔了人们的视野，更新了许多可操作的方法，有力地推动了化学、生物学、地质学、天文学的发展，使其他学科的发展也进入到一个新层次、新阶段，众多学科不断高度分化又相互交融，产生了许多新的重要科研领域。第四，物理学的发展也带动科学与技术相互促进，使得科学与技术之间的联系越来越紧密，相互促进，融为一体。

本阶段的化学革命表现在元素周期律的发展、化学键理论、晶体和分子结构等方面。此外，化学反应理论、分析化学等分支也有了极大的发展。生物学革命主要表现在遗传学、分子生物学、细胞生物学的诞生与发展，以及生物进化论、神经生理学等方面。受现代物理学革命的影响，地质学经历了从大陆漂移学说到板块构造学说的历史演变。天文学方面，主要在观测天文学和天体演化学两方面取得了突破性进展。在宇宙学方面，继爱因斯坦 1917 年提出有限无边宇宙模型之后，又出现多种宇宙模型，特别是伽莫夫 1948 年提出的大爆炸宇宙模型，已得到 20 世纪 60 年代发现的 3K 微波背景辐射、河外星系红移等观测证据的支持。数学方面在本阶段也获得空前发展，可分为两个阶段：第二次世界大战前围绕数学基础这一中心问题，出现了逻辑主义、直觉主义、形式主义三个学派，导致数理逻辑、抽象代数、泛函分析、解析数论等数学分支迅速发展；第二次世界大战后，运筹学、规划论、对策论、排队论、优选法、统筹法等应用数学分支迅速兴起，布尔巴基结构主义建立起现代数学的结构体系，拓扑学、代数分析、非标准分析等纯粹数学快速发展，模糊数学和突变论等新兴数学领域诞生。此外，1948 年前后还出现了以控制论、信息论、系统论为代表的新型横断学科群。

总的来说，本阶段基础科学有了长足的发展，不仅为本阶段，而且也为 21 世纪技术科学的大发展提供了坚实的科学与技术基础。

3）相关的科技社会建制维度方面

第一，工业实验室（现亦称“研发中心”）纷纷设立，企业逐步成为科研资金的主要来源和技术创新的主体；20 世纪 80 年代以后企业之间又开始合作，建立起技术联盟，共同研发技术。

第二，国家研究所普遍建立，成为技术科学发展的一支生力军。如上所述，国家科研机构的兴起主要基于两个原因：一是为了更好地履行政府提供公共服务的职能，如国防、公共卫生、公共设施建设等方面；二是对于高投资、高风险的基础科学领域，私人企业、高等院校和其他非政府研究机构无能为力或不愿担当，政府必须直接承担这些研究工作，以促进整个社会的科学与技术进步。

第三，全面教育体系普及与发展，使人才培养工程迈入新阶段。历史经验表明，在 19 世纪后半叶，德国的工业迅速发展，主要原因是它将其产业建立在现代科学与技术基础之上。从长远看，这就要求处理好大学教育、中等教育和技术教育的相互关系①。此后，各发达国家都开始普遍重视整个国民教育体系的建设。包括小学教育、中等教育（包括职业教育）、高等教育和研究生教育在内的全面教育体系都获得了不断完善。20 世纪以后，各发达国家都争相普及免费小学教育、中等教育（职业教育），为高等教育培养生源等后备力量打下了坚实的基础。因此在这一阶段，由于全面教育体系的完善，全面教育规模的扩大，教育的科学基础进一步加强，培养了大批社会所需要的人才，有力地促进了经济、社会及科学、技术的全面发展。

第四，以国家力量为主导的大科学研究组织发挥着日益重要的作用。所谓大

① W. F. 康内尔．二十世纪世界教育史［M］．张法琨，等译．北京：人民教育出版社，1990：48

科学，就是具有新质的庞大研究机构，以新的管理进行研究的科学。其研究和开发需要惊人的资金和庞大的研究组织，它既具有探索未知领域的知识这一“科学”特征，又具有以对社会的工业、经济、军事等方面全面发展带来划时代巨大变革为明确目的的“技术”特征。20 世纪 30 年代，田纳西河流域综合开发计划成为大科学的第一个代表。40 年代“曼哈顿工程”更向人们展现了大科学的巨大力量。此后，50 年代的美国国防计划、60 年代的空间开发计划[①]，乃至 20 世纪末的人类基因组计划等大科学项目层出不穷，而且越来越国际化，强力推动着各个层次技术科学的大发展。

4）社会价值整合维度方面

在本阶段，随着资本主义生产方式逐步趋于成熟，以知识产权为中心的竞争日趋激烈，使得整个社会在尊重知识、尊重人才等方面的社会主流价值观念进一步加强；各国与经济、科技等发展相关的法律法规也不断完善，也有力地推动着各主要发达国家经济、社会全面发展。其间社会价值整合维度最大的变化在于，由以前国家对教育的大力支持转变为国家对科学和教育支持并举，政府开始加强对科技研究与开发的干预。尤其是第二次世界大战以后，科技政策的体制化与相关立法的确立是一大突破，它强化了推动科技发展的外部社会力量，使其对科学技术的发展发挥了巨大的规划与推动作用。

随着科学技术的迅猛发展，巨大的人力、物力、财力的投入，科研风险的加剧，使得科学研究与开发早已超出了一国的范围，需要各国通力合作。因此，各国政府开始修改本国的科技政策，并制定相关的法律法规，力图通过国际间协作促进本国科技的发展。

2. 成熟期技术科学发展模式的基本框架

鉴于以上四个维度方面的客观历史状况，1915 年以后阶段，技术科学的总体发展当属于成熟期，其发展模式具体如图 8-8 所示。

（二）成熟期技术科学发展模式的基本特点

由上述成熟期技术科学发展模式在四个维度上的实际概况和基本框架可以发现其三个基本特点。

（1）由 T_1、T_2、T_3、T_4类技术科学互动匹配，构成成熟阶段完整的连续谱式技术科学知识体系。在本阶段，产业结构上既包括第三次经济长波后期以电力技术革命为特征的第三个主导产业群的部分产业，又包括第四次经济长波期间以信息技术革命为特征的第四个主导产业群。这些产业在 1945 年以前多服务于战

---

① 汤浅光朝．解说科学文化史年表［M］．张利华译．北京：科学普及出版社，1984：141

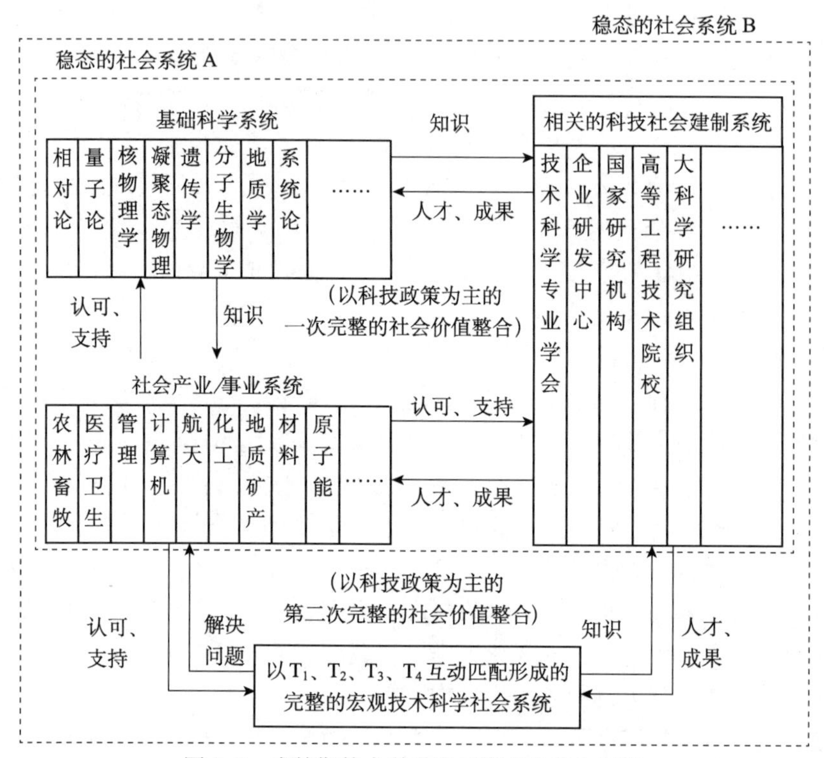

图 8-8 成熟期技术科学发展模式的基本框架

争，之后则军民两用，产业结构也日趋复杂化，对科学技术的发展提出了更高的要求。而 19 世纪与 20 世纪之交的物理学革命所引发的其他基础科学分支的革命，推动基础科学获得前所未有的大发展。加之第二次世界大战以后出现的以系统论、信息论、控制论为代表的横断学科群，使学科之间相互渗透与融合的趋势加强，催生了一大批过程技术科学（T_2类）学科，从而形成了四个层次技术科学共同匹配的完整技术科学体系。这一阶段统计样本中共出现 624 门技术学科，其中，T_1类学科为 189 门，占 30.3%；T_2类学科为 118 门，占 18.9%；T_3类学科 277 门，占 44.4%；T_4类学科为 40 门，占 6.4%。可见，T_2类技术学科的崭露头角与较快发展，使技术科学知识体系得以完善是这一时期的显著特征。

（2）成熟期是技术科学空前大发展的时期。根据以上各章中建立起来的技术学科完整统计数据和相关研究结论，可以绘制出表 8-1。从中可见，在统计样本中，1440～1819 年总共出现了 65 门技术学科，年均新生 0.18 门技术学科；1820～1914 年总共出现了 197 门技术学科，年均新生 2.07 门技术学科；1915～1987 年总共出现了 624 门技术学科，年均新生 8.55 门技术学科。可见，成熟期与前两个时期相比，新生技术学科数有了很大幅度的增长。如果将成熟期以

1940 年为界进一步细分为两个阶段，则 1915～1940 年，技术科学发展基本处于紊乱波阶段，总共新增了 113 门技术学科，年均新生 4.35 门技术学科；1941～1987 年，技术科学发展处于连续嵌套波阶段，总共新增了 511 门技术学科，年均新生 10.87 门技术学科。

表 8-1　技术科学不同发展阶段统计样本中新生技术学科数的分布与比较

阶段名称	萌发期	体制确立期	成熟期	
时间范围	1440～1819 年	1820～1914 年	1915～1940 年（紊乱波阶段）	1941～1987 年（连续嵌套波阶段）
年数/年	370	95	26	47
产生学科数/门	65	197	113	511
年均学科数/（门/年）	0.18	2.07	4.35	10.87
			8.55	

由此可见，在成熟期的 1915～1940 年，虽然技术科学发展处于紊乱波阶段，但其年均新生技术学科数也大于萌发期和体制确立期；而 1940 年后的连续嵌套波阶段，则更远大于前两个时期。这充分说明，技术科学成熟期是技术科学空前大发展的时期。

（3）1940 年之前，技术科学的发展过程呈现紊乱波与嵌套波交替的过程，其发展高峰表现为单一子峰；而 1940 年之后，技术科学的发展基本处于连续嵌套波阶段，其发展高峰则由周期为 10 年的连续 4～5 个子峰组成。

可见，成熟期技术科学的发展与前期相比有两点明显的不同。第一，嵌套波持续时间不同。在 1940 年之前，每一个嵌套波阶段持续时间约为 30 年；而 1940 年之后，技术科学的发展基本呈现出连续嵌套波的发展过程，其持续时间大约为 40～50 年。第二，嵌套波波型表现形式不同。前三次嵌套波都表现为单一的波峰，而 1940 年后呈现出周期为 10 年的连续 4～5 个子峰。这说明技术科学的发展模式较之以前已产生了质的变化。

综上所述，通过对萌发期、体制确立期、成熟期三个阶段技术科学发展模式的实证分析与研究可以看出：三个阶段的发展模式在表现形式上可能存在一定的差异，即不同阶段同一维度的具体内容随着社会背景条件的变化在不断更新；但在系统集成基本要素、目标走向、动力机制、演化特征与评价标准等本质问题上均符合如图 8-5 所示的技术科学发展基本模式。首先均通过“三硬一软”四个维度的功能耦合，并形成稳态社会系统 A；其次各种微观技术科学学科（专业）系统先在系统 A 上不断通过新的功能耦合，逐一生长出来；最后再由各个技术科学学科（专业）系统相互间的功能耦合，并扩张成新的稳态社会系统 B，从而实现宏观技术科学系统的完整组织生长，同时呈现出技术科学的发展高潮。这充分说明，这里所构建的技术科学发展基本模式，已经比较统一地概括并回答了技术科学发展的目标走向、动力机制、演化特征、评价标准等根本性问题，是具有较充分的合理性和科学性的。

第四节 “连续嵌套波型”技术科学发展模式的合理性质疑

一、科学技术发展的正负社会效应简析

前已述及，第四次经济长波期间，技术科学的发展在图 8-1 中呈现出“连续嵌套波型”，实质上是其发展模式在“软件”、“硬件”维度方面均较以前有了较大的变更。这一方面导致科技发展的正面效应更加显著，如技术科学出现空前发展势头，使得控制论、原子能科学、航天学等一组技术学科成为新型带头学科，推动着经济社会高速发展；但另一方面，又不能不看到，正是在这一时期内，科技与经济的大发展，致使环境污染（主要包括水污染、大气污染、土壤污染）、气候变暖、生态恶化、能源危机、南极臭氧层空洞、大型自然灾害频发等非预期性效应大量凸显，使人类面临着全球性的新危机。

例如，1939 年米勒发明杀虫剂 DDT 以后，曾被广泛使用并得出对人体无害的结论。然而后来事实证明 DDT 具有富集作用，当人们用它来毒杀害虫时，它会在害虫体内富集，继而在害虫的天敌体内富集，这样沿着整个食物链传递下去，就会造成人类一些食物中大量富集 DDT，使人类食用后产生极大危害。再例如，人们发明冰箱时使用氟利昂作为冷冻剂，它的制冷、制热效果确实很好，但后来才发现，散播到大气中的氟利昂可以和臭氧发生反应，一个氟利昂分子大约能破坏十万个臭氧分子。结果造成了臭氧层的严重破坏，乃至南极臭氧层出现了巨大的空洞，严重威胁到了人类的健康。可以这么说，这类例子现在已不胜枚举。追根溯源，很可能要到现行技术科学发展模式中寻找其根本原因。

二、技术科学发展三个阶段社会价值整合维度中主要表现形式的对比分析

通过上文对技术科学发展模式的实证分析已不难发现，在不同的历史阶段，社会价值整合维度的主要体现形式是不同的。

在萌发期，社会价值整合维度的主要体现形式只是当时资本主义社会中已形成的相关社会主流价值观念；在体制确立期，其主要体现形式便由国家相关法律法规逐步取代了相关社会主流价值观念；如果将两者进一步比较，其差异性又是显然的。

从表现形式上看，前者属于隐含在头脑中的思想观念，是在社会长期发展中自发形成的；后者是明文表达的官方文件，是社会文明发展到一定阶段的产物。从内容上看，前者是零散的，缺乏系统性；后者则是国家最高立法机构通过充分辩论、周密酝酿后颁发的严谨法令。从效力上看，前者属思想指导行动，纯属个人或组织的自觉行为，约束性较弱，人们可以信奉并遵循，也可以不信奉、不遵循；后者属国家法律规范，对公民和法人行为均具有强制性的约束力，任何人都必须遵守。综上可见，从 19 世纪初到 20 世纪初近 100 年间，技术科学所以获得较快、较好发展，并确立起其社会建制的地位，其社会价值整合维度方面主要体现形式的变更、协调整合功能的加强，所发挥的作用是不容忽视的。

在 1915 年以后的技术科学成熟期，随着资本主义生产方式趋于成熟、国际竞争日益加剧，技术科学社会价值整合维度的体现形式除了价值观念和法律法规之外，各国政府又纷纷制定相关科技政策，直接干预科学技术的发展方向和具体活动，从而大幅度地强化了外部社会力量对技术科学发展的影响。特别是 1945 年以后，人们通过总结战争中的经验，已深刻认识到在未来发展中，科学技术作为一种国家资源，将会发挥出无可替代的重大作用。F. D. 罗斯福总统就曾说过："我们正面临着需要聪明才智的新领域，如果我们以进行这场战争所用的同样的眼光、勇气和干劲来开创它们，我们就能创造出更加丰富多彩的工作和生活。"[①]此后许多国家都在国防、农业、原子能等方面建立起军用与民用的大型研究机构。政府还通过资金援助和设立专门管理机构等措施，把对科学研究的管理与干预视为正常工作，从而开启了科技政策体制化的新时代，使得政府方针政策成了此后技术科学社会价值整合维度方面重要的甚至是主要的体现形式。如果将国家法律法规与政府科技政策相比较，两者之间又存在着明显的差异。

从产生方式上看，前者要通过法定的立法机构和程序，使其结论显得审慎而又严肃；后者由政府机构按其工作程序来制定，酝酿范围较小，便容易渗入一些人为性主观因素。从表述形式上看，前者因要虑及所有公民和法人的基本权利和各种可能性，条款一般比较抽象，只形成原则性约束；后者基于行政职能的效率和追求特定问题的解决，条款一般比较具体，以便形成有效的落实措施。从效用时间上看，前者一般着眼于长远，并要制定相关细则、设置专门执行机构与其配

---

① V. 布什，等. 科学——没有止境的前沿［M］. 范岱年，解道华译. 北京：商务印书馆，2004：43

套，其效用存续时间较长；后者更多地针对现实问题，着眼于即时效果，并有随时进行调整的准备。从作用范围上看，前者一般要面向全体公民的长远利益和基本权利；后者在许多情况下仅涉及集团或局部利益。从执行观念上看，前者讲究对照条款，字斟句酌，并具有一定的操作弹性；后者要虑及行政效果，更多地考虑相对统一的可操作程序。比较两者便不难发现，科技政策相对于国家法律法规，具有使目标更加具体化、执行中可操作性更强、能够在短期内迅速见效等优点，故自其诞生以来，就能对上述三个硬件维度发挥出巨大的调节作用，从而推动科学技术史无前例地迅速发展；然而科技政策因受人为因素影响较大，故有过分注重短期效果而忽视长期社会效应之嫌、可靠性相对较差等缺点也已相当明显地暴露了出来。

综上所述已不难看出，随着社会价值整合维度主要表现形式的不断演变，至第四次经济长波期间，科技政策便开始充当社会价值整合维度中的决定性角色。这样走向极致，可以发挥科学技术独特而巨大的社会作用，甚至可能通过政策工具将科技发展完全控制在政府的意志之下，使技术科学几乎完全处于“刚性”的他组织发展状态，基本排斥了能更多体现技术科学自身发展规律的自组织发展阶段。如此，更容易导致一些人目光短视，仅着眼于利益集团的眼前需求，选择、驱动那些能够迅速引发经济社会发展效应的科学技术；忽视、摒弃那些暂时看来对经济社会发展影响不大的科学技术。实际上，这是唯科学主义的一种典型表现，反映一部分人头脑中存在着科学可以解决一切问题的极端观念。爱因斯坦曾说：“可是科学不能创造目的，更不用说把目的灌输给人们；科学至多只能为达到目的提供手段。但目的本身却是由那些具有崇高伦理理想的人构想出来的，……由于这些理由，在涉及人类的问题时，我们就应当注意不要过高地估计科学和科学方法；我们也不应当认为只有专家才有权利对影响社会组织问题发表意见。”① V. 布什也曾说：“科学本身并不能为个人的、社会的、经济的弊病提供万应灵药。无论是和平环境还是战争环境，科学仅仅作为整个队伍中的一员在国家福利事业中起作用。”②

此外，20 世纪 40 年代以后，技术科学发展中所呈现出来的完全“刚性”状态，也是与“文武之道，一张一弛”的中国传统哲学信念背道而驰的。正是在第四次经济长波期间，当人们利用科学疯狂地追求眼前和局部利益的同时，也不自觉地放大了科学的负面效应，导致或放大了当代全人类面临的诸多危机。如此看

---

① 爱因斯坦．爱因斯坦文集（第三卷）[M]．许良英，赵中立，张宣三编译．北京：商务印书馆，1979：268

② V. 布什，等．科学——没有止境的前沿 [M]．范岱年，解道华译．北京：商务印书馆，2004：52

来，人类要坚持走可持续发展的道路，就必须全面而审慎地反思当前全人类所面临的严峻局势，包括批判性地反思当前技术科学的发展模式，尤其是其中社会价值整合维度中科技政策工具的合理性问题。

三、必须改善科技政策研制、执行、评估的管理体制

为了使科技政策在技术科学发展中更好地发挥社会价值整合维度方面的正面作用，克服滥用科技政策酿成的负面效应，必须要全面反思、改善其研究、制定、执行、评估、改进的程序。这件事可能是一项非常复杂的系统工程，这里不妨首先提出下列几项基本原则性建议，以供全世界所有关心这件事的人参考。

第一，在全球科技、经济一体化的形势下，科技政策的研究与制定工作不仅要成为各国政府的重要事务，而且要成为全世界和联合国的一项大事。要加强国际间的沟通、协调，以努力避免全球性危机。

第二，要进行更全面的科技立法，甚至各国要增加相关宪法条款，对科技政策的实施权限给予合理的法律约束。使未来科技发展中的重大宏观决策类型问题通过法律法规来协调；将局部科技关系调整、具体项目实施等正常管理类问题由科技政策来协调，以努力避免重大科技政策失误。

第三，在具体的科技政策规划与研制中，既要积极合理地追求科学技术的社会正面效应，又要主动防范各种非预期性的科学技术社会负面效应；既要大胆主动地面向各种外部社会需求，又要尊重科学技术乃至整个自然、社会生态的自身发展规律。

展望 21 世纪上半叶，在基础科学的多元化推动、社会需求的强力拉动、技术科学社会建制日趋合理、科技政策管理体制不断完善的前提下，人类翘首期盼的，可能不仅是技术科学的发展即将迎来又一个新的高潮期，更为重要的则是期盼其为促进社会、经济、科技更加和谐、可持续地发展做出应有的贡献。然而只停留于期盼已远远不够，千里之行始于足下，最关键的可能是整个人类要统一调整观念与步伐，迅速而果断地行动。

第九章

我国工程技术类高等教育战略规划的基本研究框架[①]

如果你指出科学对人道的深刻意义，科学研究就变成了人们所能创造的最好的人道主义工具；如果你排除了这种意义，单纯为了传授知识和提供专业训练而教授科学知识，那么学习科学，就失去了一切教育价值了，无论从纯粹技术观点来看其价值有多大。

——G. 萨顿

我们决不认为人类由于培育了工程师的创造才能就注定要衰亡。毕竟，这种才能是人类同上帝最相像的才能之一。

——A. 尤因

① 通过对这一研究框架的进一步拓展，已撰写出专著《开发未来——我国工程技术类高等教育战略规划研究》，于2010年由河海大学出版社出版，并获江苏省第12届哲学社会科学优秀成果二等奖

本章针对目前国内外工程技术高等教育研究的基本现状，紧扣贯穿于整个工程技术类高等教育的基本矛盾——技术科学学科基础与社会工程技术实践需要之间既对立又统一的关系，运用以上各章中所取得的关于技术科学发展基本特征与规律方面的相关研究成果，紧密结合我国目前工程技术类高等教育的现状与问题，采取定性与定量相结合的方法，对我国沿海发达地区、工业比重较高地区、农业比重较高地区和相对落后地区分别提出工程技术类高等教育发展的基本战略规划蓝图。

第一节　当代工程技术教育研究的基本现状

一、世界工程技术教育研究现状

第二次世界大战以后，特别是 20 世纪最后 25 年，随着科学、技术与社会、经济、政治、文化、军事等方面的互动日益加剧，在一定意义上，工程技术高等教育的发展水平已成为衡量一个国家综合国力的重要标志之一。因此，各国对工程技术教育的发展越来越重视，高等工程技术教育的规模越来越大、层次越来越高，对工程技术教育的研究也越来越深入。

英国在 1963 年发表重要的《罗宾斯报告》以后，迅速增加了一大批新型大学和多科技术学院，教育结构发生重大变化，开始侧重于理科和工科的发展，从 1950 年到 1970 年的 20 年间理工科学生增加了两倍多[①]。法国从 1966 年起在 40 多所大学内陆续新建了 66 所大学技术学院，培养介于工程师和技术员之间的高级技术员[②]。美国是最先实现大众化高等教育的国家，高等工程教育的发展也非常迅速，1985 年美国工科学士、硕士学位的授予数分别达到 98 105 人和 21 788 人，远超过其他发达国家[②]。德国 1990 年工科学士、硕士、博士学位授予数分别是 1975 年的 144%、252%和 140%，本科与研究生学位数量的比例达到了 1∶0.57[②]。日本虽然起步较晚，但对高等工程教育的发展历来十分重视，20%的学士和 40%的硕士就读于工程（学科）专业。在 1970～1980 年，其工程学校学生的人数翻了一番，1990 年工程学士学位的授予数量达 8.1 万人，仅次于俄罗斯和中国，居于世界第三位。

① 王沛民．发达国家工程教育改革动向和趋势［A］//倪明江．创造未来［C］．杭州：浙江大学出版社，1999：197-210

② 王沛民，顾建民，刘伟民．工程教育基础［M］．杭州：浙江大学出版社，1994：67

美国工程教育专家Grayson在评价日本经济发展的巨大成功时说："一个很重要的原因是日本对教育，尤其是对工程教育下了大工夫。"① 其间，世界上其他许多国家的工程技术教育也都有不同程度的发展，高等工程技术教育全面开始大众化。

随着各国工程技术教育的迅速发展，政府、学界和其他机构对它的关注与研究也急剧升温。在20世纪整个80年代，世界上便连续发表了一系列相关研究报告和论著。英国工程专业调查委员会在对英国和德、美、日等国的工程教育做了全面的比较研究之后，在1980年发表了《工程：我们的未来》（"费尼斯通报告"），提出了80条关于工程教育改革和发展的主要结论和建议②。美国随后不久也对工程教育的发展进行了全面总结，在1985～1986年发表的《美国工程教育与实践》大型研究报告中，呼吁对工程教育进行整体改革，以适应外界产业发展的需要③。同时还对工程教育中人文和社会科学的教学问题提出了相关的政府报告。其他国家在这一时期也发表了类似的报告，如以色列高等科技教育研究院在1986年发表了《工程教育2001》，瑞典皇家工程院在1986年发表了《未来的工程师》，加拿大专业工程师协会1987年发表了《工程的未来》，澳大利亚工程师协会1987年、1988年发表了《2000年的工程教育——Wragge报告》和《工程学科研究——Willams报告》，日本文部省1989年发表了《变革时期的工程教育》等研究报告。这些报告的内容基本一致，顺应世界经济一体化的潮流，各国在对高等工程技术教育观念进行整体反思的基础上，普遍强调高等工程技术教育的发展必须与社会经济发展需要紧密联系；要面向未来，培养适应21世纪发展要求的高素质工程技术专门人才。

20世纪80年代后期，美国深感过去的工程技术教育过于强调科学教育，致使学生缺乏足够的工程实践训练和工程设计能力，在进入企业后不能很快适应工程技术工作，使各行业的技术创新能力逐渐下降，造成美国在国际竞争中丧失了技术上的优势。为此，麻省理工学院在1989年出版了具有历史意义的《美国制造：重建生产力优势》论著，并在1993年提出了"回归（工程）实践"的口号。随后，强调工程教育的实践性、综合性和职业化成为90年代以后各国新的研究主旋律。1994年美国国家研究委员会发表了《工程教育的主要议题》；同年美国工程教育协

① 王沛民．发达国家工程教育改革动向和趋势［A］．倪明江．创造未来［C］．杭州：浙江大学出版社，1999：207-208

② 王沛民．发达国家工程教育改革动向和趋势［A］．倪明江．创造未来［C］．杭州：浙江大学出版社，1999：198-199

③ 工程教育与使用委员会，等，美国工程教育与实践［M］．上海交通大学研究生院，等译．上海：上海交通大学出版社，1990；工程教育与使用委员会，等，美国工程教育与实践（续）［M］．上海交通大学研究生院，等译．北京：学苑出版社，1990

会发表了《面向变化世界的工程教育》；1995 年 4 月美国国家科学基金会发表了《重建工程教育：重在变革》等研究报告[①]。澳大利亚工程师协会、技术科学和工程学会、工学院院长理事会 1996 年联合发表了《变革文化：迈向未来的工程教育》报告；英国 1997 年发表了《学习社会中的高等教育报告》（*The Dearing Report*）等。这些报告以回归工程技术实践为旗帜，要求工程教育革新课程内容，提倡学科的综合化，强调要完善工程教育模式，培养具有开阔视野的新型工程技术人才。同时认为工程技术教育应承担更大的社会责任，不断面对新的社会挑战，并在预见未来社会发展趋势的前提下引导社会进步。

二、我国工程技术教育发展与研究概况

我国现代高等工程技术教育起始于 1895 年天津中西学堂（天津大学前身）的创立，与西方发达国家相比，起步较晚，且前期发展缓慢。新中国成立后由于党和政府的高度重视，得到了迅速发展。现在我国每年从大学毕业的工科学生有 30 多万，工科在校研究生总数占到了全国研究生总数的 40％左右，在数量上已居世界之最。全国 1996 年已有 580 万人的工程技术队伍，其中工程师以上职位者达 210 万，远超过其他国家[②]。但是，我国工程教育在质量上却不容乐观。据瑞士洛桑国际管理开发研究院发表的《国际竞争力年度报告》显示，中国 2005 年的国际竞争力总体排名从上年的第 29 位下降到第 31 位；科学技术排名从上年的第 25 位下降到第 28 位。人才资源开发的滞后，已成为左右我国经济可持续发展的瓶颈。因此，对我国工程技术教育进行反思与改革刻不容缓。

学界普遍认为，我国工程技术教育存在的问题主要有：培养未来工程师的目标不够明确，突出工程的特色不够；教育层次缺乏多样性，不利于我国产业、经济结构多样化及地区经济发展不平衡的要求；专业设置不合理，专业结构的调整未能跟上科学技术的发展形势，也未与我国产业结构的调整紧密匹配，难以培养出跨（学科）专业的复合型人才；教学内容上重理论，轻实践；专业面窄，知识结构单一，内容陈旧，经济、管理等社科、人文教育方面的内容仍显不足[③]。

---

① 顾建民，王沛民．美国工程教育改革新动向［A］//倪明江．创造未来［C］．杭州：浙江大学出版社，1999：245-256

② 顾建民，王沛民．美国工程教育改革新动向［A］//倪明江．创造未来［C］．杭州：浙江大学出版社，1999：1-24

③ 张光斗，王冀生．中国高等工程教育［M］．北京：清华大学出版社，1995；中国工程院工程教育咨询项目组．我国工程教育改革与发展咨询报告［R］．1998；朱高峰．关于当前工程教育的几个问题［J］．高等工程教育研究，2000，(4)：1-2

针对这些问题，以张光斗院士为组长的“直属工科院校研究协作组”曾连续承接了国家教育科学“六五”、“七五”、“八五”规划重点课题，对我国高等工程技术教育进行了比较全面的分析、总结、规划，提出了一系列改革建议。1995年教育部提出了“高等教育面向21世纪教学内容和课程体系改革计划”，对我国高等教育中存在的突出问题提出一系列改革方案。在正式批准的221个项目中，针对工学、农学、医学教育方面的就占了124项，说明我国工、农、医科等高等专业教育中存在的问题颇多，已受到各方面的关注。中国科学院在1994年5月提出了国内第一份内部咨询报告《我国高等工程教育存在问题和改革建议》；中国工程院工程教育委员会则以“工程教育咨询项目组”的名义，于1998年发表了《我国工程教育改革与发展》的大型咨询报告。这些研究工作在借鉴外国工程教育发展经验的基础上，针对我国存在的各种问题，联系社会发展的现实需要，提出了一系列相应的改革建议。

三、当前工程技术教育研究中的突出问题

鉴于高等工程技术教育对社会经济发展的重大意义，各国对其关注与研究也日趋重视，相关文献可谓汗牛充栋，从总体上大致可概括为以下几个方面。

（1）从经济发展与需求角度研究。认为高等工程技术教育的发展要始终以经济建设为目标，要根据经济发展的需要设置（学科）专业和课程体系。同时，经济的可持续发展也必须以发展教育为基础，战略上要实行科教兴国。张光斗院士在改革开放初期就明确提出工程教育要面向经济建设[①]，认为加强高等教育与经济建设的结合是发展经济的关键[②]，经济的不断发展，不仅要求现代工程师有扎实、宽厚的工程技术基础知识，同时也要具备经济、人文等非技术性知识，工程师将担负起范围更加广泛的专业职责[③]。这就要求对工程技术教育的课程内容进行改革，应增加人文类课程和公共核心课程的比重，并要加强交叉学科的建设[④]。在我国，随着经济体制的转型及产业结构的调整，我国的高等工程教育必须在培养目标和培养模式、专业建设、课程设置等方面做相应的调整，以适应我

① 张光斗．高等工程教育与经济建设［J］．电力高等教育，1992，(4)：14-15

② 张光斗．加强高等教育与经济建设的结合是发展经济的关键［J］．高等工程教育研究，1998，(4)：7-8

③ 顾建民，王沛民．美国工程教育改革新动向［A］//倪明江．创造未来［C］．浙江：浙江大学出版社，1999：245-256

④ Hull D M，Pedrotti L S. Challenges and changes in engineering technology［J］. Journal of Engineering Education，1986，(5)：726-732

国社会经济发展的需要，主要包括拓宽专业口径、加强基础教育和工程实践训练、人才培养模式要多样化等，以培养懂经济、会管理、兼备人文精神和科学精神的高素质工程技术人才①。同时，要保持经济的可持续发展，参与世界竞争，必须依赖高等工程教育提供的新知识和新技术。因此，要加大对教育特别是高等工程教育的基础性投入，提高科教水平，这样才能保障教育的不断进步，也才会有实力参与世界竞争②。

（2）从科学技术发展角度研究。认为高等工程教育的发展应以培养与当代科学技术水平相适应的有创新能力的工程技术人才为目标，在加强教育的研究职能的同时改革陈旧的教学体系，以适应科学技术快速发展的需要。在 20 世纪 90 年代，科学技术和其他相关知识对经济增长的贡献率就已达到 70%～80%③。由于科学技术的更新速度在不断加快，对有创新、开发能力的工程技术人才的需求也就显得日益迫切④。因此在现代经济、技术条件下，一方面要建立创新、研究型大学，创造新的技术知识，培养与科学技术水平相适应的工程技术人才①；另一方面要改革人才培养模式，强化素质教育与创新能力的培养，在教学内容上加强工程实践的训练，强调工程设计的重要性，以培养既有动手能力又有创新思维能力的工程技术人才⑤。我国作为一个发展中国家，科学技术整体水平不够高，科学技术研究、开发力量较薄弱，为与本国经济、技术发展状况相适应，我国的高等工程教育应侧重于应用研究与技术开发，而对基础研究只能有选择地进行⑥；在培养人才方面，在本科乃至硕士阶段，应以培养工程型的人才为主，而在博士阶段则以提升创新能力、培养研究型人才为主⑦。要培养出满足科学技术发展要求的创新型工程技术人才，在教学内容上既应加强工程设计和工程技术训练，又要提高学生的分析与综合能力⑧，因为创新的根本在于理论联系实践⑨。

（3）从（学科）专业发展角度研究。认为必须根据社会经济发展的新需求，对传统工程专业要重新进行改造，对其他相关专业的教学内容也要不断进行调整以适应社会的快速发展。随着经济、产业的发展和科学技术的不断进步，对与产

---

① 朱高峰．论高等工程教育发展的方向［J］．高等工程教育研究，2003，(3)：1-4

② 田长霖．知识经济、高等教育与科学技术［J］．高等工程教育研究，2000，(6)：1-4

③ 左铁镛．加速人才培养 迎接世纪挑战［J］．高等工程教育研究，2000，(4)：3-6

④ 时铭显．加快院校工程教育改革 培养现代工程技术人才［J］．高等工程教育研究，1998，(4)：8-10

⑤ 朱高峰，沈士团．21 世纪的工程教育［M］．北京：高等教育出版社，2001：18-22；时铭显．高等工程教育必须回归工程和实践［J］．中国高等教育，2002，(22)：14-16

⑥ 张光斗．科教兴国与面向世界［J］．高等工程教育研究，2002，(3)：1-3

⑦ 张维，王孙禺．美国工程教育改革走向及几点想法［J］．高等工程教育研究，1998，(4)：9-13

⑧ 顾秉林．中国高等工程教育的改革与发展［J］．高等工程教育研究，2004，(5)：5-8

⑨ 杨叔子，张福润．创新之根在实践［J］．高等工程教育研究，2001，(2)：9-12

业密切相关的各（学科）专业会不断提出新的要求，目前相关的研究工作主要表现在以下两个方面：一是在传统（学科）专业的改造方面，如对化工、机械、土木、电气等传统（学科）专业在新的社会环境下实际运行状况的考察。这些研究虽然侧重点不同，但都普遍认为，必须改变教学模式，对课程体系进行重新规划，加强专业的覆盖面，增强创新意识与能力；二是对一些新型学科专业培养方式进行调整方面，主要建议对计算机、信息、管理等与社会发展紧密联系的学科专业，在拓宽专业范围的同时，还要适时调整专业发展方向，在立足学科专业发展的前提下，要主动适应市场需求。

（4）从其他角度，如从历史的角度、比较的角度等探讨高等工程技术教育的发展情况。早在 1982 年就有学者从历史的、政治的、经济的、组织的、社会的、文化的、科学的、政策的视角，对高等教育的现状进行了专门的研究与总结①，但总的来说，从这些角度对高等工程教育进行具体研究者尚不多见。从历史发展的角度，主要是对高等工程技术教育发展情况进行简要回顾，并联系本国的实际情况，对未来高等工程技术教育发展进行展望②。从比较的角度，主要是对国外（如美国、德国、英国、日本等）高等工程技术教育特征进行考察总结之后，对比我国高等工程技术教育发展中存在的各类问题，提出一定的改革建议③。

纵观国内外近二三十年来关于工程技术教育发展与改革的诸多研究，相当一部分是立足于经济发展需要、教育与社会的联系等外部视角，强调工程技术教育的发展必须以社会需求为圭臬，按照实际需要设置学科专业和课程。还有一部分则从（学科）专业发展、课程设置、人才培养规律等内部视角出发，主要针对各国工程技术教育实施过程中的一些具体问题展开研究，强调工程技术教育的发展应遵循教育自身的规律。这些研究虽能紧密结合各国的实际情况，提出了许多具体改革方案，取得了一批丰硕成果，为工程技术教育的发展与改革提供了宝贵的设想，但从总体上看，几乎都未能系统地考察工程技术教育演变的完整历史背景、努力把握贯穿于其中的基本矛盾、立足于共性问题和基本特征视角，以揭示工程技术教育的一般规律。一定程度上，往往停留在就事论事的层面，似有头痛医头、脚痛医脚之嫌。要么提出的改革建议缺乏可靠的理论根据；要么只是解决

---

① Clark B R. Perspectives on Higher Education [M]. California: University of California Press, 1984

② 贺国庆．德国和美国大学发达史［M］．北京：人民教育出版社，1998；张维．近现代中国科学技术和高等工程教育发展的回顾与展望［J］．高等工程教育研究，2001，(2)：1-8

③ 张维．我国和西方四国工程教育的比较及其与本国工业化的相互作用［A］//中国工程院第二次院士大会学术报告汇编［C］．北京：中国工程院，1995；徐小洲．当代韩国高等工程教育的若干特征［J］．高等工程教育研究，2002，(4)：63-67；孔寒冰，叶民，王沛民．国外工程教育发展的几个典型特征［J］．高等工程教育研究，2004，(4) 57-61；傅水根．法国高等工程教育考察［J］．中国大学教学，2004，(2)：56-59

了某些眼前的具体问题，而对本国工程技术教育中存在的痼疾尚触及不深。

第二节　基本研究进路及其主要意义

一、基本研究进路

我们认为，要从根本上解决高等工程技术教育发展中的各种问题，使改革方案具有可靠性、系统性和可操作性，就必须在全面考察近现代产业演变史、科学技术发展史和工程技术教育史的基础上，准确把握工程技术教育发展过程中的基本矛盾和规律，以达到抓住根本、纲举目张的目的。通过深入的历史考察和借鉴前人的成果[①]已不难发现，工程技术教育发展的整个过程始终贯穿着以技术科学为学科基础和以工程技术实践需要为服务对象之间的基本矛盾。一方面，技术科学作为相对独立的知识体系，成为工程技术教育发展的内部学科基础；而社会工程技术实践的不断推陈出新又始终是工程技术教育发展的外部动力。另一方面，技术科学发展方向的转移往往受制于外部社会产业结构的调整；而工程技术实践水平的提高与改善又要受到技术科学新知识的制约。这一基本矛盾实质上反映了工程技术教育内部的学科基础和外部社会需要之间的互动过程与机制，因此抓住这一矛盾就抓住了工程技术教育的本质特征，从而可以走出实施工程技术教育改革的一般路径。这也是本项目研究的基本思路。因此，我们的研究工作一方面从理论上总结技术科学发展的基本特征和规律；另一方面对我国高等工程教育现状的相关情况进行全面、系统的调研，然后在理论与实际的比较中提出我国高等工程技术教育战略规划的基本构想。具体逻辑结构框架如图 9-1 所示。

正如第七章第二节中已经指出的，在深入研究中发现，不仅传统工科教育的发展是围绕着上述基本矛盾展开的，而且其他如农、医、管等应用类型高等专业教育实际上也都贯穿着这一基本矛盾。这也是工、农、医、管类高等教育区别于理科、人文社科和师范艺术等类高等教育的根本特征。正如赫伯特・A. 西蒙所说："生产物质性人工物的智力活动与为病人开药方或为公司制订新销售计划或为国家制定社会福利政策等这些智力活动并无根本不同。"[②] 于是我们便将围绕

① 王冀生．高等工程教育概论［M］．成都：电子科技大学出版社，1989：11-14

② 赫伯特・A. 西蒙．人工科学［M］．武夷山译．北京：商务印书馆，1987：111

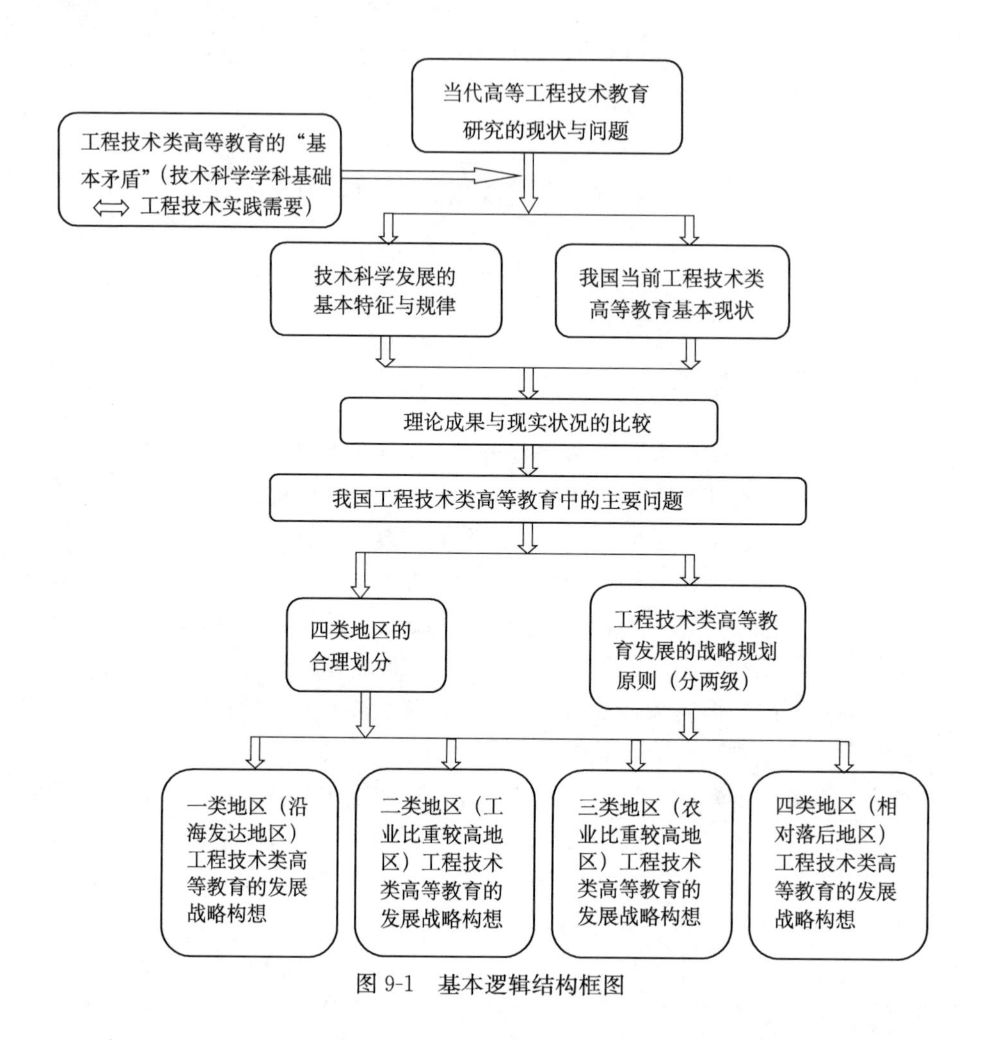

图 9-1　基本逻辑结构框图

这一基本矛盾而展开的专业教育统称为工程技术类高等教育，或称之为广义高等工程技术教育。因此以下的研究工作，无论是对技术科学的理论研究，还是对实际情况的调查研究，都是在包括工、农、医、管（严格地说，还应包括军事，这里暂且从略）这样的范围内展开的。

二、主要意义

在本章的研究过程中，始终贯穿着“技术科学学科基础”与“工程技术实践需要”这一工程技术类高等教育发展的基本矛盾，并运用定性和定量相结合的研究方法，通过简化和抽象，建立一系列模型，努力获取量化水平上的研究结果。因此在理论和实践方面都将具有重要而深远的意义。

在理论方面，可为“工程教育学”这一新学科的建立，进行一次原创性的探索尝试。浙江大学王沛民教授等在他们的《工程教育基础》一书的开篇便说：“翻遍当今中国任何一本《学科分类大全》或《科研项目指南》，保管找不到‘工程教育’这个条目。”① 究其原因，就是迄今尚未建立起“工程教育学”这一学科的理论框架。本章立足于“基本矛盾”这一主要视角，紧紧围绕“技术科学学科基础”和“工程技术实践需要”之间的动态比较研究进路，综合集成了一系列科学研究方法，构建起一套模型，建立起了比较完整的研究框架。这无论对工程技术类高等教育历史经验的总结、未来工程技术类高等教育方向的预测，还是对工程技术类高等教育活动的正常管理，均具有比较普遍的参考价值。

另外，在实践方面，从“基本矛盾”出发，依据当代技术科学和工程技术的发展态势，结合我国整个国家、四类地区、省级行政辖区三个层次上的不同具体情况，从整体到局部，从抽象到具体，采取逐级推演的方法，依次建立起工程技术类高等教育战略规划研究的“国家总体原则”、“不同类型的地区原则”和各省、自治区和直辖市的“发展战略基本构想”。相信经过这样完整的系统架构和密切联系实际的努力，必能初步建立起比较符合我国国情的工程技术类高等教育战略规划思路和实施方案，从而为我国未来工程技术类教育，特别是高等教育在人才开发和知识生产方面描绘出一幅可供参考的基本蓝图。

当然还要指出，以上战略规划方面的研究还不是问题的全部。就完整的工程技术类高等教育而言，还应该紧扣上述“基本矛盾”，从微观教育过程视角，对当代工程技术类高等教育的（学科）专业设置、课程设计、培养模式等问题进一步展开全面而深入的研究。当然，这又将是另一个相当复杂的研究课题，这里暂且从略。

第三节　对我国工程技术类高等教育现状的调查研究与相关理论分析

一、对我国工程技术类高等教育现状的调查研究

（一）相关调研指标的确定

根据本章第二节中关于广义工程技术教育范畴的理解，我们主要选择了全国

① 王沛民，顾建民，刘伟民．工程教育基础［M］．杭州：浙江大学出版社，1994：1

各省、市、自治区和直辖市的工、农、医、管类硕士研究生的专业设置、招生规模及层次结构配置（本、专科与研究生（含硕、博士）招生规模的比例）三方面的统计数据作为基本调研指标，主要是基于以下理由。

（1）专业设置和招生规模及层次结构配置三项指标可以综合反映一个学校或地区现有工程技术类高等教育资源禀赋和教育培训能力。衡量工程技术类高等教育水平的指标固然很多，如院系设置情况、师资力量、科研设备投入、科学研究水平等，这些指标均可从不同侧面反映一个学校或地区的教育资源禀赋和培训能力。但一般来说，各高等院校和科研院所在设置学科专业、规划不同层次的招生规模和配置本、专科与研究生的招生比例时，往往以其所占有的各种教育资源的充分利用和综合平衡为根据，故上述三项指标可以较为准确地反映各招生单位或地区的综合教育实力。基于此我们决定主要围绕这三项指标展开调查研究与统计分析。

（2）硕士研究生的培养已成为目前世界工程技术类高等教育发展的必然趋势。随着科学、技术水平的不断提高和知识总量的激增，工程技术类（学科）专业大学四年的本科教育已经很难应付当代社会对工程技术发展的需求。美国原国防部副部长、国家工程院主席奥古斯汀（Norman R. Augustine）在1984年就认为，现代社会“需要的工程学位应该是硕士学位”①。几年后美国在另一份研究报告中也明确指出：“工程专业界需要的起码学位是硕士学位”，“要跨越工程本科教育与研究生教育的界限”。目前美国已经大力开发工程硕士等专业学位，并将研究生教育视为21世纪工程教育的前沿。其他许多国家也都将工程技术（学科）专业的研究生教育视为主要发展方向，培养符合时代需要的高素质工程技术人才②。随着我国科学技术的不断发展，产业结构不断升级换代，教育国际化进程也在加快，对高层次工程技术人才的需求日益迫切。我国工程技术类高等教育虽然近几年发展很快，在数量上已居世界首位，但其中绝大多数均属较低的本、专科层次，研究生层次的比例偏低，已很难适应未来社会、经济发展的要求。因此我国未来工程技术类研究生教育的发展，必将受到社会各方面越来越多的关注。

另外，硕士生教育阶段处于本、专科大众化教育阶段与博士生精英教育阶段的中介地位，既是前者的提高，又是后者的基础。因此，通过硕士研究生阶段教育现状的相关统计数据，透视各地的教育资源禀赋实际占有状况，具有一定的典型性和代表性。

（3）通过以上相关章节的基础性研究发现，在工程技术类人力资源队伍中，

---

① 张光斗．高等工程教育必须改革［J］．中国高等教育，1995，(4)：20-23.

② 倪明江．创造未来［M］．杭州：浙江大学出版社，1999：1-24

主要可分为“应用知识型”人才和“生产知识型”人才两大部分。本章主要侧重于对“生产知识型”人才的分析和研究。而研究生作为各国研究人才的主要来源，以其作为调查统计对象可能更为合理。

（4）就目前我们所具备的研究条件看，一时尚无法获得全国所有高等院校和科研院所中工、农、医、管类各学科专业近几年本、专科层次实际招生规模的完整统计资料，却比较齐全地收集到了全国各省、自治区和直辖市的硕士、博士研究生招生专业目录。通过全面系统地整理，我们基本获得了 2004 年全国工程技术类硕士、博士研究生招生计划的详细资料和数据。并将统计结果与已出版的《中国教育统计年鉴》公布的相应实际招生人数相对照，误差一般在 10%以下①；而且最终的比较分析数据，一般均采用相对百分比，这样误差就有可能进一步缩小。因此我们认为，完全可以用手头掌握的计划招生的系统资料和数据代替实际的招生状况，以供研究分析之用。当然以下的定量分析结果都是以 2004 年国内各类相关统计数据为依据的，许多结论与当前的实际状况已存在差异。不过本章主要目的旨在介绍这一研究框架，以供相关学界参考。

（5）比较教育部 1998 年颁布的最新《中国普通高等学校本科专业设置大全》与国务院学位委员会和教育部于 1997 年颁布的最新《授予博士、硕士学位和培养研究生的学科专业目录》（高等教育出版社，1999 年）可以发现，在一级学科的设置上，二者几乎完全一致，本科生阶段仅少一个军事（学科）专业；在二级学科的设置上也有很大的相似性。因此对硕士研究生教育现状的分析研究结论便具有全局性认识意义。

确定了统计指标和调查对象以后，通过对我国 30 个省级行政辖区②相关资料的全面检索、查阅和收集，主要整理出了以下相关系统资料：①2004 年全国工、农、医、管类硕士研究生计划招生的（学科）专业设置和各地区、各学科专业招生人数；②2004 年全国工、农、医、管类博士研究生计划招生的（学科）专业设置和各地区、各学科专业招生人数；③2004 年全国工、农、医、管类本、专科与研究生（含硕士、博士）招生规模之间的比例（其中个别数据采自 2003 年统计资料）。

（二）关于调研中一些缺失数据的技术处理

由于调研所涉及的统计数据面广量大，显然是不可能靠直接检索、查阅能完

---

① 在比较研究中，我们发现 2003 年出版的《中国教育统计年鉴》第 44 至第 45 页的数据有误，经向教育部发展规划司查询、核实，确认我们的推断是对的，并在发展规划司的帮助下做了专门修改

② 由于香港、澳门和台湾不在统计之列，西藏当时尚未设立工程技术类（学科）专业硕士研究生培养点，故本章所有统计资料只覆盖全国 30 个省级行政辖区

全收集齐全的。因为一方面有一些是国家现行统计系统中尚未设列的指标；另一方面，即使在现行统计指标体系中，出现某些单位相关数据的缺失也在所难免。为了保证结果的准确性，我们尽量通过一些具体的技术处理，以弥补部分数据的不足。主要又采用了以下几种方法。

(1) 对于某些单位某一年数据的缺失，我们一般采取前后两年数据的算术平均值，或用后一年或前一年的数据代替的方法进行弥补，误差一般不会太大。

(2) 对于个别院校（或科研院所）只有单位总体招生数据，而缺少各（学科）专业具体招生数据时，我们便将其招生总数按（学科）专业进行平均分配，以作为各（学科）专业的近似计划招生数。由于这类情况不多，不会导致过大误差。

(3) 也有个别学校，如山西师范大学、中国人民解放军军需大学等完全缺失我们所需要的相关统计数据，考虑到这些学校在工、农、医、管类学科专业中招生规模不大，将其忽略对整个统计样本也不会产生太大影响。

(4) 由于现行统计指标体系中尚没有工程技术类本、专科招生规模和研究生招生规模之间的比例这样的统计数据，我们便用各省、自治区和直辖市中设置工、农、医、管硕士点的学校数与其已设置硕士点的所有高等学校总数之比，对相应省级行政辖区本、专科招生规模与研究生（含硕、博士）招生规模的比值进行修正，以获取工程技术类本、专科招生规模与研究生招生规模比例的近似参数。

经过以上修正，我们基本获得了所需的各种基本数据，并在此基础上，对我国30个省级行政辖区的工程技术类高等教育实际情况做了较全面的统计与分析。

二、对各省级行政辖区工程技术类高等教育资源禀赋的统计与排序

诚如上述，衡量一个地区教育资源禀赋的评价体系，主要包括招生规模、学科专业覆盖率和层次结构配置三项指标。其中招生规模主要反映一个地区的整体办学能力；专业覆盖率主要反映一个地区在专业设置上的完整程度，学科专业覆盖率越高，越能满足社会各领域对人才的需要；而层次结构配置基本可反映一个地区工程技术类高等教育的办学档次与教育水准。我们便从这三个方面对我国30个省级行政辖区的工程技术类高等教育资源禀赋进行统计计算与排序。

（一）2004年我国30个省级行政辖区工程技术类硕士研究生招生规模的统计

我们首先将由系统统计获得的2004年我国30个省、自治区和直辖市工、农、医、管类硕士研究生招生数量按规模大小排序，如表9-1所示。

表 9-1 2004 年全国各省级行政辖区工程技术类硕士研究生招生规模

省级行政辖区名称	工程技术类硕士招生数/人	排序	省级行政辖区名称	工程技术类硕士招生数/人	排序
北京	22 828	1	河南	4 184	16
江苏	14 178	2	安徽	4 064	17
湖北	12 912	3	河北	3 312	18
陕西	12 552	4	福建	2 742	19
上海	11 519	5	山西	2 507	20
辽宁	9 828	6	甘肃	2 360	21
四川	8 731	7	云南	2 350	22
黑龙江	7 704	8	广西	2 088	23
湖南	7 455	9	江西	1 974	24
山东	7 427	10	内蒙古	1 358	25
广东	5 878	11	新疆	1 293	26
天津	4 647	12	贵州	1 257	27
吉林	4 620	13	海南	263	28
浙江	4 496	14	宁夏	139	29
重庆	4 350	15	青海	39	30

(二) 2004 年我国 30 个省级行政辖区工程技术类硕士研究生学科专业覆盖率的统计

我们分别计算出 2004 年我国 30 个省级行政辖区工程技术类硕士研究生招生计划中所涉及的学科专业数与我国研究生招生目录所设置工程技术类（学科）专业总数之间的比值，各地所拥有的学科专业数及其覆盖率排列如表 9-2 所示。

表 9-2 2004 年各省级行政辖区工程技术类硕士研究生实际学科数及其专业覆盖率

省、自治区和直辖市名称	覆盖专业数/个	专业覆盖率/%	省、自治区和直辖市名称	覆盖专业数/个	专业覆盖率/%
北京	203	95.75	安徽	139	65.57
江苏	199	93.87	天津	137	64.62
陕西	196	92.45	山西	136	64.15
辽宁	185	87.26	重庆	132	62.26
山东	185	87.26	福建	132	62.26
四川	182	85.85	云南	129	60.85
湖南	180	84.91	甘肃	123	58.02
湖北	176	83.02	江西	122	57.55
上海	173	81.60	广西	104	49.06
黑龙江	172	81.13	内蒙古	95	44.81
浙江	154	72.64	新疆	89	41.98
广东	152	71.70	贵州	83	39.15
吉林	152	71.70	宁夏	23	10.85
河北	151	71.23	海南	18	8.49
河南	143	67.45	青海	4	1.89

注：工、农、医、管四大类共有 212 个学科专业

(三) 2004 年我国 30 个省级行政辖区工程技术类研究生 (含硕士、博士) 与本、专科生招生规模配置的统计与计算

根据收集到的基本数据及上述的数据修正原则和基本假设，我们可计算出 2004 年不同省级行政辖区工程技术类硕士、博士研究生与本、专科生招生规模的相对比例。我们是采用下面的计算公式进行估算的：

$$A=\frac{Y}{B}\times X$$

其中，A 表示工程技术类研究生与本、专科生招生规模的相对比例；Y 表示为各地区研究生的招生规模；B 表示各地区本、专科生的招生规模；X 表示修正值，即各地区具有工程技术类硕士点的院校数与当地具有硕士点的所有院校数之比。

30 个省级行政辖区工程技术类研究生（含硕士、博士）与本、专科生招生规模的配置相对比例的计算结果如表 9-3 所示。

表 9-3 各省级行政辖区工程技术类研究生（硕士、博士）与本、专科生招生规模的对比及其排序

省级行政辖区名称	2004 年研究生（含硕士、博士）招生规模/人	2004 年本、专科生招生规模/人	研究生与本、专科招生规模比较/%	修正值	工程技术类研究生与本、专科生招生规模配置的相对比例/%
北京	56 103	147 298	38.09	0.771 6	29.39
天津	24 543	96 182	25.52	0.833 3	21.26
上海	25 334	130 579	19.40	0.849 1	16.47
甘肃	6 073	62 666	9.69	0.882 4	8.55
陕西*	15 722	168 127	9.35	0.905 7	8.47
辽宁	16 254	184 473	8.81	0.937 5	8.26
吉林	11 983	111 162	10.78	0.750 0	8.08
湖北*	22 191	250 198	8.87	0.877 6	7.78
黑龙江	12 023	149 924	8.02	0.913 0	7.32
四川	16 344	215 243	7.59	0.945 9	7.18
重庆	8 202	99 892	8.21	0.823 5	6.76
江苏	26 772	313 955	8.53	0.764 7	6.52
福建	7 275	119 939	6.07	0.818 2	4.96
宁夏	662	13 701	4.83	1.000 0	4.83
湖南	10 656	202 439	5.26	0.842 1	4.43
新疆	2 336	50 868	4.59	0.8 889	4.08
云南*	3 307	62 176	5.32	0.764 7	4.07
山西	4 146	107 500	3.86	1.000 0	3.86
安徽	7 290	178 991	4.07	0.900 0	3.67
内蒙古	2 402	69 371	3.46	1.000 0	3.46
青海	320	9 452	3.39	1.000 0	3.39
浙江	8 029	189 454	4.24	0.736 8	3.12
山东	11 224	327 452	3.43	0.878 8	3.01

续表

省级行政辖区名称	2004年研究生（含硕士、博士）招生规模/人	2004年本、专科生招生规模/人	研究生与本、专科招生规模比较/%	修正值	工程技术类研究生与本、专科生招生规模配置的相对比例/%
贵州*	1 458	53 318	2.73	1.000 0	2.73
河北	6 491	238 226	2.72	0.875 0	2.38
广东	14 822	264 600	5.60	0.419 4	2.35
河南	5 408	273 716	1.98	0.960 0	1.90
广西	3 589	159 175	2.25	0.800 0	1.80
江西	3 185	187 999	1.69	0.923 1	1.56
海南*	204	17 006	1.20	1.000 0	1.20

其中标有*的地区招生数据为2003年的统计数据

(四) 对各省级行政辖区工程技术类高等教育资源禀赋综合指标研究

在计算得到2004年30个省级行政辖区工程技术类高等教育的招生规模，专业覆盖率，研究生与本、专科生招生规模配置的相对比例三项数据以后，我们又采用聚类分析法计算出了各省级行政辖区工程技术类高等教育实际资源禀赋情况的综合指标（J_i）。具体计算公式为

$$J_i=\sqrt{X_i^2+Y_i^2+Z_i^2}$$

以北京市为基准，其中，

$$X_i=\frac{\text{各省、自治区、直辖市工程技术类硕士生招生数}}{\text{北京市工程技术类硕士生招生数}}$$

$$Y_i=\frac{\text{各省、自治区、直辖市工程技术类硕士点招生专业覆盖率}}{\text{北京市工程技术类硕士点招生专业覆盖率}}$$

$$Z_i=\frac{\text{各省、自治区、直辖市工程技术类研究生与本、专科招生配置规模比例}}{\text{北京市工程技术类研究生与本、专科招生规模配置比例}}$$

计算结果如表9-4所示。

表9-4 2004年各省级行政辖区工程技术类高等教育资源禀赋综合指标参数计算结果及其排序

省级行政辖区名称	工程技术类硕士招生数/人	相对比例 X_i/%	工程技术类硕士招生专业覆盖率/%	相对比例 Y_i/%	工程技术教育研究生与本、专科生招生规模配置的相对比较/%	相对比例 Z_i/%	工程技术类高等教育实际资源禀赋的综合指标 J_i
北京	22 828	100.00	95.75	100.00	29.39	100.00	1.732 05
江苏	14 178	62.11	93.87	98.03	6.52	22.19	1.181 51
陕西	12 552	54.99	92.45	96.55	8.47	28.82	1.147 87
上海	11 519	50.46	81.60	85.22	16.47	56.05	1.138 02
湖北	12 912	56.56	83.02	86.70	7.78	26.48	1.068 53
辽宁	9 828	43.05	87.26	91.13	8.26	28.11	1.046 37
天津	4 647	20.36	64.62	67.49	21.26	72.36	1.010 18
四川	8 731	38.25	85.85	89.66	7.18	24.44	1.004 90
山东	7 427	32.53	87.26	91.13	3.01	10.25	0.973 08

续表

省级行政辖区名称	工程技术类硕士招生数/人	相对比例 X_i/%	工程技术类硕士招生专业覆盖率/%	相对比例 Y_i/%	工程技术教育研究生与本、专科生招生规模配置的相对比较/%	相对比例 Z_i/%	工程技术类高等教育实际资源禀赋的综合指标 J_i
湖南	7 455	32.66	84.91	88.67	4.43	15.08	0.956 89
黑龙江	7 704	33.75	81.13	84.73	7.32	24.92	0.945 45
吉林	4 620	20.24	71.70	74.88	8.08	27.51	0.822 98
广东	5 878	25.75	71.70	74.88	2.35	7.99	0.795 83
浙江	4 496	19.70	72.64	75.86	3.12	10.63	0.790 94
河北	3 312	14.51	71.23	74.38	2.38	8.11	0.762 19
河南	4 184	18.33	67.45	70.44	1.90	6.45	0.730 74
安徽	4 064	17.80	65.57	68.47	3.67	12.47	0.718 41
重庆	4 350	19.06	62.26	65.02	6.76	23.01	0.715 59
山西	2 507	10.98	64.15	67.00	3.86	13.12	0.691 46
福建	2 742	12.01	62.26	65.02	4.96	16.89	0.682 47
甘肃	2 360	10.34	58.02	60.59	8.55	29.10	0.680 06
云南	2 350	10.29	60.85	63.55	4.07	13.84	0.658 46
江西	1 974	8.65	57.55	60.10	1.56	5.32	0.609 50
广西	2 088	9.15	49.06	51.23	1.80	6.14	0.524 02
内蒙古	1 358	5.95	44.81	46.80	3.46	11.78	0.486 24
新疆	1 293	5.66	41.98	43.84	4.08	13.89	0.463 38
贵州	1 257	5.51	39.15	40.89	2.73	9.31	0.422 92
宁夏	139	0.61	10.85	11.33	4.83	16.44	0.199 77
青海	39	0.17	1.89	1.97	3.39	11.52	0.116 89
海南	263	1.15	8.49	8.87	1.20	4.08	0.098 29

三、关于学科、产业/事业、学科专业三者之间的定量关联

由以上各章内容可见，我们关于技术科学的理论研究都是以技术学科数作为基本指标展开定量统计与分析的；而本章中关于我国工程技术类高等教育的现状的调研，又是以我国最新《授予博士、硕士学位和培养研究生的学科专业目录》中的（学科）专业设置作为统计基础的。为了对技术科学理论研究结论和我国工程技术类高等教育实际调研结果之间做出合理的定量关联，我们以表4-1中含有的对统计样本内的技术科学学科具有知识需求关系的27个产业/事业为根据，对统计样本中的技术学科先进行产业/事业归类处理，以作为沟通二者间的中介。

具体地说，因为不同的产业/事业中包含的技术学科数不同，所包含的知识量也就不同，故在生产/服务活动中所需求的人力资源就不一样；同样，在不同的产业/事业中，需要适当数量的不同学科专业人才进行组合匹配，才能完成正常的生产/服务活动。通过这样比较合理的简化、抽象与计算，就可以获得由技

术知识量的多少所确定的人力资源需求量的理论值，以与由招生规模所决定的实际人力资源供应量进行对比分析。

（一）相关基本假设

由以上各章的系统研究已不难发现，在近代以来的历史发展过程中，技术科学学科的不断产生与积累、工程技术类高等教育专业设置的不断变更与增删、以主导产业群更替为代表的产业结构不断变迁三者之间存在着实质性的内在联系。为了更有效地对这三者之间进行定量关联，我们进行了以下三个直观上较为合理的假设。

假设 1：在特定历史阶段，技术科学累积学科数与当时技术科学的知识存量成正比。

假设 2：在特定历史阶段，社会对技术科学的人力资源、经费投资总量正比于该时期技术科学的知识存量。

假设 3：在特定历史阶段，对某类学科专业实际人力资源的投入量与该学科专业实际招生规模成正比。

根据上述三条假设，结合前文关于用计划招生数代替实际招生数的合理性论证，从理论上说，在特定历史阶段，某学科专业招生规模占整个工程技术类高等教育招生总规模的比重应等于该学科专业所涉及技术科学学科数与该阶段技术科学学科累计总数的比值。

（二）技术科学学科与 27 个产业/事业的隶属关系分类统计

由图 6-2 中技术科学总体发展增量预测模型的统计曲线可见，1980～1987 年新增技术学科数只有 23（13＋10）门，且两个数据均落在下包络线的下方。这主要是由我们选择的统计源出版于 1991 年，20 世纪 80 年代以后新生技术学科未能统计完全所导致的。因此，在新生技术学科总数中，1980～2004 年（实际统计数据的采集年代）的新增学科数必须通过理论推测来确定，对具体推测思路进行如下简述。

（1）我们首先根据上文中已拟合出的技术科学学科数累计量模型 $M(t)=e^{-22.2916+0.0145742t}$ 分别计算出 $M(1979)=700$，$M(2004)=1007$，可见按此模型计算，1980～2004 年新增技术学科数当为 307 门。

（2）考虑到前文中曾用累积量模型预测 1995～2049 年新增技术学科数为 1057 门，而用增量模型预测出 1995～2049 年新增技术学科数则为 995 门，可见越是到后阶段，累积量模型计算的结果就越可能偏高。

（3）根据图中增量模型的具体数据我们可以计算出 1990～2004 年新增技术

学科数应为43＋99＋71＝213门。下面问题的关键是：要合理预测出1980～1989年的新增技术学科数，以使1980～2004年的实际新增技术学科数低于307门，同时又高于统计样本中1980～1987年间实际统计出的23门学科与上述213门学科之和，即236门。

（4）运用以上两种模型分别对1980～1989年新增技术学科数进行具体测算，并综合权衡两种模式间的系统误差，最后我们确认，1980～2004年新增技术学科数定为262门可能比较适宜。

如前所述，若每一个产业/事业中所分配入的技术学科数正比于该产业/事业所需涉及的技术科学知识量，则1440～2004年累计产生的技术学科数1125门（包括1440～1979年统计样本中的863门和预测的1980～2004年新生的技术科学学科262门）正比于这一时段内的技术科学知识总量。则每一个产业/事业中所划入的技术学科数与1440～2004年统计样本中应有的技术学科总数（1125门）之比，应代表该产业/事业中技术科学知识持有量在技术学科知识总量中的相对百分比。根据上述假设，这一相对百分数可以认为是社会在某一个产业/事业中所投入的人力资源相对百分数，我们将其称之为“人力资源投入的理论估算权重”。这样便可计算出27个产业/事业中人力资源投入的理论估算权重（即技术科学知识存量相对百分比）。结果如表9-5所示。

表9-5　27个产业/事业中人力资源投入的理论估算权重

产业/事业名称	人力资源投入的理论估算权重/%	产业/事业名称	人力资源投入的理论估算权重/%
冶金	2.59	环境	2.48
地质矿产	4.04	自动化	2.74
机械制造	4.78	计算机	3.75
仪器仪表	1.36	人工智能	2.40
交通运输	1.09	现代光学	1.27
化学工业	5.38	生物	1.54
材料业	4.11	海洋	1.02
电气	1.46	土木建筑水利	4.47
动力	1.09	轻纺食品	2.93
电讯	2.56	农林畜牧	10.68
航空航天	6.05	医药卫生	10.41
电子	1.90	管理	8.83
信息	3.94	军事	4.34
原子能	2.79		

（三）工程技术类学科专业与27个产业/事业之间相关性分类统计

我们以国务院学位委员会和教育部于1997年联合颁布的《授予博士、硕士学位和培养研究生的学科专业简介》（高等教育出版社，1999 年）中工、农、医、管类各个学科专业介绍的具体内容为主要依据，并在进一步参考了其他相关资料的基础上，首先根据各学科专业与上述 27 个产业/事业在知识关联和供求关系方面的相关性进行系统分类整理，结果如表 9-6 所示。鉴于这里的研究所涉及的只是各学科专业中能生产新知识的高级工程技术人才，一般不涉及仅能应用现有知识的普通工程技术人员，为简化起见，再假设每一个学科专业所培养出的人力资源在与其相关的上述产业/事业中是平均分配的，根据以上各产业/事业中所涉及的学科专业情况，我们将各省级行政辖区不同学科专业硕士研究生的招生数平均分配到与之相关的产业/事业之中，便得到 30 个省级行政辖区工、农、医、管类学科专业实际招生在 27 个产业/事业中的分布情况，即各地实际招生配置平均情况，结果如表 9-7 所示。

表 9-6　27 个产业/事业对应的硕士研究生学科专业数

产业/事业名称	所涉及的学科专业数/个	产业/事业名称	所涉及的学科专业数/个
冶金	8	环境	23
地质矿产	13	自动化	24
机械制造	21	计算机	23
仪器仪表	13	人工智能	7
交通运输	17	现代光学	6
化学工业	15	生物	17
材料业	20	海洋	5
电气	9	土木建筑水利	15
动力	22	轻纺食品	5
电讯	8	农林畜牧	14
航空航天	13	医药卫生	12
电子	21	管理	19
信息	19	军事	11
原子能	3		

通过以上分析，我们对技术科学学科、产业/事业、工程技术类高等教育学科专业三者之间的关系便有了更深入的把握。并以产业/事业为中介，初步从定量的角度沟通了技术科学学科与工程技术类高等教育学科专业之间的联系，表 9-5和表 9-7 中数据分别反映了在各个产业/事业中所投入人力资源的理论估算参数和实际配置参数。这为我们以后对“各产业/事业中人力资源投入的理论估算权重”与“各地区人力资源实际招生配置”进行比较奠定了基础，也成为这里研究工作的重要基本思路。

表 9-7　各省级行政辖区工程技术类各学科专业实际招生比重在 27 个产业/事业中的分布　（单位：%）

产业/事业名称	理论预测权重	全国招生规模配置平均值	陕西	北京	黑龙江	湖北	江苏	四川	重庆	湖南	吉林	河北	辽宁	山西	天津	浙江	安徽
冶金	2.59	1.29	1.14	1.21	1.71	1.21	1.17	1.07	1.27	1.43	1.01	1.57	1.84	1.76	1.47	1.26	1.46
地质矿产	4.04	1.33	1.45	1.28	1.62	1.51	1.57	1.37	1.56	1.49	0.91	1.03	1.38	1.19	1.51	0.68	1.22
机械制造	4.78	2.87	3.48	2.60	3.83	2.94	3.23	2.45	3.06	3.22	2.86	3.37	3.26	3.21	3.17	2.62	2.67
仪器仪表	1.36	2.24	3.17	2.53	2.84	2.22	2.52	2.63	2.10	2.34	2.66	2.56	1.95	2.45	2.02	2.12	2.39
交通运输	1.09	2.33	3.05	2.33	3.04	2.35	2.81	2.23	2.52	2.55	2.04	2.60	2.45	2.33	2.38	2.11	2.07
化工	5.38	2.11	2.09	1.80	2.43	1.93	2.18	1.93	2.25	2.16	1.69	2.30	2.47	2.43	2.37	2.30	2.09
材料	4.11	2.95	3.47	3.03	3.44	2.97	2.99	2.72	2.99	3.33	2.86	3.19	3.17	3.17	3.50	3.07	2.82
电气	1.46	1.27	1.94	1.44	1.45	1.27	1.45	1.59	1.13	1.26	1.12	1.48	1.05	1.26	1.17	1.11	1.42
动力	1.09	2.96	3.22	2.69	3.66	3.20	3.24	2.69	3.19	3.23	2.45	2.98	3.35	3.20	3.43	2.38	2.74
电讯	2.56	2.80	4.22	3.93	2.42	3.11	2.71	3.33	2.63	2.66	3.23	2.63	2.43	2.24	1.84	2.73	2.61
电子	1.90	4.88	6.62	6.02	5.15	5.39	4.81	5.24	5.02	4.86	5.57	4.95	4.68	4.46	4.21	4.81	4.53
航空航天	6.05	1.87	2.36	1.98	2.32	1.79	1.97	1.85	1.85	2.03	1.54	2.08	2.04	1.80	1.75	1.74	1.77
信息	3.94	4.34	5.97	5.43	4.12	5.02	4.19	4.89	4.45	4.28	4.83	3.87	3.66	3.69	3.64	3.97	3.81
原子能	2.79	0.17	0.17	0.16	0.23	0.19	0.19	0.16	0.14	0.15	0.11	0.14	0.17	0.09	0.20	0.16	0.19
环境	2.48	3.00	3.30	2.69	3.71	3.19	3.48	2.61	3.11	3.19	2.67	2.93	3.36	3.01	3.42	2.64	2.76
自动化	2.74	5.08	6.67	5.99	5.41	5.38	5.04	5.27	4.88	5.07	5.62	5.14	5.17	4.97	4.28	5.18	4.89
计算机	3.75	4.86	6.35	5.92	4.79	5.37	4.76	5.36	5.10	4.86	5.50	4.60	4.44	4.45	4.32	5.00	4.52
现代光学	1.27	0.92	1.56	1.14	1.01	0.74	1.08	1.46	0.96	0.79	1.10	0.99	0.36	1.09	0.96	1.01	1.16
人工智能	2.40	2.93	4.00	4.18	2.45	3.34	2.72	3.34	2.97	2.83	3.59	2.64	2.99	2.38	2.03	2.98	2.63
生物	1.54	2.56	3.00	2.76	3.13	2.14	2.88	2.98	2.59	2.07	2.30	2.51	2.30	2.50	3.18	2.88	2.80
海洋	1.02	0.69	0.52	0.62	0.74	0.64	0.77	0.52	0.60	0.50	0.52	0.56	1.02	0.79	1.01	0.81	0.69
与主导产业群直接相关	58.35	53.44	67.73	59.74	59.51	55.89	55.75	55.69	54.35	54.30	54.20	54.13	53.56	52.46	51.88	51.56	51.26
轻纺食品	2.93	0.71	0.60	0.50	0.82	0.47	0.87	0.52	0.54	0.39	0.58	0.65	0.86	0.88	1.09	1.30	0.62
农林畜牧	10.68	7.36	6.09	5.50	9.94	5.67	7.55	5.44	8.19	7.41	7.55	7.78	6.79	10.15	2.07	7.68	5.14
土建水利	4.47	2.28	2.41	1.89	2.79	2.70	2.52	2.03	2.72	2.64	1.96	2.22	2.49	2.11	2.47	1.69	1.95
医药卫生	10.41	15.41	8.39	7.31	11.27	13.01	15.63	13.30	13.78	15.43	20.55	19.64	15.48	19.24	13.37	19.21	17.39
管理	8.83	19.39.	13.16	23.57	13.97	20.95	16.10	21.62	19.12	18.59	14.25	13.97	19.17	13.46	27.52	16.97	22.12
与主导产业群间接相关	37.31	45.16	30.65	38.78	38.80	42.79	42.67	42.92	44.35	44.47	44.90	44.25	44.79	45.84	46.52	46.84	47.22
军事	4.34	1.40	1.62	1.48	1.70	1.32	1.58	1.39	1.29	1.24	0.90	1.63	1.65	1.70	1.60	1.60	1.52
合计	100.00	100.00	100.00	100.00	100.00	100.00	100.00	100.00	100.00	100.00	100.0	100.00	100.00	100.00	100.00	100.00	100.00

续表

产业/事业名称	山东	上海	河南	甘肃	云南	福建	江西	宁夏	广西	内蒙古	广东	贵州	新疆	青海	海南
冶金	1.46	1.21	1.23	1.37	1.33	1.16	1.91	0.62	0.98	1.35	0.83	0.57	0.40	0.00	0.58
地质矿产	1.68	1.02	1.47	1.48	1.54	1.04	1.33	1.36	0.86	1.06	0.71	1.28	1.01	0.00	0.19
机械制造	2.92	2.62	2.55	2.82	2.41	2.09	2.70	2.23	2.33	2.93	1.57	1.31	1.37	0.00	0.30
仪器仪表	1.99	2.04	1.91	1.59	1.38	1.60	0.21	1.13	1.76	0.93	1.17	0.96	0.78	0.00	0.43
交通运输	2.17	2.22	1.81	2.27	1.70	1.69	1.55	2.23	1.73	2.19	1.25	0.91	1.32	0.00	0.43
化工	2.50	2.02	2.40	2.30	2.08	2.25	2.69	1.54	1.61	2.41	1.84	1.81	1.60	0.00	2.19
材料	2.87	2.95	2.41	2.74	2.19	2.45	3.22	1.77	2.27	2.11	2.02	1.46	0.84	0.00	0.58
电气	0.81	1.22	1.01	0.98	0.75	1.12	0.48	0.91	0.98	0.71	0.84	0.37	0.56	0.00	0.43
动力	3.43	2.73	2.98	2.85	3.19	2.51	2.96	2.15	2.06	2.66	2.07	1.77	1.72	0.00	0.77
电讯	2.06	2.48	1.97	1.77	1.83	1.96	1.63	2.59	2.07	1.08	2.06	1.42	0.67	3.42	0.43
电子	4.36	4.46	3.86	3.81	3.34	3.51	3.73	4.10	3.81	3.05	3.50	2.36	1.47	3.42	0.74
航空航天	1.64	1.82	1.59	1.64	1.50	1.23	1.79	0.31	1.12	1.35	1.05	0.56	0.43	0.00	0.74
信息	3.94	3.88	3.42	2.96	3.65	2.94	3.87	3.40	3.24	2.45	3.45	2.14	1.42	3.42	0.74
原子能	0.17	0.19	0.30	0.15	0.18	0.08	0.32	0.00	0.10	0.19	0.07	0.00	0.04	0.00	0.00
环境	3.48	2.91	2.75	2.72	3.02	2.57	3.08	2.54	2.51	2.82	2.03	1.96	1.88	0.00	0.46
自动化	4.73	4.78	4.07	4.12	3.78	3.91	3.29	4.41	4.18	3.68	3.51	2.50	1.71	3.42	1.01
计算机	4.45	4.53	3.79	3.27	4.13	3.41	3.33	4.10	3.66	2.61	3.55	2.38	1.80	3.42	0.71
现代光学	0.44	0.84	0.80	0.49	0.49	0.59	0.27	0.43	0.60	0.15	0.61	0.22	0.15	0.00	0.43
人工智能	2.62	2.68	1.87	1.92	1.97	1.80	0.21	2.55	2.20	1.38	2.12	1.44	0.86	3.42	0.43
生物	2.30	2.36	2.77	1.91	1.75	2.65	2.14	1.95	1.90	1.96	2.15	1.53	1.52	0.00	2.32
海洋	0.95	0.79	0.83	0.70	0.64	0.94	0.43	0.31	0.56	0.58	0.54	0.70	0.38	0.00	0.46
与主导产业群直接相关	50.98	49.76	45.79	43.86	42.87	41.49	41.16	40.64	40.50	37.64	36.91	27.64	21.91	20.51	14.39
轻纺食品	0.85	0.77	1.13	0.62	0.58	0.95	0.88	1.21	0.64	1.10	0.85	0.53	1.12	0.00	1.70
农林畜牧	7.85	3.29	8.20	15.67	14.79	10.25	8.79	32.12	12.55	24.55	9.12	10.09	24.91	79.49	54.83
土建水利	2.58	2.18	2.31	2.40	2.85	1.90	2.59	1.84	1.47	2.42	1.71	1.56	1.52	0.00	0.49
医药卫生	20.09	12.44	27.72	21.79	19.95	23.19	23.87	1.21	27.20	16.56	29.45	49.30	33.95	0.00	2.32
管理	16.33	30.09	13.65	14.56	17.91	20.96	21.55	22.38	16.53	16.70	21.15	10.52	16.16	0.00	25.56
与主导产业群间接相关	47.69	48.76	53.01	55.05	56.08	57.25	57.69	58.75	58.40	61.34	62.29	72.00	77.66	79.49	84.90
军事	1.33	1.47	1.21	1.09	1.05	1.26	1.16	0.62	1.10	1.02	0.80	0.36	0.43	0.00	0.71
合计	100.00	100.00	100.00	100.00	100.00	100.00	100.00	100.00	100.00	100.00	100.00	100.00	100.00	100.00	100.00

注:表中“与主导产业群直接相关”栏目指与主导产业群直接相关的所有学科总和;与“主导产业群间接相关”指与主导产业群间接相关的所有学科总和,下同

四、理论推测与现实状况的比较研究

以27个产业/事业为中介，我们将技术科学累计学科数所代表的各产业/事业中人力资源投入的理论估算权重和与其对应的全国实际招生规模的相对百分数进行相互比较，可以概括分析并大致发现我国工程技术类高等教育发展中存在的主要问题。对27个产业/事业对应的“人力资源投入理论预测权重”与全国实际招生配置平均情况进行比较的具体结果如表9-8所示。另外，为了分析问题的方便，我们又参照第五章第三节中对技术科学学科的分类方法，将27个产业/事业划分成“与主导产业群直接相关”、“与主导产业群间接相关”和“需要解释的”三大类。

表9-8 27个产业/事业中“人力资源投入的理论预测权重”和“全国实际招生规模配置平均值”的比较

产业/事业名称	人力资源投入理论预测权重 A/%	全国实际招生规模配置平均值 B/%	两者差值/（$B-A$）/%
航空航天	6.05	1.87	−4.18
化学工业	5.38	2.11	−3.27
地质矿产	4.04	1.33	−2.72
原子能	2.79	0.17	−2.62
机械制造	4.78	2.87	−1.91
冶金	2.59	1.29	−1.30
材料业	4.11	2.95	−1.16
现代光学	1.27	0.92	−0.36
海洋	1.02	0.69	−0.33
电气	1.46	1.27	−0.19
电讯	2.56	2.80	0.24
信息	3.94	4.34	0.40
环境	2.48	3.00	0.52
人工智能	2.40	2.93	0.53
仪器仪表	1.36	2.24	0.88
生物	1.54	2.56	1.02
计算机	3.75	4.86	1.10
交通运输	1.09	2.33	1.24
动力	1.09	2.96	1.87
自动化	2.74	5.08	2.34
电子	1.90	4.88	2.99
以上为与主导产业群直接相关的产业/事业（Σ_1）	58.35	53.44	−4.91
轻纺食品	2.93	0.71	−2.22
农林畜牧	10.68	7.36	−3.31
土木建筑水利	4.47	2.28	−2.18

续表

产业/事业名称	人力资源投入理论预测权重 $A/\%$	全国实际招生规模配置平均值 $B/\%$	两者差值/ $(B-A)$ /%
医药卫生	10.41	15.41	5.01
管理	8.83	19.39	10.56
以上为与主导产业群间接相关的产业/事业（Σ_2）	37.31	45.16	7.85
需要解释的（军事）	4.34	1.40	−2.94

(一)“人力资源投入理论预测权重”和“全国实际招生规模配置平均值”的比较分析

为了更直观地进行比较分析，我们将表 9-8 中“与主导产业群直接相关”、“与主导产业群间接相关”和“需要解释的”三大类产业/事业的上述数据用图 9-2 表示。结果可以很清楚地发现，与人力资源投入的理论预测权重的数据相比，全国实际招生配置平均值的数据在三大类产业/事业之间分配存在着一定的差距。对此我们进行了以下初步分析。

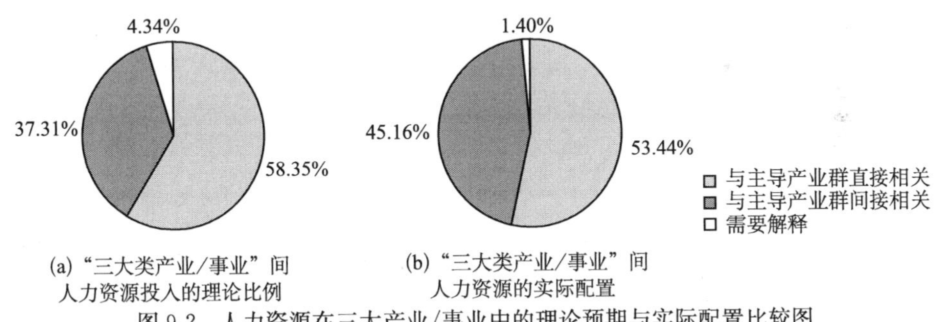

图 9-2 人力资源在三大产业/事业中的理论预期与实际配置比较图

首先，第三类“需要解释的”产业/事业主要涉及军事国防方面，其发展变化主要受国内外政治格局的影响，属于国家安全范畴，且所占比重不大，这里不予深入讨论。

其次，上述“与主导产业群直接相关”和“与主导产业群间接相关”的产业/事业基本构成了主导产业群的整体。其中前者主要由为社会经济发展提供直接动力的基本支柱产业构成；后者包括衣、食、住、行、医等方面，主要关系到社会物质生活条件的保障与改善，实际上是为产业结构变更、社会经济发展提供间接服务的。

第五章第三节的研究结果表明：在以经济长波为特征的历次主导产业群更替期间，“与主导产业群直接相关”、“与主导产业群间接相关”的两大类产业/事业的人力资源投入，应基本维持在 57.59∶36.33 这一比较稳定的统计平均值左右。

由于这一数据是根据1440～1987年产生的技术学科数统计计算获得的，与表9-7中主要由图6-2中增量预测模型所推算的1440～2004年的预测结果（58.35：37.31）略有出入，但从统计平均的意义上说，应视二者为基本一致。而从全国目前的实际招生规模配置，即从人力资源的投入比例看，“与主导产业群直接相关”的部分，比理论推测值低4.91%；“与主导产业群间接相关”部分，比理论推测值高7.85%。这说明，我国工程技术类高等教育在两大类产业/事业之间的招生规模配置应要进行适当调整，才能使人力资源投入比例更趋合理。

（二）“与主导产业群间接相关”的产业/事业中人力资源投入的比较分析

所谓“与主导产业群间接相关”的产业/事业是指轻纺食品、农林畜牧、医药卫生、土木建筑水利和管理五类。通过表9-8中“人力资源投入理论预测权重”与“全国实际招生规模配置平均值”的比较可见，在五大类产业/事业中，管理类学科专业的差值最大，全国实际平均值比理论值超过10.56%。这主要是因为，我国在改革开放以后，经济上的迅速发展迫切需要大量高素质的专业管理人才，故在20世纪90年代，特别是1999年扩大招生规模以后，管理类学科专业迅速发展，绝大多数院校都设置了管理类学科专业，且招生规模逐年扩大，在校生人数不断增加。这虽然在一定程度上缓解了管理类人才缺乏的局面，但另一方面，许多院校利用管理类学科专业知识要求“偏软”、办学成本较低，低水平大量重复建设，从而导致全国管理类学科专业整体规模过大，远远超过了理论预测结果。同时也造成培养出的管理类人才水平普遍不高、管理类毕业生相对冗余，而高质量管理人才十分欠缺的现象。因此，对管理类事业的人力资源投入，应适当降低招生规模，同时注重调整结构，努力提高教育质量与层次。

在医药卫生方面，全国相关人力资源投入的平均值超出理论值5.01%，但应当注意到，我国目前尚属于发展中国家，人口众多，不少地区特别是中西部边远地区和农村的医疗条件仍严重不能满足需求；而且随着生活条件的逐步改善，人们对健康水平提高的要求也越来越高。针对这一实际情况，我们认为应采取在发达地区适当控制办学规模，努力提高办学质量和层次；在中西部边远落后地区适当扩大办学规模、增设医药学科专业的战略原则，以使全国各地的医药卫生事业逐步趋于均衡发展。

在农林畜牧方面，全国相关人力资源实际投入的平均值比理论推测值要低3.31%。从现实情况看，我国是农业大国，农业在整个国民经济中还占有相当大的比重，但农作物的经济产值相对较低，农产品的经济附加值亟待提高。因此，需要适当发展与之相关的学科专业，增加相关的科技人力资源的投入，以提升农业的经济效益。另外从宏观上看，我国的农业发展战略应主要侧重于商品粮基地、林业种植区、水果等农副产品主产区的建设与开发。因此，依照就近原则和理论联系实际原则，应该在农业比重较高的地区适当发展与农林牧渔业相关的学科专业或增设相关的专门高等院校。

在轻纺食品方面，全国相关人力资源实际投入的平均值比理论推测值低2.22%，因此也要适当加强相关学科专业的发展。主要原则是：在轻纺工业方面，主要在棉、毛产区，纺织基地等地区大力发展相关学科专业，以形成地区产业特色；在食品工业方面，主要侧重于发展食品加工类学科专业，以满足社会在这方面日益增长的需求，并创造更多的产品附加值。

在土建水利方面，全国相关人力资源投入的平均值比理论推测值低2.18%。但要看到，随着经济的发展，土建水利已不仅是为公民生活提供“生活资料”，而是大量地通过交通运输行业成为社会的“生产资料”。鉴于土建水利与交通运输之间这样的密切联系，其发展战略应与交通运输行业的发展综合平衡，统筹兼顾。

(三)“与主导产业群直接相关”的产业中人力资源投入的比较分析

首先要说明的是，由于表9-7中的“人力资源投入理论预测权重”与“全国实际招生规模配置平均值”两数据都是相对比例，且在计算过程中引进了很多假设，故计算结果与实际情况之间难免会出现一些误差。因此在将上述两数值进行对比分析时，我们仅考虑两者正负差距在1%以上的相关产业。

在这一前提下，我们首先认为，由于航空航天、化工、地质矿产、原子能、机械制造、冶金、材料七类产业人力资源的实际投入相对偏低，故应增加相关的人力资源投入，适当扩大办学规模。但在投入方向上，要充分考虑各地的地缘特点、产业特色、教育资源禀赋优势等客观条件，努力将这类工程技术类高等教育与地方经济发展紧密结合起来。

其次，对于全国实际招生配置平均值比人力资源投入理论预测权重高的生物、计算机、交通运输、动力、自动化、电子六大类产业，应维持或适当下调现有办学规模，并注重内部结构的调整，努力推进符合社会需要的更多学科专业交叉、融合。具体地说，在产业结构上具有优势的地区，应采取择优扶强的原则，适当扶持与当地优势产业相关的学科专业；而对于某些产业的弱势地区，则应控制或适当下降相关学科专业的办学规模。对于教育资源禀赋具有优势的地区，应努力提升教育的层次和质量；而对于教育资源禀赋处于弱势的地区，应控制或适当降低相关学科专业的办学规模。

最后，还应综合考虑土建水利和交通运输两大类产业/事业，其全国实际招生配置平均值与人力资源投入理论预测权重综合衡量起来相差不多，又因与这两类产业相关的学科专业基本一致，大量相关人才可以相互通用，故相关学科专业招生规模配置可基本维持不变。应当注重结构调整，以促进这两类产业/事业发展。

第四节　我国工程技术类高等教育战略规划的初步研究

一、我国工程技术类高等教育总体战略规划原则与四类地区的划分

根据上一节的分析可知，我国工程技术类高等教育的实际招生规模配置与我们的理论预测结果之间还存在着相当的差距，因此尽力缩小这一差距、优化教育资源配置，应当成为目前我国协调技术科学学科基础与工程技术实践需要之间的矛盾、推行工程技术类高等教育改革的主要目标。同时要看到我国幅员辽阔，地区之间社会、经济、文化、教育发展极不平衡，因此在制订工程技术类高等教育战略规划时，一定要充分考虑各地区的具体情况，因地制宜、区别对待，分别制订适合各地实际情况的战略规划。当然，各地的工程技术类高等教育规划的制订，必须在正确的国家整体战略规划框架下进行周密设计。当前，一方面我国仍属于幅员辽阔、人口众多的发展中国家；另一方面在当代经济、科技全球化的背景下，我国既面临着发达国家在经济、科技等方面占据优势的巨大压力，又肩负着建设社会主义强国、实现中华民族伟大复兴的历史重任。因此，确立正确的全国工程技术类高等教育战略规划总原则显得十分必要。

（一）我国工程技术类高等教育的总体战略规划原则

由于工程技术类教育的发展始终围绕着技术科学学科基础和工程技术实践需要之间的基本矛盾而展开，换言之，工程技术类高等教育直接承担着为工农业生产服务，为相当一部分社会公共服务事业提供知识服务，以及培养相关高级专门人才的任务。所以，我国工程技术类高等教育战略规划的制订必须结合我国的具体国情，遵守以下基本原则。

第一，工程技术类高等教育必须以满足国家和地区社会、经济发展的需要为前提。工程技术类高等教育的发展，必须始终以社会工程技术实践需要为服务对象。纵观各国工程技术教育的历史，其发展始终以工程技术实践问题的研究与解决作为其基本目标。美国工程技术教育界更是公开宣称要把“通过变革与国家需

要保持一致”作为长久的历史传统[①]。可见，工程技术类高等教育在注重与技术科学的发展紧密结合的同时，还要与外部社会、经济需求保持密切联系。我国工程技术类高等教育的发展也应遵循这一基本原则，以满足国家和地区社会、经济发展的需要为宗旨，大力培养与之相适应的高级专门人才，努力生产新型工程技术知识，以保证我国社会、经济的持久快速发展，努力赶超世界先进水平。此外，工程技术类高等教育的发展，需要社会各方面支持，特别是经济的大量投入。如果经济发展过于缓慢，高等教育的发展也难有足够的投资保障。可以说，满足国家、地区社会、经济发展的需要既是工程技术类高等教育的主要任务，也是其进一步发展的必要前提。

第二，我国工程技术类高等教育在相当长时期内，必须根据不同地区的实际情况，坚持多样化、非平衡发展原则。由于我国地域辽阔，各地区间社会、经济发展不平衡，自然资源的分布、教育资源禀赋的占有、产业结构的布局均存在较大差异。工程技术类高等教育要有效地服务于当地社会和经济的发展，就必须根据各地区不同情况，因地制宜制订出不同的教育发展规划。因此，从整个国家全局来看，工程技术类高等教育必须保持多样化的发展趋势，针对不同地区实行非均衡的发展，而且这种地区间的不平衡态势将会在我国维持相当长一段时期。

第三，我国相当一批工程技术类地方高等院校必须顺应科技、经济发展潮流，紧密结合当地资源状况，走好资源优化配置发展道路。这里的资源主要是指各地所拥有的教育资源禀赋、自然资源优势及现行产业结构特点等，这些都是各地区在改革、发展中必须充分利用的地方特色和优势。充分利用当地特有教育资源禀赋，挖掘、开办特色性学科专业，可为国家和地方培养满足社会需要的高级专门人才；针对地方自然资源优势，深入开发与当地自然资源相关的学科专业，可促进当地社会经济迅速崛起；依据地方产业结构特点，增办相关学科专业，培养当地紧缺的专门人才，可以加速产业结构的更新换代。

第四，我国高等工程技术类高等教育的发展必须坚持跨越式和可持续发展原则。目前，我国仍属于发展中国家，与发达国家相比在许多方面都存在着较大差距。因此，要赶超世界先进国家，尽快立足于世界先进民族之林的前列，就不能走传统的经济发展道路，必须充分发挥后发优势，选择新型的经济增长方式，努力追赶世界发展潮流。为此我国提出了“信息化带动工业化、工业化促进信息化”的跨越式发展战略、人才强国战略，并在“十一五”期间明确了跨越式发展的战略目标。这就要求我国的工程技术类高等教育必须根据社会经济快速发展的要求，制定

---

① 顾建民，王沛民．美国工程教育改革新动向［A］//倪明江．创造未来［C］．杭州：浙江大学出版社，1999：245-256

与之相适应的工程技术类高等教育跨越式发展战略，充分利用国家和各地区的有限资源，努力创新工程技术知识，开办创新型学科专业，培养符合国家经济发展需要的高层次工程技术人才，为我国社会和经济发展提供强有力的人才支撑。

第五，我国工程技术类高等教育的发展必须注意维持人力资源在国民经济两大部类之间的基本平衡。我们关于技术科学发展与产业结构变迁的相关性研究表明，为主导产业群的建立、完善提供直接知识服务的新增技术学科数与为巩固、改善社会物质生活、基础设施条件（包括衣、食、住、行、医方面）这些为主导产业群发展提供间接知识服务的新增技术学科数平均分别占57.59%和36.33%。而且在历次经济长波期间，二者之间一直维持着这一比较稳定的比例关系。这说明，为维系社会、经济的持续发展，在国民经济的两大部类之间，不仅实物和货币资本的投入要保持相对平衡，而且知识和人力资本的投入也要维持相对平衡。这就是说，工程技术类高等教育培养人才时，要在为主导产业群的发展提供直接服务、间接服务的两类学科专业之间，基本维持一个相对稳定、合理的人力资源投入比例。

因此，综上可见，我国工程技术类高等教育战略规划的制订，在总体上应遵循以下五项基本原则：

（1）满足国家、地区发展需要原则。

（2）非平衡、多样化发展原则。

（3）资源禀赋优化配置原则。

（4）跨越式、可持续发展原则。

（5）人力资源在国民经济两大部类之间相对平衡原则。

（二）四类地区的合理划分

从原则上讲，在全国工程技术类高等教育战略规划总体原则下，我们便可以根据不同地区的实际情况，分别提出各地相应的工程技术类高等教育发展战略的原则性建议。除香港、台湾、澳门、西藏未列入统计研究范围，暂不予考虑之外，这里的研究范围包括了我国30个省、自治区和直辖市。我们又注意到：一方面，各个省级行政辖区之间自然条件互不相同，经济、社会发展水平存在较大差异，教育资源也极不平衡；另一方面，前述因素在有些省级行政辖区之间也存在着一定的相似性。因此，为了更加科学、合理地制订工程技术类高等教育战略规划方案，我们首先根据上述国家总体基本原则，将30个省级行政辖区进行合理归类，再针对各类地区的不同特点，进一步具体化出工程技术类高等教育发展战略的地区分原则，这样在为各省级行政辖区制订战略规划时，指导思想就更加明确，针对性就更强，从而使提出的战略规划建议更加切合实际，更具可操作性。

1. 划分四类地区指标的确定与相关计算

由于工程技术类高等教育始终围绕着技术科学学科基础和工程技术实践需要之间的基本矛盾而展开，所以其发展主要受教育体系内外部两方面的影响。内部方面主要以当代科学技术的发展水平为标志，具体又体现为不同地区实际占有的教育资源禀赋的数量与质量；外部方面则主要受国家、地区社会、经济发展的需要，以及各地地缘特征、产业结构特点的约束。因此，我们选择了工程技术类高等教育资源禀赋、非农产业比重、信息化水平三项指标作为对上述 30 个省级行政辖区进行分类的标准。其中工程技术类高等教育资源禀赋这一指标已在表 9-4 中做出了综合计算与排序，下面主要确定和计算另外两大项指标。

1）信息化水平指标的确定与计算

在确定信息化水平这一指标时，主要参考了国家信息产业部 2001 年 7 月份公布的《国家信息化指标构成方案》①，并选定了以下相关分指标作为集成要素。分指标 1（I_1）：各地区 2004 年的网站数（W）与域名数（Y）；分指标 2（I_2）：各地区 2004 年的上网用户数（C）和上网计算机数（J）；分指标 3（I_3）：各地区 2004 年的信息通信能力，包括长途光缆线路长度（L_1）、长途微波线路长度（L_2）、移动电话交换机容量（R_1）、长途自动交换机容量（R_2）、本地电话局用交换机容量（R_3）五个方面的数据；分指标 4（I_4）：各地区 2004 年从事信息传输、计算机服务和软件业工作的总人数（P）和各地区信息传输、计算机服务和软件业固定资产投资总额（T）。

这些指标在一定程度上代表了一个地区信息化发展的整体水平。在确定以上指标的基础上，又按照与计算“工程技术类高等教育资源禀赋”指标类似的聚类分析方法，得到了衡量各省级行政辖区信息化发展水平的基本参数（I）。具体计算公式为

$$I=\sqrt{(I_1)^2+(I_2)^2+(I_3)^2+(I_4)^2}$$

其中

$$I_1=\sqrt{W^2+Y^2}$$

$$I_2=\sqrt{C^2+J^2}$$

$$I_3=\sqrt{(L_1)^2+(L_2)^2+(R_1)^2+(R_2)^2+(R_3)^2}$$

$$I_4=\sqrt{P^2+T^2}$$

由于各地信息化的发展程度还与地域面积相关，因此本章以“各省级行政辖区单位面积内信息化发展水平”这一指标作为最终判据，即各省级行政辖区单位面积信息化水平（X）＝各省级行政辖区信息化发展情况（I）/各省级行政辖区地域面积（S）。具体数据如表 9-9 所示。

① 王爱兰．完善国家信息化水平测度指标体系的探讨［J］．情报理论与实践，2004，(5)：484-487

表 9-9 2004 年各省级行政辖区信息化水平的计算与排序

省级行政辖区	分指标 1		分指标 2		分指标 3					分指标 4		地域面积/万平方千米	各地区单位面积信息化水平	排名
	网站数/个	域名数/个	上网用户数/万户	上网计算机数/万台	长途自动交换机容量/终端	本地电话局用交换机容量/万门	移动电话交换机容量/万户	长途光缆线路长度/公里	长途微小线路长度/公里	信息传输、计算机服务和软件业职工数/万人	信息传输、计算机服务和软件业固定资产投资/亿元			
上海	56 313	61 168	441	205	450 007	11 133	1 768	4 525	123	3.1	54.3	0.62	1.389 762	1
北京	123 033	131 041	402	199	334 890	1 109.1	1 597	3 244	171	163	73.4	1.68	1.078 074	2
天津	6 315	8 777	193	80	251 250	533.7	559	1 490	119	1.8	28.2	1.13	0.237 804	3
广东	119 191	90 449	1 188	643	1 868 339	45 933	5 870.8	45 807	6 529	12	277.3	18.6	0.119 775	4
浙江	74 716	415.3	534	263	535 028	2 620.6	3 007.3	22 889	2 284	4.4	106	10.18	0.101 067	5
江苏	52 325	38 309	661	279	804 273	3 615.7	2 644.6	23 057	2 031	5.2	65.5	10.26	0.093 568	6
山东	26 702	28 336	848	356	608 107	3 226.5	2 152.4	2 1487	1 901	4.9	57.4	15.3	0.066 725	7
福建	40 518	25 313	326	127	412 449	1 650.6	1 370.7	22 659	5 047	2.9	76.6	12	0.050 497	8
重庆	7 741	6 757	181	74	160 553	904.8	875.2	6 160	522	2.2	49.2	8.2	0.037 055	9
辽宁	21 684	18 656	322	118	585 450	1 909.4	1 613.2	18 356	2 741	4.7	50.6	14.57	0.035 895	10
河北	16 788	11 539	387	204	422 780	2 067.7	1 728	18 002	3 546	4.3	66.1	19	0.031 536	11
湖北	14 932	13 113	429	178	425 277	1 437.2	1 258.8	21 371	2 438	3.5	72	18.74	0.031 364	12
河南	13 293	12 782	305	143	561 162	2 068.1	1 679	28 849	1 379	4.2	61.1	16.7	0.029 949	13
安徽	11 977	8 225	240	142	411 426	1 453	9 412	24 679	2 524	2.5	28.4	13.9	0.026 596	14
海南	2 659	1 934	47	24	78 376	262.6	194	618	383	0.7	12.2	3.4	0.025 297	15
湖南	8 151	8 059	312	97	401 164	14 102	1 472.7	30 286	6 065	3.7	44.6	21	0.020 101	16
山西	4 330	4 284	211	76	256 780	957	942.4	20 085	918	3.1	31.7	15.6	0.019 951	17
江西	7 026	5 300	156	52	304 242	922.3	780.3	14 607	1 947	2.4	64.9	16.66	0.019 439	18
陕西	5 745	7 376	258	101	299 999	1 080.4	961.2	29 694	2 800	2.7	45	20.5	0.017 615	19
广西	8 157	5 522	285	88	351 758	1 072.6	1 073.7	30 206	2 574	2.5	48.1	23	0.016 003	20
四川	12 955	13 318	523	243	612 931	1 801.8	1 654.9	33 218	1 546	4.5	76.5	48.8	0.014 646	21
吉林	4 032	6 847	179	72	238 747	10 359	863.1	15 902	1 820	2.5	17.3	18.7	0.013 872	22
贵州	2 760	2 915	98	46	211 168	565.7	540.3	21 529	2 781	2	25.1	17	0.011 172	23
黑龙江	6 715	7 202	278	118	373 220	1 402.9	1 145.5	34 120	141	4.1	80.7	46.9	0.010 532	24
宁夏	1 241	1 770	31	14	56 239	174.6	179.8	6 732	81	0.5	8.7	6.6	0.009 001	25
云南	4 761	6 123	206	71	194 100	749.8	881.7	26 068	2	2.9	46.5	39.4	0.008 258	26
甘肃	2 425	2 033	120	44	138 440	623.2	418	21 873	355	1.9	22.7	45	0.004 236	27
内蒙古	2 673	2 994	93	42	253 744	722.4	677.8	31 114	703	2.6	20.2	110	0.001 882	28
新疆	2 452	2 992	119	50	234 130	718.6	641.7	32 328	2 956	1.6	36.3	160	0.001 309	29
青海	519	687	20	8	67 622	126.9	135	14 566	3	0.7	4.1	72	0.000 682	30

2）工业化水平指标的确定与相关计算

我们从《中国统计年鉴-2005》中收集、整理出了2004年我国各地区的GDP水平和非农产值两方面的数据，并以非农产值在GDP的比重作为衡量各地区工业化发展水平的指标，如表9-10所示。

表9-10 2004年各地区非农产值在GDP中的比重与排序 （单位：亿元）

省级行政辖区	各省GDP	非农产值	非农产值比重/%	排序	省级行政辖区	各省GDP	非农产值	非农产值比重/%	排序
上海	7 450.27	7 201.37	96.66	1	河北	8 768.79	6 392.89	72.91	16
北京	4 283.31	4 021.31	93.88	2	宁夏	460.35	334.85	72.74	17
天津	2 931.88	2 690.88	91.78	3	江西	3 495.94	2 440.94	69.82	18
浙江	11 243.00	9 910.70	88.15	4	甘肃	1 558.93	1 081.53	69.38	19
广东	16 039.46	13 884.66	86.57	5	内蒙古	2 712.08	1 860.78	68.61	20
江苏	15 403.16	12 985.56	84.30	6	吉林	2 958.21	2 017.51	68.20	21
山西	3 042.41	2 560.61	84.16	7	云南	2 959.48	1 994.28	67.39	22
青海	465.73	379.13	81.41	8	贵州	1 591.90	1 067.30	67.05	23
黑龙江	5 303.00	4 166.40	78.57	9	河南	8 815.09	5 851.19	66.38	24
福建	6 053.14	4 735.84	78.24	10	湖南	5 612.26	3 698.96	65.91	25
辽宁	6 872.65	5 362.15	78.02	11	新疆	2 200.15	1 449.45	65.88	26
山东	15 490.73	12 036.83	77.70	12	安徽	4 812.68	3 168.28	65.83	27
陕西	2 883.51	2 232.31	77.42	13	四川	6 556.01	4 303.71	65.65	28
重庆	2 665.39	2 052.59	77.01	14	广西	3 320.10	2 025.60	61.01	29
湖北	6 309.92	4 614.52	73.13	15	海南	769.36	330.66	42.98	30

2. 四类地区的划分

现在将各省、自治区和直辖市的信息化水平指标参数、工业化水平指标参数、表9-4中的工程技术类高等教育资源禀赋参数及2004年各省级行政辖区的人均GDP水平参数综合汇集起来，结果如表9-11所示。系统地比较分析表9-11中的各组数据，可以发现一些显著特点，依据这些特点可以将我国30个省级行政辖区大致划分为四大类地区。

表9-11 2004年各地区信息化水平、工程技术类高等教育资源禀赋、非农产值比重、人均GDP各项参数及排序

省级行政辖区	信息化水平	排序	工程技术类高等教育资源禀赋	排序	非农产值比重（工业化水平）	排序	人均GDP/元	排序
上海	1.389 762	1	1.138 020	4	0.966 592	1	42 768.48	1
北京	1.078 074	2	1.732 051	1	0.938 832	2	28 689.28	2
天津	0.237 804	3	1.010 180	7	0.917 800	3	28 631.64	3
浙江	0.119 775	4	0.790 940	14	0.865 656	4	23 819.92	4
广东	0.101 067	5	0.795 830	13	0.881 500	5	19 315.34	6
江苏	0.093 568	6	1.181 505	2	0.843 045	6	20 722.68	5
山东	0.066 725	7	0.973 077	9	0.777 034	12	16 874.43	8

续表

省级行政辖区	信息化水平	排序	工程技术类高等教育资源禀赋	排序	非农产值比重（工业化水平）	排序	人均GDP/元	排序
福　建	0.050 497	8	0.682 470	20	0.782 377	10	17 240.50	7
重　庆	0.037 055	9	0.715 593	18	0.770 090	14	8 537.44	20
辽　宁	0.035 895	10	1.046 365	6	0.780 216	11	16 297.49	9
河　北	0.031 536	11	0.762 189	15	0.729 050	16	12 878.23	11
湖　北	0.031 364	12	1.068 528	5	0.731 312	15	10 488.56	15
山　西	0.019 951	17	0.691 461	19	0.841 639	7	9 122.67	17
陕　西	0.017 615	19	1.147 872	3	0.774 164	13	7 782.75	24
黑龙江	0.010 532	24	0.945 448	11	0.785 669	9	13 893.12	10
河　南	0.029 949	13	0.730 743	16	0.663 770	24	9 071.82	18
安　徽	0.026 596	14	0.718 405	17	0.658 319	27	7 448.82	26
湖　南	0.020 101	16	0.956 889	10	0.659 086	25	8 379.01	21
江　西	0.019 439	18	0.609 502	23	0.698 221	18	8 160.46	22
四　川	0.014 646	21	1.004 901	8	0.656 453	28	7 514.06	25
吉　林	0.013 872	22	0.822 981	12	0.682 004	21	10 919.93	14
云　南	0.008 258	26	0.658 462	22	0.673 862	22	6 703.24	28
甘　肃	0.004 236	27	0.680 058	21	0.693 764	19	5 952.39	29
海　南	0.025 297	15	0.098 292	30	0.429 786	30	9 405.38	16
广　西	0.016 003	20	0.524 023	24	0.610 102	29	6 790.96	27
贵　州	0.011 172	23	0.422 921	27	0.670 457	23	4 077.61	30
宁　夏	0.009 001	25	0.199 765	28	0.727 381	17	7 829.08	23
内蒙古	0.001 882	28	0.486 237	25	0.686 108	20	11 376.16	12
新　疆	0.001 309	29	0.463 376	26	0.658 796	26	11 208.10	13
青　海	0.000 682	30	0.116 887	29	0.814 055	8	8 640.63	19

首先我们可以发现，信息化水平最高的前八个省级行政辖区，同时又是人均GDP水平最高的地区。它们分别是上海、北京、天津、浙江、广东、江苏、山东、福建八省份。如果按信息化水平指标参数由高到低的顺序来考察，在表9-11中居于第八位的福建省与居于第九位的重庆市两地之间，信息化水平和人均GDP水平这两组参数同时形成较大的突跃：前者由0.050 497降至0.037 055；后者由全国第七位降至全国第20位。故我们便将上述八省份初步划为当前全国较发达的一类地区。

其次，类似地，我们再按工程技术类高等教育资源禀赋参数由高到低的顺序来考察，发现排名在第23位的江西省与第24位的广西壮族自治区在占有相关教育资源禀赋水平上存在较大差距，对应指标参数也形成较大突跃，由0.609 502降至0.524 023。如果参照人均GDP水平排序，两地间的差距也较为明显，前者在全国居于第22位，后者居于第27位。这样，我们便将广西及占据相应教育资源禀赋水平居于其后的内蒙古、新疆、贵州、宁夏、青海、海南七省份初步划为相对落后地区。

最后，对于另外的15个省份，我们又按非农产值比重，或者说工业化发展水平指标参数由大到小的顺序来考察，发现山西、重庆、辽宁、河北、湖北、陕西、黑龙江七个省份的非农产值比重均在72%以上，而四川、湖南、吉林、河南、安徽、云南、甘肃、江西八省份的非农产值比重则在70%以下。两者之间的较大差距显然表明，山西等七省份的工业化水平相对较高；而四川等八省份的农业产值在其GDP中占有更大的比重。据此，我们便初步将山西等七省份划为工业化水平较高地区，将四川等八省份划为农业比重相对较高地区。

3. 对四类地区自然、教育资源禀赋和经济发展状况的相关统计与分析

在对以上四类地区进行区分的基础上，我们又对不同类别地区的高等教育发展现状、自然和经济状况进行了调研统计，并分析出各类地区不同的相关特点，以验证上述四类地区划分的合理性，具体数据如表9-12、表9-13所示。

通过以上两表的比较分析可以看出，第一类地区不论在教育资源禀赋上，还是在经济发展水平上，都远远高于其他三类地区。在工程技术类高等教育资源禀赋方面，一类地区2004年拥有硕士点的院校数为419所，其中有工程技术类硕士点的院校为321所，两项指标在全国均占有绝对优势。工程技术类博士点数和博士生招生数均超过了全国总量的50%，表明该地区工程技术类高等教育不仅在规模上占全国第一，而且在层次上也居四类地区之首。经济方面，从四类地区总量上看，第一类地区在占全国7.38%的土地上以28.9%的人口创造出了48.33%的经济总量，非农产值的比重更是超过了50%。虽然人口密度在四类地区中最高，但其人均GDP水平却远远超过其他地区，显示出该地区雄厚的经济实力。

第四类地区则属于相对落后地区，教育、经济均欠发达。在工程技术类高等教育资源禀赋方面，不仅院校数少，而且在教育规模和层次上也远远低于其他三类地区。工程技术类博士点数和招生数仅占四类地区总量的0.92%和3.8%，是教育规模最小、教育层次水平最低的地区。在经济方面，第四类地区尽管地域面积最大，但经济总量在四类地区中却最少，亟须加速发展。

第二和第三类地区则处于中间地位。两者的工程技术类高等教育资源禀赋总体状况比第四类地区较好，但与第一类地区相比仍有很大差距。第二类地区的高等教育资源禀赋总体状况又比第三类地区稍好。在经济方面，第二类地区与第三类地区却有较大差异，如表9-13所示：第二类地区比第三类地区在非农产值上高出近3000亿元；而在农业产值上则相反，第二类地区比第三类地区要少近3000亿元。这说明了第二类地区在产业结构上更侧重于工业，而第三类地区在农业上则有比重较高的特点。

表 9-12　2004 年四类地区工程技术类高等教育情况的调查、统计

类别	有硕士点的院校数		有工程技术类硕士点的院校数		培养研究生状况		工程技术类博士点数		工程技术类博士生招生数		工程技术类硕士生招生数	
	具体数据/所	相对百分比/%	具体数据/所	相对百分比/%	在校生数/人	相对百分比/%	设置博士点数/个	相对百分比/%	在校生数/人	相对百分比/%	在校生数/人	相对百分比/%
第一类地区	419	48.89	321	44.96	92 551	44.88	1 992	54.15	18 769	50.63	73 715	43.60
第二类地区	227	26.49	205	28.71	64 968	31.51	1 013	27.53	11 781	31.78	53 165	31.45
第三类地区	168	19.6	148	20.73	41 899	20.32	627	17.04	6 182	16.67	35 738	21.14
第四类地区	43	5.02	40	5.6	6 779	3.29	47	1.28	342	0.92	6 437	3.81

注：以上数据根据各省级行政辖区 2004 年统计年鉴、招生及专业设置情况等资料整理获得

表 9-13　2004 年四类地区自然及经济相关状况的调查、统计

类别	各地区自然状况					各地区经济状况								
	地域面积		人口数量			经济整体水平			非农经济状况			广义农业经济状况		
	具体数据/万平方公里	相对百分比/%	具体数据/万人	相对百分比/%	人口密度/(人/平方公里)	GDP 总量/亿元	相对百分比/%	人均 GDP/元	非农产值/亿元	相对百分比/%	人均非农产值/元	农林牧渔业产值/亿元	相对百分比/%	人均农业产值/元
第一类地区	69.77	7.38	37 407	28.9	891	78 894.95	48.33	24 757.78	67 467.15	53.19	22 042.58	11 427.8	31.59	2 715.20
第二类地区	143.51	15.18	31 021	23.97	261	35 845.68	21.96	11 285.75	27 381.48	21.59	8 709.71	8 464.2	23.40	2 576.04
第三类地区	220.16	23.28	45 628	35.26	265	36 768.66	22.52	8 018.71	24 556.4	19.36	5 396.53	12 212.2	33.76	2 622.18
第四类地区	392	41.46	15 085	11.66	116	11 519.67	7.06	8 475.42	7 447.767	5.87	5 548.16	4 071.9	11.26	2 927.25

注：以上数据根据《中国统计年鉴 2005》中的相关数据整理获得

通过对30个省级行政辖区工程技术类高等教育资源禀赋、工业化水平和信息化水平三项指标的对比分析，以及对四个地区相关情况的比较、验证，将我国30个省级行政辖区划分为以下四大类地区应该是比较合理的。这四类地区在地域上的位置分布状况如表9-14和图9-3所示。

表9-14 四类地区所属的省级行政辖区名称

地 区	所属省级行政辖区名称
第一类地区（沿海发达地区）	上海、北京、天津、广东、江苏、浙江、福建、山东
第二类地区（工业比重较高地区）	河北、湖北、重庆、陕西、辽宁、山西、黑龙江
第三类地区（农业比重较高地区）	四川、湖南、吉林、河南、安徽、云南、甘肃、江西
第四类地区（相对落后地区）	广西、新疆、贵州、宁夏、海南、青海、内蒙古

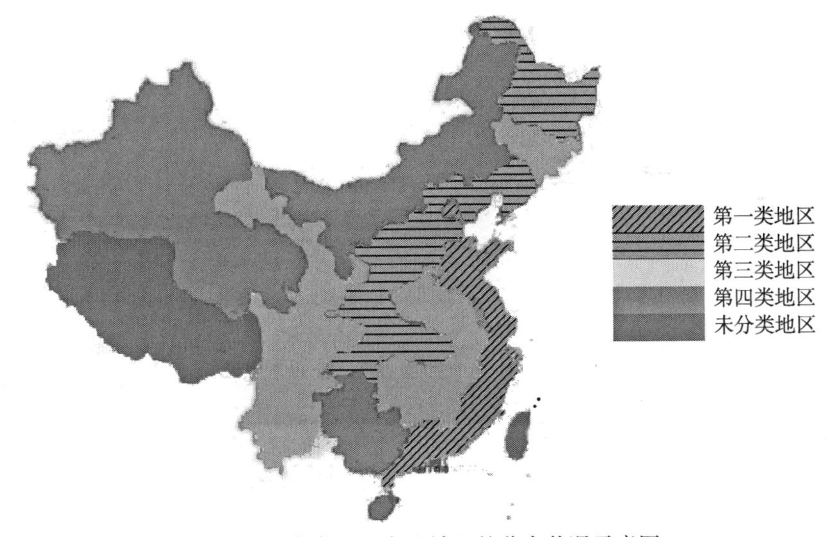

图9-3 四大类地区在地域上的分布状况示意图

二、第一类地区概况及其工程技术类高等教育战略规划原则

第一类地区包括北京、上海、天津、广东、江苏、浙江、福建、山东八省份。它们均处于东部沿海地区，气候适宜，地形多为平原和丘陵，地势较为平缓。根据表9-13所显示的相关信息，第一类地区土地总面积将近70万平方公里，在四类地区中面积最小；但人口密度很高，第一类地区人口总数占四类地区总人口的28.9%（2004年），平均每平方公里891人，是第二、第三类地区人口

密度的三倍以上。经济方面，第一类地区创造了全国将近一半的经济产值，经济总量（GDP 总和）占四类地区总量的 48.33%，人均 GDP 高达 24 757.78 元，远远超过其他三类地区，是我国经济最发达的地区。其中构成一类地区 GDP 主体的非农产值更是超过了四类地区非农总产值的 50%，是该地区经济的主要支撑点和增长点；农业产值虽然较非农产值偏低，但与其他三个地区相比，其农业总产值仍居四类地区的第二位，可见第一类地区在全国经济中处于突出地位。因此我们将一类地区称为沿海发达地区。

在高等教育方面，除福建外，其他七省份的高等教育均有相当悠久的历史。我国近代建立的第一所工程技术学校——天津中西学堂，现在天津大学的前身就在第一类地区；同时一半以上的国内著名大学，如清华大学、北京大学、复旦大学、交通大学、南京大学、浙江大学等也坐落在该地区，教育资源禀赋优势十分明显。由表 9-12 的数据可见，2004 年第一类地区内有硕士点的院校共 419 所，占四类地区总数的 48.89%；其中有工程技术类硕士点的院校约 321 所，占四类地区总数的 44.96%；工程技术类博士点 1992 个，占四类地区总量的 54.15%；共招收相关博士生 18 769 人，占四类地区总量的 50.63%；硕士生 73 715 人，占四类地区总量的 43.60%。可见，第一类地区既是教育规模最大、教育总体水平最高的地区，又是我国高等学校密集的核心区域。

根据上述第一类地区自然、教育资源禀赋与社会经济发展状况，参照我国工程技术类高等教育战略规划国家总体原则，我们便可演绎出与第一类地区相匹配的工程技术类高等教育战略规划的地区原则。具体地说，我国经济的快速发展，急需大量与之相匹配的掌握高新技术的专门人才，第一类地区作为我国教育资源最有优势、教育水平最高的地区，其工程技术类高等教育首先要承担起为全国社会、经济发展培养高素质工程技术人才的任务。其次，我国仍属于发展中国家，要想在较短的历史时期内实现跨越式发展的战略目标，赶超世界先进水平，跻身世界前列，就必须努力缩小我国与发达国家在科学技术上的差距。第一类地区作为我国科技水平最高的地区，自然应在科研攻关上承担主要任务，同时为国家发展战略、国防建设等方面提供科学技术支撑。最后，根据第一类地区自然资源特色、教育资源禀赋、产业结构优势等情况，侧重发展有当地特色的学科专业，为全国和本地区社会、经济的发展提供专业技术服务也是该地区工程技术类高等教育的重要任务之一。综上所述，第一类地区工程技术类高等教育战略规划原则为：

（1）为全国社会经济发展培养急需的工程技术类高级专门人才。

（2）承担大量赶超世界先进水平的科研攻关和学科专业建设任务。

（3）承担与国家发展战略、国防建设相关的大量科研任务。

(4) 为本地区社会、经济的发展提供专业技术服务。

在以上第一类地区工程技术类高等教育战略规划原则的指导下，结合其中各省份的不同具体条件，我们就可以分别对第一类地区的八个省份设计出较为合理和具体的工程技术类高等教育战略规划构想。

三、第二类地区概况及其工程技术类高等教育战略规划原则

第二类地区包括陕西、黑龙江、湖北、重庆、辽宁、河北、山西七个省份。它们分布于我国东北及中部地区，地势整体上较为平缓。第二类地区的矿产资源比较丰富，是我国重要的矿产区。根据表 9-13 所显示的相关信息，第二类地区共有土地面积 143.51 万平方公里，是第一类地区面积的两倍，但远小于另外两个地区。第二类地区共有人口 31 021 万人（2004 年），占四个地区总人口的 23.97%，远低于人口众多的第三类地区，也少于第一类地区的人口，因此在人口密度上，第二类地区只比地广人稀的第四类地区稍高。在经济方面，第二类地区与第三类地区经济总量基本持平，都占四个地区总量的 22%左右，远低于第一类地区的 48.33%；但第二类地区人口比第三类地区少，因此其人均 GDP 水平比第三类地区高，仅次于第一类地区。另外，第二类地区在非农产值上比第三类地区高，而第三类地区比第二类地区有更高的农业收入，可以看出这两个地区在经济发展模式上的差异。根据第二类地区的经济整体发展特征，我们将其定位为工业较发达地区。

在高等教育方面，第二类地区的总体规模居四个地区的第二位，但与第一类地区相比，不论在高校数量、招生规模上还是在学科层次上都相差了很多。由表 9-12 的数据可见，2004 年第二类地区有硕士点的院校共 227 所，占四个地区总量的 26.49%，远超过第三类和第四类地区，但仅相当于第一类地区的一半；有工程技术类硕士点的院校约有 205 所，占四个地区总量的 28.71%；工程技术类博士点 1013 个，占四个地区总量的 27.53%，也仅是第一类地区相应博士点数的一半；2004 年第二类地区共招收相关博士生 11 781 人，占四个地区总量的 31.78%；硕士生 53 165 人，占四个地区总量的 31.45%，相当于第一类地区相应招生人数的六成。尽管第二类地区的教育规模在全国的比重不高，仅是第一类地区的一半左右，但第二类地区依然有自己的独特优势，如拥有包括西安交通大学、武汉大学、哈尔滨工业大学和重庆大学等校在内的国内一流大学及众多的军事类院校和研究所，这一优势其他三个地区均相对缺乏。凭借着其自身特有的教育资源禀赋，第二类地区工程技术类高等教育将有更高的发展潜力，从而可以逐步缩小与第一类地区的差距。

根据上述第二类地区自然、教育资源禀赋与社会经济发展状况，参照我国工程技术类高等教育战略规划国家总体原则，我们便可演绎出与第二类地区相匹配的工程技术类高等教育战略规划地区原则。具体来说，第二类地区的教育资源禀赋仅次于第一类地区，所拥有的武汉大学、西安交通大学、哈尔滨工业大学等著名高校，自然也要承担一部分为国家社会、经济发展培养高素质工程技术人才和国家级的研究任务。虽然第二类地区的整体教育水平较第一类地区偏低，但在一些有优势和特长的学科专业上仍能够服务于国家发展需求，赶超世界先进水平。同时，第二类地区主要部分位于我国的中央腹部，从国防建设的角度考虑，一些与国家安全相关的科研项目主要由第二类地区承担可能更为合适。并且，鉴于第二类地区产业结构相对落后，高新技术产业欠缺的局面，当地的工程技术类高等院校必须要为本地区产业结构的升级换代提供专业技术上的支持。其中包括：研究该地区的某些资源基本耗尽、几乎属于夕阳产业的转向问题；对有一定发展前途的传统产业进行优化、改造提供技术服务；为该地区的信息化建设提供服务；为本地区社会、经济发展提供其他专业性服务等。综上所述，第二类地区工程技术类高等教育战略规划原则应为：

(1) 为全国社会经济发展培养一部分高素质工程技术人才。

(2) 承担部分赶超世界先进水平的研究开发任务。

(3) 承担部分与国家发展战略、国防建设相关的重大项目科研任务。

(4) 为本地区社会经济的发展提供专业技术服务，包括产业结构转型和具有发展前景的传统产业开发等。

在以上第二类地区工程技术类高等教育战略规划原则的指导下，结合其中各省份不同的具体条件，我们就可以分别对第二类地区的七个省份设计出较为合理和具体的工程技术类高等教育战略规划构想。

四、第三类地区概况及其工程技术类高等教育战略规划原则

第三类地区包括湖南、吉林、安徽、甘肃、河南、江西、四川、云南八个省份，从我国的东北地区一直延伸到西南部，地形复杂多变，各有特色，自然资源也很丰富。根据表 9-13 所显示的相关信息，第三类地区共有面积 220.16 万平方公里，相当于第一类和第二类地区面积的总和，仅次于第四类地区。同时第三类地区的人口数量也很可观，达到 45 628 万人（2004 年），其人口总数和密度分居四类地区的第一、第二位。在经济方面，第三类地区的经济总量与第二类地区处于同一水平，其经济总量只是略高一些。由于第三类地区人口数量的原因，使其人均 GDP 水平在四类地区中处于最低档次。另外从表 9-13 还可以看出，第三类

地区的非农产值比第一类、第二类地区都低，仅比第四类地区高，其人均非农产值甚至是四个地区中最低者；但其农业产值总量在四个地区中却最高，人均农业产值也不低于其他三个地区。根据第三类地区的主要经济发展特征，我们将其定位为农业较发达地区。

在高等教育方面，第三类地区的总体规模居四类地区的第三位。与第一类、第二类地区相比，在高校数量、研究生人数、博士点数等方面都存在着不小的差距。由表9-12的数据可见，2004年第三类地区内有硕士点的院校共有168所，不足四类地区总数的20%，但其中有工程技术类硕士点的院校比例较高，约有148所；2004年三类地区工程技术类博士点627个，也仅是四类地区总数的17.04%，不到第一类地区相应博士点数的三分之一；其相关的博士生招生情况与之相似，2004年共招收6 182人，占四类地区总量的16.67%；招收的相关硕士生35 738人，占四类地区总量的21.14%，约是第一类地区相应招生人数的一半。可见，第三类地区虽然在人口总量上在四类地区中最高，但工程技术类高等教育的整体发展情况却不容乐观，人均教育水平相对偏低，造成了高层次工程技术人才十分欠缺的局面。在第三类地区仍有一批国内知名的大学，如中国科学技术大学、吉林大学、四川大学、国防科技大学、中南大学等10多所大学均位居国内大学百强之列。这些大学应在保持其学科专业特色的基础上，结合本地资源优势，积极发展相关学科专业，以实现与第一、第二类地区大学在工程技术类学科专业上的互补格局。

根据上述第三类地区自然、教育资源禀赋与社会经济发展状况，参照上述工程技术类高等教育战略规划国家总体原则，第三类地区工程技术类高等教育的发展原则主要应以为本地区社会、经济发展服务为主，同时根据本地区自然、教育资源禀赋、产业结构特点等因素，发展有本地特色的相关学科专业，促进当地社会经济发展。具体来说，在为本地区社会经济发展培养人才的同时，依据当地教育资源优势，适当参与少量国家级的研究任务和赶超世界先进水平的科研项目。根据本地区农业比重较高的情况，工程技术类高等教育在为本地区工业化、信息化发展服务的同时，应当充分利用当地生物科学、农业科学的发展优势，努力探索传统农业现代化的新思路。一方面在管理体制上进行改革；另一方面积极发挥当地农业类院校的作用，努力提高农业的科技含量，以推动本地区跨越式发展。综上所述，第三类地区工程技术类高等教育战略规划原则应为：

（1）为本地区社会经济发展培养人才。

（2）发挥当地教育资源优势，适当承担国家级研究任务。

（3）为促进本地区工业化、信息化发展提供服务。

（4）依靠体制改革和科技创新，充分利用生物科学、农业科学等高科技成果，探索传统农业现代化的新思路，推进当地经济的跨越式发展。

在以上第三类地区工程技术类高等教育战略规划原则的指导下，结合其中各省份不同的具体条件，我们就可以分别对第三类地区的各个省份设计出较为合理和具体的工程技术类高等教育战略规划构想。

五、第四类地区概况及其工程技术类高等教育战略规划原则

第四类地区包括青海、海南、宁夏、内蒙古、广西、新疆和贵州七个省份。在地域上，它们均处于我国边缘落后地区，多为高原多山地区，气候较为恶劣，土地贫瘠，经济发展缓慢。根据表 9-13 所显示的相关信息，第四类地区土地面积达 392 万平方公里，几乎是其他三个地区土地面积的总和，属于面积最大的地区。但第四类地区的人口数量却非常少，仅 15 085 万人（2004 年），每平方千米的平均人数是一类地区的 1/7。在经济方面，第四类地区的经济水平远低于其他三个地区，经济总量仅是四个地区经济总量的 7.06％；其中非农产值更是仅占四个地区非农总产值的 5.87％，经济上还以传统农业为主，工业基础相当薄弱。根据第四类地区目前的经济基本特征，我们将其定位为经济相对落后地区。

第四类地区的高等教育直到 20 世纪末期才逐渐发展起来，但由于其人口较少，经济落后，发展速度比较缓慢。目前高等教育的总体规模不论在高校数量、研究生人数还是在博士点设置方面，都远远低于其他三个地区。由表 9-12 的数据可见，2004 年第四类地区内有硕士点的院校仅为 43 所，仅相当于三类地区同类数量的 1/4；其中有工程技术类硕士点的院校约为 40 所，占四个地区同类院所总量的 5.6％；2004 年第四类地区工程技术类博士点也只有 47 个，仅占四个地区总数的 1.28％；其相关的博士生招生数量自然也很少，2004 年共招收 342 人，仅相当于第一类地区一所大学的博士招生数。因此，第四类地区工程技术类高等教育目前仅处于起步阶段，整体情况还不能同与其他地区相比，教育资源相当缺乏。

根据第四类地区自然、教育资源禀赋，社会经济发展状况，参照上述工程技术类高等教育战略规划国家总体原则，我们就能演绎出与第四类地区相匹配的工程技术类高等教育战略规划地区原则。具体地说，第四类地区是教育资源最为贫乏的地区，教育层次最低，几乎没有教育资源优势，因此该地区工程技术类高等教育首先是根据本地区自然资源特色、产业结构状况等，大力发展有本地特色的相关学科专业，以促进当地经济、社会的发展。其次，鉴于当地经济落后的局面，积极发展公共服务类的学科专业，主要是住、行、医方面的学科专业，为本地区社会公共事业的发展提供服务。最后，应积极扩大招生规模，努力提高高等

教育普及率，同时增加特色性学科专业，并积极提高办学档次。综上所述，第四类地区工程技术类高等教育战略规划原则应为：

(1) 依托本地资源和地缘优势，大力发展特色性学科专业，促进当地社会经济发展。

(2) 积极发展公共服务类学科专业，为本地区的社会全面发展提供服务。

(3) 积极扩大招生规模，增办学科专业，努力提高办学档次。

在以上第四类地区工程技术类高等教育战略规划原则的指导下，结合其中各个省份不同的具体条件，可以分别对其设计出较为合理的和具体的工程技术类高等教育战略规划构想。

受篇幅限制，关于全国各省级行政辖区工程技术类高等教育战略规划构想的分析框架和具体内容，本书从略。有兴趣的读者，可以进一步阅读笔者和成建平副研究员合著的《开发未来——我国工程技术类高等教育战略规划研究》(河海大学出版社，2010 年）一书。

参 考 文 献

[1] [德] 爱因斯坦．爱因斯坦文集（第三卷）[M]．许良英，赵中立，张宣三编译．北京：商务印书馆，1979

[2] [美] 赫伯特 A 西蒙．人工科学 [M]．武夷山译．北京：商务印书馆，1987

[3] [美] 维纳 N. 控制论（或关于在动物和机器中控制和通讯的科学）[M]．郝季仁译．北京：科学出版社，1963（第二版）

[4] [德] 普朗克．世界物理图景的一致 [J]．国外社会科学，1984，(6)

[5] [美] 坎农 W B. 躯体的智慧 [M]．范岳年，魏有仁译．北京：商务印书馆，1980

[6] 钱学森．论技术科学 [J]．科学通报，1957，(4)

[7] 钱学森．物理力学讲义 [M]．北京：科学出版社，1962

[8] 钱学森等．《论系统工程》（增订本）[M]．长沙：湖南科学技术出版社，1988

[9] 钱学森，魏宏森等．系统理论中的科学方法与哲学问题 [M]．北京：清华大学出版社，1984

[10] Tsien H S. Engineering and Engineering Sciences [J]. C. I. E. Forum. Journal of Chinese Institute of Engineers，1948

[11] 张光斗，高景德．技术科学与高等工程教育 [J]．科学学研究 1987，5 (1)

[12] 张光斗，王冀生．中国高等工程教育 [M]．北京：清华大学出版社，1995

[13] 张光斗．高等工程教育与经济建设 [J]．电力高等教育，1992，(4)

[14] 张光斗．加强高等教育与经济建设的结合是发展经济的关键 [J]．高等工程教育研究，1998，(4)

[15] 张光斗．科教兴国与面向世界 [J]．高等工程教育研究，2002，(3)

[16] 张维，王孙禺．美国工程教育改革走向及几点想法 [J]．高等工程教育研究，1998，(4)

[17] 张维．谈技术科学 [J]．中国人民大学复印报刊资料：科学技术，1980，(1)

[18] 张维．近现代中国科学技术和高等工程教育发展的回顾与展望 [J]．高等工程教育研究，2001，(2)

[19] 张维．我国和西方四国工程教育的比较及其与本国工业化的相互作用 [C]．中国工程院第二次院士大会学术报告汇编．北京：中国工程院，1995

[20] 罗沛霖．技术科学——基础科学和技术发展之间的桥梁 [J]．中国人民大学复印报刊资料：科学技术，1981，(7)

[21] 罗沛霖．从科学技术体系的形成探讨我国科学技术体制改革 [J]．科学学研究，1984，2 (1)

[22] 王大珩，师昌绪，刘翔声．中国科学院技术科学四十年 [J]．中国科学院院刊，1989，(3)

[23] 郑哲敏．论技术科学和技术科学发展战略 [C]．王大中、杨叔子主编．《技术科学发展

与展望——院士论技术科学》(2002年卷).济南:山东教育出版社,2002
[24] 薛明伦.我院发展技术科学应建立合适的组织形式 [J].中国科学院院刊,1991,(4)
[25] 吴熙敬.中国近现代技术史(上、下)[M].北京:科学出版社,2000
[26] 杨叔子,张福润.创新之根在实践 [J].高等工程教育研究,2001,(2)
[27] 杨叔子,周济等.面向21世纪机械工程教学改革 [J].高等工程教育研究.2002,(1)
[28] 王大中,杨叔子.技术科学发展与展望——院士论技术科学(2002年卷)[M].济南:山东教育出版社,2002
[29] 时铭显.高等工程教育必须回归工程和实践 [J].中国高等教育,2002,(22)
[30] 蒋新松.关于我院发展技术科学的探讨 [J].中国科学院院刊,1991,(4)
[31] 沈珠江.论技术科学与工程科学 [J].中国工程科学,2006,8(3)
[32] 沈珠江.论科学、技术与工程之间的关系 [J].科学技术与辩证法.2006,(3)
[33] 朱高峰.论高等工程教育发展的方向 [J].高等工程教育研究,2003,(3)
[34] 朱高峰,沈士团.21世纪的工程教育.北京:高等教育出版社,2001
[35] [美] 田长霖.对技术科学发展的几点看法 [J].清华大学学报,1979,(4)
[36] [美] 田长霖.知识经济、高等教育与科学技术 [J].高等工程教育研究,2000,(6)
[37] 左铁镛.加速人才培养 迎接世纪挑战 [J].高等工程教育研究,2000,(4)
[38] 李博主编.生态学 [M].北京:高等教育出版社.2000
[39] [德] 马克思.1844年经济学-哲学手稿 [M].刘丕坤译.北京:人民出版社,1979
[40] [苏] 列宁.列宁全集,中译本第2版,第55卷 [M].北京:人民出版社,1990
[41] [苏] 列宁.列宁全集(第20卷)[M].北京:人民出版社,1958
[42] [苏] 戈洛霍夫 B Г,罗津 B M.技术科学在科学知识体系中的特点 [J].科学与哲学,1980,(5)
[43] [苏] 凯德洛夫 B M. 自然科学发展中的带头学科问题 [C].韩秉成译.见:中国社会科学院情报研究所编译.社会发展和科技预测译文集.北京:科学出版社,1981
[44] [苏] 舍梅涅夫 Г И. 哲学和技术科学 [M].张斌译.北京:中国人民大学出版社,1989
[45] [苏] 库德里亚夫采夫 П C,康费杰拉托夫.物理学史与技术史 [M].梁士元等译.哈尔滨:黑龙江教育出版社,1985
[46] McClelland C E. State, Society, and University in Germany [M]. Cambridge: Cambridge University Press, 1980
[47] [英] 梅森 S F. 自然科学史 [M].周煦良等译.上海:上海译文出版社,1980
[48] [英] Carter R G. 工科课程的设计 [J]. IEE Proceedings, 1984, (131)
[49] [英] 贝尔纳 J D. 历史上的科学 [M].伍况甫等译.北京:科学出版社,1983
[50] [英] 戈德史密斯 M,马凯 A L. 科学的科学——技术时代的社会 [M].赵红州,蒋国华译.北京:科学出版社,1985
[51] [英] 亚·沃尔夫.十六、十七世纪科学,技术和哲学史 [M].周昌忠译.北京:商务印书馆,1985
[52] [英] 伊·拉卡托斯.科学研究纲领方法论 [M].兰征译.上海:上海译文出版社,1986
[53] [英] 卡尔·波普尔.猜想与反驳——科学知识的增长 [M].傅季重等译.上海:上海

译文出版社，1986
[54] Thompson J R. Engineer to Manager—the Challenging Transition [J]. IEE Proceedings，1987，(134)
[55] [英] 约翰·齐曼. 元科学导论 [M]. 刘珺珺译. 长沙：湖南人民出版社，1988
[56] [英] 迈克尔·波兰尼. 个人知识——迈向后批判哲学 [M]. 许泽民译. 贵阳：贵州人民出版社，2000
[57] [英] 查尔斯·辛格等. 技术史（第Ⅰ卷）[M]. 王前，孙希忠译. 上海：上海科技教育出版社，2004：25
[58] [英] 查尔斯·辛格等. 技术史（第Ⅳ卷）[M]. 辛元欧主译. 上海：上海科技教育出版社，2004
[59] [英] 查尔斯·辛格等. 技术史（第Ⅴ卷）[M]. 辛元欧主译. 上海：上海科技教育出版社，2004
[60] [英] 查尔斯·辛格等. 技术史（第Ⅵ卷）[M]. 辛元欧主译. 上海：上海科技教育出版社，2004
[61] Domar E D. The effect of foreign investment on the balance of payments [J]. The American Economic Review，1950
[62] [美] 库恩 T S. 科学革命的结构 [M]. 李宝恒，纪树立译. 上海：上海科学技术出版社，1980
[63] [美] Slaughter J B. 当前科学进程中的若干问题——美国国家科学基金会的展望 [J]. Science，1981，(211)
[64] [美] 克朗 R M. 系统分析和政策科学 [M]. 陈东威译. 北京：商务印书馆，1985
[65] [美] 约瑟夫·本-戴维. 科学家在社会中的角色 [M]. 赵佳苓译. 成都：四川人民出版社，1988
[66] [美] 巴伯. 科学与社会秩序 [M]. 顾昕等译. 上海：三联书店出版，1991
[67] Clark B R. Perspectives on Higher Education [M]. University of California Press，1984
[68] Hull D M，Pedrotti L S. Challenges and changes in engineering Technology [J]. Journal of Engineering Education，1986，(5)
[69] [美] 工程教育与使用委员会等. 美国工程教育与实践 [M]. 上海交通大学研究生院、高教研究室译. 上海：上海交通大学出版社，1990
[70] [美] 工程教育与使用委员会等. 美国工程教育与实践（续）[M]. 上海交通大学研究生院、高教研究室译. 上海：学苑出版社，1990
[71] Norman R. Augustine. 工程教育 [J]. 转引自张光斗. 高等工程教育必须改革 [J]. 中国高等教育，1995，(4)
[72] [美] 斯托克斯 D E. 基础科学与技术创新·巴斯德象限 [M]. 周春彦，谷春立译. 北京：科学出版社，1999
[73] [美] 芬奇 J K. Engineering [C]. In：Belinda Whitworth. New Age Encyclopedia. Franklin Lakes，NJ：the Career Press，Inc，Revised edition，2003，(6)
[74] [美] 布什 V 等. 科学——没有止境的前沿 [M]. 范岱年，解道华译. 北京：商务印书

馆，2004：12

[75] [法] 保尔·芒图．十八世纪产业革命——英国近代大工业初期的概况 [M]．杨人楩等译．北京：商务印书馆，1983

[76] Rapp F. Philosophy of Technology [C]. In：Guttorm Floistad，Georg Henrik von Wright，International Institute of Philosophy. Contemporary philosophy：A new survey. The Hague/ Boston/ London：M. Nijhoff Publishers，1982，(2)

[77] [德] 拉普 F. 技术哲学导论 [M]．刘武等译．沈阳：辽宁科学技术出版社，1986

[78] [德] 拉普 F. 技术科学的思维结构 [M]．刘武等译．长春：吉林人民出版社，1988

[79] [意] G·多西等．技术进步与经济理论 [M]．钟学义等译．北京：经济科学出版社，1992

[80] Freeman，Christopher. Long Wave Theory [M]. Edward Elgar Publishing Limited，1996

[81] [加] McQueen H J. 工程师的社会技术教育 [J]. ASEE Coference Proceedings，1981

[82] [荷] 范·杜因．经济长波与创新 [M]．刘守英，罗靖译．上海：上海译文出版社，1993

[83] [比] 欧内斯特·曼德尔．资本主义发展的长波——马克思主义的解释 [M]．南开大学国际经济研究所译．北京：商务印书馆，1998

[84] [捷] Tondl L. On the Concepts of "Technology" and "Technological Science" [C]. In：Rapp F. Controbutions to a Philosophy of Technology. Dordrecht-Holland：D. Reidel Publishing Company，1974

[85] [澳] Coles B S. Building Engineering—A Degree for the Construction Industry [J]. Proceedings of I. E. Aust. Annual Conference，1982，(2)

[86] [澳] W. F. 康奈尔．二十世纪世界教育史 [M]．张法琨，方能达，李天乐等译．北京：人民教育出版社，1990

[87] [日] 中村静治．技术论论争史（上）[M]．东京：青木书店，1975

[88] [日] 川田·侃等．经济发展与技术转移 [M]．东京：日本国际问题研究，1983

[89] [日] 汤浅光朝．科学文化史年表 [M]．张利华译．北京：科学普及出版社，1984

[90] [日] 小林达也．技术转移 [M]．东京：文真堂，1983

[91] [日] 斋滕优．技术转移的理论与政策 [J]．科学学译丛，1988，(3)

[92] [日] 药师寺泰藏．公共政策 [M]．张丹译．北京：经济日报出版社，1991

[93] [美] 大卫·雷·格里芬．后现代科学——科学魅力的再现 [M]．马季方译．北京：中央编译出版社，1998

[94] 查汝强．试论产业革命 [J]．中国社会科学．1984，(6)

[95] 陈昌曙．重视工程、工程技术与工程家 [C]．见：刘则渊、王续琨主编．2001 年技术哲学研究年鉴—工程·技术·哲学．大连：大连理工大学出版社，2002

[96] 陈昌曙，陈敬燮，远德玉．技术科学的发展 [J]．中国人民大学复印报刊资料：科技管理与成就，1981，(1)

[97] 陈昌曙．技术哲学引论 [M]．北京：科学出版社，1999

[98] 陈昌曙，陈敬燮，远德玉．技术科学的发展 [N]．光明日报，1981-1-9（10）

[99] 关士续．技术科学的对象、特点及其在现代科学技术体系中的地位和作用 [J]．潜科学，1983，(1)

[100] 关士续．科学技术史简编［M］．哈尔滨：黑龙江省科学技术出版社，1984
[101] 关士续．技术与创新研究［M］．北京：中国社会科学出版社，2005
[102] 关锦镗．技术史（上）［M］．长沙：中南工业大学出版社，1987
[103] 王鸿贵，关锦镗．技术史（下册）［M］．长沙：中南工业大学出版社，1988
[104] 王冀生．高等工程教育的特点和规律［C］．国家教育委员会直属高等工业学校教育研究协作组．国际高等工程教育学术讨论会论文集．杭州：浙江大学出版社，1990
[105] 冯之浚，张念椿．论技术科学的作用［J］．中国人民大学复印报刊资料：科技管理与成就，1981，(2)
[106] 刘大椿，何立松．现代科技导论［M］．北京：中国人民大学出版社，1998
[107] 李喜先．迈向21世纪的科学技术［M］．北京：中国社会科学出版社，1997
[108] 周寄中．科学技术创新管理［M］．北京：经济科学出版社，2002
[109] 李伯聪．工程哲学引论［M］．郑州：大象出版社，2002
[110] 阎康年．通向新经济之路——工业实验研究是怎样托起美国经济的［M］．北京：东方出版社，2000
[111] 王章辉．欧美大国工业革命对世界历史进程的影响［M］．世界历史，1994，(5)
[112] 李明德．美国科学技术的政策·组织和管理［M］，北京：轻工业出版社，1984
[113] 赵红州．大科学观［M］．北京：人民出版社，1988
[114] 张蕴岭．经济发展与产业结构［M］．北京：社会科学文献出版社，1991
[115] 符娟明，迟恩莲．国外研究生教育研究［M］．北京：人民教育出版社，1992
[116] 金观涛．整体的哲学［M］．成都：四川人民出版社，1987
[117] 中国科学院自然科学史研究所近现代科学史研究室．20世纪科学技术简史［M］．北京：科学出版社，1985
[118] 李佩珊，许良英．20世纪科学技术简史（第二版）［M］．北京：科学出版社，1999
[119] 王玉仓著．科学技术史［M］．北京：中国人民大学出版社，1993
[120] 刘则渊，王续琨．工程·技术·哲学（2001年技术哲学研究年鉴）［M］．大连：大连理工大学出版社，2002
[121] 姜振寰．自然科学学科辞典［M］．北京：中国经济出版社，1991
[122] 程之范，宋之琪．简明医学史［M］，北京：北京医科大学，中国协和医科大学联合出版社，1990
[123] 邹珊刚．技术与技术哲学［M］．北京：知识出版社，1987
[124] 童鹰．现代科学技术史［M］．武汉：武汉大学出版社，2000
[125] 童鹰．世界近代科学技术史（上）［M］．上海：上海人民出版社，1990
[126] 童鹰．世界近代科学技术史（下）［M］．上海：上海人民出版社，1990
[127] 傅水根．法国高等工程教育考察［J］．中国大学教学，2004，(2)
[128] 洪丕熙．巴黎理工学校［M］．长沙：湖南教育出版社，1986
[129] 贺国庆．德国和美国大学发达史［M］．北京：人民教育出版社，1998
[130] 张泰金．英国的高等教育历史·现状［M］．上海：上海外语教育出版社，1995
[131] 张俊心，关西普等．软科学手册［M］．天津：天津科学翻译出版公司，1989

[132] 肖峰．发明与建造之间——论技术与工程的交界面［C］．见：杜澄、李伯聪主编．跨学科视野中的工程．北京：北京理工大学出版社，2004
[133] 马建堂．周期波动与结构变动——论经济周期对产业结构的影响［D］．北京：中国社会科学院研究生院，2000
[134] 张金马．政策科学导论［M］．北京：中国人民大学出版社，1992
[135] 郭咸纲．西方管理思想史［M］．北京：经济管理出版社，2002
[136] 严强．西方现代政策科学发展的历史轨迹［J］．南京社会科学，1998，(3)
[137] 丁长青．中外科技与社会大事总览［M］．南京：江苏科学技术出版社，2006
[138] 潘天群．行动科学方法论导论［M］．北京：中央编译出版社，1999
[139] 倪明江编．创造未来［M］．杭州：浙江大学出版社，1999
[140] 刘启华．化学工程学发展的历史考察［J］．化学通报．1989，(3)
[141] 刘启华等．技术科学发展与产业结构变迁相关性统计研究［J］．科学学研究，2005，(2)
[142] 刘启华．关于化学工程未来发展的哲学思考［J］．化学通报，1998，(8)
[143] 刘启华．化学工程发生的社会学初探［J］．自然辩证法研究，1989，5 (5)
[144] 刘启华等．技术科学发展模式初探——兼论现代科技政策的一种社会作用机制［J］．科学学研究，2010，(5)
[145] 刘启华等．基于技术科学视角的现代政策科学体系新架构［J］．科学学研究，2007，(1)
[146] 刘启华等．21 世纪上半叶技术科学发展预测——基于两种数学模型的比较研究［J］．科学学研究，2007，(3)
[147] 刘启华，成建平．开发未来——我国工程技术类高等教育战略规划研究［M］．南京：河海大学出版社，2010
[148] 王沛民．探索高教新概念——从四个术语的混用说起［J］．上海高教研究，1994，(1)
[149] 王沛民．工程师的形成［M］．杭州：浙江大学出版社，1989
[150] 王沛民等．工程教育基础［M］．杭州：浙江大学出版社，1994
[151] 孔寒冰，叶民，王沛民．国外工程教育发展的几个典型特征［J］．高等工程教育研究，2004，(4)
[152] 刘斌，王春福等．政策科学研究（第一卷）［M］．北京：人民出版社，2000
[153] 陈振明．政策科学［M］．北京：中国人民大学出版社，1998
[154] 徐长福．理论思维与工程思维［M］．上海：上海人民出版社，2002
[155] 江水法，梁立明，沈谦芳．科技界精神文明概论［M］．北京：经济管理出版社，2000
[156] 屈连璧．世界近代史［M］．北京：北京师范大学出版社，1990
[157] Chen X D，Sun C. Technology transfer to China：Alliances of Chinese enterprises with western technology exportere［J］. Technovation，2000，20 (7)
[158] 刘立．通用电气公司：世界企业界的哈佛［M］．保定：河北大学出版社，2001
[159] 联合国教科文组织编（1974）．技术科学有哪些学科［J］．北京：人民教育，1979，(2)．转译自西德《北莱茵-威斯特法伦州高等学校科研工作一览》第一册总索引
[160] 《自然科学大事年表》编写组．自然科学大事年表［M］．上海：上海人民出版社，1975

[161] 简明不列颠百科全书 [M]．北京：中国大百科全书出版社，1985
[162] 中国医学百科全书编委会．中国医学百科全书·医学史卷 [M]．上海：上海科学技术出版社，1987
[163] 中国大百科全书编委会．中国大百科全书·化工卷 [M]．北京：中国大百科全书出版社，1987
[164] 中国大百科全书编委会．中国大百科全书·航空航天卷 [M]．中国大百科全书出版社，1987
[165] 中国大百科全书编委会．中国大百科全书·建筑，园林，城市规划卷 [M]．北京：中国大百科全书出版社，1987
[166] 中国大百科全书编委会．中国大百科全书·机械工程卷 [M]．北京：中国大百科全书出版社，1987
[167] 中国工程院工程教育咨询项目组．我国工程教育改革与发展咨询报告 [R]．1998
[168] 国务院学位委员会办公室、教育部研究生工作办公室．授予博士硕士学位和培养研究生的学科专业简介 [M]．北京：高等教育出版社，1999
[169] 中华人民共和国教育部高等教育司编．中国普通高等学校本科专业设置大全（2003 年版）[M]．北京：高等育出版社，2003
[170] 中国国家统计局．中国统计年鉴- 2005 [M]．北京：中国统计出版社，2005
[171] The New Encyclopædia Britannica（Volume 18）[M]．Encyclopædia Britannica，Inc. 1981

后　记

自2002年本书中的研究内容获国家社会科学基金立项资助，迄今已10年有余，真可谓10年磨一剑。其实我立志于从人文社会科学的视角对技术科学展开总体研究的时间，要远远超过10年。回首往事，深悟要真正做一点学问，首先要发挥个人的兴趣和长处，注意扬长避短；其次要准确提炼问题，把握好目标和方向；最后还要有一股韧劲，坚持咬定青山不放松。值此书付梓之际，想再多说几句，以与读者共同品味学问、品味人生。

我先读化学工程，后因工作需要和兴趣使然，改攻科技哲学。深知而立之年以后改行，除了热情之外，更需要理性。我首先思考的就是如何把前后两个专业融合起来，凝练出一个适合于自己，甚至是别人难以取代的研究方向。化学工程是我的第一个专业，工程技术是我的专业基础，我的路应从这里开始。

1987年4月我在《自然辩证法报》上发表了处女作《努力加强工程技术科学与哲学的联系》一文，表明了我的心迹；随后被人大复印报刊资料《自然辩证法》全文转载，也增添了我的信心。继以论文《化学工程学发展的社会学考察》获得华东师范大学授予的哲学硕士学位之后，又在《化学通报》《科学》《自然辩证法研究》《高等工程教育研究》《化工高等教育》等学刊上发表了一系列文章，分别从历史、哲学、方法学、社会学、教育学、未来学等角度对化学工程展开了比较全面的系统研究。其中有两篇论文还分别被俄罗斯《文摘杂志》（化学）和美国《化学文摘》收录。

至此，我基本完成了改行后第一阶段的战役。一方面感到颇有收获；但另一方面又突然觉得江郎才尽，一时不知道下面的路该如何走了。为此我又曾通过翻译、阅读和主持研究政府课题，希图再谋新路。其间主要涉猎过系统自组织理论、可拓学、软系统方法论、STS、技术哲学、孵化器和科技园等领域。一番左冲右突，完成了一些项目，发表了一些文章，更为教学充实了许多资料。但要将上述任何一个方面作为下一阶段的研究方向，均觉得有些难以靠谱。

一个偶然的机会，使我拜读到钱学森于1957年在《科学通报》第4期上发表的长文《论技术科学》，钱先生在文中对技术科学的产生背景、科学地位、社会功能、研究方法、未来走向等问题的精辟阐述，一时令我茅塞顿开、兴奋异常。化学工程学是技术科学中的个别，而技术科学则是对诸工程技术学科的概括，属于一般。通过个别固然可以窥探一般，但往往难以把握一斑之全豹。不过我已从对化学工程这一个别的总体研究中尝到了甜头，深知如果能对技术科学一般展开全面深入的系统研究，努力把握其总体发展特征与规律，其理论与实践价值将非同小可。尤其会对正确地制定科技发展战略、调整科技政策、促进产业结构转型升级、改革工程技术类高等教育等方面产生重要影响。在一番检索、阅读、思考之后，我终于决定将对技术科学的总体研究作为下一个阶段的主攻方向。

20世纪末，还没有现在这样通过网络系统检索资料的便利条件。只有在阅读过程中，顺籐摸瓜，努力搜集相关资料。大概有半年左右的时间，我一旦有暇，就钻进南京大学图书馆或哲学系资料室里，系统阅读、仔细排查、追根溯源、认真记录、不断复印，以蒐集资料。虽然辛苦，但内心喜悦，我又进入了一片新天地。在那段时期，我不仅了解到科技哲学、科学学等学界同仁在技术科学方面的研究成果和提出的问题，而且还收集到近20名两院院士关于技术科学的相关论文；不仅概览了国内学界对技术科学总体研究方面的基本情况，而且也初步掌握了欧美、日本及苏联的学者们在这方面的基本看法。此外，新版的《大英百科全书》和《大美百科全书》亦增加了相关条目与论述。

通过研读、比较又发现，由于众多领域的学者迅速介入这一研究领域，大家出生于不同的学术生涯，视角必然存在差异；各国文化传统和语言习惯上的差别，又导致表述问题和使用概念的悬殊；并且在文献翻译过程中，不同的人理解和译法不一样，也引起了许多含义上的歧化。因此，虽然大家在对技术科学的关心和重视方面已基本形成共识，但在很多重大问题上却存在严重分歧。从根本上说，主要又是因为对“技术科学”的概念理解歧义，对其产生的时代与历史分期众说纷纭；而这二者又直接妨碍着对技术科学发展特征与规律的深入探究。科学研究始于问题，这里存在着严重问题，就必然有我的用武之地。于是2002年，遂以“技术科学的范畴界定、历史分期与发展模式研究”为题申报国家社会科学基金一般项目；几乎同时，又以“技术科学发展规律与江苏工程技术教育发展战略研究”为题申报江苏省哲学社会科学“十五”规划基金重点项目，结果两项申请均获批准立项。此后，我便从理论和应用两个方向上，同时对技术科学展开总体研究。

根据本项目学科交叉性质极强的特征，在研究方法上始终坚持综合集成的原则：将科学哲学的概念分析与科学学的实证研究结合起来；将全面的历史考察与抽象的理论概括结合起来；将统计计量的定量分析与透过现象把握本质的定性分析结合起来；将具体历史考证与系统综合建模结合起来。研究进展还算比较顺利。

特别是与研究生们合作发表在《科学学研究》上的论文《技术科学发展模式初探——兼论现代科技政策的一种社会作用机制》《技术科学发展与产业结构变

迁相关性统计研究》《21世纪上半叶技术科学发展预测——基于两种数学模型的比较分析》《基于技术科学视角的现代政策科学体系新架构》曾分别被《新华文摘》、人大复印报刊资料《科技管理》和《科学技术哲学》、国家科协编辑的*The Proceedings of the China Association For Science and Technology* Vol. 3 (Science Press，2007)、中国科学学与科学技术管理研究年鉴《科学·技术·发展》2004/2005年卷，以及国内其他诸多书刊、网站全文转载。

以上述理论成果为基础，我又结合江苏和全国工程技术类高等教育的现状展开相关应用研究。论文《优化我省工程技术类高等教育的对策建议》发表在江苏省委内参《参考》第26期上，时任副省长何权曾就此作重要批示；省教育厅亦高度重视，在“决策与规划中已充分考虑、吸收了”“相关的合理化建议”。拓展后的专著《开发未来——我国工程技术类高等教育战略规划研究》（河海大学出版社，2010年）获江苏省第12届哲学社会科学优秀成果奖二等奖。

因研究成果，我曾应第八届国际怀特海大会组委会邀请，以英文版论文参加2011年在东京召开的会议并作专题报告，全文被收入大会论文集；最近又因论文受邀参加第九届国际怀特海大会。此外，2005年12月21日《科技日报》曾以“技术科学研究的重大突破”为题报道了上述研究工作。

道路是曲折的，在研究过程中我也遇到了不少困难。

首先是项目组力量过于单薄。主要原因还是项目本身对知识结构要求过于特殊，既要具备科学哲学、技术哲学、科学学、科学计量学、科学技术史等方面的学养；又要对工程技术类学科专业基本分类和演化特征有所把握；还要对工程技术活动的基本特征有比较深切的感受和体会。至少在我的周围，这样的人才颇为难得。结果只能由我这个光杆司令，带着几个研究生一点一点慢慢啃。为了在结题期限内交稿，只能采取“左右逢源”的策略。先做出一批基本理论成果，作为开展应用研究的理论基础，以完成省里项目结题；再在理论与实际相结合的层面上，继续深入开展理论研究，以努力实现国家项目的预期目标。

其次是遇到了一些意料之外的麻烦事。2003年我分得一套新房，可装修入住后不久，消防管道就大量漏水，室内一片汪洋，被迫将地板全部拆除。由于问题比较复杂，一时又难以解决，给我生活、工作带来极大困难，自然也影响研究工作的顺利开展。

最后，祸不单行，2007年我又患了一场疾病。赴外地治疗数月后，回来还要继续吃药调养。本着健康第一的原则，许多人都劝我终止研究项目。经过一番认真思考，我觉得大量基础性研究任务已基本完成，下面主要是修改、补充等完善性工作。如果半途而废，对学校、对自己都将成为一件憾事。最终，我决定将休养和研究两件事兼顾起来。一方面放慢工作节奏，多注意休息，促进身体逐步康复；另一方面又永不言退，坚持使研究工作善始善终。

感谢国家社会科学基金委员会对我的理解与支持，鉴于我的特殊情况，多次批准同意我延期结项。直至2009年我终于顺利结题，项目鉴定获良好等级。

也许有人会问，做这样艰苦的工作究竟是为了什么？为名乎？在当今中国做这点小事，即使博得一点名气也微不足道。为利乎？几乎没有。然而，科学以探求真理为目的，通过自己的工作，获得一些真知灼见，并有利于社会发展、文明进步，这就是最好的价值；此外，这项工作是在坚实的史料和事实基础上，通过认真求索获得的结果，令人感到心中踏实。名利是浮云流水，再美的祥云都会散去，再大的洪涛也终将平息，而既“真”且“实”的东西却是难以磨灭的。

在漫长的研究过程中，我曾得到过许多人的支持和帮助。南京工业大学学校领导王雪峰教授、高明教授在本书出版和学术交流方面曾给予大力支持；前辈史苑乡教授、东南大学刘魁教授、南京工业大学监察处王艳处长在立项过程中曾给予过真诚帮助；南京工业大学科技处戴朝荣、汪自成两位处长在研究、结项和申报奖项中都曾给予过支持和帮助；同事与朋友赵顺龙教授、潘郁教授、赵英凯教授、蒋晋堂教授在研究和讨论中曾给予过帮助和启发；黄宁、席雁两位老师在英文译稿修改中曾给予过支持和帮助；老领导徐晓云老师在我早期发展和困难排解中经常给予关心和支持；博士研究生孙田在我每遇困难时常常伸出援助之手；硕士研究生姚浩、郑文兵、樊飞、戈海军、孙团结、宋玉廷、牛月婷、王丹、李洋、徐肖庆、尹智、关雪飞、徐子健、马万超、刘海若、张雪泽在读期间都程度不同地参与过本书不同阶段的部分研究和技术性工作；江苏省教育厅徐子敏、袁桂华两位处长曾为本书研究中收集相关数据提供过大力支持；江苏省哲学社会科学规划办公室徐之顺主任曾多次关注我的两个立项项目的研究进展；此外，科学出版社编辑同志对本书的出版也给予了极大的关心与支持。值此书出版之际，对上述各位均致以诚挚的谢意。还有其他许多从各方面支持和帮助过我的人，我始终心存感念，在此恕不一一列出。

著　者

2013年7月20日于南京工业大学虹桥校区办公室